iPhone for Programmers: An App-Driven Approach

DEITEL®

iPhone

应用程序开发名家解析

[美]Paul Deitel　Harvey Deitel　Abbey Deitel　Eric Kern　Michael Morgano　著
陈小峰　周　辉　司春锋　译
刘　锐　审定
飞思数字创意出版中心　监制

電子工業出版社
Publishing House of Electronics Industry
北京·BEIJING

版　权

图书在版编目（CIP）数据

iPhone 应用程序开发名家解析 /(美) 戴特尔(Deitel,P.) 等著 ；陈小峰，周辉，司春锋译.

北京:电子工业出版社, 2010.7

书名原文: iPhone for Programmers:An App-Driven Approach

ISBN 978-7-121-10796-2

Ⅰ. ①i… Ⅱ. ①戴… ②陈… ③周… ④司… Ⅲ. ①移动通信－携带电话机－应用程序－程序设计 Ⅳ.①TP929.53

中国版本图书馆 CIP 数据核字（2010）第 079467 号

责任编辑：何郑燕　　赵树刚

印　　刷：北京东光印刷厂

装　　订：三河市皇庄路通装订厂

出版发行：电子工业出版社

　　　　　北京市海淀区万寿路 173 信箱　邮编：100036

开　　本：787×1092　1/16　印张：26　字数：672 千字

印　　次：2011 年 3 月第 2 次印刷

印　　数：1 500 册　　　　定价：59.80 元

凡所购买电子工业出版社图书有缺损问题，请向购买书店调换。若书店售缺，请与本社发行部联系，联系及邮购电话：（010）88254888。

质量投诉请发邮件至 zlts@phei.com.cn，盗版侵权举报请发邮件至 dbqq@phei.com.cn。

服务热线：（010）88258888。

前　　言

谨以此书献给开发出如此杰出产品的苹果公司员工！

Paul, Harvey, Abbey, Eric和Michael

欢迎进入 iPhone 应用程序开发的世界，这里我们将接触到 iPhone 软件开发包（SDK）3.x、Objective-C 编程语言，以及 Cocoa 框架和 Xcode 开发工具。

本书为专业的软件开发人员呈现最前沿的计算技术。本书的核心是“应用程序驱动的方法”（将在 14 个完整的应用程序中循序渐进地讲解所有的概念，而不是使用零星的代码片段）。在每章开头对程序进行介绍并测试以了解其大体功能。你可以通过 www.deitel.com/books/iPhoneFP 下载本书源代码。

iPhone 的销售和应用程序的下载量呈现爆炸性增长。第一代 iPhone 在开始的 5 个季度销售了 610 万部[1]。第二代 iPhone 3G 仅在首个季度就销售了 690 万部。第三代 iPhone 于 2009 年 6 月发布，首月销售就达 520 万部！在本书写作时，App Store 上大约有 7.5 万个应用程序，并在短短一年内，超过 15 亿次的应用程序被下载[2]。iPhone 应用程序的潜力是无可估量的。

本书的写作是很有趣的过程，我们得了解（并喜爱）iPhone 及它最受欢迎的一些应用程序，然后在开发应用程序时释放我们的想象力。有些程序出现在本书中，而有些我们将通过 iTunes App Store 销售。本书精心设计的应用程序向你介绍 iPhone 的特性及框架（比如，音频、视频、动画、指南针、端到端的连接、GPS 等）。你将很快学习到构建 iPhone 应用程序所需要的一切，从测试第 1 章的画图应用程序开始，然后在第 3 章建立你的第一个应用。在第 2 章中，我们概述了 iPhone 应用程序商店和商务问题，这有助你了解如何构建优秀的应用程序，如何提交符合苹果风格和标准的应用程序，在这个过程中有哪些要求，为什么苹果会拒绝某些应用程序，收费或免费策略，以及如何通过因特网、口碑等方式进行营销。

---

1 www.apple.com/pr/library/2009/07/21results.html
2 www.apple.com/pr/library/2009/07/14apps.html

版权声明和代码许可

本书版权归属于 Pearson 集团。本书中所有代码和 iPhone 应用程序版权归属于 Deitel & Associates 公司。作为本书的读者，我们授予你非专属的权利来复制、分发、展示代码，并开发出以本书代码为基础的衍生的非商业用途的应用程序（只要你注明代码来自于 Deitel & Associates 公司并引用 www.deitel.com/books/iPhoneFP/）。如果你有任何疑问，或者想用于商业目的，请联系 deitel@deitel.com。

目标读者

我们假设你熟悉 Mac OS X 系统，因为你需要在一台苹果机上开发 iPhone 应用程序。我们还假设你是一个在面向对象编程方面有较多经验的程序员，比如熟悉 Objective–C、C++、Java 或 C#。如果你没有任何这些语言的工作经验，你应该能够通过阅读代码和讲解,运行应用程序并观察结果来掌握 iPhone 的应用程序开发。你将很快学到关于 Objective-C 和 Cocoa 的很多知识。

关键特点

以下是这本书的关键特点。

应用程序驱动的方法：你将通过构建 14 个完整的 iPhone 应用程序来学习编程技术。每章介绍一个应用程序——我们将讨论程序做什么，展示屏幕截图，试运行，并概述了使用到的技术和架构。然后，我们构建应用程序，展示完整的代码，并对代码作详细讲解。作为代码讲解的一部分，我们讨论了编程概念并演示了 iPhone API（应用程序编程接口）的功能。下表列出了本书中的 14 个应用程序及我们在每个应用程序中引入的关键技术。

应用程序及其关键技术	
第 3 章，欢迎应用程序	第 10 章，地址簿应用程序
介绍 Xcode、Cocoa 和界面生成器	表和 UINavigationController
第 4 章，小费计算器应用程序	第 11 章，路线跟踪器应用程序
介绍 Objective-C 编程	地图开发包和核心位置（GPS 和罗盘）
第 5 章，Twitter 搜索收藏夹应用程序	第 12 章，Slideshow 应用程序
集合和 Cocoa GUI 编程	相册和 iPod 音乐库访问
第 6 章，国旗问答游戏应用程序	第 13 章，增强型幻灯片应用程序
控制器和 Utility Application 模板	保存数据和播放视频
第 7 章，点击竞技游戏应用程序	第 14 章，录音器应用程序
UIView 的使用和触摸检测	音频录制和回放
第 8 章，加农炮游戏应用程序	第 15 章，增强型的地址簿应用程序
使用 NSTimer 实现动画及滑动事件处理	管理和转换持久数据
第 9 章，画图应用程序	第 16 章，Twitter® 打折机票应用程序
在 UIView 中使用控件	基于互联网的应用程序

Objective-C：本书不是 Objective-C 指南，但是它在 iPhone 应用程序的语境下介绍了这个面向对象编程语言的部分内容。

Cocoa 框架：Cocoa 是 iPhone 的框架集合和运行时环境。贯穿全书，我们使用了很多 Cocoa 特性和框架。

iPhone SDK 3.x：本书覆盖到了 iPhone 软件开发包 3.x 中的很多新特性——游戏开发包框架和蓝牙端到端连接，用于嵌入 Google 地图的地图开发包[3]，用于访问 iPod 音乐库的媒体播放器框架，用于访问罗盘的核心位置框架及管理应用程序数据的核心数据框架。

Xcode：苹果的 Xcode 集成开发环境（IDE）和 Mac OS 相关工具，与 iPhone SDK 绑定在一起，为你提供开发测试 iPhone 应用程序所需要的一切。

Instruments：Instruments 工具，包含在 iPhone SDK 中，用来在运行时监测应用程序，检查内存泄漏，监控 CPU 使用率和网络活动，以及查看内存中分配的对象。我们在"第 6 章 国旗问答游戏程序"和"第 8 章 加农炮游戏程序"中分别讨论了如何使用 Instruments 来修复内存泄漏和性能问题。

多媒体：应用程序广泛使用了 iPhone 多媒体功能，包括图形、图像、音频、视频和语音合成和语音识别。

iPhone 应用程序设计模式：本书遵循苹果的应用程序编码标准，包括模型—视图—控制器（MVC）设计模式。

Web 服务：Web 服务使用标准互联网协议和技术开启信息共享、电子商务及其他交互功能。Web 服务允许你把 Web 当做软件组件一样来使用。第 11 章的路线跟踪器应用程序使用内置的苹果 API 来和 Google 地图 Web 服务交互。在第 16 章的 Twitter 打折机票应用程序中，你将直接使用 Twitter 的基于 REST 的 Web 服务（译注：REST 是 Representational State Transfer 的缩略语。对 REST 的详细定义和完整解读超出了本文的范畴，这里只要知道 REST 的作用是让开发人员通过一个简单的 HTTP 调用就可以访问信息和资源就足够了。）

上传应用程序到 App Store：在第 2 章 iPhone 应用程序商店及其商务问题中，我们讲解了获取开发认证，创建配置文件，提交应用程序到 App Store 审核的过程，以及如何决定程序是免费还是收费的，如何营销等。

特点

源代码：所有的源代码都可以通过如下网址访问：

www.deitel.com/books/iPhoneFP/

---

[3]注意：路线跟踪器应用程序使用 Map Kit 框架，这允许你把 Google 地图整合到应用程序中。在开发任何 Map Kit 应用程序前，你必须同意 code.google.com/apis/maps/iphone/terms.html 上的 Google Maps iPhone 服务条款（包括相关法律说明和隐私政策）。

文档：所有开发文档可以通过如下网址免费获取：developer.apple.com/iphone/。

本章目标：每一章都以一个目标列表开始。

图表：包含了丰富的图、表及代码列表。

索引：我们维护了一个扩展索引，这在你把本书作为参考书时特别有用。关键术语的定义用一个粗体页码高亮显示。（**译者注：**本书最后的索引表以英文字母序排列，绝大部分是简短的专业术语，为保持其完整性和易用性，不做翻译，用户使用索引表时可按照术语进行查找，如要查找 CGContext，在字母 C 分类下直接查找。）

Deitel 在线资源中心

我们的网站 www.deitel.com 提供了超过 100 个有关各个主题的资源中心，包括编程语言、软件开发、Web 2.0、电子商务和开源项目，可以查看本书开头几页的资源中心列表并访问 www.deitel.com/ResourceCenters.html。我们每周在新闻简报中发布最新的资源中心，请访问 Deitel Buzz Online（www.deitel.com/newsletter/subscribe.html）。资源中心是从我们的技术支持和商务活动研究中演变出来的。我们已经发现很多杰出的 iPhone 和 iPhone 编程在线资源，包括指南、文档、软件下载、论文、博客、播客、视频、代码示例、书籍、电子书等（大部分是免费的）。查阅 iPhone 相关的资源中心列表（这个列表还在不断增长），其中包括：

- iPhone（www.deitel.com/iPhone）
- Objective-C（www.deitel.com/ObjectiveC）
- Cocoa（www.deitel.com/Cocoa）
- iPhone App Development（www.deitel.com/iPhoneAppDev）

Deitel Buzz Online 免费电子新闻简报

Deitel Buzz Online 电子新闻简报将通知你关于本书的最新问题列表。它还包含了行业趋势和开发评论，以及一些有用的链接，包括免费论文、已出版书籍及即将出版书籍的相关资源、产品发布计划、勘误表、疑问解答、奇闻轶事、我司教员在全球客户交付的培训课程信息。要订阅该电子简报，请访问以下网址：

www.deitel.com/newsletter/subscribe.html

在 Twitter 和 Facebook 上关注 Deitel

想要接收关于 Deitel 出版物、资源中心、培训课程、合作伙伴提供的资源等，请在 Twitter 上关注我们，并在 Facebook 上加入 Deitel&Associates 群组：

www.deitel.com/deitelfan/

致谢

我们很幸运能够和 Prentice Hall/Pearson 出版社的专业团队一起工作。我们尤其赞赏 Pearson 技术组的主编 Mark L. Taub 所付出的努力和指导。Sandra Schroeder 设计了本书的封面。John Fuller 负责本书的制作。

评审人员

应该感谢我们的评审人员。他们遵循严格的时间表，详细审查了所有文稿和程序并为提高表达的准确性和完整性提出了富有建设性的建议：

- Marcantonio Magnarapa，Ogilvy Interactive 移动平台研发工程师
- Zach Saul，Retronyms 创始人
- Rik Watson，Lockheed Martin 资深软件工程师

好了，你现在拥有它了！本书将很快让你熟悉 iPhone 应用程序开发技术。当你阅读本书时，我们由衷感谢你提出的任何意见、批评、校正和改进的建议。请你反馈到如下邮件地址：

deitel@deitel.com

我们将根据情况做出回应，并在如下网址发表纠正和澄清信息：

www.deitel.com/books/iPhoneFP/

我们希望你阅读本书的时候和我们写作本书时一样心情愉快！

Paul Deitel

Harvey Deitel

Abbey Deitel

Eric Kern

Michael Morgano

2009 年 10 月

关于 Deitel & Associates 公司

Deitel & Associates 公司，由 Paul Deitel 和 Harvey Deitel 创办，是一家国际认可的著作、合作培训和软件开发组织，专注于计算机编程语言、对象技术、互联网和 Web 软件技术、iPhone 应用程序开发和培训，以及电子商务开发领域。该公司在全球范围内提供由教师辅导的、在主流编程语言和平台上的培训课程，其中包括 Objective-C 和 iPhone 应用程序开发，包括 C、C++、Visual C++、Java、Visual C#、Visual Basic、 XML、Python、互联网和 Web 编程，以及不断增长的其他软件开发方面的课程。公司客户包括许多国际大公司、

政府部门、军事机构，以及学术组织。 通过和 Prentice Hall/Pearson 集团 33 年的出版合作伙伴关系，Deitel & Associates 公司出版了前沿的编程专业书籍、教科书、DVD 课程和基于网页的视频教程，以及主流课程管理系统的电子内容。你可以通过下面的电子邮件联系 Deitel & Associates 公司及作者：

deitel@deitel.com

要了解更多 Deitel 的深入（Dive Into）系列企业培训课程，请访问：

www.deitel.com/training/

要为你的公司或组织申请一个在线辅导的课程，请给我们来信：

deitel@deitel.com

要了解公司和出版物的更多信息，请订阅免费的 Deitel Buzz Online 电子新闻简报：

www.deitel.com/newsletter/subscribe.html

希望购买 Deitel 书籍和 DVD 课程及在线培训课程的个人可以通过 www.deitel.com 网站进行购买。公司、政府部门、军事和学术机构的批量订单请与培生集团直接联系。要了解更多信息，请访问 www.prenhall.com / mischtm / support.html # order。

商标

DEITEL, the double-thumbs-up bug and Dive Into 是Deitel&Associates公司的注册商标

Apple, iPhone, iPod, iPod Touch, Xcode, Objective-C and Cocoa 是苹果公司的注册商标

Google是Google公司的注册商标

Twitter是Twitter公司的注册商标

译者序

本书作者是国际知名计算机教育家 Harvey M. Deitel 博士和 Paul J. Deitel，他们是 Deitel & Associates 公司的创始人。Deitel 父子二人曾合作编写了非常畅销的《How To Program》系列计算机教材。他们编写的书总是能够从读者的角度来考虑问题，通俗易懂，循序渐进。

iPhone 是近几年来最富创意的终端产品，引发了以触摸屏为代表的手机人机交互界面的革命，就如同 20 世纪 80 年代引入 PC 世界的鼠标和图形界面技术一样具有不凡的意义。iPhone 的用户群体正呈现暴发性的增长，其创新的商业模式，为程序员和企业打开了一扇直接面向庞大移动终端用户群的大门。早一步进入这个世界，就意味着多一分机遇。

如同英文书名的副标题（App-Driven Approach）所表明的那样，本书采用了独特的应用程序驱动的学习模式。如果你了解软件工程领域的敏捷开发，可能会清楚测试驱动是一种最佳实践，在不断编码、测试的迭代过程中构建了整个的项目，而用户在此过程中能够真切地感受到每一个已实现的用户故事。那么本书的应用程序驱动模式有着异曲同工的妙处，你将在享受编码的过程中学会如何编码。这些代码远非简单的罗列，而是精心设计和组织过的，彼此之间有着良好的铺垫和衔接，能使你的学习曲线尽量平滑。我想不少读者都曾经阅读过一些原理类的技术书籍，读完全书，你虽然理解了相关概念却依然无法构建出一个实用的应用程序；或者你读过代码堆砌类型的书籍，却感觉如同食用一盘未经烹饪的配菜。那么你将发现本书是理论和代码的最佳结合，既有精心挑选的原料，也有大厨精湛的手艺，不愧为教育大师级作品。

本书内容涵盖了 iPhone 主流编程技术及最新的特性，包括应用程序模板、地址簿、用户界面、数据共享、音频、视频、相册、动画、游戏、地图、定位、内置邮件、网络连接、Web 服务、XML 解析、事件检测、内存管理、设计模式等。

本书非常适合 iPhone 编程初学者，可以作为大学选修教程；而经验丰富的程序员同样可以通过阅读本书加深对技术细节和设计模式的理解，还可以很快在本书应用程序基础上开发衍生应用和游戏。对于开发管理人员或者独立工作者，阅读本书中开发人员计划、商务问题和资源中心部分将获益匪浅，你将能够更全面地了解 iPhone 开发过程，更顺利地提交应用程序商店审核，更好地营销 iPhone 软件产品及获取大量免费的在线开发资源。

本书主要的译者在软件行业工作多年，有着丰富的技术管理和移动软件开发经验，并拥有多款 iPhone 上线产品。本书翻译过程中还得到了刘丹丹、梁智、章朝阳、姚雯等人的热情帮助，在此一并致谢。

尽管翻译过程中诚惶诚恐，但囿于经验和能力，书中的问题和疏漏在所难免，恳请广大读者给予批评指正，我们将在 http://blog.csdn.net/iefreer 上维护一份勘误表。无论如何，能有机会翻译这本优秀的作品我们感到非常幸运，衷心希望本书能够成为你通往 iPhone 美妙殿堂的引路人。

陈小峰

准备工作

这里包含你应该查阅的信息和指导来确保你的 Mac 机被正确设置。我们将在本书网站上发表关于这部分准备工作的最新信息（如果有的话）：

www.deitel.com/books/iPhoneFP/

软硬件系统需求

要为 iPhone 开发应用程序，你需要一台基于英特尔处理器，运行 Mac OS X Leopard 操作系统或更高版本的苹果机。要查看最新的操作系统需求，请访问：

www.apple.com/downloads/macosx/development_tools/iphonesdk.html

软件安装

要下载 iPhone 软件开发包（SDK），你必须首先通过下面的网址注册一个免费的苹果开发人员账号：

developer.apple.com/iphone/program/start/register/

这个账号允许你访问最新发布的软件开发包版本、文档及实例程序。还有一个付费开发人员计划，可以让你下载最新的软件开发包测试版，上传完成的应用程序到应用程序商店中，并可以直接装载到你的 iPhone 中进行测试。注册好开发人员账户后（免费或付费），可以从下面这个网址下载软件开发包：

developer.apple.com/iphone/index.action#downloads

点击链接下载与你的 Mac OS X 版本匹配的软件开发包。

我们使用 iPhone 模拟器来演示本书中的大多数应用程序，但是，一些应用程序用到的特性只在实际 iPhone 设备上可用，而不是 iPhone 模拟器。此外，一些功能仅适用于 3GS 版的 iPhone。要在你的 iPhone 设备上测试程序，需要付费的苹果开发人员账户。

安装指南和安装程序

当 iPhone SDK 下载完毕后，双击它的磁盘映像（.dmg）文件来装载它。在 Finder 中打开装载的映像并双击 iPhoneSDK.mpkg 安装包，将执行安装程序，它将引导你完成整个安装过程。当你到达选择安装类型这一步骤时，保持默认选项对于本书中的应用程序开发而言就足够了。

一旦安装完成，你就可以开始 iPhone SDK 编程。默认安装 SDK 的位置是/Developer。

你在本书中使用的开发工具位于/Developer/Application/中。

获取代码示例

本书的代码可从下面的网址下载：

www.deitel.com/books/iPhoneFP/

如果你尚未在我们的网站注册，请进入 www.deitel.com 并点击页面左上角的商标下面的 Register 链接，填写你的个人信息。注册是免费的，并且你的信息是保密的。我们只是发送一封账户管理电子邮件，除非你从下面的页面单独注册了我们免费的、双向确认的 Deitel Buzz Online 电子新闻简报：

www.deitel.com/newsletter/subscribe.html

注册完成后，你将会收到一封确认电子邮件和验证码，你在第一次登录 www.deitel.com 时需要输入此验证码。配置你的邮件客户端以允许接收来自 deitel.com 的电子邮件，以免此电子邮件被当做垃圾邮件过滤。

接下来，访问 www.deitel.com 并使用页面左上角的 Login 链接登录系统。进入 www.deitel.com/books/iPhoneFP/。点击 Example 链接来下载 Examples.zip 文件到本地并进行解压。我们假设你把文件解压到你的文档目录。

现在，你终于可以开始开发本书中的 iPhone 应用程序了。我们真诚地希望你喜欢这本书！

目　录

1

iPhone 应用程序开发介绍

本章导读：

- iPhone的历史
- Objective C和iPhone SDK的历史
- 对象技术的一些基础知识
- iPhone应用程序开发的关键工具，包括Xcode集成开发环境和Interface Builder
- Objective-C编程语言和Cocoa框架
- 苹果发行的iPhone版本
- iPhone开发人员计划
- iPhone开发人员大学计划
- 试运行iPhone画图板应用程序
- Deitel在线iPhone资源中心

Outline

1.1 《iPhone 应用程序开发名家解析》介绍

欢迎来到 iPhone 应用程序开发的世界！我们希望阅读《***iPhone 应用程序开发名家解析***》对你来说是一次内容丰富、富有挑战、有趣而有益的经历。这本书适合于有基于 C 语言的面向对象语言编程经验的程序员，比如 C++、Java、C#、Objective-C。如果你不是很了解 Objective-C 编程语言和 Cocoa 框架，你也可以从运行本书应用程序并仔细阅读代码解释和特性说明中学习到这些内容。

本书使用**应用程序驱动**的方法——每一个新的技术均在一个可运行的 iPhone 应用程序中进行讨论，每章讲述一个应用程序。其中大多数应用程序也可以在 iPod Touch 上工作[1]。首先，我们描述这个应用程序，然后试运行它。接着，我们简要地描述将使用到的 Xcode（集成开发环境）、Objective-C 和 Cocoa 技术。如果需要，可以使用 Interface Buidler 进行用户界面的可视化设计，然后列出完整的代码，而且标出代码行、语法背景（用来模拟 XCode 集成开发环境中的语法着色），以及使用代码高亮来突出代码的关键部分。我们也展示一个或多个应用程序运行截屏，然后通读代码，对本程序引入的新的编程概念进行解释。本书应用程序的完整代码可以从 www.deitel.com/books/iPhoneFP/下载。我们鼓励你阅读苹果公司的在线文档（见表 1-1）以更好地了解本书讨论的技术、设计指南等。

要下载开发 iPhone 应用程序的软件工具，你需要在 developer.apple.com/iphone/上注册为 iPhone 开发人员。这个账号允许你免费获取软件工具、文档、入门指导视频、编码指南及更多资料。作为已注册的 iPhone 开发人员，你将能够在 Mac 机上编译和测试 iPhone 应用程序。要想把程序加载到 iPhone 上进行测试并提交到苹果应用程序商店，你需要加入付费 iPhone 开发人员计划，同样需要在 developer.apple.com/iphone/上注册。这个计划允许你访问最新的 iPhone SDK beta 版本、Store Kit 和推送通知等功能，而且它还包括苹果技术支持。

[1] 第 11 章的路径跟踪应用程序功能受到限制，因为 iPod Touch 没有指南针。

表 1-1 | iPhone 开发人员主要的在线文档

名 称	链 接
iPhone 人机界面指南	developer.apple.com/iphone/library/documentation/userexperience/conceptual/mobilehig/Introduction/Introduction.html
Objective-C 2.0 编程语言	developer.apple.com/documentation/Cocoa/Conceptual/ObjectiveC/ObjC.pdf
Objective-C 2.0 运行时编程指南	developer.apple.com/documentation/Cocoa/Conceptual/ObjCRuntimeGuide/ObjCRuntimeGuide.pdf
Xcode 概述	developer.apple.com/documentation/DeveloperTools/Conceptual/Xcode_Overview/Contents/Resources/en.lproj/Xcode_Overview.pdf
Xcode 调试指南	developer.apple.com/documentation/DeveloperTools/Conceptual/XcodeDebugging/Xcode_Debugging.pdf
理解 Xcode 项目	developer.apple.com/tools/xcode/xcodeprojects.html
Cocoa 基础知识指南	developer.apple.com/documentation/Cocoa/Conceptual/CocoaFundamentals/CocoaFundamentals.pdf
Cocoa 编程指南	developer.apple.com/documentation/Cocoa/Conceptual/CodingGuidelines/CodingGuidelines.pdf

对于提供iPhone编程课程感兴趣的学院和大学可以免费申请加入iPhone开发人员大学计划（developer.apple.com/iphone/program/university.html）。具备资格的学校将可以免费访问所有的开发工具和资源。学生可以彼此共享自己的应用程序，学校也可以申请将应用程序上传到应用程序商店。

1.2 iPhone 概述

第一代 iPhone 发布于 2007 年 6 月并风靡一时。iPhone 每次推出新版本，销量都显著增长。据苹果公司统计，第一代 iPhone 在最初的 5 个季度销售了 610 万部。第二代 iPhone 3G 包含了 GPS 定位功能并于 2008 年 7 月上市，仅在首个季度就销售了 690 万部。iPhone 3GS 速度更快并且包含了指南针功能，它于 2009 年 6 月发布，首月销量就达到了 520 万部。

1．手势

iPhone 把移动电话、互联网客户端、iPod、游戏终端、数码相机及更多的功能集成进了一个全彩色、具备多点触摸屏的手持智能电话中。苹果已授权专利的多点触摸屏技术允许你通过手势控制设备，这些手势包括单点触摸或多点同时触摸，如表 1-2 所示。

表 1-2 | iPhone 手势

手 势	动 作	用 途
触击	轻击屏幕一次	打开一个应用程序，选中一个按钮
双击	连续轻击屏幕两次	选择要剪切、复制和粘贴的文本
触摸并停留	触摸屏幕并停留在那个位置	移动邮件和短信息中的光标、移动应用程序图标等
滑动	触摸并在屏幕上滑动你的手指	左右移动游标

（续表）

手　势	动　作	用　途
刷	触摸屏幕，然后迅速移动手指并释放	浏览照片或者音乐唱片封面
轻拂	触摸并迅速以你希望的移动方向轻拂屏幕	翻阅表视图（例如，通讯录）或者选择器视图（比如日历中的日期和时间）
挤压	用两根手指触摸屏幕，然后靠拢或分开它们	在屏幕上进行放大或缩小（比如，放大文本或图片）

2．iPhone 的按钮和功能

iPhone 设备本身并不复杂，很容易使用，如图 1-1 所示。电话顶部有一个耳机插孔、SIM 卡槽和一个睡眠/唤醒按钮（用来锁住或者解锁 iPhone，以及启动或者关闭 iPhone）。左边是电话铃/静音开关和音量调节按钮。底部是话筒、麦克风和基座连接器（用来插入 USB 线，给设备充电或同步数据）。在电话前面的底部是桌面（Home）按钮（用来退出应用程序并返回桌面屏幕）。iPhone 的背面是相机。

3．多点触摸屏

使用多点触摸屏，你可以轻松地在你的电话、应用程序、iTunes 音乐、网页浏览及其他应用之间导航。屏幕能显示一个键盘用来输入电子邮件或文本消息，以及在应用程序中输入数据。使用两根手指，你可以放大（分开手指）和缩小（并拢你的手指）照片、视频及网页。你只要把手指刷过屏幕就可以实现上下或者左右滚动。

4．默认的应用程序

iPhone 带有一些默认的应用程序，包括电话、通讯录、邮件、iPod、Safari 等，如表 1-3 所示。要访问它们，点击其图标即可。

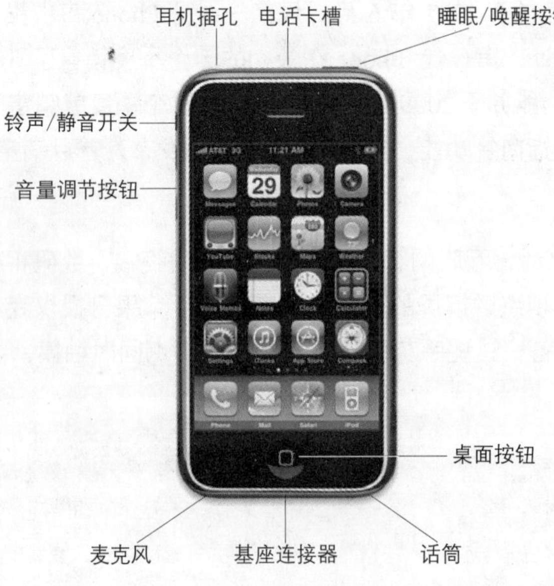

图 1-1 | iPhone 硬件

表 1-3 | iPhone 3.x 默认的应用程序

图　标	应用程序	图　标	应用程序	图　标	应用程序
	电话		相册		语音留言
	通讯录		照相机		记事本
	邮件		设置		计算器
	iPod		YouTube		设置
	Safari		股票		iTunes
	日历		地图		应用程序商店
	短消息		天气		指南针（iPhone 3GS）

1.3　iPhone 3GS 和操作系统 3.x 的新特性与增强功能

iPhone 3GS 在软硬件上有几个显著的更新。

1．3 百万像素的照相机和视频

新的 iPhone 包含了一个 3 百万像素的自动对焦照相机。你可以通过触摸屏幕来对焦一个特定目标，可以捕捉和编辑视频，可以通过电子邮件、MobileMe 画廊（你的朋友可以在这里查看和下载你的照片或者添加他们自己的照片）或者 YouTube 来共享相片和视频.

2．寻找我的 iPhone 和远程清除

如果你忘记把你的 iPhone 放在哪里了,你可以从任意一台电脑上登录苹果的 MobileMe（一个收费的订阅服务），并使用“*查找我的 iPhone*”这个功能来查看一个标有 iPhone 大致位置的地图。然后你可以让这台 iPhone 播放一个声音来帮助你定位这个设备，或者显示一条信息来帮助找到你手机的人并提醒他将手机归还给你。如果你不能找到 iPhone，远程清除功能将把你的手机恢复到出厂设置（删除所有的个人数据），这样可以保护你的隐私。

3．指南针

数字指南针可以单独使用，或者把它嵌入到你的地图应用程序中，用来指明方向。我们将在“第 11 章 路径跟踪器应用程序”中使用指南针。

4．加速器

加速器允许设备对移动作出响应，这个功能包含在所有的 iPhone 中。比如你可以旋转电话从竖直变成水平来改变图片、电子邮件、网页等的方向；还可以使用加速器通过晃动或倾斜 iPhone 来控制游戏；通过最新的 iPhone 操作系统 3.x 上基于加速器的应用程序，你可以晃动 iPhone 来随机播放音乐，或者斜放着 iPhone 以显示一个横向的键盘便于输入，如图 1-2 所示。我们将在“第 12 章　幻灯片播放应用程序”中使用加速器。

图 1-2 | 新的横向键盘

5．蓝牙

你可以连接兼容的蓝牙立体声耳机及其他附件到 iPhone。OS 3.x 提供通过蓝牙的端到端连接。而且，网络连接共享功能使得某些国家的用户可以把 iPhone 当作一个调制解调器，从而把笔记本连接到一个 Wi-Fi 或 3G 网络（iPhone 通过蓝牙或者 USB 线连接到笔记本）。

6．辅助功能

iPhone 3GS 包含一些辅助功能来帮助视觉或听觉受损的用户。VoiceOver 是一个基于手势的屏幕阅读程序，它帮助视觉受损的用户和屏幕目标进行交互并理解他们的语境。比如，用户触摸屏幕时可以听到触摸项的语音描述；然后滑动手指可以听到周围内容的描述；它还用于读出键盘输入的每个字母，或者每个完整的单词。iPhone 3GS 语音识别功能可以让你使用语音命令来使用电话上的功能，比如打电话或者播放音乐。

对于听力受损的用户，iPhone 3GS 有隐藏式字幕、MMS 文本（本书写作时在美国尚不可用）、可视化的和震动的告警等功能。想要知道其他的辅助功能请访问 www.apple.com.cn/iphone/iphone-3gs/accessibility.html。

1.4　从 App Store（应用程序商店）下载软件

表 1-4 列出了一些常用的 iPhone 应用程序，你可以通过苹果应用程序商店，下载其他的应用程序到 iPhone 中。或者通过 iTunes 下载它们然后同步并安装至你的 iPhone 中。要

同步到 iPhone 需要使用 USB 线连接到装有 iTunes 的电脑，同步功能允许备份信息（通讯录、应用程序、数据、音乐、相片、视频等），以及下载新的内容到你的设备中。应用程序商店在你下载的程序有更新时会通知你。

表 1-4 | App Store 中一些流行的 iPhone 应用程序

目　录	应用程序举例
图书	B&N Bookstore，Kindle for iPhone，Classics
商务	QuickOffice Mobile Office Suite，PDF Reader，Job Search
教育	Wheels on the Bus，24/7 Tutor Spanish，USA Presidents
娱乐	Backgrounds，Fandango，i.TV
财经	Bank of America Mobile Banking，PayPal，Mint.com Personal Finance
游戏	Hero of Sparta，Flight Control，Paper Toss，Monkey Sling
保健	iFitness，Lose It!，Restaurant Nutrition，Pedometer，BMI Calculator
生活	AroundMe，Shopper，GroceryIQ，eBay Mobile，OpenTable
医药	Epocrates，EyeChart，Cardio Calc，BLACKBAG，Dog First Aid
音乐	Shazam，Pandora Radio，SIRIUS XM Premium Online，MiniPiano
导航	MapQuest 4 Mobile，Free Wi-Fi，MotionX GPS
新闻	CNNMoney，NYTimes，USA Today，WSJ，Pro RSS Reader，Yahoo!
摄影	Crop for Free，Camera Zoom，ColorSplash，Vint B&W
工作	iTranslate，Todo，Documents To Go，Excuse Generator
参考书	Google Mobile App，Dictionary.com，Wiki Mobile
社交网络	Facebook，MySpace Mobile，Skype，Tweetie，LinkedIn
体育	ESPN Score Center，Sportacular，Golfshot:Golf GPS
旅游	Google Earth，Urbanspoon，Yelp，Cheap Gas!，Currency
工具	iHandyLevel Free，textPlus，Bug Spray—Ultrasonic，myLite Flashlight
天气	The Weather Channel，WeatherBug，Surf Report

应用程序的数量正在快速增长，在写作本书时应用程序商店中大约有 75000 个应用程序，仅在一年时间下载量就超过 15 亿次[2]。（译者注：本书翻译时应用程序已突破 10 万，下载量超 20 亿次）。你可以访问www.apple.com/iphone/apps-for-iphone/查找相关应用程序。有一些是免费的，有些是收费的。开发者可以通过应用程序商店自己设定应用程序的价格，并得到 70%的收入分成。许多开发者提供免费的基础版本作为市场策略，这样用户可以下载它们并看看是否是他们想要的，然后购买具备更多功能的版本。我们将在 2.8 节讨论所谓的“精简版”策略。

[2] 下载地址：www.apple.com/pr/library/2009/07/14apps.html

1.5 iPhone OS 3.x

iPhone的操作系统源于苹果的Mac OS X，并使用在iPhone及iPod Touch设备上，iPhone OS 3.0 发布于 2009 年 6 月份，并包含了一些新的特性和增强功能，如表 1-5 所示。比如，你可以剪切、复制和粘贴文本（甚至在应用程序之间）；新的横向键盘将在你侧放 iPhone，并使用邮件、Safari、记事本和短消息应用程序时出现（它可以让你更好地用拇指输入），而且，你还可以使用内置麦克风来记录语音、留言。

表 1-5 | 新的 iPhone 3.x 软件功能（www.apple.com/iphone/softwareupdate/）

功 能	描 述
横向键盘	更大的键盘，用在邮件、短消息、Safari 和记事本上，使输入更简单
剪切、复制和粘贴	在应用程序程序间剪切、拷贝和粘贴文本和图片
MMS	多媒体消息服务（写作本书时尚不可用）—通过短消息发送相片、音频和视频
语音控制	通过语音来访问通讯录和你的 iPod 音乐库
语音留言	记录音频消息
Spotlight	搜索电子邮件、通讯录、日历和你的 iPod 库
家长控制	限制孩子访问视频、音乐和应用程序
Safari	对 Safari 浏览器的改进帮助你更快地在网上冲浪
记事本	同步你的记事本到电脑
日历	增强的功能，允许你通过微软 Exchange ActiveSync 来创建会议，并订阅到日历，这使用了 Cal- DAV——访问服务器和安排会议的标准协议（caldav.calconnect.org）
Wi-Fi	自动搜索并登录到 Wi-Fi 热点
ITunes	直接从你的 iPhone 中创建和访问 iTunes 商店账户，并购买电影、电视和语音书籍
晃动以随机选取	晃动 iPhone 来跳到你的 iTunes 库中的另外的音乐
晃动以撤销	晃动 iPhone 来撤销一个操作，比如，一个文本编辑
语言支持	iPhone 支持 30 种语言和超过 40 种键盘布局
端到端的蓝牙连接	在靠近的 iPhone 之间通过蓝牙传输数据，我们在“第 15 章 增强的地址簿应用程序”中将使用端到端的连接功能
YouTube	登录到你的 YouTube 账号来同步书签、为你最喜欢的电影评分等

1.6 Objective-C 编程语言

苹果由斯蒂夫·乔布斯(Steve Jobs)和斯蒂夫·沃兹尼亚克(Steve Wozniak，简称沃兹)于 1976 年 4 月 1 日创立，并迅速成为个人计算领域的领导者。1979 年，乔布斯和几个苹果雇员访问施乐公司帕洛阿尔托研究中心学习施乐的带有图形用户界面的桌面计算机。该用户界面成为苹果 Lisa 个人电脑（为商业用户所设计）及更加著名的 Macintosh 电脑的灵感源泉，苹果Macintosh电脑在1984年以一个著名的超级杯广告(基于乔治·奥韦尔的小说《1984》)大张旗鼓地投放市场。斯蒂夫·乔布斯在 1985 年离开了苹果并创建了 NeXT 公司。

20 世纪 80 年代初 Brad Cox 和 Tom Love 在其公司 StepStone 发明 Objective-C 编程语言，为 C 语言添加了面向对象（OOP）的功能 。1988 年，NeXT 从 StepStone 购买了 Objective-C 的许可并开发了一个 Objective-C 编译器和运行库，后来被用做 NeXTSTEP 操作系统的用户界面和 Interface Builder 的平台，其中 Interface Builder 是用于组建用户界面的工具（我们将在 1.10 节讨论 Interface Builder 的更多细节）。苹果的 Mac OS X 由 NeXTSTEP 演变而来。

Objective-C 是面向对象的语言，并可以访问 Cocoa 框架（功能强大的预编译组件类库），使你能够迅速地开发应用程序。我们将在 1.8 节讨论 Cocoa 框架。Cocoa Touch，是 Cocoa 框架的 iPhone 和 iPod Touch 版本。从现在开始我们将简单地称为 Cocoa。

基于 Objective-C 语言的 Cocoa 编程是事件驱动的，在这本书中，你将编写应用程序来响应定时器触发和用户发起的事件，如触摸和按键事件。除了可以直接编写 Objective-C 程序外，你还可以利用 Interface Builder 方便地拖放按钮和文本框等预定义对象到屏幕上，并标记它们和调整其大小。使用 Xcode，你就可以快捷方便地创建、运行、测试和调试 iPhone 应用程序。

1.7 设计模式

除了在代码中使用预定义的对象，你还可以使用几个预定义的设计模式[3]帮助你根据苹果的指导方针设计和实现应用程序，如表 1-6 所示。就像裁缝使用样式来设计服装一样，设计模式为开发人员提供了一个设计和实现应用程序的模板。

表 1-6 | 本书中使用到的设计模式

设计模式	在哪里使用	如何使用
抽象工厂	在“第 4 章 小费计算器”中介绍，在后续应用中均有使用	许多基础框架类（见表 1-7）允许程序员使用一个类似的接口来和不同的数据结构交互
职责链	在“第 7 章 Spot-On 应用程序”中介绍，后续的一些程序也可以见到	内置于 Cocoa 框架的事件处理机制中介绍
命令	在“第 5 章 最喜欢的 Twitter 搜索应用程序”中介绍，在后续大部分应用程序中都有使用	绑定界面组件到动作（比如，事件处理器），这些动作在响应事件的时候触发
组合	在“第 5 章 最喜欢的 Twitter 搜索应用程序”中介绍；在后续大部分应用程序中都有使用	创建一个对象层次，所有 u 对象都能够通过根对象进行操作
修饰器	在“第 6 章 FlagQuiz 应用程序”中介绍，在后续大部分应用程序中都有使用	给一个已存在的类添加新的功能

[3] 关于设计模式你可以参考“4 人帮”的书，设计模式：可复用面向对象软件的基础，作者为Gamma、Helm、Johnson和Valissides，©1994，Addison Wesley。Cocoa设计模式，作者 Buck and Yacktman，©2010，Addison Wes- ley。

（续表）

设计模式	在哪里使用	如何使用
外观	在“第 6 章 FlagQuiz 应用程序”中介绍	为一个复杂子系统的行为提供一个简单的接口
模型-视图-控制器	在“第 4 章 小费计算器”中介绍，在后续应用中均有使用	把应用程序数据（包含在模型中）和图形表现（视图），以及输入处理逻辑（控制器）分离开来
备忘录	在“第 5 章 最喜欢的 Twitter 搜索应用程序”中介绍；在后续所有需要保存数据的应用程序中都有使用	以一个比特流来表达一个对象，它可以被保存到一个文件中，或者通过网络传输（这也叫做“序列化”）
单例	在“第 5 章 最喜欢的 Twitter 搜索应用程序”中介绍	确保只有一个类对象被创建，应用程序中的其他对象可以共享这个单例对象
模板方法	在“第 4 章 小费计算器”中介绍，在后续应用中均有使用	在父类中定义一个算法，其中部分子类可以覆盖（override）

1.8 Cocoa 框架

Cocoa，一个框架（Framework）集合，也是从 NeXT 的项目中演化而来的，OpenStep 是 NeXT 所开发的一个面向对象的编程接口，并用于操作系统的开发，在苹果兼并了 NeXT 后，OpenStep 操作系统演化成了 Rhapsody，并且许多基础库变为 Yellow Box API.Rhapsody 和 YellowBox 最终分别演化为 OS X 和 Cocoa。

Cocoa 由许多框架组成，如表 1-7 所示，这让你可以方便地访问 iPhone 操作系统的功能，并把它们整合到你的应用程序中。这些框架在本书中将被讨论，它们主要用 Objective-C 编写，并且可以被 Objective-C 程序所访问。Cocoa 框架帮助你创建符合 Mac 系统独一无二观感的应用程序（参见 developer.apple.com/cocoa/）。

表 1-7 | Cocoa 框架（developer.apple.com/iPhone/library/navigation/ Frameworks/index.html）

框　架	描　述
Cocoa Touch 层：用于构建图形化的事件驱动应用程序	
Address Book UI	访问用户地址簿联系人的图形用户界面，在“第 15 章 增强的地址簿应用程序”中使用
Game Kit	用于游戏和其他程序的声音和蓝牙网络功能，在“第 15 章 增强的地址簿应用程序”中使用
Map Kit	为基于位置的应用程序添加地图和卫星图片功能，在“第 11 章 路径跟踪器应用程序”中使用
Message UI	从一个应用程序中创建电子邮件
UIKit	创建和管理一个用户界面的类，包括事件处理、画图、窗口、视图和多点触摸接口控制，在“第 3 章 欢迎程序”中介绍，并在全书中使用
媒体层：为你的应用程序添加音频、视频、图形和动画的框架	
音频工具包	音频记录和音频流回放以及告警的接口
音频单元	打开连接和使用 iPhone 操作系统音频处理插件的接口
AV 基础	音频记录和回放的接口（和音频工具包相同），在“第 7 章的 Spot-On 游戏应用程序”和“第 8 章 加农炮应用程序”中使用

（续表）

框 架	描 述
Core Audio	声明被其他 Core Audio 接口所使用的数据类型和常量，在“第 7 章 Spot-On 游戏应用程序”和“第 8 章 加农炮应用程序”中使用
Core Graphics	绘制和渲染图像、颜色管理、斜率、坐标空间转换及处理 PDF 文档，在“第 7 章 Spot-On 游戏应用程序”和“第 8 章 加农炮应用程序”中使用
Media Player	查找和播放应用程序中的音频和视频文件，在“第 12 章 Slideshow 应用程序”中使用
OpenGL ES	支持与 Core Animation 层和 UIKit 视图的集成，是 OpenGL 2D 和 3D 绘画在嵌入式系统上的子集
Quartz Core	图像和视频处理的框架及使用 Core Animation 技术的动画，在“第 7 章 Spot-On 游戏应用程序”中使用
Core Services 层：访问核心的 iPhone OS 3.x 服务的框架	
地址簿	用于访问用户的通讯录。在“第 15 章 增强的地址簿应用程序”中使用
Core Data	执行与对象生命周期及与对象图形管理相关的任务，在“第 15 章增强的地址簿应用程序”中使用
Core Foundation	允许框架与类库共享代码和数据的编程接口，还支持国际化，在“第 5 章 最喜欢的 Twitter 搜索应用程序”中介绍，并在全书使用
Core Location	用于判定 iPhone 的位置和方向，并可以定制位置服务事件，在“第 11 章 路径跟踪器应用程序”中使用
Foundation	包含 NSObject（用于定制对象行为），以及用于创建图形化的事件驱动的应用程序工具，还包括设计模式和让你的应用程序更有效率的特性，在“第 5 章 最喜欢的 Twitter 搜索应用程序”中介绍，并在全书使用
Mobile Core Services	包含基础类型和常量
Store Kit	用于处理交易的程序内购买（In-App Purchase）支持
系统配置	判断网络的可用性和状态
Core OS 层：访问 iPhone OS 3.x 内核的框架	
CFNetwork	使用网络协议来执行任务，包括 HTTP 和认证的 HTTP 和 HTTPS 服务器、FTP 服务器、创建分装的连接等，在“第 16 章 Twitter Discount Airfares 应用程序”中使用
外部附件	允许 iPhone 和第三方认证的附件交互，通过蓝牙或者基座连接器连接
安全	保护应用程序数据
系统	BSD 操作系统和 POSIX API 功能

1.9 iPhone SDK 3 的新特性

iPhone SDK 3 包含一些新的框架用来给你的应用程序构建强大功能，在本书中我们将使用这些新框架中的绝大部分。我们还使用 ***Web 服务*（*Web service*）**，通过 Web 服务你可以创建***聚合应用*（*Mashups*）**，这让你能够通过组合一些组织的互补的 Web 服务及其他形式的信息源来快速地开发应用程序。一个常用的聚合应用是 www.housingmaps.com，它使用 Web 服务来把 www.craigslist.org 列表和 Google Maps 的地图功能结合在一起，这样可以显示在指定地区出租公寓的位置信息。我们在“第 16 章 Twitter 折扣机票应用程序”中使用 Web 服务。

1. In-App Purchase（应用程序内购买）

*应用程序内购买*允许你通过 *Store Kit* 框架，把交易功能构建到应用程序中，它通过 iTunes 商店处理支付，通过一个支付程序可以要求用户对额外的内容和功能进行付费。当用户选择通过你的支付程序进行购买时，应用程序发送一个支付请求给 iTunes 商店，这将验证和批准这个支付并提示应用程序解锁新特性或者下载新的功能，你将收到 70%的付费（苹果抽取 30%），并按月支付给你。*应用程序内购买*将在“第 2 章 iPhone 应用程序商店和商业问题”中更为详细讨论。

2. Push Notification（苹果推送通知）

这个新的苹果推送通知服务允许应用程序接收通知，即使在应用程序没有运行的时候，这个服务可以在应用程序有新版本可供下载时用来通知用户、发送消息给用户等，苹果推送服务通知大部分是在服务器端进行操作的，这样，将尽可能减少对用户 iPhone 性能和电池待机时间的影响。

3. 配件

配件制造商可以创建协议允许 iPhone 与它们的配件进行交互，通过蓝牙或者基座连接器进行连接。比如，你可以创建一个应用程序和一个心率检测器、计步器或者耐克加 iPod 传感器来跟踪健康指标或燃烧的卡路里等。

4. 端到端的连接

Game Kit 框架包括端到端的连接和游戏内的声音通信功能，这样你可以将多玩家和聊天功能添加到你的游戏和应用程序中。多个邻近的 iPhone 可以通过蓝牙进行无线连接。玩家可以彼此竞争，Game Kit 还能够用来交换图像、照片及类似信息，这个框架将在“第 15 章 增强的地址簿”中使用。

5. 地图

Map Kit 框架（使用了 Google 移动地图服务）用来创建基于位置的应用程序，比如，一个用来显示最近的加油站和公共停车场的应用程序。Map Kit 框架在“第 11 章 路径跟踪器应用程序”中使用。

6. iPod 库访问

媒体播放器框架允许应用程序访问用户 iPod 库中的音乐、播客和音频书籍。比如，在“第 12 章 幻灯片应用程序”中将使用媒体播放器框架让用户创建一个音乐图片的幻灯片。

1.10 Xcode 开发工具组

Xcode 3 开发工具组与所有 Mac OS X v10.5 以后的版本绑定，可以通过苹果开发者连接（developer.apple.com）免费下载，这个工具组包含 Xcode 集成开发环境、Interface Builder、

Objective-C 2.0 语言支持、Instruments（用来提高性能）等工具。

1．Xcode 集成开发环境

Xcode 是苹果的标准集成开发环境， Xcode 支持多种编程语言，包括 Java、C++、C、Python 和 Objective-C,但是只有 Objective-C 可以用于 iPhone 开发。它包含一个代码编辑器，支持语法着色、自动对齐和自动代码完成功能，还包括一个调试器和一个版本控制系统。你将在“第 3 章 欢迎应用程序”中使用 Xcode。

2．Interface Builder

Interface Builder 是一个可视化的用户界面设计工具。GUI 组件可以被拖放到窗体中而无须任何编码工作。Interface Builder 文件使用.xib 扩展名，但是早期版本使用.nib，NeXT Interface Builder 的简写。为此，Interface Builder 的.xib 文件通常被称为“nib 文件”。你将在“第 3 章 欢迎应用程序”中了解更多。

3．iPhone 模拟器

iPhone 模拟器，包含子 iPhone 开发包中，允许你在 OS X 中的模拟环境中运行应用程序。模拟器显示一个真实的 iPhone 用户界面窗口。我们使用模拟器（而非一个真实的 iPhone）来为本书抓取大部分 iPhone 截屏。你可以在模拟器上使用 Mac 的键盘和鼠标模拟很多 iPhone 的手势，如表 1-8 所示，不过还是有些限制的，毕竟你的计算机不能模拟所有的 iPhone 硬件特性。比如，当运行一个 GPS 应用程序时，模拟器始终提示你在位于加利福尼亚州库比蒂诺的苹果总部位置。而且，尽管你可以模拟方向改变（横向或竖向）及晃动手势，但是无法模拟特定的加速器读数，不过你可以上传应用程序到 iPhone 中测试这些手势。你将在“第 11 章 路径跟踪器应用程序”中学习如何这么做。你将在“第 3 章 欢迎程序”中学习如何使用模拟器进行开发。

表 1-8 | 模拟器上的 iPhone 手势(developer.apple.com/IPhone/ library/documentation/Xcode/Conceptual/iphone_development/125- Using_iPhone_Simulator/iphone_simulator_application.html)

手　势	模拟动作	在哪个应用中介绍
触击	单击鼠标	第 4 章 小费计算应用
双击	双击鼠标	第 8 章 加农炮游戏应用
触摸并停留	单击鼠标并按住	
滑动	单击，按住并拖动鼠标	第 8 章 加农炮游戏应用
刷	单击鼠标并按住，在滑动方向上迅速移动指针并释放鼠标	第 10 章 地址簿应用
轻拂	单击鼠标并按住，在滑动方向上移动指针并迅速释放鼠标	第 10 章 地址簿应用
挤压	按住 Option 键，将出现两个圆圈模拟两个触摸点。移动圆圈到起点位置，单击并按住鼠标，拖动圆圈到终点位置	第 11 章 路径跟踪器应用

1.11 对象技术的基础知识

对象是可重用的软件组件，是对现实世界中物体的建模。使用模块化、面向对象的方法来设计和实现，可以使软件开发小组比以往具有更高的生产效率。面向对象的程序往往更容易理解、纠正和修改。

什么是对象，它们为什么特别? 对象技术是构建有意义的软件单元的封装机制。有日期、时间、发票、汽车、人、音频、视频、文件对象等。还有，如圆形和方形的图形对象，以及如按钮、文本框和滑块的图形用户界面对象。事实上，几乎任何名词都可以表示为一个合理的软件对象。对象拥有特性（也称为属性），如颜色、大小和重量，以及执行方法（也称为行为），如移动、睡觉或绘图。

类是相关的对象类型。例如，所有的汽车属于“汽车”类，尽管单个汽车在品牌、型号、颜色和选项包上不尽相同。

一个类指定了它的对象的一般格式，以及可用的属性和行为。

不同的对象可以有类似的属性，可以表现出类似的行为，可以作出不同的比较，例如，在婴儿和成人之间，以及人类和黑猩猩之间。

通过对象技术，设计适当的类可以被重用在将来的项目中。使用类库大大减少了实现新系统的工作量。

1. 面向对象设计

面向对象设计（OOD）采用与人们用来描述现实世界的对象相似的术语来对软件进行建模。它利用了类别关系，某一个类的对象，如车辆类具有相同的特点，汽车、卡车、红色小货车有很多共同点。面向对象设计利用继承关系、新的对象类，可以通过吸收现有类的特征并增加了自己的特点来快速构建。例如，一个“敞篷车”类对象一定有更为一般的“汽车”类的特征，不过特别的是，顶棚可以上下移动。

面向对象设计提供了一种自然直观的方式来看待软件设计过程，即通过它们的属性、行为和相互关系来建模，正如我们描述现实世界的对象那样。面向对象设计还对对象之间的通信进行建模。例如，一个银行账户对象可能会收到一条消息而减少一定数量的余额，因为客户收回了上述款项。

OOD ***封装***（即包装）属性和行为用到对象中，一个对象的属性和行为紧密地联系在一起。对象具有隐藏信息（***information hiding***）的特性。这意味着，对象可能知道如何以明确定义的接口来相互沟通，但通常它们并不知道其他对象是如何实现的，实现细节属于对象本身隐藏的。例如，我们可以很好地驾驶车辆，却不知道发动机、变速箱、制动系统、排气系统内部的工作细节，只要我们知道如何使用油门踏板、制动踏板、方向盘等就可以了。信息隐藏对于良好的软件工程至关重要。

Objective-C 是面向对象的语言。使用这样的语言编程被称为***面向对象编程*（*OOP*）**，它可以帮助你把面向对象设计实现成为一个实际运转的软件系统。在 Objective C 中，编程单位是类，对象最终通过***实例化***（面向对象编程中“创建”的术语）它而被创建。一个对象被称为它的类的实例。Objective-C 的类包含实现行为的方法和实现属性的数据。

2．类、实例变量和方法

Objective - C 的程序员专注于创建自己的类和重用现有的类，最著名的就是这些 Cocoa 框架。每个类包含数据和操作数据并向客户（即其他类或使用该类的函数）提供服务的方法。类的数据部分通过实例变量和属性来实现。例如，一个银行账户类可能包括一个账户号码和余额。这个类可能会包含成员函数，如存款（增加余额）、提取（降低余额），以及查询余额。系统规格中的名词可以帮助 Objective–C 程序员来确定实现这个系统所需要的类。

类之于对象就如同设计图之于房子——类是构建一个对象的“计划”。正如我们可以用一张设计图来建造许多房子，可以从一个类中实例化（创建）多个对象。你不能在设计图上的厨房中做饭，但可以在房子的厨房里做饭。你不能在设计图上的卧室里睡觉，但是你可以睡在一所房子的卧室里。

类之间可以有关系，称为***关联*（*associations*）**。例如，在一个面向对象设计的银行中，“银行出纳员”类需要与其他类（如“客户”类、“钱箱”类、“安全”类）等相关联。

把软件封装成类可以使代码重用更加方便。构建项目时重用现有的类，可以节省时间和金钱。重用还可以帮助你建立更可靠和有效的系统，因为现有的类和组件往往通过了广泛的测试、调试和性能调整。事实上，通过对象技术，你可以通过组合现有的类来构建新的软件，这也正如我们在整本书中所做的那样。

1.12 Web 2.0

Web 技术从 20 世纪 90 年代中后期开始爆发性增长，但是“.com”经济泡沫破灭在 2000 年初让世界经济进入了困难时期。复苏始于 2004 年，并因此被命名为 ***Web 2.0***。Google 被广泛认为是 Web 2.0 的代表公司，还有一些其他公司如 MySpace 和 Facebook（社交网站）、Twitter（社交信息）、Flickr（照片共享）、Craigslist 网站（免费分类楼盘）、delicious（社交书签）、YouTube（视频分享）、Salesforce（提供商业软件在线服务）、第二人生（一个虚拟世界）、Skype（互联网电话）和维基百科（一个免费的在线百科全书）。

在 Deite1 & Associates 公司，我们在 2005 年开始推出基于 Web 2.0 的互联网业务，在网站 www.deitel.com/resourcecenters.html 上以资源中心（***Resource Center***）的形式分享我们的研究。每一个资源中心都罗列了互联网上大多数免费的内容和软件的相关链接。我们在每周简讯中公布最新的资源中心（www.deitel.com /newsletter/ subscribe.html）。

要跟踪 Web 2.0 的最新开发进展，请查阅 www.techcrunch.com 和 www.slashdot.org 并检查越来越多互联网和与网络有关的资源中心 www.deitel.com/resourcecenters.html。

1.13　在 iPhone 模拟器中试运行画图板应用程序

在本节中，你将运行你的第一个 iPhone 应用程序并与之交互。这个画图板（Painter）应用程序允许用户使用不同大小图形和颜色在屏幕上“绘画”。你将在第 9 章构建这个应用程序。

我们使用字体区分 IDE 的功能（如菜单名称和菜单项），以及在 IDE 中出现的其他元素。下面的步骤告诉你如何试运行这个应用程序。

（1）检查你的设置。确认你已经按照序言后面的“开始之前”这个章节正确地设置了你的计算机。

（2）打开应用程序目录。打开一个 Finder 窗口并导航到 Documents/ Examples/Painter 目录，或者你保存本章例子的目录。

（3）打开画图板项目。双击 Painter.xcodeproj，在 Xcode 中打开该项目。

（4）启动画图板应用程序。在 Xcode 中，从菜单栏中选择“项目→设置当前开发包”，确保 iPhone 模拟器 3.0（或 3.1）被选中。单击“Build and Go”按钮，如图 1-3 所示，在模拟器上运行应用程序[注：苹果会不断更新 Xcode。根据不同的版本，以及最后如何执行应用程序，此按钮的名称可能是 Build and Run 或 Build and Debug]。

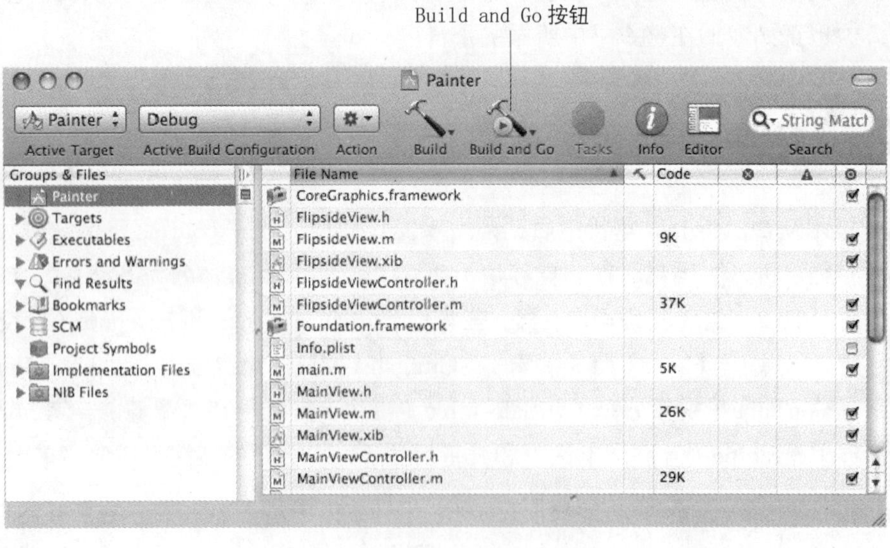

图 1-3 | 单击“Build and Go”按钮运行画图应用程序

（5）浏览应用程序。屏幕上唯一的项目是画布和信息（❶）按钮，如图 1-4 所示。当应用程序在 iPhone 上安装后，通过在画布的任何位置滑动你的手指，可以创建一幅新的画。

在模拟器中，使用鼠标“触摸”屏幕。

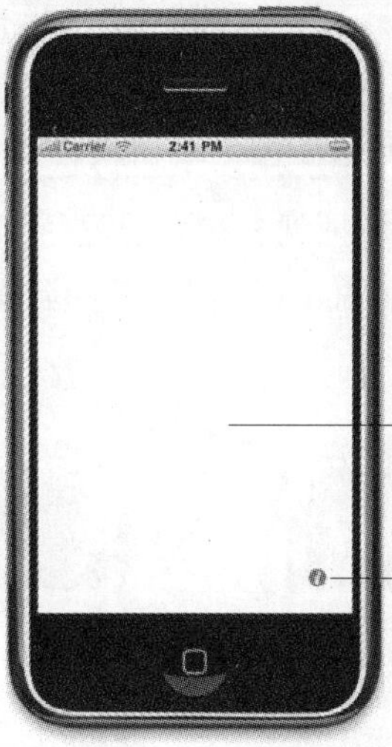

图 1-4 | 带有一张空白画布的画图板应用程序

要更改画笔的大小或颜色，可以触摸信息（ⓘ）按钮。这将显示应用程序设置。在图 1-5 中，显示了几个带有标签的图形元素，它们被称为“组件”。这些组件包括**滑块**（**Slider**）、**标签**（**Label**）、**按钮**（**Button**）和一个**视图**（**View**）（这些控件将在本书的后面深入讨论）。应用程序允许你设置画笔的颜色和厚度。你可以马上试试这些选项，还可以清除整个绘图从头开始。

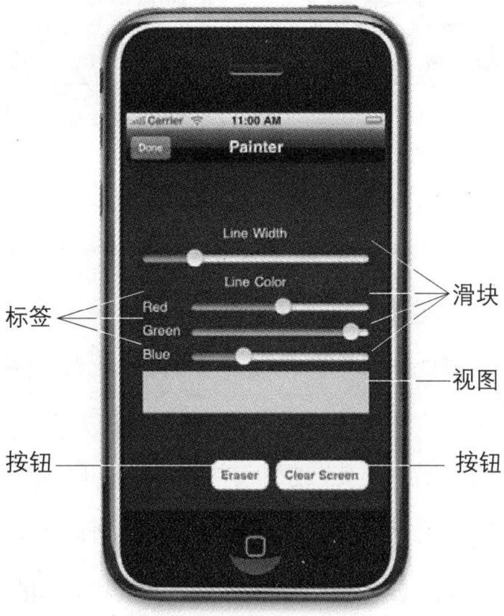

图 1-5 | 画图板应用程序设置

使用预先存在的 GUI 组件，你可以利用 Cocoa 创建功能强大的应用程序，远比你自己编写所有的代码要快得多，在本书中，你将使用很多已存在的 Cocoa 组件并编写你自己的 Objective - C 代码来定制应用程序。

（6）改变画笔颜色。要改变画笔颜色可以拖动“Line Color”标签 3 个滑块中的任意一个。当你拖动一个滑块时，下面的视图将显示新的颜色。移动这些红、绿、蓝滑块可以让用户控制红、绿、蓝的数值用来形成新的颜色。iPhone 手机还支持 Alpha 透明度（部分透明度），你将在“第 7 章 Spoton 游戏程序”中使用。一旦你选择了一种颜色，触摸“Done”按钮以返回到画布上。现在通过把红色滑块拖到右边，把蓝色和绿色滑块拖到左边，这样就选择了红色，如图 1-6（a）所示，触摸“Done”按钮以返回到画布上，在屏幕上滑动来绘制花瓣，如图 1-6（b）所示。

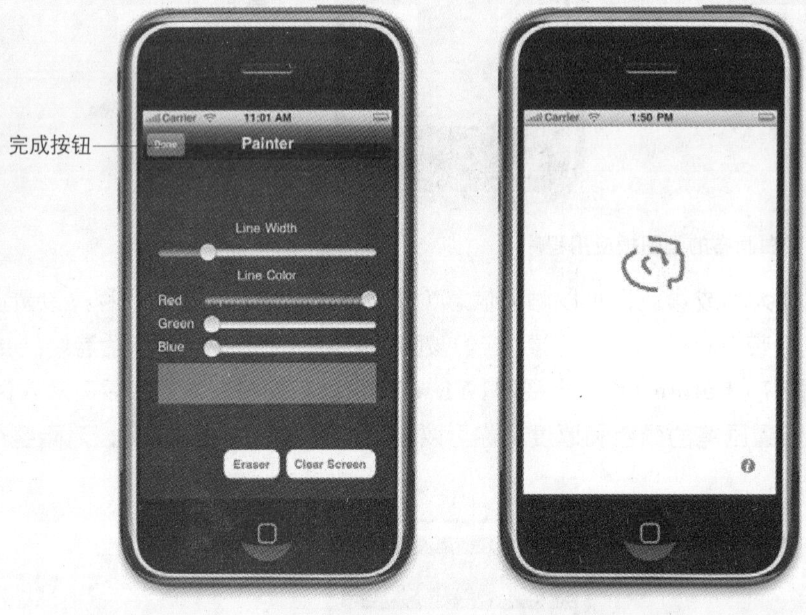

（a）　　　　（b）

图 1-6 | 用新的颜色绘图

（7）更改画笔颜色和大小。通过选择信息（ⓘ）按钮更改到设置视图，拖动绿色滑块到右边，拖动红色、蓝色滑块到左边，如图 1-7（a）所示。线条的宽度由 Line Width 标记滑块控制。这个滑块拖动到右侧使此线条加粗。触摸“完成”按钮返回到画布上，绘制草和花干，如图 1-7（b）所示。

（8）结束绘图。通过触摸信息（ⓘ）按钮切换回设置视图。拖动蓝色滑块向右和红色、绿色滑块向左，如图 1-8（a）所示。切换到画布，并绘制雨滴，如图 1-8（b）所示。

（9）关闭该应用程序。通过单击模拟器底部的菜单栏上的“Home”按钮来关闭应用程序，或者从菜单栏上选择“iPhone Simulator→Quit iPhone Simulator”退出正在运行的应用程序。

（a）　　　　（b）

图 1-7 | 改变线条颜色和尺寸来画草

（a）　　　　（b）

图 1-8 | 改变线条颜色和尺寸来画雨

1.14 小结

本章介绍了 iPhone 的简史，并讨论了其功能。你了解到了 iPhone3GS 和 iPhone 3.X 操作系统新的软硬件特性。还了解了 iPhone 的手势，以及如何在 iPhone 模拟器上执行应用程序。本章还介绍了 Cocoa 框架，它使你可以使用 iPhone 的软硬件功能来建立自己的 iPhone 应用，你将在本书中使用这些框架。你还了解了 Objective-C 编程和苹果 iPhone SDK 3 的历史。我们列出了在本书应用程序中所使用的设计模式。我们讨论了对象技术的基础概念，包括类、对象、属性和行为。我们还讨论了 Web 2.0。最后，还运行了画图板应用程序。

第 2 章将讨论 iPhone 应用软件的商务部分，你将会看到如何准备你的应用程序以提交给应用程序商店，包括制作图标和启动界面。我们将提供对你的应用程序进行定价和销售的技巧。我们也展示了如何使用 iTunes Connect 来跟踪应用程序的销售、付款等情况。

1.15 Deitel 资源中心

我们的网站（www.deitel.com）提供了不同主题的 100 多个资源中心，包括编程语言、软件开发、Web 2.0、互联网业务和开源项目。资源中心是在为了支持我们的出版物和商务活动所进行的研究基础上发展而来的。我们建立了许多优秀的在线资源，包括教程、文档、软件下载、文章、博客、播客、视频、代码示例、书籍、电子书籍和更多内容，其中大部分是免费的。我们每周通过 *Deitel® BUZZ Online* 简报公布最新的资源中心，你可以从查阅 iPhone 相关资源中心开始：

- www.deitel.com/iPhone/（苹果 iPhone 资源中心）
- www.deitel.com/ObjectiveC/（Objective-C 资源中心）
- www.deitel.com/Cocoa/（Cocoa 框架资源中心）
- www.deitel.com/iPhoneAppDevelopment/（iPhone 应用程序开发资源中心）
- www.deitel.com/ResourceCenters.html（所有 Deitel 资源中心的主列表）
- www.deitel.com/books/iPhoneFP/（代码下载、更新、勘误表、常见问答（FAQs）、热门链接和其他《iPhone 应用程序开发实例大全》相关资源）

2

iPhone App Store 和商务问题

本章导读：

- iPhone人机界面指南
- 优秀应用程序的特征
- 设置iPhone配置文件，从而可以在设备上测试应用程序并提交到App Store
- 通过iTunes Connect将你的应用程序提交至App Store
- 应用程序被苹果拒绝的常见原因
- 为你的应用程序定价及免费与付费应用程序的优劣
- 市场营销和商品化你的应用程序
- 使用iTunes Connect跟踪销售和趋势
- iPhone趣闻和幽默
- 其他常见平台

Outline

2.1 iPhone App Store 和商务问题简介

在第 3 ~ 16 章中，你将学习到如何开发各种各样的 iPhone 应用程序。一旦你在模拟器和 iPhone 手机上完成了自己的应用程序的开发和测试，那么下一步就是提交给苹果的 App Store（应用程序商店）进行发布审批。在写作本书时，苹果表示，“94%的应用程序在 14 天内被批准。”[1]本章，你将学习如何建立 iPhone 开发者档案，从而可以在 iPhone 上测试应用程序并提交到应用程序商店。我们将讨论当你设计应用程序用户界面时所应该遵循的 iPhone 人机界面指南，以及优秀应用程序所具有的一般特征。我们将列出一些应用程序被苹果拒绝的常见原因。你还将学习到如何通过 iTunes Connect 提交你的应用（iPhone 开发人员计划的一部分）。我们将讨论开发免费或付费应用程序上的一些考虑，并提及关于商品化应用程序的资源。我们将为营销你的应用程序提供资源。我们将向你介绍 iTunes Connect，你可以用它来跟踪应用程序销售、付费等情况。而且，我们还将指出很多在线资源，大多是免费的，你可以从中找到更多信息。

本章包含了很多有用的信息，你在开发 iPhone 应用程序时应该牢记它们，正如我们在开发本书中的 14 个应用程序所做的那样。不过如果你非常急切地想投入到具体的 iPhone 应用程序开发中，你可以略过本章。但我们建议你至少应该快速浏览一下本章，然后可以在阅读本书其余部分时返回本章进行补充阅读。

1 “Announcements and News for iPhone Developers,” developer.apple.com/iphone.

2.2 iPhone 开发人员计划：建立你的开发者档案来测试和提交应用程序

为了在实际的 iPhone 设备上测试应用程序，以及提交程序至苹果 App Store 审核，你必须在 developer.apple.com/iphone/加入收费的 iPhone 开发人员计划。作为会员，你将获得大量资源，包括：

- 入门指南
- 提交应用程序的提示信息
- 编程指南
- 示例代码
- 下载
- iPhone 操作系统和开发包的预览/测试版本
- 开发者论坛等。

在我们出版本书时，苹果发布了“应用程序商店资源中心”（developer.apple.com / iphone/appstore/），其中提供了有关我们在第 2.2.1 到 2.2.7 节中所讨论问题的附加信息。

2.2.1 建立你的 iPhone 开发团队

登录到 iPhone 开发人员计划的网站并点击 iPhone 开发人员计划门户（iPhone Developer Program Portal，该链接在你购买并激活开发人员计划成员资格后会出现在网站右上角）。在这里你可以找到测试你的应用程序和提交审核的相关资源。你需要设定你的 ***iPhone 开发团队（iPhone Development Team）***，如表 2-1 所示，这样你和/或（and/or）组织中的其他人就可以登录到 iPhone 开发人员计划门户，在 iPhone 上测试应用程序，把 iPhone 手机加入到测试账号中等等。要设置你的团队，请点击 iPhone 开发人员计划门户页面上的团队（Team）链接，账户的注册者被指定为团队代理。如果你作为一个公司注册，你可以分配团队成员。该团队代理承担该账户的所有主要职责。

表 2-1 | iPhone 开发团队职责（iTunes Connect **开发指南，版本** 4.7, 2009.7.10）

iPhone 开发团队职责
团队代理
• 承担账户的所有主要职责-分配给注册了开发人员计划的人员 • 通过 iTunes Connect 接受所有开发人员计划的法律协议 • 分配团队管理员和成员 • 创建配置文件（Provisioning profile），其中包含你的开发证书、设备和应用程序 ID（一个数字字母标识）

（续表）

iPhone 开发团队职责
● 获取 iPhone App Store 和 Ad Hoc 分发认证 ● 如果有两个以上成员，指定团队管理员 ● 在指定的 iPhone 设备上测试应用程序
团队管理员
● 分配团队管理员和成员，他们可以在 iPhone 上测试你的应用程序 ● 批准开发证书请求 ● 把需要用于测试的 iPhone 设备加入你的账号 ● 创建配置文件（Provisioning Profiles） ● 在指定的 iPhone 设备上测试应用程序 ● 团队成员 ● 提交（而不是批准）开发证书请求 ● 下载配置文件（Provisioning Profiles） ● 在指定的 iPhone 设备上测试应用程序

2.2.2 获取一个 iPhone 开发证书

你还需要获得一个 iPhone 开发证书作为你的数字标识的加密证书。你必须使用这个证书签署你的应用程序，然后才可以在 iPhone 上运行和测试应用程序。

要获得开发证书，你必须首先使用预装在 Mac OS X 系统中的钥匙串访问应用程序（Keychain Access）生成一个证书签名请求（CSR），钥匙串访问程序可以通过下面的方式打开：应用程序→实用工具→钥匙串访问。

（1）在“**钥匙串访问**”菜单上选择“**偏好设置**”（Preferences）。

（2）点击“**证书**”选项卡，并设置“**在线证书状态协议**”和“**证书撤销列表**”为关闭，关闭此对话框。

（3）在“**钥匙串访问**”菜单中选择“**证书助理>从证书颁发机构请求证书**”来打开证书助理。输入你用来注册 iPhone 开发人员计划的电子邮件和名字。选择“**存储到磁盘**”单选按钮，并选中“**让我指定密钥对**”复选框。单击“**继续**”**按钮**，然后单击“**保存**”**按钮**以保存该请求到磁盘上。

（4）在“**密匙对信息**”界面中，设置“**密钥大小**”为“**2048 位**”，“**算法**”为“**RSA**”，然后单击“**继续**”**按钮**。现在 CSR 已经保存在你的计算机上。

回到 iPhone 开发人员计划门户，并点击 **Certificates** 链接来添加证书。

（1）选择“**Development**”选项卡。

（2）单击“**Request Certificate**”按钮，将显示**创建 iPhone 开发证书**（Create iPhone

Development Certificate）说明页面。

（3）在页面的底部单击**“Browser”**（团队管理员）或**“Choose File”**（团队成员）来查找已保存在计算机上的 CSR 文件。选择该文件，然后单击“打开”按钮。

（4）在创建 **iPhone 开发证书**说明页面，单击“Submit”按钮。

一个批准请求将被发送到管理员组。管理员（或团队代理）必须到 **Certificate** 页面，点击 **Approve**（管理员的请求）或 **Approve Selected**（团队成员的请求）来批准这一请求。经批准后，提交该 CSR 的开发人员将可以下载这个证书，可能需要刷新浏览器窗口才能看到下载按钮。

接下来，进入 iPhone 的开发人员计划门户网站并点击 **Certificate** 链接，在这里可以看到你的证书列表。在下载开发证书之前，必须在计算机上安装**全球开发人员关系中间证书**（WWDR intermediate certificate）。就在你的证书下方会看到“如果你没有安装全球开发人员关系中间证书，请点击这里下载。”（If you do not have the WWDR intermediate certificate installed, click here to download now.）

（1）点击该链接并保存中间证书（AppleWWDRCA.cer）到你的计算机。

（2）在 Finder 中，双击 WWDR intermediate certificate 以在**钥匙串访问**中打开它并安装。单击“确定”按钮以完成安装。

（3）返回 iPhone 开发人员计划门户的证书页面，单击**“Download”**按钮旁边的证书并将其保存到计算机中。在 Finder 中，双击开发证书文件以在**钥匙串访问**中打开它并安装。单击“确定”按钮以完成安装。

可以在多台计算机上使用同一个开发证书，这样很方便而且可以切实地降低证书请求的开销。

2.2.3 注册测试设备

接下来，点击 **Devices** 来登记多达 100 个 iPhone 和 iPod Touch 测试设备。对于每一个设备，提供一个名称和一个唯一的设备标识（UDID）——一个长度为 40 个字符与特定设备相关的标识符。要找到设备的 UDID，将它连接到 Mac 机，打开 Xcode，进入**“Window →Organizer”**，选择连接的设备，UDID 将出现在标识符字段。要添加设备，请单击**“Add Devices”**按钮，输入设备的姓名和设备标识，然后单击**“Submit”按钮**。

2.2.4 创建应用程序标识（App IDs）

返回到 iPhone 开发人员计划门户网站并点击 **App IDs** 链接。应用程序标识（是配置文件的一部分，我们将稍后讨论）用来确定一个应用程序或相关的应用套件。在与硬件附件和苹果推送通知服务（Apple Push Notification service）进行通信，以及在应用套件内共享数据时将使用到它。单击“**New App ID**”按钮，输入应用程序描述（由字母数字组成）（例如，应用程序的名称）。接下来，添加 **Bundle Seed ID**，选择应用程序标识的前缀，从 Bundle Seed App ID 下拉菜单中选择“**Generate New**”。最后，在“**Bundle Identifier**”文本框中，输入唯一的 Bundle 标识符，应用程序标识后缀。苹果建议使用反向域名样式（例如，com.DomainName.AppName）。单击“**Submit**”按钮以添加新的应用程序标识。

2.2.5 创建 Provisioning Profile

现在，在 iPhone 的开发人员计划门户页面点击 **Provisioning** 链接，一个**开发配置文件**（Development Provisioning Profile）指定授权的 iPhone 开发团队成员使用已授权的设备，让小组成员来在设备上测试应用。它被安装在每个设备上，而且包含每个小组成员的 iPhone 开发证书，以及 UDID 和应用程序标识：

（1）单击“**New Profile**”按钮。

（2）在“**Profile Name**”文本框中输入名字。

（3）在“**Certificate**”部分，选中每个被批准的小组成员。

（4）进入“**App ID**”下拉菜单，并选择与这个配置文件关联的应用程序名称。

（5）在“**Devices**”下面选中使用这个配置文件的设备。

（6）单击“**Submit**”按钮来创建配置文件。

接下来，开发团队成员必须下载这个配置文件，并把它添加到 Xcode 中。每个获得批准的小组成员应执行以下步骤：

（1）进入 iPhone 开发人员计划门户网页，并点击 **Provisioning** 链接。

（2）单击适当的配置文件旁边的“**Download**”按钮并将其保存到计算机中。

（3）在 Finder 中，双击刚才保存的配置文件（以.mobileprovision 结尾）来把它安装到 Xcode 中。

（4）要确认该配置文件是否已被安装，可以选择“**Window→Organizer**”，然后选择“**IPHONE DEVELOPMENT**”目录下的“**Provisioning Profiles**”。

2.2.6 使用配置文件在 iPhone 或 iPod Touch 上安装应用程序

当你创建一个应用程序并想安装在实际设备中测试它时，应该按本节中下面的步骤执行。

（1）在 Xcode 中打开应用程序项目。

（2）在项目 **Resource** 组中双击 Info.plist 文件（在新版本的 Xcode 中被命名为应用程序名-Info.plist）。

（3）更改 Bundle identifier 为当你创建应用程序标识时所指定的值，然后保存该文件。

（4）在 Xcode 中，选择“Project→Edit Project Settings”来显示项目信息对话框。

（5）依次选择“**Code Signing→Code Signing Identity**”，在“**Automatic Profile Selector**”下面选择“**iPhone Developer**”。[注：在 Xcode 3.2 中，选择“**Build**”选项卡来查看这个选项，这将为应用程序选择适当的开发人员证书，并允许团队中的其他开发人员构建应用程序，如果你把你的项目传给他们，还可以选择特定的开发证书，但这样做应用程序只能在你的计算机上生成。

（6）要把应用程序装进你的设备，确保你的设备已连接到了你的计算机。然后，在 Xcode 中，选择“Project→Set Active SDK→iPhone Device 3.x”（其中 x 是最新的 SDK 版本），然后单击“Build and Go”按钮。在最新版本的 Xcode 中，“Build and Go”按钮显示为 Build and Run 或者 Build and Debug，这取决于你上次是如何运行程序的。

该项目将被重新编译（如果代码被更新过），然后生成的应用程序将被安装在设备上并执行。[注：如果你在设备上运行应用程序遇到麻烦，有些时候重新启动你的 iPhone 或在 Xcode 中选择“Build→Clean All Targets”即可以解决问题。]

2.2.7 提交用于发布的应用程序

迄今为止采取的步骤使你可以在 iPhone 和 iPod Touch 上构建和测试应用程序。如果你想发布应用程序，还需要执行本节所述步骤。在 iPhone 开发人员计划门户网页，点击 Distribution 链接，了解如何准备和提交你的应用程序到 App Store 或进行 Ad Hoc 发布，这是一种特别的发布方式，允许你通过电子邮件、网站或服务器来发布你的程序给多达 100 个用户。只有团队代理可以创建 iPhone 发布证书和提交用于发布的应用程序。假设你是团队代理，在“**钥匙串访问**”程序中生成一个 CSR，具体步骤如下。

（1）在“**钥匙串访问**”菜单中，选择“**偏好设置**”。

（2）选择“证书”选项卡，并设置在线证书状态协议和证书撤销清单为关闭。

（3）在“**钥匙串访问**”菜单中选择“**证书助理→从证书颁发机构请求证书**”来打开证书助手。输入你用于注册 iPhone 开发人员计划所用的电子邮件地址和名称。选择“**存储到磁盘**”单选按钮，并选中“**让我指定密钥对**”复选框。在 Key Pair Information 界面，设置“**密钥大小**”为“**2048 位**”，设置“**算法**”为“**RSA**”。然后单击“继续”按钮并保存该请求到磁盘中。

（4）单击“完成”按钮。

接下来，返回到 iPhone 开发人员计划门户网页并上传证书申请。

（1）点击 Certificates 链接，然后选择“Distribution”选项卡。

（2）上传并提交 CSR，然后使用我们前面在第 2.2.2 节所述相同的步骤批准你的发行证书。

（3）如果你的计算机还没有安装 WWDR 中间证书，按照第 2.2.2 节中的步骤下载。

（4）接下来，下载发行证书。返回 **Certificates** 链接（和 **Distribution** 选项卡）界面。单击分发证书旁边的“**Download**”按钮，并保存到你的计算机。

（5）在 Finder 中，双击分发证书文件在**钥匙串访问**中打开它并安装在你的计算机上。要发布应用程序到 App Store，你还将需要创建一个发布配置文件。[注：在执行这些步骤前，一些开发人员喜欢复制打算发布的项目，而不是改变其开发项目的设置。]

在创建 iPhone 发布配置文件页面，你将可以为 App Store 或 Ad Hoc 发布创建相应的配置文件。

（1）在 iPhone 开发人员计划门户网页，点击 **Provisioning** 链接。

（2）选择“Distribution”选项卡，然后单击“New Profile”按钮。

（3）选择“**App Store**”单选按钮。在“**Profile Name**”文本框中输入发布配置文件的名称。Distribution Certificates 部分显示你的发布证书。在应用程序标识（App ID）下拉菜单中，选择与配置文件相关联的应用程序（或应用程序套件）名称。

（4）对于 Ad Hoc 发布，在 Devices 下面，选中将运行该应用程序的设备的复选框。这个部分对于 App Store 发布方式是禁用的。

（5）单击“**Submit**”按钮。一旦发布配置文件被创建，单击该文件名，下载到你的电脑，然后双击它安装在 Xcode 中。

（6）要使用此配置文件，你需要在项目设置中选中它。在 Xcode 中，选择“Project→Edit Project Settings”以显示项目信息对话框。然后在“Code Signing→Code Signing Identity”中的“Automatic Profile Selector”下选择“iPhone Distribution”。[注：在 Xcode 3.2 中，选择“Build”选项卡，可以看到该选项。]

要使用 Ad Hoc 发布，首先生成你的应用程序，然后给每个设备的所有者同时提供应用程序文件和 Ad Hoc 发布配置文件。设备所有者必须把这两个文件拖到 iTunes 中，然后进行设备同步。对于 App Store 发布，参见 2.5 节。

当生成应用程序后，按如下步骤来定位并压缩你的应用程序用于发布：

（1）在 Xcode 中，打开项目 Groups & Files 下面的 Products 组。

（2）用鼠标右键单击 Products 下面的应用程序名称并选择 Reveal in Finder 来在 Finder 中定位这个程序包。

（3）在 Finder 中，用鼠标右键单击应用程序包（扩展名为.app 的文件），并选择压缩。现在你有一个可供发布的压缩程序包了（这是必要的），因为程序包实际上是文件夹。要了解更多关于构建和验证你的应用程序方面的细节，请访问 iPhone 开发人员计划门户网站上的链接 developer.apple.com/iphone/manage/distribution/index.action。

2.3 iPhone 人机界面指南

当创建 iPhone 应用程序时，很重要的一点是应当遵循苹果的 iPhone 人机界面指南：

developer.apple.com/iphone/library/documentation/userexperience/conceptual/mobilehig/Introduction/Introduction.html

第一部分，“规划你的 iPhone 软件产品”提供了关于如何开发适用而高效的 iPhone 应用程序的指南。例如，你需要考虑屏幕大小、内存的限制及辅助功能，特别是因为你的程序不能包含丰富的帮助文档。指南中也包含了如何创建良好的用户界面的基本原则，比如设计易于使用的控件，提供状态更新和其他反馈等。

第二部分，“设计你的 iPhone 应用程序用户界面”概述了如何适当使用及呈现视图（View）和控件（Control），其中包括：

- 导航栏和工具栏（Navigation bars and toolbars）。
- 警告（Alerts）。
- 表视图（Table views）。
- 应用程序控件（如日期和时间选择器、标签等）(date and time picker、label)。
- 按钮和图标（如 Done 按钮、info（）按钮、等）。
- 创建自定义图标和图像。

下面摘录了 iPhone 人机界面指南的文档里出现的一些建议。

- 最重要的是，你应该通读 iPhone 人机界面指南文档。
- 如果你要创建 Web 应用程序，也应该阅读 iPhone 人机界面指南文档中的 Web 应用部分
- 让你的应用程序美观。
- 使你的应用程序简单易用。
- 请记住，iPhone 的应用程序设计是针对小屏幕的，因此和桌面应用程序不尽相同。
- 避免塞满屏幕。
- 基于 iPhone 一次只显示一个屏幕来设计你的应用程序。
- 请记住，iPhone 只能同时运行一个应用程序。离开应用程序意味着退出该应用程序，因此一定要在你需要的内容被创建后马上保存。
- 小心管理有限的内存资源。
- 请记住为什么用户会使用你的应用程序。
- 请记住你的应用程序设计目标。
- 你的应用程序应该依照事物在现实世界中的工作方式来进行建模。
- 人们感到更接近你的应用程序，因为他们直接触摸它（而不是间接地通过鼠标）。

- 尽可能提供列表，让用户触摸他们想要的选择，而无须键盘输入。
- 提供用户行为反馈，例如，使用活动指标来表明一个应用程序在执行一个持续时间不确定的任务。
- 保持一致，例如，总是使用 iPhone 提供的标准按钮和图标而不是你自定义的。
- 如果你要提供自定义图标，请确保它们和系统图标可以很容易地区分开来。
- 尽管你能够在警告信息框上放置尽可能多的按钮，但是你应该只提供两个。避免警告信息框的复杂性。
- 你的应用程序应该直观，用户应该在尽可能少的帮助下就能想象出在什么时候该做什么事情。
- 以标准方式支持标准 iPhone 手势。
- 让残疾人士也能使用你的应用程序。
- 如果一个按钮会进行破坏性的操作，请使用红色。
- 制作 57×57（像素）的正方形应用程序图标。
- 用户的手指一般远远大于鼠标指针（在桌面应用中使用），因此把每个用户界面元素的“触摸区域”制作为 44×44（像素）。

2.4 测试你的应用程序

在提交你的应用程序到 App Store 或者 Ad Hoc 发布前，在 iPhone 操作系统 3.x 上进行全面的测试，以确保它正常工作，尽管应用程序在模拟器上可能会完美地工作，但在设备上依然可能会产生问题，表 2-2 列出了模拟器上所没有的 iPhone 功能，要想更多地了解模拟器和它使用的框架，阅读 iPhone 开发指南（iPhone Development Guide）。

表 2-2 | 模拟器上所没有的 iPhone 功能

指南针	相 机
蓝牙数据传输	3D 图形（不同的工作方式）
iPod 音乐库访问	加速器（仅仅允许改变方向）
GPS	

在安全连接的 Developer Connection 网站上查阅 iPhone OS 3.0 Readiness Checklist，你将会发现：

- 最新的 iPhone OS 3.x 特性的入门指南，包括苹果推送通知、应用程序内置购买及家长控制。
- iPhone OS 3.x 其他功能的编程指南，包括可访问性（Accessibility）、Game Kit、iPod 资源库访问（iPod Library Access）、Open GL ES 2.0 和商店开发包（Store Kit）。
- iTunes Connect 开发者指南，提供了关于如何添加应用程序到 App Store，测试、创建和管理应用程序内购买（In-App Purchases），更新 App Store 应用程序等方面内容的指南。

2.5 通过 iTunes Connect 为提交应用程序做准备

当你通过 iTunes Connect 提交应用程序审核时，会被要求提供关键字、图标、启动画面、屏幕截图等，如果你还打算发布你的应用程序本地化版本到 App Store（全世界），那么还需要提供相应的内容翻译。在这一节中，我们会告诉你需要准备些什么。在第 2.9 节，通过添加一个应用程序到 iTunes Connect，我们将熟悉上传审批的所有步骤。

1．关键词（Keywords）

当提交你的应用程序时，需要提供一个逗号分隔的描述关键字列表，这将有助于用户找到你的应用程序，你的关键字列表被限制为 100 个字符。这类似于网站上使用的标签机制，例如，Flickr 和 YouTube，但不同的是只有你可以为你自己的应用程序提供关键字。虽然苹果公司没有提供指导原则或建议的关键字，但确实宣称过你不能使用他人的应用程序名称作为关键字。

2．图标

为你的应用程序设计一个图标，这将出现在 App Store 和用户的 iPhone 上。

你可以使用公司标志、应用程序中的一个图片或一个自定义的图片。创建两个不同大小的图标[2]：

- 57×57（像素）
- 512×512（像素）

这两个图标都应该是方角的，且没有反射效果。iPhone 操作系统将自动为你的图标添加 3 种视觉效果，以让你的图标拥有和内置 iPhone 应用程序相似的外观：

- 圆角
- 阴影，使图标展现出三维效果
- 玻璃般的光泽反射

另外，每个应用程序应该提供一个 29×29（像素）的图标，这会出现在 Spotlight 搜索中应用程序名称的旁边，并有可能出现在 iPhone 设置程序中。更多规范和最佳实践，请查阅 iPhone 人机界面指南（在 Creating Custom Icons and Images 下面）和 iTunes Connect 开发人员指南（iTunes Connect Developer Guide）。你也可以考虑雇用一个有经验的平面设计师，以帮助你创建一个引人注目的，专业的图标，如表 2-3 所示。

[2] iTunes Connect Developer Guide （版本 4.7，2009.7.10）

表 2-3 | 为应用程序定制图标的设计公司

公　司	URL	服　务
icondesign	www.icondesign.dk/	除了付费服务，他们还提供一个“free for free”业务为你的免费应用提供免费的图标
The Iconfactory	iconfactory.com/home	定制并供应图标。也提供 IconBuilder 软件（用来和 Adobe Photoshop 一起使用）来创建你自己的图标
IconDrawer	www.icondrawer.com/main.php/	定制图标设计和一些免费的图标下载
Razorianfly Graphic Design	www.rflygd.com/services/	定制图标和启动图片

3．启动图片（Launch Images）

接下来，创建一个启动图片，这将在用户触击应用程序图标时显示，这样，用户在等待应用程序加载时能够看到一个立即的反馈。比如，触击任何一个在 iPhone 上的默认图标（如股票、照相机、联系人），你将注意到它们马上会显示一个与应用程序用户界面相像的启动图片，通常是 GUI 的一个背景元素的图片。要为你的程序添加启动图片，在 Xcode 中打开该项目，进入“项目”（Project）菜单，选择“添加到项目”（Add to Project），找到该文件，然后单击“添加”（Add）按钮，命名这个启动图像为 Default.png。更多信息请参见 iPhone 人机界面指南和 Bundle 编程指南(Bundle Programming Guide)。

4．主要的屏幕截图

捕捉 1 ~ 4 张屏幕截图，将用于 App Store 中你的应用程序描述。这些图片为用户提供了程序预览，因为用户在下载之前无法测试你的应用程序。请参阅 iTunes Connect 开发人员指南以了解屏幕截图尺寸和分辨率的规格。

5．合同信息

通过 App Store 销售你的应用程序，团队管理员必须同意付费应用程序合同（Paid Applications contract）中的条款，这在苹果核实你的财务信息时可能需要一些时间。如果你打算提供免费的应用程序，团队管理员必须同意免费应用程序合同（Free Applications contract）。

6．其他语言（可选）

你可以通过全球的 iTunes 应用程序商店来提供应用程序的外语版本。你将被要求输入翻译内容到 iTunes Connect 中作为提交过程的一部分（参见 2.9 节）。你可以在全球商店上提供不带翻译内容的应用程序，如果这样做，国际用户只会看到英文版本。实际上你可以把应用程序本地化为更多的语言，但是只能使用如表 2-4 所列的语言来对应用程序描述和其他元数据进行本地化。

表 2-4 | 用于本地化应用程序的语言

Dutch	UK English	Italian
English	French	Japanese

（续表）

Australian English	Canadian French	Spanish
Canadian English	German	Mexican Spanish

2.6 优秀 iPhone 应用程序的特点

在拥有超过 75,000 个应用程序的 App Store 上，你如何创建一个人们会发现、下载、使用并推荐给别人的 iPhone 应用程序呢？考虑是什么使一个应用程序有趣、有用、有吸引力和持久的呢。一个聪明的应用程序名称，一个有吸引力的图标和一段吸引人的介绍可能会把用户吸引到你的应用程序中。但是，一旦用户下载了这个应用程序，什么会使他们使用它，并推荐给别人呢？表 2-5 显示了优秀应用程序的一些特点。你可以在 iPhone Dev Center 中的 News and Announcements 部分找到更多的提示信息（可以登录到 iPhone Developer Program 进行访问）。

表 2-5 | 优秀应用程序的特点

优秀应用程序的特点
一般特征
• 和最新的 iPhone 操作系统 3.x 兼容
• 不断更新的功能
• 功能正常（及时修复错误）
• 符合标准的 iPhone 应用程序的 GUI 规范
• 响应及时，并不需要太多内存，带宽或电池电量
• 新颖和创造性，具有“wow”效果
• 持久性，你会经常使用。
• 使用高质量的图像
• 直观和易于使用（不需要大量的帮助文档）
• 为功能障碍人士提供辅助功能（参见 Accessibility Programming Guide for iPhone OS）
• 给用户一个理由和方法来把你的应用程序告诉别人
• 提供额外的内容（内容驱动的应用程序）
优秀的游戏
• 具有娱乐性
• 具有挑战性（逐级提高难度）
• 查看你的分数并记录高分
• 提供音频和视觉反馈
• 提供单人游戏，多玩家和网络游戏
实用工具
• 提供实用的功能和准确的信息
• 让工作更方便
• 使用户更好地了解信息
• 专题，提供热门话题的信息（如猪流感，股票价格）
• 提供去你最喜爱的网站的访问链接（如商店，银行等）
• 提高个人和企业的生产力

2.7 避免你的应用程序被拒绝

苹果没有列出的一个应用程序为什么会被拒绝的所有原因，所以我们研究了网络上已通过审批过程的开发人员的见解。下面为 iPhone 应用程序被苹果 Apple 拒绝的一些常见原因。

与 iPhone OS 3.X 不兼容

- 不遵守苹果公司的人机界面指南
- 复制现有的 iPhone 功能
- 功能不起作用
- 应用程序崩溃
- 模拟用户的 iPhone 损坏（例如，屏幕打破）
- 占用太多的带宽下载数据
- 链接到私有框架
- 图标不匹配（即你的大、小图标是不同的）
- 引用公众人物的形象
- 连续振动（使用电池电力过度）
- 在未经用户许可的情况下收集个人资料
- 当网络不可用时不显示错误消息
- 侵犯版权或其他公司的商标

2.8 定价：付费或免费

可以在 App Store 上为你发布的应用程序定价。越来越多的开发者提供免费的应用程序作为营销和宣传工具，通过促进产品和服务的销售增长，提供更多功能的付费应用程序，或者，利用应用程序内置广告这些方式来赚取利润。表 2-6 列出了应用程序赢利模式。

表 2-6 | 赢利模式

付费应用	免费应用
在 App Store 上出售应用程序	提供程序内置的移动广告服务（见 2.12 节，营销你的应用程序）
出售付费升级应用程序	向你的客户直接销售广告空位
出售虚拟物品（见 2.10 节）	用它来促进功能更丰富的版本的销售

1. 付费应用程序

根据 O'Reilly Radar 的研究，付费应用研究的平均价格约 2.65 美元（中值为 1.99 美元）[3]。当为你的应用程序设定价格时，你应该先研究你的竞争对手。他们的应用程序卖多少钱？他们是否有类似的功能？你的应用是否具备更丰富的功能。

你将以较低的价格来吸引用户，你的目标是收回开发成本和产生额外的收入吗？苹果将为你处理所有付费应用程序的财务交易。苹果抽取 30%的售价，而 70%分配给你。收益一般按月支付给你，不过苹果公司将暂不支付，直至收入达到最低数额。

2. 免费应用程序

App Store 中大约 22%的应用程序是免费的，但它们构成了下载主体[4]。由于用户更愿意下载一个免费的程序，因此你应该考虑为应用程序提供一个免费的“精简”版本，以鼓

[3] radar.oreilly.com/2009/04/itunes-app-store-billionth-download.html.
[4] radar.oreilly.com/2009/07/news-providers-are-embracing-t.html

励用户下载并试用。例如，如果你的应用程序是一个游戏，你可以提供一个前几个级别的免费版本。一旦用户完成了这些任务，应用程序应该提供相应的信息来鼓励用户购买有更多级别并且更为稳定的版本。据 AdMob 最近的一项研究，从“精简”版本升级是用户购买付费应用的首要原因[5]。

许多公司使用免费软件，以建立品牌知名度及推动其他产品和服务的销售，如表 2-7 所示。

表 2-7 | 用来建立品牌知名度的免费 iPhone 应用

免费应用程序	功 能
Amazon Mobile	在亚马逊上浏览和购买物品
Bank of American	找到自动柜员机和银行分行所在地区，查询余额和支付账单
ESPN ScoreCenter	设置个性化的计分板追踪你最喜爱的大学和职业足球、篮球、棒球、曲棍球、橄榄球队
Comcast Mobile	检查 Comcast 家庭电话的语音邮件和电子邮件，转移呼叫到你的 iPhone，查看电视节目单，观看 Comcast On Demand 电影预告片及更多
Nationwide Mobile	如果你遇到交通事故，可以使用意外事故工具来记录其他驾驶员的信息，发起事故索赔报告，寻找一个 Nationwide 代理以及查找附近的修理店

一些开发人员提供内置广告的免费应用程序。移动广告网络比如 AdMob（www.admob.com/）和 Tapjoy（www.tapjoy.com/）为你聚合广告客户并为你的程序提供广告服务（见 2.12 节营销你的应用程序）。你可以按照浏览量赚取广告费用。根据 Adwhirl 的一个调查报告，一个移动广告网络，前 100 名的免费软件每天约从应用程序内置广告中赚取 400～5000 美金[6]。他们估计应用程序如果每天约有 2500 次的下载量，就可以进入特定分类应用中的前 100 名[7]。应用程序内置广告不会为大多数应用程序带来可观的收入，因此，如果你的目标是收回开发成本，并产生利润，你可能以付费应用程序来销售会更好。据 Pinch 媒体的一个研究，下载一个免费应用程序的人当中 20%将在第一天使用，但只有 5%的人会在 30 天后继续使用它[8]。除非你的应用程序被广泛下载并使用，否则只会产生很少的广告收入。

2.9 添加一个应用程序到 iTunes Connect

一旦你准备好所有的文件，你就可以登录 iTunes Connect（itunesconnect.apple.com）来提交你的应用程序到 App Store 进行审核。点击管理应用程序（Manage Your Applications）链接，然后单击“添加新应用程序”（Add New Application）按钮。以下是添加一个新应用的总体步骤。iTunes Connect 开发人员指南提供了关于你需要提供的每个项目的详细描

[5] metrics.admob.com/wp-content/uploads/2009/08/AdMob-Mobile-Metrics-July-09.pdf.
[6] www.techcrunch.com/2009/05/06/just-how-much-money-can-free-iphone-apps-make- quite-a-bit/.
[7] Adwhirl, “Over 50,000 Apps in the App Store—How do Apps Get Discovered?” (June 2009).
[8] www.techcrunch.com/2009/02/19/pinch-media-data-shows-the-average-shelf-life-of-an-iphone-app-is-less-than-30-days/

述，和技术规格。[注：你还可以使用应用程序加载器来上传你的应用程序。在管理应用程序页面点击获取应用程序加载器（Get Application Loader）链接来得到它。]

1．添加新应用

为你的应用程序选择首选语言（见表 2-4），并输入你的公司名称，它会出现在 App Store 上。单击“继续”（Continue）按钮进入出口法规（Export Compliance）页面。

2．出口法规

如果你的应用程序包含加密，你会被要求回答一系列问题，你可能需要给苹果提供合适的美国政府软件出口授权表格的副本。要了解有关美国商务部出口管制的详情，请前往网址 www.bis.doc.gov/licensing/exportingbasics.htm。当你提供了合适的信息后，请单击“继续”按钮，进入概述（Overview）页面。

3．概述

输入如表 2-8 所示的信息（其中大部分将出现在 App Store 上），然后单击“继续”按钮进入评级（Ratings）页面。

表 2-8｜ iTunes Connect 添加新应用程序概述页面

iTunes Connect 添加新应用概述页面	
应用程序名称（App name）	
应用程序描述（App Description）（不超过 4000 个字符）	
设备要求（Device requirements）：	从下拉菜单中选择（例如，iPhone Only、iPhone 和 iPod Touch）
主类别（Primary category）	从下拉菜单中选择（参见图 1.6 App Store 类别列表）
子类别（Subcategory）	从下拉菜单中选择最多两个子类别（仅用于游戏、包括动作、冒险、kids、trivia 等）
二级类别（Secondary category）	从下拉菜单中选择版权持有人和版权年限（Copyright holder and year of copyright）
应用程序版本号（App version number）	例如 1.0
SKU（你自己唯一的字母数字库存单位标识）	
关键词（Keywords）	见 2.5 节
应用程序的 URL（App URL）	不是必需的，这是与你的应用程序有关的网站
支持 URL（Support URL）	用户可以提交意见反馈表和错误发现报告等
支持电子邮件（Support e-mail）	用户可以用来发送错误报告，反馈等
演示账号（Demo account）	完全的访问权限任何测试账号的用户名和密码，苹果可能会用来测试你的应用程序
最终用户许可协议（End User License Agreement）	不是必需的

4．评级

iTunes 要求为通过应用程序商店销售的应用程序进行评级。该评级被用于新版 iPhone 中的家长控制功能，使家长能够确定该应用程序中包含的内容是否适合于某一年龄的儿童使用。家长控制使用户能够根据应用评级来对访问权限进行限制。在评级页面上，你将被询问是否包含暴力、色情内容、亵渎语言、成人主题、赌博或恐怖主题。接下来在内容出现频率中选择“偶尔/轻度或频繁/强烈”。根据你的反馈，苹果公司将按表 2-9 所示为你的应用程序进行评级。只要你对每个类别做出了反馈，你的应用评级将会显示在屏幕上。单击“**Continue**”按钮进入 **Upload** 页面。

表 2-9 | 应用程序评级.

年 龄	评级描述
4+	没有令人反感的内容
9+	适合 9 岁以上的孩子
12+	适合 12 岁以上的孩子
17+	频繁或强烈的令人反感的内容，只适合 17 岁以上的人

5．上传

在这个页面中，你将上传你的应用程序，包括：

- 小于 2GB 的压缩应用程序二进制文件（包括你的应用程序代码，启动图片和 57×57 图标）
- 大图标（512×512）
- 主屏幕
- 附加的屏幕截图

一旦你上传完所有文件，请单击“继续”按钮，进入定价和可用性（Pricing and Availability）页面。

6．定价和可用性

在这个页面，你将要选择适合你的应用程序的价格。

（1）选择程序可用日期。

App Store 将显示你在此处输入的日期或者你的应用程序获得批准的日期，以较早者为准。

（2）选择一个价格档次。点击查看价格矩阵（See Pricing Matrix）来查看编号的价格档次名单，以及相应的应用程序价格。选择一个档次，你可以查看应用程序以全球 App Store 各个当地货币形式表示的价格和收益，你将收到基于这个价格的每种货币。

（3）选择 App Stores，如表 2-10 所示，在里面选择每个国家名称旁边的复选框来开始销售你的应用程序。单击“继续”按钮进入本地化页面。

表 2-10 | 全球的 App Stores

App Stores		
Australia	Greece	Norway
Austria	Ireland	Portugal
Belgium	Italy	Spain

（续表）

Canada	Japan	Sweden
Denmark	Luxembourg	Switzerland
Finland	Mexico	United Kingdom
France	Netherlands	United States
Germany	New Zealand	Rest of World

7．本地化

你可以使用其他语言来输入应用程序信息（你在概述页面提供的资料）以便于使用在全球的 App Stores 上。例如，使用西班牙语输入，在西班牙语系国家的 App Stores 中使用。单击“继续”按钮进入回顾（Review）页面。要更多地了解为国际市场设计的应用程序，请查阅 iPhone 开发人员计划中的“Internationalization Programming Topics”相关内容。

8．回顾

回顾页面提供了你输入的所有信息的汇总。如果一切信息都是正确的，单击“**Submit Application**”按钮。一旦你提交了应用程序审核，就可以到 **iTunes Connect Manage Your Applications** 链接中检查应用程序的状态。如果你在审批通过后更改了应用程序（例如，升级、错误修改等），并需要上载新的版本，你必须重新提交 App Store 审批。当你现有的用户从 iPhone 打开 App Store 并触击更新图标时将被通知到你的应用程序有可用的更新。

2.10 商品化付费应用程序：使用应用程序内购买（In-App Purchase）功能来销售虚拟物品

正如我们在第 1 章中所讨论过的，**In-App Purchase**：iPhone OS 3.x 的新特性并且是 Store Kit 框架的部分功能，可以让你通过付费应用销售虚拟商品（例如，数字内容），如表 2-11 所示。**In-App Purchase** 功能对于免费应用程序不可用。应用程序内置购买物品有一个单独的审批过程，例如，如果你通过一个书店应用程序出售书籍，每本书被添加到目录中时都必须获得批准。根据 Viximo 的研究，一个虚拟商品公司，2009 年 12 月在美国的销售将达到 4 亿美元而在全球将达到 55 亿美元的规模[9]。**In-App Purchase** 功能为 iPhone 应用程序开发者打开了这个充满商机的市场。出售虚拟商品可以产生比广告更高的收入[10]。

表 2-11 | 虚拟商品

虚拟商品		
杂志订阅	本地化指南	头像
虚拟服装	游戏级别	游戏场景

[9] viximo.com/publishers/about/why

[10] www.virtualgoodsnews.com/2009/04/super-rewards-brings-virtual-currency-platform-to-social-web.html

（续表）

辅助特性	铃声	图标
电子贺卡	电子礼品	虚拟货币
桌布	图片	电子宠物
音频	视频	

有两种方法来使用 In-App Purchase：

- 你可以把这个辅助功能构建到应用程序中。当用户选择购买产品，应用程序通知 App Store 处理财务交易并返回一个信息给应用程序来核实付款。应用程序然后解锁这个辅助功能。
- 你的应用程序可以根据需要下载这个辅助功能。当用户购买产品时，应用程序通知 App Store 负责处理财务交易。应用程序然后通知你的服务器来发送新的内容。在此之前，你的服务器可以验证应用程序是否有一个有效凭证[11]。

应用程序提供了购买接口，使你可以控制用户体验。Store Kit 框架通过 iTunes 商店处理付款请求，然后给你的应用程序发送购买确认。要了解更多关于使用 Store Kit 框架进行应用程序内置购买方面的信息，请阅读 *Store Kit Programming Guide* 和 *Store Kit Framework Reference*（在 iPhone 开发人员计划网站上）。

如果你的应用程序使用 In-App Purchase 功能，由于你不能以后再修改设置，如表 2-12 所示，因此为你的销售物品选择正确的分类是很重要的。有关设置应用程序内置购买功能的详细说明，请阅读 iTunes Connect 开发指南 In-App Purchase 部分（在 iPhone 开发人员计划网站上）。

表 2-12 | 使用 In-App Purchase 分类你的产品

类 别	描 述
Consumable（消费品）	用户每次下载该项目都需要支付，而且不能在多个设备上下载
Non-Consumable（非消费品）	用户只需支付一次。随后的下载都是免费的，可以在多个设备中使用（例如，你的新 iPhone 或 iPod）
Subscription（订阅）	用户定期支付内容（如 6 个月）。内容不能下载到多个设备

2.11 使用 iTunes Connect 管理你的应用程序

iTunes Connect（itunesconnect.apple.com/），作为 iPhone 开发人员计划的一部分，允许你管理账户和应用程序，跟踪销售，为你的产品请求促销代码（promotional codes），以及更多，如表 2-13 所示。促销代码使你可以为每次应用程序更新分发最多 50 份赠送拷贝。此外，iTunes 把你的应用程序崩溃报告发回给你的 iTunes Connect。当在 iTunes Connect 中

[11] 更多信息请查看 In App Purchase Programming Guide 中的“Verifying Store Receipts”部分（developer.apple.com/iphone/library/documentation/NetworkingInternet/Conceptual/StoreKitGuide/StoreKitGuide.pdf）

管理一个应用程序时，你可以单击查看“崩溃报告”（View Crash Reports）按钮以在应用程序详细信息页面中查看崩溃报告。这个信息可以帮助你修复应用程序错误。

表 2-13 | iTunes Connect 模块

iTunes Connect 模块	描　述
Sales/Trend Reports（销售/趋势报告）	查看每日、每周和每月销售报告
Contacts,Tax&Banking Information（联系人、税和银行信息）	签署付费应用协议在 App Store 上销售应用程序，建立银行信息和代扣税款，管理你的 iTunes 合同
Financial Reports（财务报告）	访问你的月度财务报告
Manage Users（管理用户）	添加或删除你的 iTunes Connect 账号的授权用户，并指定可以访问的模块
Manage Your Applications（管理你的应用程序）	添加新的应用程序来提交 App Store 审批
Request Promotional Codes（请求促销代码）	获取促销代码，允许选定的用户免费下载你的应用程序（见 2.12 节，营销你的应用程序）
Contact Us（联系我们）	查找常见问题的解答，或填写表格联系苹果公司的客服代表

2.12　营销你的应用程序

一旦你的应用程序被苹果公司所批准，你得宣传给用户。首先要进入 iPhone 开发人员中心网站（developer.apple.com/iphone/）上的市场营销资源（Marketing Resources for iPhone Developers）页面，登录该网站，你会看到 iPhone 开发人员计划下面的 iPhone 开发人员营销资源（Marketing Resources for iPhone Developers）链接，如表 2-14 所示。

表 2-14 | iPhone 开发人员的营销资源（developer.apple.com/iphone/）

资　源	描　述
App Store 标志许可计划（Logo License Program）	通过在宣传资料中包含“Available on the App Store”标志来提高品牌知名度。你必须签署应用程序营销许可协议，并遵守应用程序营销和标记指导原则在你的营销材料中使用该插图
iTunes 的伙伴计划（iTunes Affiliate Program）	如果你在网站和电子邮件新闻列表中推广应用程序，通过签署 iTunes 伙伴计划（由 LinkShare™ 提供）可以赚取因链接而产生的 App Store 应用程序销售额 5%的佣金。访问 www.apple.com/ itunes/affiliates/
销售和趋势报告（Sales and Trend Reporting）	可以通过 iTunes Connect 得到
App Store 搜索关键字（Keyword for App Store Search）	选择可以帮助用户更好的搜索到你的应用程序的关键字（见 2.5 节）
iTunes Deep Links	使用深层链接把用户直接带到你在 App Store 上的应用程序。深层链接是 itunes.com/apps/ appName 这样的简单形式。例如，itunes.com/apps/facebook
App Store 促销代码（仅限美国开发人员使用）	使用促销代码以提高你的应用程序的品牌认知度。把它们分发给评论人员，博客作者或其他可能发布推广消息的人

通过社交媒体网站（如 Facebook 和 Twitter），以及视频网站（如 YouTube）等进行口碑营销，可以帮助你把信息传递出去。表 2-15 列出了最流行的一些社交媒体网站。此外，电子邮件和电子新闻往往仍然是有效且价格低廉的营销工具。

表 2-15 | 最流行的社交媒体网站

社交媒体网站	URL	描 述
Facebook	www.facebook.com	社交网络
Twitter	www.twitter.com	微博客，社交网络
MySpace	www.myspace.com	社交网络
Orkut	www.orkut.com	谷歌的社交网络网站
YouTube	www.youtube.com	视频分享
LinkedIn	www.linkedin.com	商务社交网络
Flickr	www.flickr.com	相片共享
Digg	www.digg.com	内容“共享和发现”
StumbleUpon	www.stumbleupon.com	社交收藏
Delicious	www.delicious.com	社交收藏
Tip'd	www.tipd.com/	财经和商务社会新闻
Blogger	www.blogger.com	博客网站
Wordpress	www.wordpress.com	博客网站
Squidoo	www.squidoo.com	发布平台和社区

1．Facebook

Facebook，最好的社交网络，拥有超过 2.5 亿活跃用户，平均每个人有 120 个朋友[12]。它是一个极好的口碑营销资源。

首先为你的应用程序建立一个页面，使用这个页面来发表：

- 应用程序信息
- 新闻
- 更新
- 评论
- 提示
- 视频
- 屏幕截图
- 游戏高分
- 用户反馈
- App Store 上的应用程序链接，可供用户下载

接下来，你需要宣传。鼓励你的同事和朋友订阅你的应用程序页面并告诉他们的朋友这么做。当人们与你通过应用程序页面进行互动时，这些故事和信息会出现在朋友的新闻

[12] www.facebook.com/press/info.php?statistics

源中，从而使越来越多的观众了解了你的应用程序。

2．Twitter

Twitter 是一个微博客，社交网站。你可以发布 tweets（不超过 140 个字符的消息）。Twitter 然后分发给所有的追随者（有些 Twitter 用户已经拥有超过 100 万的追随者）。许多人使用 Twitter 跟踪新闻和潮流。对你的应用程序 tweet，包括新版本、提示、事实、用户意见等。同样鼓励你的同事和朋友对你的应用程序 tweet。使用一个 hashtag（#）来引用你的应用程序。例如，当在我们的 Twitter 页面上对本书 tweet 时，可以使用 hashtag #iPhoneFP。这使得你能够方便地搜索有关 iPhone for Programming 的消息。

3．YouTube

搞笑视频是另一个很好的方式来传播你的应用程序。如果你创建一个引人注目的视频，往往有些幽默，甚至离谱的内容，它可能会很快普及，并且可能会被多个社交网络用户打上标签。

4．电子邮件新闻

如果你有电子邮件新闻，可以用它来推广你的应用程序。包括链接到 App Store，用户可以下载它。还可以包含你的 Facebook 页面和 Twitter 页面的链接，用户可以从中得到最新的消息。

5．应用程序评论

联系有影响力的博客网站和应用程序评论网站，如表 2-16 所示，并告诉他们你的应用程序。

给他们提供促销代码以免费下载（见 2.11 节）。有影响力的博客作者和评论员会收到许多请求，所以你的请求要尽量简洁，内容丰富而避免太多的营销宣传。许多应用程序评论员对于视频类的应用程序会在 YouTube 上发表看法。

表 2-16 | iPhone 应用程序评论网站

iPhone 应用程序评论网站	URL
What's on iPhone	www.whatsoniphone.com/
iPhone App Reviews	www.iphoneappreviews.net/
iusethis	iphone.iusethis.com/
Apple iPhone School	www.appleiphoneschool.com/
AppVee	www.appvee.com/
AppCraver	www.appcraver.com/
The App Podcast	theapppodcast.com/
Gizmodo	gizmodo.com/tag/iphone-apps-directory/
iPhone Toolbox	iphonetoolbox.com/category/application/
Fresh Apps	www.freshapps.com/
Apptism	www.apptism.com/

（续表）

148Apps	www.148apps.com/	
Macworld	www.macworld.com/appguide/index.html	
Ars Technica	arstechnica.com/apple/iphone/apps/	
Appletell	www.appletell.com/apple/tag/iphone+app+reviews/	

6．互联网公共关系

公共关系行业使用传统媒体来帮助企业更好地把信息传递给消费者。伴随 Web 2.0 的兴起，出现了新的现象，公共关系从业人员正广泛地把博客、播客、RSS 提要，以及社交媒体整合到他们的公关活动中。表 2-17 列出了部分免费和收费的互联网公共关系资源，包括新闻发布网站、新闻撰写服务等。有关其他资源，请从 www.deitel.com/InternetPR/中查看我们的互联网公共关系资源中心（Internet Public Relations Resource Center）。

表 2-17 | 互联网公共关系资源

网　站	URL	描　述
PRWeb	www.prweb.com	提供免费和付费的在线新闻发布服务
ClickPress	www.clickpress.com	提交你的新闻故事进行审批（免费的），如果审批通过，它们将出现在 ClickPress 网站和新闻搜索引擎
PR Leap	www.prleap.com	免费的在线新闻发布服务
Marketwire	www.marketwire.com	免费的在线新闻发布服务，允许你通过地理位置，行业等来设定目标受众
PRLog	www.prlog.org/pub/	免费的在线新闻发布服务
i-Newswire	www.i-newswire.com	免费的在线新闻发布服务
InternetNews Bureau.com	www.internetnewsbureau.com	免费的在线新闻发布服务，专注于商务和旅游
openPR	www.openpr.com	免费的在线新闻发布服务
PRX Builder	www.prxbuilder.com/x2/	用来创建社交媒体新闻发布的工具
Press Release Writing	www.press-release- writing.com	新闻发布服务，包括撰写新闻稿，校对和编辑。检查撰写有效新闻的提示信息

7．移动广告网络

可以在其他应用程序上、网上、报纸和杂志或者电视上购买广告位，这是一种市场营销的途径。移动广告网络（见表 2-18）专注于 iPhone（和其他移动平台）移动应用程序的广告。你可以给这些网络付费来营销你的 iPhone 应用程序，或者通过在你的免费应用中嵌入这些移动广告来获取收入。许多移动广告网络都能够根据位置、运营商、设备（例如，iPhone、黑莓等）来设定目标。

表 2-18 | 移动广告网络

移动广告网络	URL	描　述
AdWhirl	www.adwhirl.com/	聚合了多个移动广告网络的服务，允许你增加广告频度。还可以用来销售你的应用程序中的虚拟物品
AdMob	www.admob.com/	为你的应用程序做广告，或者把广告整合到你的应用里来产生收入

（续表）

Medialets	www.medialets.com/	移动广告开发包，允许你把广告整合到你的应用中。其中分析开发包使你能够跟踪应用程序使用和广告点击次数
Quattro Wireless	www.quattrowireless.com/	为你的应用程序做广告，或者把基于位置的特定目标广告整合到你的应用里
Decktrade	ww.decktrade.com/	在移动网站宣传你的应用程序，或者整合广告到你的应用程序中
Pinch Media	www.pinchmedia.com/#pinchanalytics	用来跟踪你的应用程序下载量，使用数和利润的分析工具
Tapjoy	www.tapjoy.com	整合了 7 家移动广告网络，允许你提高广告频度，也用来在你的应用程序中销售虚拟物品

8. 广告费用

根据 AdWhirl 的数据，iPhone 应用程序内置广告的 eCPM（每千次有效播放费用）的范围是从 0.5 美元～4 美元，这取决于广告网络和广告。大多数 iPhone 上的广告都基于点击率（CTR）付费，而不是播放数量。如果你的应用程序中的广告的点击率高，你的广告网络可能会为你带来付费更高的广告，从而提高你的 eCPM（每千次播放收益）。iPhone 应用程序的点击率一般在 1%～2%（尽管会随应用程序不同而变化）。

2.13 iPhone 趣闻与幽默

表 2-19 列出了一些网站，你会从中发现 iPhone 有关的趣闻轶事和幽默。

表 2-19 | iPhone 开发趣闻、技巧和幽默

URL	描　述
趣闻	
blog.wundrbar.com/	关于提交一个应用程序到 App Store 审核的真实故事
www.touchtip.com/ iphone-and- ipod-touch/ worlds-youngest-iphone- developer/	文章，“世界上最年轻的 iPhone 开发人员”
www.techcrunch.com/2009/02/15/experiences-of-a-newbie- iphone-developer/TechCrunch	文章，“一个 iPhone 开发新手的经历”
www.wired.com/gadgets/wireless/magazine/16-02/ff_iphone? currentPage=all	杂志文章，“内幕：iPhone 是如何引爆无线行业的”
stackoverflow.com/questions/740127/how-was-your-iphone- developer-experience	已提交应用程序到 App Store 审核的开发人员反馈
幽默	
www.iphonebuzz.com/	有关的幽默博客文章
category/apple-iphone-humoriPhone twitter.com/Humorforiphone	在 Twitter 上发送你最喜欢的 iPhone 笑话
dailymobile.se/2009/02/11/iphone-humor-cell-phone-reunion/CollegeHumor	原创“手机聚会”幽默视频，讲述了 iPhone 应用程序（比如 Google Maps）

（续表）

gizmodo.com/5300060/find-my-iphone-saved-my-phone-from-a- thief	故事，“找到我的 iPhone 并从小偷手中拯救出来”，告诉你如何通过 MobileMe 找回你的 iPhone

2.14 其他平台

iPhone for Programmers 是我们 Deitel 平台开发系列中的第一本书，由培生科技集团出版。还有许多其他平台，如表 2-20 所示。你可以移植你的 iPhone 应用程序到其他平台上，以覆盖更广泛的用户群。

表 2-20 | 其他常见平台

平　台	URL	描　述
移动平台		
黑莓（RIM）	na.blackberry.com/eng/services/appworld/?	BlackBerry 开发平台
Android（Google）	www.google.com/mobile/#p=android	Android，Blackberry，iPhone，Windows Mobile，Nokia，S60 以及其他设备上的 Google 应用程序
WebOS（Palm）	developer.palm.com/	Palm 公司的 webOS 开发人员计划
Windows Mobile	msdn.microsoft.com/en-us/windowsmobile/default.aspx	Windows Mobile 开发人员中心
Symbian	developer.symbian.org/	Symbian 开发人员计划
互联网平台		
Facebook	developers.facebook.com/	Facebook 平台
Twitter	apiwiki.twitter.com/	Twitter API
Google	code.google.com	Google APIs
Yahoo!	developer.yahoo.com	Yahoo!开发人员网络开发 API
Bing	www.bing.com/developers	Bing API
Chrome	code.google.com/chromium/	Google 的开源网页浏览器
LinkedIn	www.linkedin.com/static?key=developers_widgets&trk=hb_ft_widgets	LinkedIn 应用平台
MySpace	developer.myspace.com/community/	MySpace 开放平台

2.15 iPhone 开发人员文档

表 2-21 是一个本章提及到的免费 iPhone 参考文档列表。有关其他文档，请访问 developer.apple.com/iphone/ library/navigation/index.html。

表 2-21 | iPhone 参考文档

文　档	URL
iPhone 开发指南（iPhone Development Guide）	developer.apple.com/iphone/library/documentation/Xcode/Conceptual/iphone_development/000-Introduction/ introduction.html

（续表）

iPhone 人机界面指南（iPhone Human Interface Guidelines）	eveloper.apple.com/iphone/library/documentation/UserExperience/Conceptual/MobileHIG/Introduction/ Introduction.html
iPhone 应用程序编程指南（iPhone Application Programming Guide）	eveloper.apple.com/iphone/library/documentation/iPhone/Conceptual/iPhoneOSProgrammingGuide/Introduction/Introduction.html
软件包编程指南（Bundle Programming Guide）	developer.apple.com/iphone/library/ocumentation/CoreFoundation/Conceptual/CFBundles/Introduction/ Introduction.html

2.16 小结

本章介绍了如何准备你的应用程序并提交到 App Store，包括在模拟器和 iPhone 设备上测试应用程序，创建图标和启动图像，遵循 iPhone 人机界面指南。我们熟悉了通过 iTunes Connect 提交你的应用程序的步骤。我们提供了给你的应用程序定价的技巧和商品化免费软件的广告资源。你学习了如何使用 iTunes Connect 来管理你的应用程序和跟踪销售状况。而且我们还列举了上线应用程序的营销资源。

第 3 ~ 16 章将呈现 14 个完整的 iPhone 应用程序，在这些程序中你将对大量的功能点进行编程实践，其中包括 iPhone 3GS 的最新功能。在第 3 章，你将使用 Xcode IDE 创建第一个 iPhone 应用程序，使用可视化编程，而无须编写任何代码！而且你将了解到 Xcode 丰富的帮助功能。

3

欢迎应用程序

（开始学习 Xcode、Cocoa 及 Interface Builder）

本章导读：

- 使用Xcode集成开发环境（IDE）编写、运行和调试iPhone应用程序的基本知识
- 如何创建Xcode项目来开发一个新的应用程序
- 各种Xcode和Interface Builder窗口的作用
- 利用Interface Builder设计Cocoa图形用户界面（GUI）
- 编辑Cocoa图形用户界面组件的属性
- 创建并运行一个简单的iPhone应用程序

Outline

3.1 欢迎应用程序简介

这一章将创建欢迎应用程序——一个简单的 iPhone 应用程序，用于显示欢迎信息和一张 Deitel bug 图片，而无须编写任何代码。Xcode 3.x 工具集是苹果公司的一个用于创建和测试 Mac OS X 和 iPhone 应用程序的开发工具套件。该工具集包括集成开发环境（IDE），也就是 Xcode 及用于快速方便地构造图形用户界面（GUI）的界面生成器（Interface Builder）。我们将大体介绍一下 Xcode 并且演示通过拖放由 Interface Builder 提供的预定义控件来创建一个简单的 iPhone 应用程序，如图 3-1 所示。最后你将编译并在 iPhone 模拟器中运行此程序。

图 3-1 | 欢迎应用程序

3.2 技术概述

本章将介绍 Xcode 集成开发环境和 Interface Builder。你将了解到如何操作 Xcode 创建一个新的项目。通过使用 Interface Builder，你将使用 Image View（类 UIImageView 的一个对象）显示一张图片，使用 Label（类 UILabel 的一个对象）显示一个文本。你将看到如何通过编辑图形用户界面组件的属性（如 Label 的文本属性、Image View 的图像属性）来定制你的应用程序并在 iPhone 模拟器中运行此程序。

3.3 Xcode 3.x 集成开发环境和 Cocoa

本书的所有例子都是基于 Xcode 3.x 的，该 IDE 包含在 v10.5 及所有后续版本的 Mac OS X 中。通过 Apple Developer Connection 你可以免费获取：

http://developer.apple.com/

我们假定你已经了解了 Mac OS X。

3.3.1 Xcode 3.x 介绍

双击/Developer/Applications 文件夹下的 Xcode 图标运行 Xcode 3.x。

该文件夹同时包含了 Interface Builder——你将使用它来设计图形界面，Instruments——用于监控进程的内存使用和 CPU 负载等情况的工具，功能如下。

- 自动测试你的程序。
- 监控程序的文件使用情况，如文件的打开、关闭、读出和写入。
- 检测内存泄漏，监控对象分配。
- 程序的压力测试。
- 记录用户的实际操作并通过回放来实现需要人工交互的自动化测试。

如果这是你第一次运行 Xcode 3.x，将打开如图 3-2 所示的 Xcode 3.x 欢迎窗口。窗口中包含了访问本地和在线的 Xcode 3.x 资源的链接。现在请关掉此窗口，你可以通过选择 Help>Xcode News（新版 Xcode 可能是 Welcome to Xcode）来访问它。从现在起，我们将 Xcode 3.x 集成开发环境简称为 Xcode 或集成开发环境（IDE）。我们使用>符号来表示选择菜单中的菜单项。例如我们使用 **File>Open** 标记来表示选择 File 菜单中的 Open 菜单项。

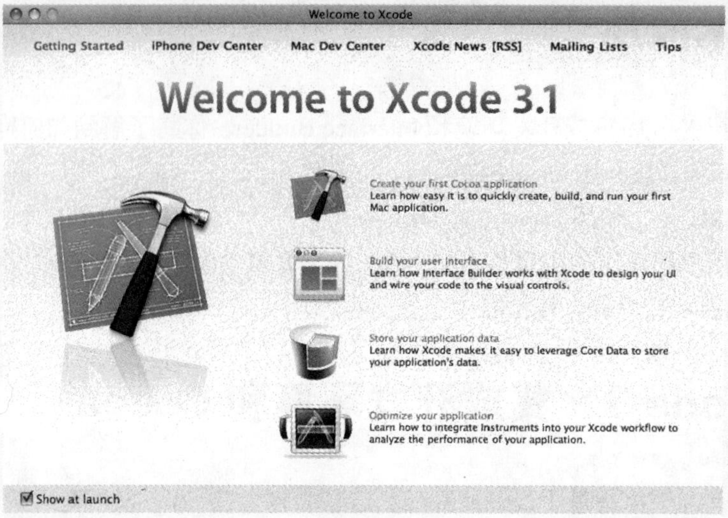

图 3-2 | Xcode 欢迎窗口

3.3.2 定制集成开发环境和创建新项目

开始 Xcode 编程前，选择 File > New Project 创建一个新的项目或选择 File > Open 打开一个已有的项目。一个项目是一些相关文件的集合，如组成应用程序的 Objective-C 代码文件和图片文件。

当你选择 File > New Project 时，New Project 对话框将会弹出。在 3.4 节你将看到如何新建一个项目。

Xcode 提供了一些模板，表 3-1 显示了 Xcode 中能创建的不同项目类型，如基于导航的应用程序、标签栏应用程序、Utility 应用程序等。对于 iPhone 开发而言，你将使用 iPhone OS > Application 下的项目模板。

表 3-1 | Xcode 模板

模 板	描 述
Navigation-based Application	这类应用程序具有可往返浏览的视图结构，如第 10 章中你将创建地址簿应用程序
OpenGL ES Application	这类应用程序的视图使用 OpenGL ES 图形应用程序编程接口（www.khronos.org/opengles）绘制三维图形
Tab Bar Application	这类应用程序在底部配置了用于切换视图的标签栏
Utility Application	这类应用程序具有一个 frontside 和 flipside。Flipside 通常用于配置应用程序。这个模板的的一个例子是 iPhone 的股票和天气应用程序
View-based Application	这类应用程序有一个视图可用于进行自定义绘制或者添加子视图
Window-based Application	这类应用程序仅包含了用于运行 iPhone 应用程序的最基本元素

3.3.3 工具栏

图 3-3 所示的 Xcode 工具栏包含了用于执行特定活动的菜单和按钮。表 3-2 描述了这些元素。

图 3-3 | Xcode 工具栏

表 3-2 | Xcode 工具栏上的元素

元 素	描 述
Overview	用于改变项目的编译设置的下拉菜单，如当前使用的 SDK、目标和可执行程序
Action	包含针对于当前选中项活动的下拉菜单，这些活动中有些通过用鼠标右键单击该项也可以看到
Build and Go	编译运行项目 [注意：在最新的 Xcode 中，是 Build and Run 或 Build and Debug，这取决于上次运行程序的选择。在这之前是 Build and Go]
Tasks	终止一个任务，如编译运行程序
Info	打开用于显示当前选中项的 Info 窗口
Search	在项目中搜索文件名

3.3.4 组和文件

通过项目窗口下的组和文件（**Groups and Files**）可以访问项目的所有组成部分。该窗口由一些包含错误消息、书签和断点等更多信息的组所组成。用得最多的组是项目结构组（**project structure group**），其位于最顶层且名字和项目名字一样。项目结构组包含了当前项目的所有文件，包括源文件、应用文件和框架。框架是用于开发应用程序的 Cocoa 库文件。项目结构组的组织层次不影响程序，但是这里有一些关于文件组织形式的通用指南：

- **Classes** 组——源文件。
- **Resources** 组——Interface Builder 文件、预置文件和图片。
- **Frameworks** 组——应用程序所使用的框架

3.3.5 键盘快捷方式

Xcode 为常用的命令提供了键盘快捷方式。表 3-3 列出了一些最常用的快捷方式。

表 3-3 | 常用的 Xcode 快捷方式

快捷键	功 能	快捷键	功 能
shift + a + N	创建新项目	a + B	编译新项目
A + N	创建新文件	a + R	编译运行项目
A + S	保存当前文件	a + *I*	显示选中文件的附加信息

3.3.6 Interface Builder

Interface Builder 是一个可视的图形用户界面编辑器。通过 Interface Builder，你可以将按钮、文本编辑框、进度条和其他图形用户组件拖放到应用程序窗口中。Interface Builder 的文件使用.xib 后缀，较早的版本使用.nib 后缀，为 NeXT Interface Builder 的简称。基于这个原因，Interface Builder 文件通常被称为 nib 文件。你可以通过双击项目中的 nib 文件打开 Interface Builder。

3.3.7 Cocoa

Cocoa 是用于在 Mac OS X 系统上开发应用程序的 API（Application Programming Interface）、框架和运行时环境的集合(developer.apple.com/cocoa/)。作为 NeXTSTEP 编程环境的后继者，Cocoa 提供了最简单的方式开发出符合苹果观感的 iPhone 应用程序。在这一章中，我们将使用包含了文本框、图像视图和其他 GUI 组件的 UIKit 框架。其他的框架提供了诸如网络功能、3D 图形等的库文件。

3.4 创建应用程序

打开 Xcode，选择“File>New Project”创建一个项目。图 3-4 所示的 New Project 窗口将提示你选择新项目的模板。

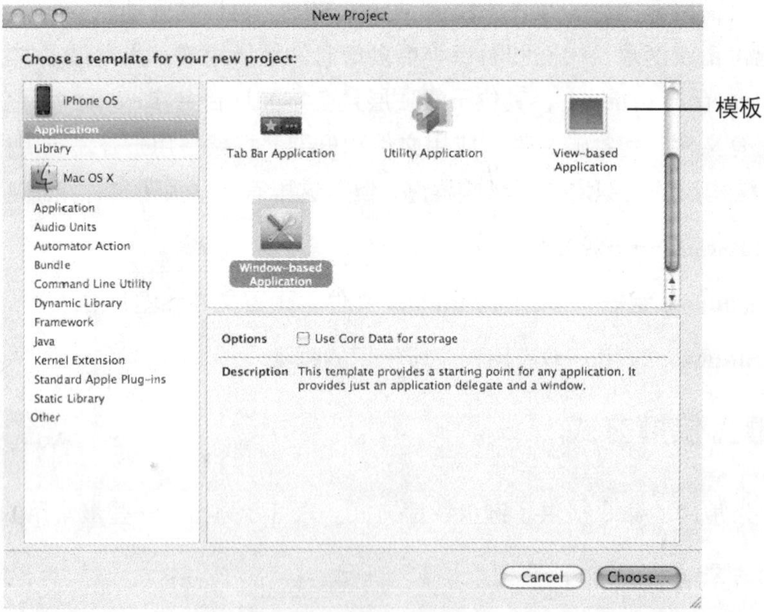

图 3-4 | New Project 窗口

选择 Windows Based Application-Xcode 提供的最简单的模板。其他所有的 iPhone 应用程序模板都是这个模板的加强版本。当你单击“Choose”按钮时，一个附属于 New Project 窗口的对话框将被显示。这就是所谓的***表单（sheet）***。这时对话框提示你输入项目名字并指定项目的存储路径，如图 3-5 所示。这里我们输入 WelcomeTest 为项目名，选择项目的存储目录后单击 Save（保存）按钮。

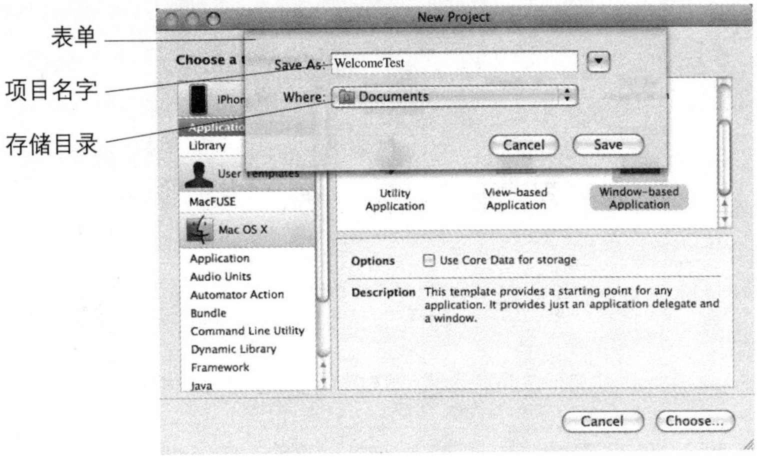

图 3-5 | 命名项目

3.5 使用 Interface Builder 创建 GUI

下面你将创建图形用户界面的欢迎程序。当创建完新项目后，你将看到工程窗口如图 3-6 所示。项目所有的文件都显示于窗口的最左边的文件名列中。

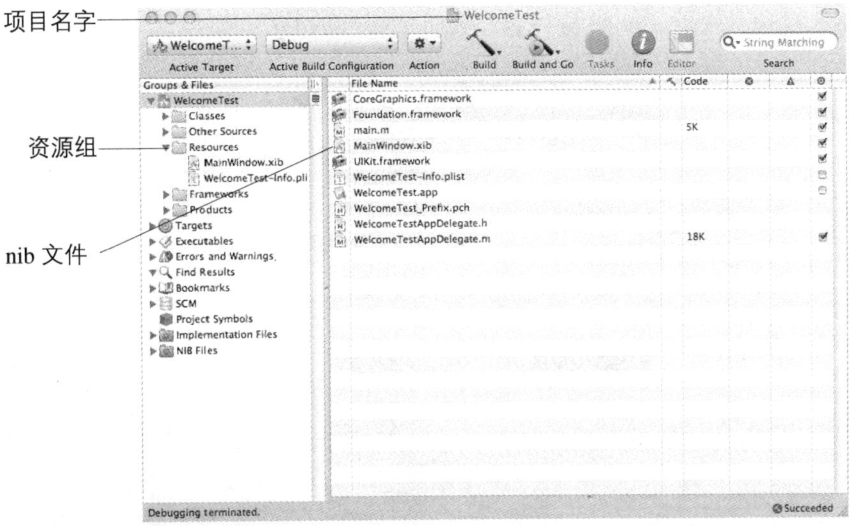

图 3-6 | WelcomeTest 项目窗口

为了创建欢迎程序，你需要通过 Finder 将 Deitel bug 图片加入到项目中。

图片（bug.png）存放于本章的 example 文件夹中。将 bug.png 文件拖到资源组中。

此时将弹出如图 3-7 所示的界面。勾选“Copy items into destination group's folder(if needed)”，以确保所有的资源文件都被存放于项目文件夹中。接下来，双击位于资源组中的 MainWindow.xib 文件以打开 Interface Builder。

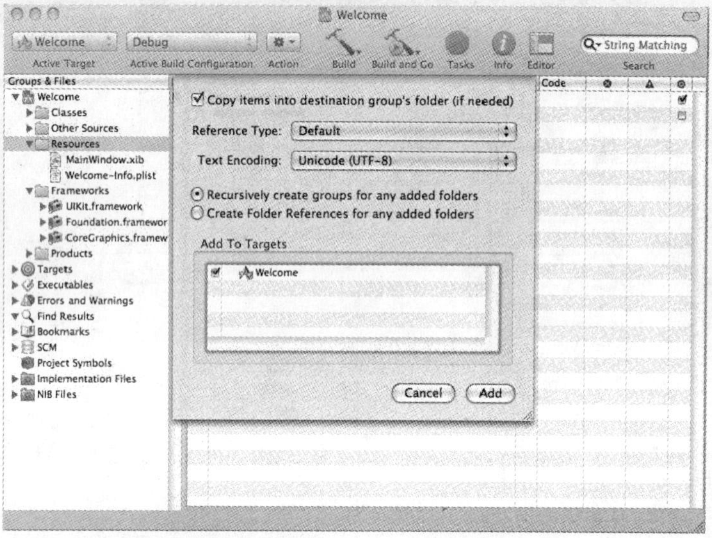

图 3-7 | 向 WelcomeTest 项目中添加文件

当 Interface Builder 打开 MainWindow.xib 后，你将看到 **MainWindow.xib**、**Window** 和“**Library**”窗口。如图 3-8 所示的 MainWindow.xib 窗口用于管理对象。你将在下一章中进一步了解这个窗口。如图 3-9 所示的“**Window**”窗口为 iPhone 的屏幕。如图 3-10 所示的“Library”窗口包含了用于 iPhone 应用程序设计的标准的 GUI 组件。

图 3-8 | MainMenu.xib 窗口

图 3-9 | Interface Builder 的应用程序窗口

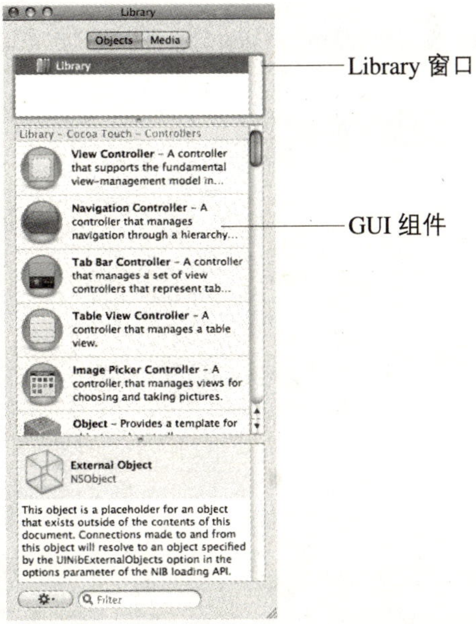

图 3-10 | Interface Builder 的 Library 窗口

为了创建欢迎程序，你需要加入用于显示 bug.png 图片的图像视图。在 Cocoa 中，图片通常通过 UIImageView 类来显示。在“Library”窗口中，通过滚动条或在窗口底部的“Filter”栏中键入“Image View”来选定 Image View 组件。将 Image View 拖放到窗口中，如图 3-11 所示。通过图片边缘的大小控制线来调整其大小，如图 3-12 所示，直到图片占据窗口底部的一半为止。注意窗口边缘的蓝色线条用于帮助你在调整大小时符合苹果人机界面指南（developer.apple.com/iphone/library/documentation/userexperience/conceptual/mobilehig/）中的规定。

蓝色线条用于提示遵循苹果标准的间距和对齐方式。

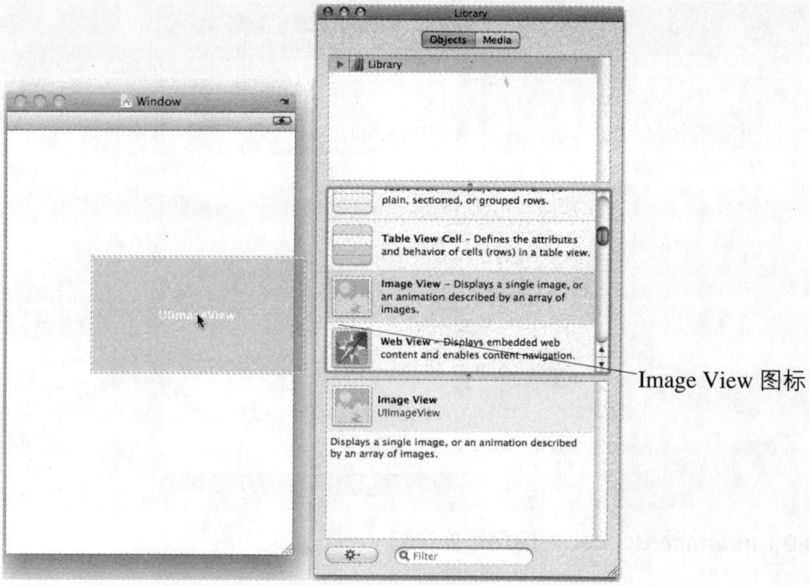

图 3-11 | 通过 Library 窗口添加 Image View

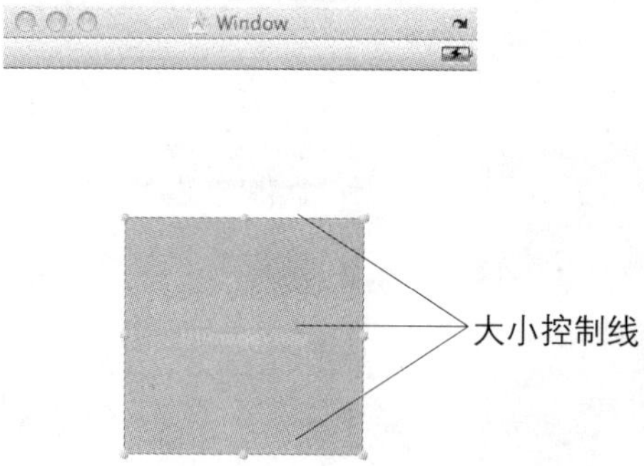

图 3-12 | Image View 的大小控制线

接下来，选择刚刚创建的 Image View，通过选择 Tools > Inspector 来打开 Inspector（探测器）窗口。Inspector 窗口允许你定制 GUI 组件。大多数情况下在设计界面时保持打开 Inpector 窗口是有帮助的。在 Inspector 窗口中，找到 Image 视图部分，选择 Image 字段，键入 bug.png 为图片的名字，如图 3-13 所示。这告诉 Image 视图来显示这张图片。设定 Mode 为 Aspect Fit，使图片自适应 Image 视图。按回车键，图片将显示在 Image 视图中。通过将 Image 从 Library 窗口的 Media 标签页中拖曳到应用程序窗口中，Interface Builder 也同样可以为你创建 Image 视图。

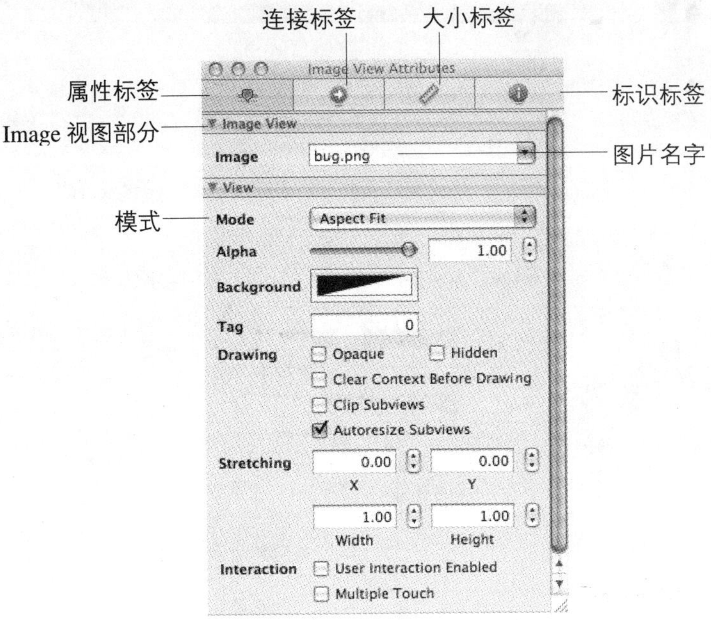

图 3-13 | Inspector 窗口中的 Image 视图

接下来将加入文本。将 Label 从 Library 窗口中拖曳到程序窗口中且位于图片之上，如图 3-14 所示。选择 Label，Inspector 窗口将显示标签的属性。设置 Label 的 Text 属性为"Welcome to the iPhone!"(通过双击 Label 可以直接设置 Text 属性)。设置 **Layout** 属性为 Middle(中间对齐)，使标签居中。设置 Lines 属性为 2，同时设置最小字体为 30，如图 3-15 所示。设置好属性后，改变标签的大小用于容纳文本，然后重新将标签置为居中，如图 3-16 所示。

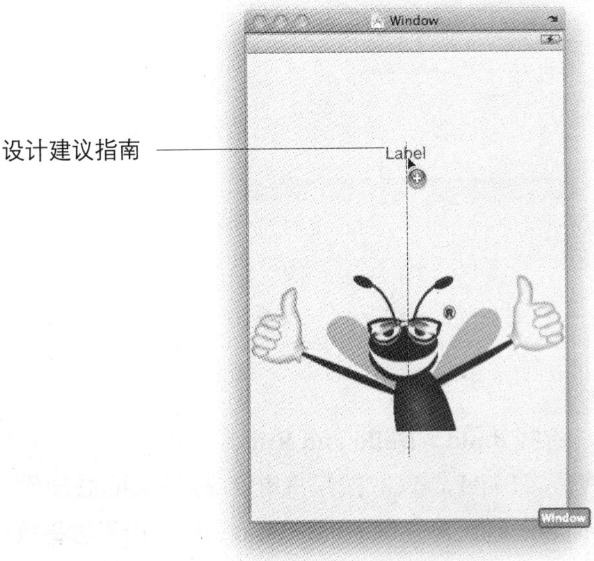

图 3-14 | 向窗口中添加 Label

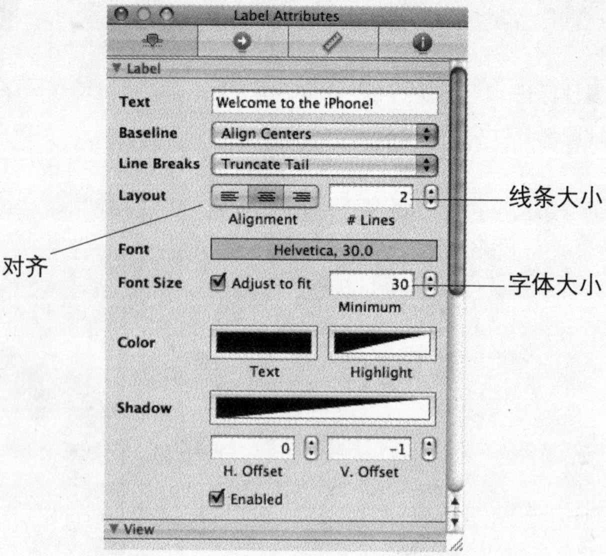

图 3-15 | Inspector 窗口的标签属性页

图 3-16 | 完成后的欢迎程序

3.6 运行程序

保存nib文件并返回Xcode。选择**Build > Build and Run**或单击项目窗口中的**Build and Go**按钮运行程序，如图 3-17 所示。Build and Go 按钮将重复最后的 Build 动作，比如 build and run、build and debug 或 Instuments 工具中的 build and launch。由于这是第一次运行项目，Build and Go 按钮会编译连接项目并在 iPhone 模拟器中运行项目。当程序运行后，Tasks

按钮被激活。单击 Tasks 按钮来终止程序。你可以通过退出 iPhone 模拟器或单击模拟器上的 home 按钮来关闭程序。

图 3-17 | 程序运行时的 Xcode 工具栏

3.7 小结

本章介绍了 Xcode 和 Interface Builder 的关键特性。你通过 Interface Builder 在没有编写任何代码的情况下创建了一个可用的 iPhone 应用程序。你使用 **Image View** 和 **Label** 这两个 GUI 组件来显示图片及补充说明文本。你通过编辑 GUI 组件的属性来定制应用程序。最后编译程序并在 iPhone 模拟器中运行。

下一章，我们将介绍 Objective-C 编程。iPhone 开发同时涉及到了 GUI 设计和 Objective-C 编程：

- Interface Builder 使你能够在可视化环境中开发 GUI，避免了烦琐的图形用户界面编程。
- Objective-C 编程允许你指定应用程序的行为。

你将开发一个小费计算器应用程序用于计算在饭店买单时应该给多少小费，将和本章一样使用 Interface Builder 设计 GUI，但是你得加入 Objective-C 代码来指定程序如何处理用户输入，如何显示计算结果。

4

小费计算器

（Objective-C 编程初探）

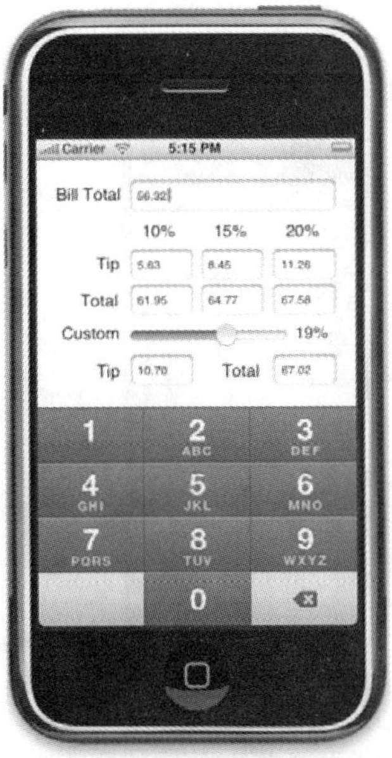

本章导读：

- Objective-C的基本语法和关键字
- 对象、类、接口、继承等Objective-C的面向对象特性
- 算术和关系操作符
- Text Field和Slider等GUI组件
- 根据MVC模式来设计程序
- 通过程序与GUI组件进行交互
- 通过发送消息来调用对象的方法
- 创建并执行一个交互式iPhone应用程序

Outline

4.1 小费计算器简介

小费计算器如图 4-1 所示，可以用来计算用餐后需要支付的小费金额。当用户输入账单后，程序会根据 10%、15%、20%这 3 个百分比给出默认的小费金额和总的账单金额。当然，用户也可以滑动滑动**条（Slider）**来调整百分比，小费金额也会随之变化。

本程序将使用 Objective-C 的多种面向对象特性来实现，如类声明（Objective-C 中称为接口）、类实现、继承等技术。在通过编写代码来响应用户交互和以编程的方式更新用户界面时，你还将学习到基本的 Objective-C 关键字和语法。

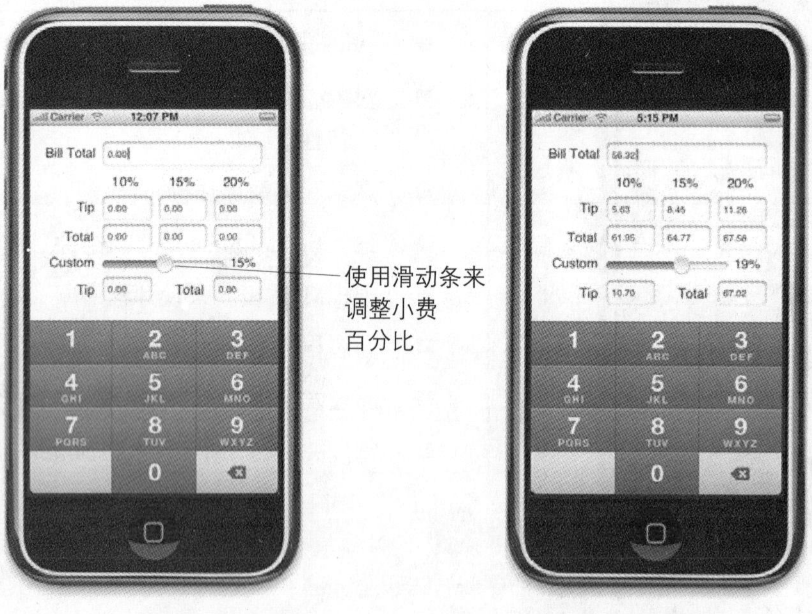

（a） （b）

图 4-1 | 输入账单并计算小费

4.2 试运行小费计算器

1．打开已完成的程序

打开包含小费计算器（Tip Calculator）项目的文件夹，双击 TipCalculator.xcodeproj 文件，在 Xcode 中打开项目。

2．运行程序

单击 Build and Go 按钮，在 iPhone 模拟器中运行程序。当用户在 Bill Total **文本框（Text Field）**中输入账单总额后，10%、15%和 20%下面的文本框中将显示相应的小费金额和总的账单金额。用户可以通过滑块来改变小费的百分比，滑块下面的文本框将显示相应的小费金额和总的账单金额。底部的数字输入键盘会一直处于显示状态，用户可以使用它来输入账单。

3．输入账单总额

通过程序下半部分的数字输入框，在 Bill Total 文本框中输入 56.32。如果你输入了一个错误的数字，可以使用数字键盘右下角的退格键（⌫）来删除最后输入的数字。可以看到 Tip 和 Total 输入框中的值，会随着你的输入而更新。

4．修改小费百分比

向右滑动滑块，直到百分比显示为 19%，最新的用户小费金额会显示在滑动条下面的文本框中。

4.3 技术概述

本章将主要介绍 Objective-C 编程语言及其面向对象编程的特性，如对象、类、接口、继承等，并通过示例程序来学习使用 Objective-C 的各种数据类型、操作符、控制语句和关键字等。你将学习如何定义可以与 GUI 组件进行交互的变量，并使用 Interface Builder 将变量和对应的 GUI 组件进行关联，学习如何声明和实现一个方法，并通过消息传递来调用对象的方法，还将学习通过事件处理机制来处理用户与 GUI 的交互。当然，对于事件处理过程，你只需要使用 Interface Builder 的拖曳功能，就可以将 GUI 组件和相应的事件处理方法进行关联。

4.4 创建程序

首先打开 Xcode，新建一个项目，选择 Window-based Application 模板，将项目命名为 TipCalculator。然后双击 Main Window.xib，在 Interface Builder 中打开文件，这样你就可以

使用 Interface Builder 来设计程序的 GUI 了。从 Library 窗口拖曳一个文本框到本程序的窗口中，如图 4-2 所示，此文本框将用来显示账单金额。在 Inspector 窗口中，选中刚才拖曳过来的文本框，将 **Text** 属性值设置为 0.00，新设置的值将在程序界面上显示出来。注意，在开始编辑的时候，需要取消 **Clear When Editing Begins** 复选框的选中状态，否则用户每输入一个数字，文本框中的值都会被清空。接下来，选中 **Text Input Traits** 下面的 **Keyboard** 属性，此属性决定当用户触控文本框的时候，显示何种类型的输入键盘。由于我们只需要输入数字，故将此属性设置为 NumberPad。

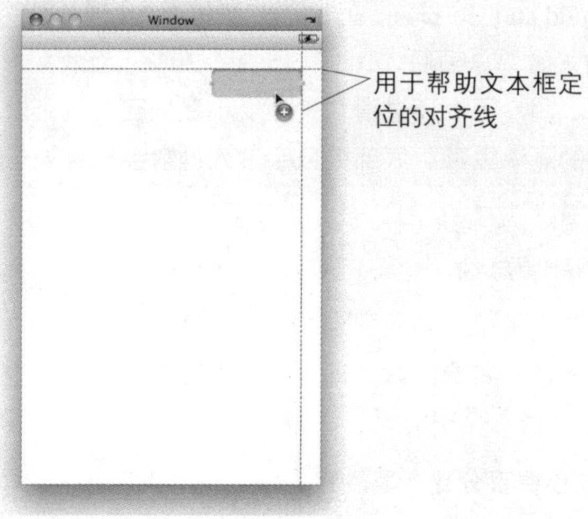

图 4-2 | 添加一个文本框到程序窗口

接下来，为了在 GUI 上面显示文本框的用途，我们从 Library 窗口中拖曳一个标签（Label）到程序窗口，如图 4-3 所示。双击 Label，将其 Text 属性修改为 Bill Total。选中刚刚编辑的文本框，将其往左侧拖动。当文本框拖动到距标签合适距离的时候，会出现一条蓝线对齐线提示已经处于合适位置，此时即可以停止调整位置。

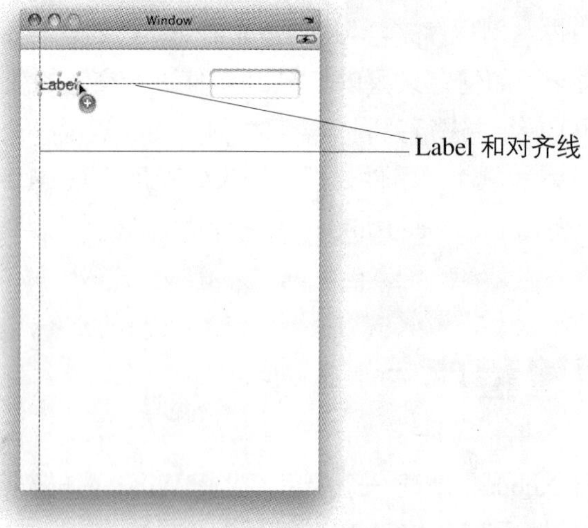

图 4-3 | 在应用程序窗口添加一个 Label

接下来，拖曳 3 个标签到程序窗口，并分别命名为 10%、15%、20%，这 3 个标签将用于标明显示小费计算结果。这 3 个标签按照如图 4-1 所示并排排列在窗口中。选中最初那个文本框，并复制粘贴（可以通过按下 Command D 键或者按下 Option 键然后拖动）。调整新的文本框至原先的四分之一大小，并移动到 10%标签下面。选中新建的文本框，然后打开 Inspector 窗口，展开 Control 部分，取消 **Enable** 的选中状态，这样可以防止用户在使用过程中对此文本框的值进行编辑。你也可以通过 Inspector 窗口中的 Size（ ）选项卡来查看组件的位置和大小。也可以通过按下 Option 键，并将光标移动到某个组件上来查看。

将刚才的文本框复制两份，分别放到 15%和 20%标签下面，这 3 个文本框用来显示小费的金额，读者可以调整它们的大小使得排列美观些。3 个文本框排列对齐后，按下 Command 键，然后逐次选中此 3 个文本框，然后通过按 Command+D 键来复制。将 3 个新复制的文本框放在原先的文本框的下面，并通过蓝色对齐线来调整它们的位置。这 3 个文本框将用来显示总账单金额。

再拖曳两个标签到窗口中，并设置 Text 属性为 Tip 和 Total，这两个标签将用于标识小费金额和账单总金额文本框。将 Tip 标签放在第一行，Total 标签放在第二行，如图 4-4 所示。在 Inspector 窗口的 Layout 块中，把每个标签的 Alignment 属性设置为右对齐，使得每个标签和文本框之间的距离相等。

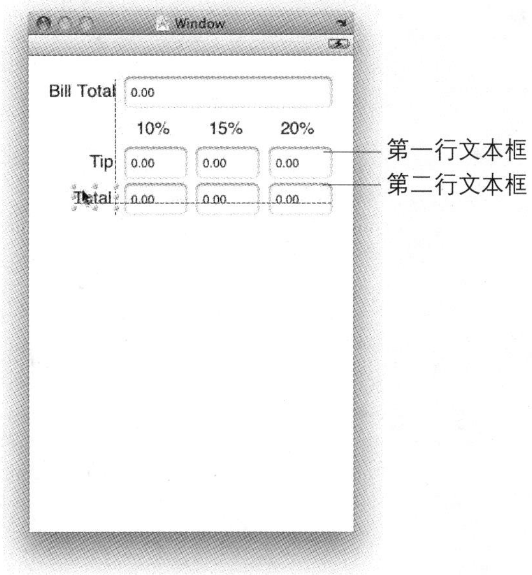

图 4-4 | 在程序窗口中添加标签

在程序窗口中再添加一个新标签，设置其 Text 属性为 15%，并将其放在最右侧，紧邻最后一排文本框。在移动过程中，可以通过蓝色对齐线来对齐。操作过程中可以看到，当标签接近蓝色对齐线的时候，会自动贴上去，自动完成对齐。

接下来，将添加一个滑动条，这样用户可以通过滑动，在 0%～30%之间调整小费的比例。从 Library 窗口中拖一个滑动条（Slider）到程序窗口，以左对齐的方式将其放到 Total

文本框的下面，如图 4-5 所示，并调整滑动条和 15%标签之间的距离，直到出现蓝色的对齐线，如图 4-6 所示。

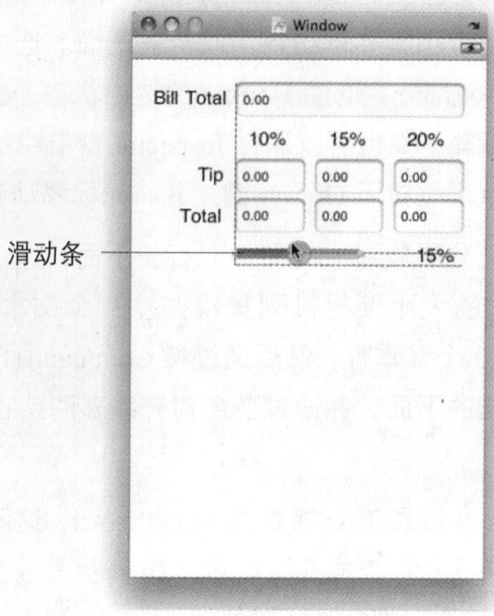

图 4-5 | 在程序窗口中添加一个滑动条

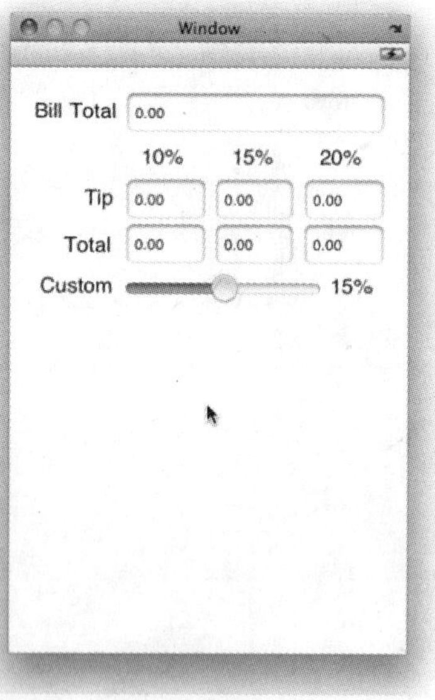

图 4-6 | 完成滑动条添加后的程序窗口

选中滑动条，然后在 Inspector 窗口中，选中 Values 域，设置其最小值为 0.00，最大值为 0.30，初始值为 0.15。这样，当滑块滑到最左侧的时候，滑动条给出的值为 0.00，在最右侧的时候为 0.30，而程序启动时的时候，默认值为 0.15。

通过上面的步骤，已经完成了滑动条的配置，我们还需要在其左侧再添加一个标签，并设置 Text 值为 Custom，如图 4-6 所示。现在，你还需要添加相应的标签和文本框来显示用户自定义的小费金额和总账单金额。复制一份已经存在的文本框，并粘贴两次，将其中之一对其到第一列文本框，另外一个对其到第三列，如图 4-7 所示。然后创建一个 Tip 标签，放在第一个文本框的左侧，再创建一个 Total 标签，放在第二个文本框的左侧，如图 4-8 所示。注意，每个标签的文本属性都需要设置为右对齐，修改完成后，保存文件，切换回 Xcode。

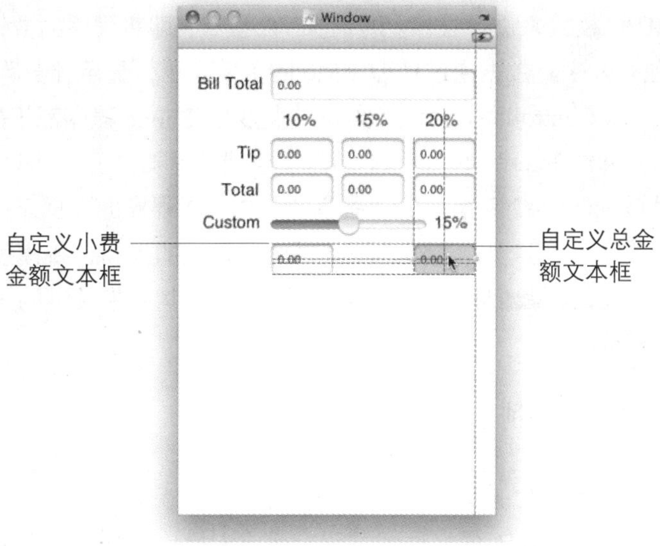

图 4-7 | 添加 Tip 和 Total 文本框

图 4-8 | 完整的小费计算器界面

4.5 给程序添加实际功能

在 Xcode 中，单击 Build and Go 按钮，在 iPhone 模拟器中执行本程序。程序启动之后，你可以通过触摸 Bill Total 文本框来调出数字输入键盘，也可以来回滑动滑动条。但是，程序的实际功能还不存在。本节，将编写计算小费的代码，并将小费和总的账单金额在界面上显示出来。

本程序依据 MVC 模式来进行设计。所谓 MVC 模式，即将程序的数据、界面显示和输入/输出处理逻辑独立开来。数据通过模型（Model）来表示，显示部分称为视图（View），数据处理则由控制器（Controller）模块来实现。大多数 iPhone 程序都根据 MVC 模式进行设计。现在，你已经通过 Interface Builder 创建了小费计算器的显示部分（即视图模块），接下来，你将使用 Objective-C 来编写控制器模块。由于本程序的数据无关紧要，故将模型部分和控制器部分放在一起实现。当然，随着程序复杂性的提高，将模型和控制器模块分离的好处还是显而易见的，我们将在后面的例子中展示。其中最关键的一个好处在于，当需要修改其中某个模块的时候，不至于影响到其他模块。

4.5.1 创建程序的控制类

首先关闭模拟器，然后在 Xcode 的 Groups and Files 列表中选中 Classes 组，并选择 File>New File 给项目创建一个新的文件。按照上述步骤操作之后，将会出现一个对话框提示你选择一个模板，如图 4-9 所示。首先选中左侧的 Cocoa Touch Class，然后选中右侧的 Objective-C class，并确保子类的类型为 NSObject[1]，然后就可以单击 Next 按钮，将文件命名为 Controller.m，最后单击 Finish 按钮完成文件添加过程。

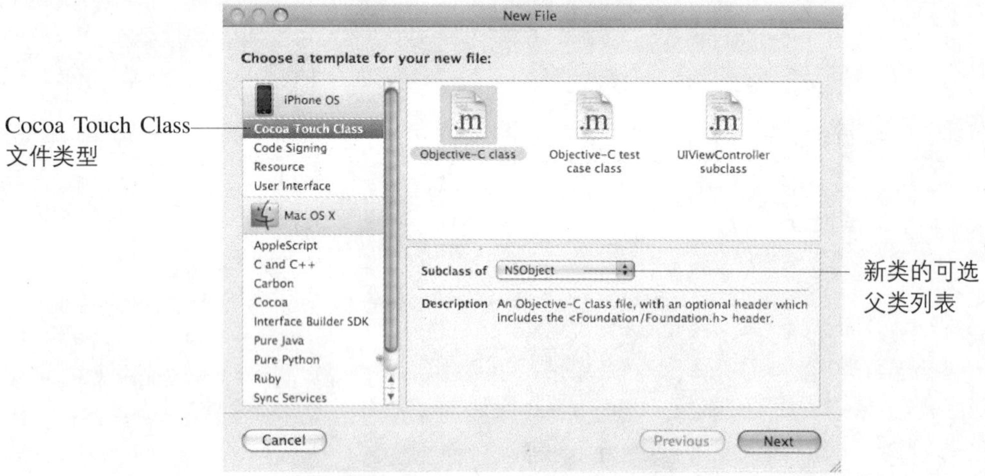

图 4-9 | 在 Xcode 项目中添加一个 Objective-C 类文件

1 正常情况下，控制模块都被定义为 UIViewController 的子类，此部分将在第 6 章介绍。

上述过程将在 Classes 文件夹下面创建两个新文件：Controller.h 和 Controller.m。Controller.h（如代码 4-1 所示）为头文件，你可以在此文件中给新创建的类声明变量和方法。Controller.m 为源文件，我们将在此文件中实现具体的方法。声明（头文件）和实现（源文件）相分离，是 Objective-C 及其他面向对象编程语言的一个重要性质。当然，这样做并不是必需的，不过在实现过程中，比较推崇。

4.5.2 查看 Controller.h 文件

如代码 4-1 所示，头文件的前 3 行（第 1～3 行）为注释，表明了文件名和文件的用途。//表明本行后面的其他部分为注释部分。第 4 行是一条预处理指令。以#开头的行告诉编译器此行用于编译之前的预处理部分。#import 告诉预处理器，将 UIKit 头文件（<UIKit/UIKit.h>）的内容包含到本文件中。#import 标识符可以保证被包含的头文件只会被包含一次。此方法是对 C/C++中的#include 方法的改进，在 C/C++中，程序员需要自己避免出现重复包含的情况。UIKit.h 为系统库文件，其中包含了常用用户界面组件的声明，如滑动条（UISlider）和文本框（UITextFiled）都在其中进行了声明。

代码 4-1　小费计算器的 Controller 类声明

```
1   //  Controller.h
2   // 小费计算器的 Controller 类.
3   // 方法将在 Controller.m 中定义
4   #import <UIKit/UIKit.h>
5
6   @interface Controller : NSObject
7   {
8   //  输出口变量
9   IBOutlet UITextField *billField;
10  IBOutlet UITextField *tipFieldTen;
11  IBOutlet UITextField *tipFieldFifteen;
12  IBOutlet UITextField *tipFieldTwenty;
13  IBOutlet UITextField *tipFieldCustom;
14  IBOutlet UITextField *totalFieldTen;
15  IBOutlet UITextField *totalFieldFifteen;
16  IBOutlet UITextField *totalFieldTwenty;
17  IBOutlet UITextField *totalFieldCustom;
18  IBOutlet UILabel *customPercentLabel;
19  IBOutlet UISlider *customPercentSlider;
20
21  NSString *billTotal;  //  用于 Bill Total 文本框的字符串变量
22  } // 实例变量声明结束
23
24  -(IBAction)calculateTip:(id)sender;  //  计算小费
25  @end
```

第 6 行的语句表明，Controller 类继承于 NSObject 类。继承是一种软件复用方法，即新的类汲取已有类的成员和方法，并通过加入新属性和方法，或者修改已有的方法来提供新的功能。UIKit 框架下的所有 Cocoa 类都继承于 NSObject 类:左侧的为子类，右侧的为父类。

如果某个 GUI 组件需要由 Controller 通过代码进行操纵，那么我们需要为它定义相应的变量（第 9 ~ 19 行）。IBOutlet 其实是一个宏定义，并且其实际值被定义为空。之所以这么定义，其目的在于告诉 Interface Builder，此变量为一个 outlet 类型变量，需要通过 Interface Builder 将其关联到某个 GUI 组件。输出口（Outlets）类型的变量的使用，使得我们可以通过对 Objective-C 变量的修改来实现程序对 GUI 的控制[2]。

IBOutlet 后面紧跟着类型名和变量名。变量名之前的*表明，此变量为一个指针（指针的值为对象在内存中的地址）。注意，Objective-C 中的所有对象都通过指针来进行操纵。

第 9 ~ 17 行定义 9 个 UITextField 指针，用于表示我们之前在 nib 文件中添加的文本框，第 19 行的 UISlider 用于表示滑动条。虽然我们之前在 nib 文件中创建了 10 个标签，不过这里只定义了一个 UILabel 类型的指针。原因在于，只有滑动条旁边的那个标签的值需要根据用户的输入来进行修改，而其他地方都是固定的，这样，控制模块只需要对滑动条旁边的那个标签进行修改。最后定义的变量（第 21 行）的类型为 NSString，NSString 类型用于表示一个字符串。由于此变量只是在计算小费过程中使用到，并不关联到 GUI 组件，故此变量类型前面没有 IBOutlet。

最后，第 24 行定义了一个方法 calculateTip:，符号-表明该方法是一个实例方法，即此方法属于类的一个具体实例（即一个对象）而不是类本身。此规则允许该方法能够访问属于对象的属性，并调用其他属于对象的方法。而符号+则表明方法是一个静态方法，其与类进行关联，而不是对象。静态方法不能直接访问对象的属性和方法。符号+或-右侧为方法的返回类型，由括号括起。返回类型 IBAction 是一个宏定义，其等价于 void，与 IBOutlet 相似。IBAction 的作用在于告诉 Interface Builder，此方法可以当成一个句柄来使用，用于响应用户与 GUI 组件进行交互时触发的事件。这种类型的方法也可以称为动作。返回值类型之后，为方法的名称，:也是方法名称的一部分，:表明调用此方法时需要携带参数。需要注意的是，方法的参数的个数恰好与:的个数相等。每个参数之前，都可以有一段文字来描述参数的用途（下文将进行讲解）。括号里面为参数的类型，括号后面紧跟着为参数的名称。这里类型 id 表明参数为一个指针，并且 id 类型的指针可以指向任何类型的对象。由于 id 类型并不能表明对象的实际类型，因此对象的具体类型必须在运行时被推断出来。许多不同类型的对象都可以产生事件，因此需要有一种运行时类型确定机制，帮助句柄确定事件由哪个对象产生。当然 Objective-C 也有静态类型，其可以在编译时刻知道对象的具体类型。综上所述，第 24 行可以理解为“定义对象的成员方法 calculateTip:，其参数为一个指向某

[2]第 6 章我们将介绍内存管理，并引入一个称为“properties”的新概念，我们将把所有的 outlet 变量都声明为 properties，这个也是苹果推荐的方法。

个对象的指针，返回值为空”。第 25 行的关键字@end 表示类声明结束。

4.6 在 Interface Builder 中关联对象

完成类声明之后，我们现在需要将 IBOutlet 修饰的变量和之前在 Interface Builder 中创建的 GUI 组件关联起来。如果你已经关闭了 Interface Builder，可以双击 MainWindow.xib 文件打开。打开 Interface Builder 之后，打开 Library 窗口，找到 Object 组件。由于 Object 并不是一个 GUI 组件，因此不能拖到程序窗口上面，相反，我们需要把它拖到 MainWindow.xib 窗口上面，如图 4-10 所示。此 Object 将用于创建 Controller 类的一个实例，有了它，我们就可以将 IBOutlet 变量和特定的 GUI 组件关联起来。

选中刚才那个 Object，打开 Inspector 窗口，选中 Identity 选项卡，将 Class 选项中的内容由 NSObject 切换为 Controller，如图 4-11 所示。修改完成之后，切换到 Connections 选项卡，如图 4-12 所示，在这里，可以看到我们在头文件中定义的 outlets 变量（IBOutlets）和动作（IBActions）。选中 billField 旁边的那个小圆圈，将其拖到程序窗口最上面那个文本框上面，如图 4-13 所示，这样就可以将变量 billField 和那个文本框关联起来。建立关联之后，当你在程序中通过代码来修改 billField 值的时候，文本框中显示的文本也会发生变化。

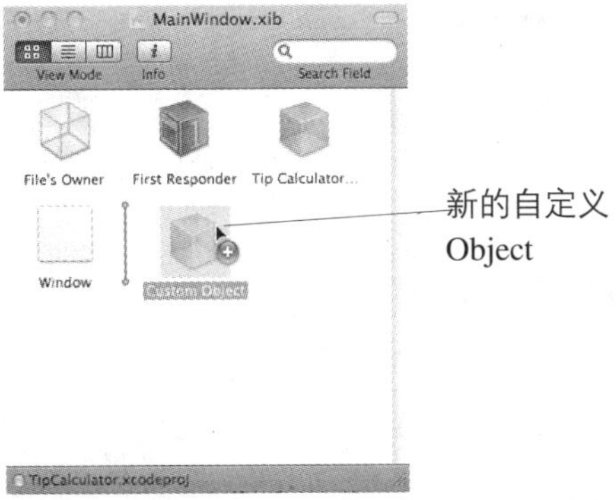

图 4-10 | 向 nib 文件添加一个自定义 Object

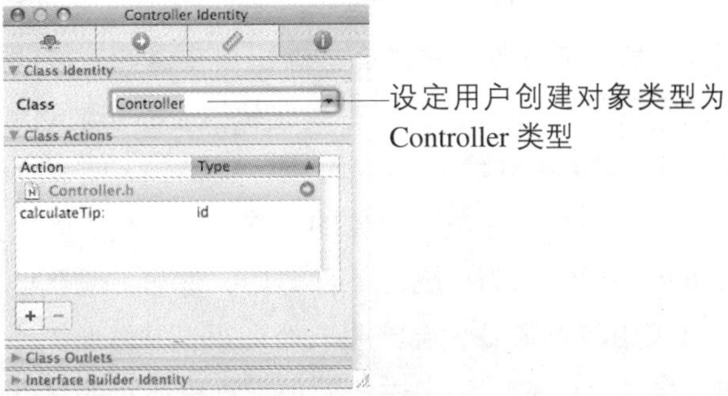

图 4-11 | 通过 Identity 选项卡修改对象类型

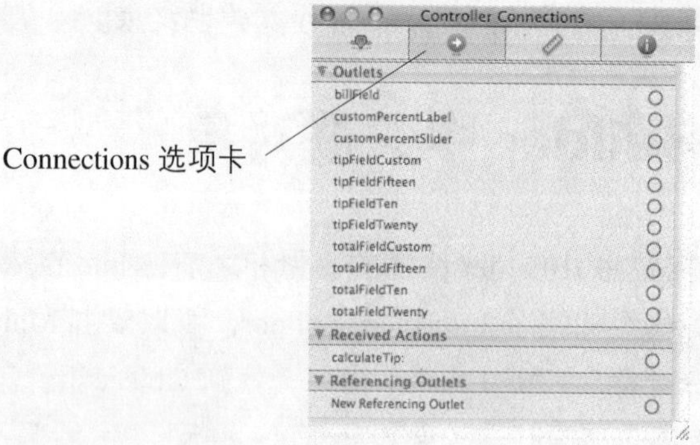

图 4-12 | 在 Inspector 窗口中打开 Controller 的 Connections 选项卡

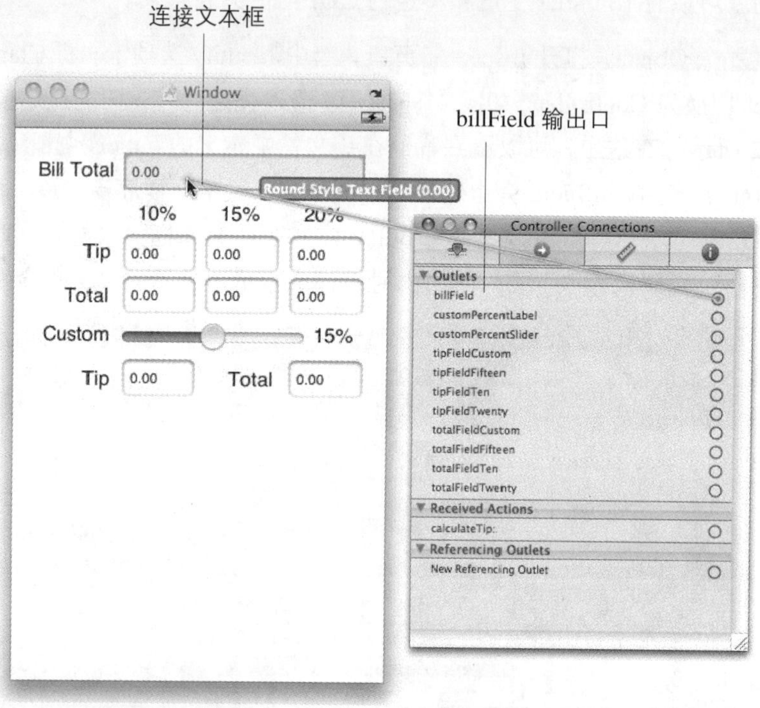

图 4-13 | 将一个输出口变量关联到文本框

接下来，你需要做的是将所有的输出口变量和对应的 GUI 组件关联起来。当关联完成以后，你还需要将 GUI 组件发出的事件和相应的处理动作进行关联。我们希望，当用户在账单金额中输入或者删除数字的时候，或者滑动小费百分比滑块的时候，都会去调用 calculateTip:方法。为了完成上述目的，首先选中最上面的文本框，然后选择 Inspector 窗口的 Connections 选项卡，在 Events 部分中，你可以看到此文本框所有可以使用的事件。像用户和 GUI 交互这类事件，会产生一个消息，并发给某个对象来进行处理。当对象收到消息的时候，会调用相应方法来进行处理。这里所指的事件可以是按下按钮，输入文字或者摇晃 iPhone。如果你希望当用户按下某个键的时候，文本框能够给 Controller 对象发送一个消息，那么你就需要添加 Editing Changed 类型的事件。在添加了 Editing Changed 事件之后，当用户编辑文本框的时候，会触发一个消息，并发送给 Controller，Controller 收到消息之后，会自动调用 calculateTip:方法。选中 Editing Changed 事件后面的圆圈，将其拖动到 MainWindow.xib 窗口（如图 4-14 所示）的 Controller 对象上，此时会出现一个小的悬浮窗口，提示选取哪个方法来处理相应的事件。在这里，你需要选择 calculateTip:方法。

同时你也希望滑动滑块的时候，也会调用 calculateTip:方法。为了达到上述目的，先选中滑动条，然后打开 Inspector 窗口中的 Connections 选项卡。由于 Editing Changed 事件为文本框所特有，对于滑动条而言，通常选择 Value Changed 事件，拖动 Value Changed 后面的圆圈到 Controller 对象上，然后选择 calculateTip:方法。

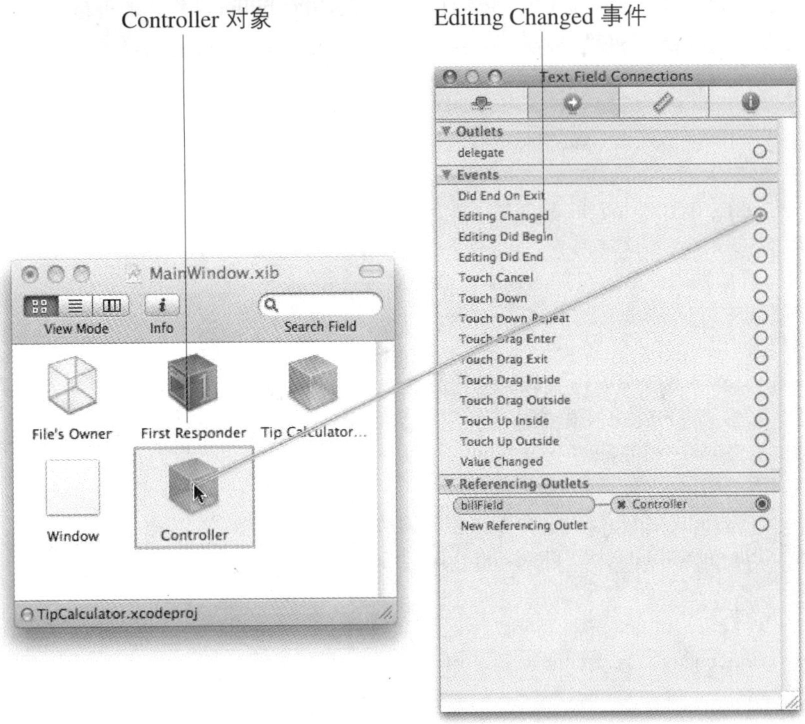

图 4-14 | 将一个动作关联到 Controller 对象上

4.7 方法的具体实现

现在你已经将动作和输出口变量关联起来了，接下来是编写代码，用来处理用户与界面进行交互时产生的事件。代码 4-2 为 Controller.m 文件中已经实现好的完整代码。当你进行输入的时候，Xcode 会自动进行代码补全，提示可以输入的类名和方法名，你可以按下 Esc 键来查看所有可能的补全提示。

代码 4-2　小费计算器的 Controller 类实现

```
// Controller.m
// 小费计算器的 Controller 类
#import "Controller.h"
@implementation Controller // 开始实现 Controller
// 当所有 GUI 的元素被都载入后，调用此方法
-(void)awakeFromNib
{
[billField becomeFirstResponder]; // 显示用于 billField 输入的键盘
} // awakeFromNib 方法定义结束
// 当用户触摸某个数字或者按钮的时候，调用下面的方法
- (IBAction)calculateTip:(id)sender
{
static BOOL toggle = YES; // 标记此方法是否由用户触发
// 如果用户从键盘输入或者滑动滑动条
if (toggle)
{
toggle = NO; // 设置标志位，此方法的下次调用将由程序触发
// 获取 billField 中的文本值
NSString *billFieldText = billField.text;
// 将 billFieldText 中字符串类型的值转换为浮点类型
float newTotal = [billFieldText floatValue];
// 获取滑动条的值 (结果处于区间[0,03]中)
float customTipPercent = customPercentSlider.value;
// 判断事件是否由 billField 触发
if (sender == billField)
{
// 用户删除了一个数字
if (billFieldText.length < billTotal.length)
billTotal = [NSString stringWithFormat:@"%.02f",
newTotal / 10];
else // 用户新输入一个数字
billTotal = [NSString stringWithFormat:@"%.02f",
newTotal * 10];
// 将界面上显示的文本更新为格式化后的结果
billField.text = billTotal;
// 将 newTotal 设置为新的值
```

```
newTotal = [billTotal    floatValue];

// 按照 10%、15%和 20%三个百分比分别计算小费金额
float tenTip =newTotal * 0.10;
float fifteenTip = newTotal * 0.15;
float twentyTip = newTotal * 0.20;

// 设置 Tip 栏中显示的值
tipFieldTen.text = [NSString stringWithFormat:@"%.02f", tenTip];
tipFieldFifteen.text =
[NSString stringWithFormat:@"%.02f", fifteenTip];
tipFieldTwenty.text =
[NSString stringWithFormat:@"%.02f", twentyTip];

// 设置 Total 栏中显示的值
totalFieldTen.text =
[NSString stringWithFormat:@"%.02f", newTotal + tenTip];
totalFieldFifteen.text =
[NSString stringWithFormat:@"%.02f", newTotal + fifteenTip];
totalFieldTwenty.text =
[NSString stringWithFormat:@"%.02f", newTotal + twentyTip];
} // 结束 if 判断
// 判断事件是否由 customPercentSlider 触发
else if (sender == customPercentSlider)
{
// 用户滑动了 Custom 滑动条
// 将滑动条的百分比转换为一个整数
int percentage = (int)(customTipPercent * 100);

// 更新标签上面所显示的小费百分比，以 XX%的形式显示
customPercentLabel.text =
[NSString stringWithFormat:@"%i%%", percentage];

// 将百分比转换为小数，并赋值给滑动条
float    newSliderValue = ((float) percentage) / 100;
customPercentSlider.value = newSliderValue;

// 根据滑动条的比例，更新 customTipPercent 的值
customTipPercent = newSliderValue;
} //    else 判断结束

// 计算 customTip 的值
float    customTip = customTipPercent    *    newTotal;

//    将 tipFieldCustom 的值根据用户输入的百分比进行调整
tipFieldCustom.text = [NSString    stringWithFormat:@"%.02f",
customTip];
```

```
93
94 // 更新 totalFieldCustom
95 totalFieldCustom.text =
96 [NSString stringWithFormat:@"%.02f", customTip + newTotal];
97 } // 结束 if 语句
98 else // 如果此方法由程序自动调用，则执行下面的逻辑
99 {
100 toggle = YES; // 设置为 YES，下次本程序的调用将由用户触发
101 }
102 } // 结束方法 calculateTip:的定义
103 @end // Controller 类实现结束
```

文件 Controller.m 包含了类的所有方法的实现，以引入 Controller 接口头文件作为开头（第 3 行）。引入头文件的过程是必需的，只有这样，你才能实现 Controller 接口文件中所声明的方法，以及 Controller 的直接或间接父类中所声明的方法。你可能会注意到，第 3 行引入的头文件包含在双引号（""）中的，而 Controller.h 的第 4 行（参见代码 4-1）引入文件却是包含在尖括号（<>）中的。区别在于，双引号用于引入我们自己定义的头文件，而尖括号则用于引入系统库文件。第 5 行的@implementation 关键字为 Controller 类实现的开始标志，第 103 行的@end 关键字为结束标志。本示例中只有方法 awakeFromNib 和 calculateTip:的实现。

4.7.1 启动和初始化程序

当用户启动程序的时候，程序会首先执行 main 函数。main 函数由程序模板定义，位于 main.m 文件中。当一个程序被执行的时候，系统会自动载入它的主 nib 文件，并根据此文件创建出程序的 GUI。nib 文件中的所有对象都被创建后，系统会给 nib 文件中的每个对象发送一个 awakeFromNib 消息来执行程序的具体初始化动作。回忆一下，如图 4-10 所示，我们在 nib 文件中加入了一个 Controller 类的对象。

awakeFromNib 是模板方法设计模式的一个例子，该模式存在一个已有的算法，但是其中某个步骤在别处定义。在这个应用程序中，从 nib 文件中加载对象的算法被内置到应用程序启动过程中。但是对于一个特定的对象调用 awakeFromNib 方法会做些什么留给了这个对象的类来实现。

本程序中，我们期望在程序启动后，billField 处于选中状态，并且数字键盘也处于显示状态。为了完成上述目的，我们在 Controller 的 awakeFromNib 方法（第 8～11 行）中给 billField 对象发送了一个消息。消息的格式为：

```
[receiver message];
```

其中，receiver 为接收对象，message 为接收对象的某个方法名。如第 10 行所示，billField 即为 receiver 对象，而 becomeFirstResponder 方法则是 message。在 billField 对象的 becomeFirstResponder 方法中，通过代码将 billField 在屏幕上设置为激活状态，就像用户已经选中文本框一样。回顾前文中我们已经将 billField 和数字键盘进行了关联，即当文本输

入框被选中时，数字键盘也会自动处于打开状态。这样第 10 行的代码，会使得程序启动时，数字键盘也处于显示状态。becomeFirstReponsder 方法并不接收任何参数，读者稍后将会看到如何给某个方法传递参数。

4.7.2 calculateTip: 方法

第 14～102 行定义的 calculateTip:方法，首先获取 billField 输入框中当前值和 customPercentSlider 的值，并使用获取的值来计算账单总金额和小费金额。第 16 行定义了一个静态布尔类型的变量，并初始化为 YES。需要注意的是，静态局部变量只有在函数第一次被执行的时候，才会进行初始化，并且在以后的调用过程中保持不变。这意味着第 16 行定义的变量 toggle 只有在方法 calculateTip:第一次调用的时候才会被初始化为 YES。calculateTip:方法用于处理用户与 GUI 交互所产生的事件，但是代码中对 billField 的修改同样也会触发一个事件，新触发的事件也会调用 calculateTip:方法。我们期望当用户进行输入的时候，调用 calculateTip:方法来修改 billField 的文本，而代码中对 billField 的修改所触发的 calculateTip:方法调用则不会有什么影响。这里我们使用 toggle 作为标志位来达到上述目的。当 toggle 的值为 YES（第 19 行）的时候，更新 billField 中的值，其他情况，则不做修改。这样可以避免递归调用的发生。

第 23 行获取了 billField 的文本属性，其通过使用.号来获取文本框的值，注意，此处.号只能用于访问对象中声明为 Properties 的变量[3]。与其他面向对象编程语言不同，Objective-C 中不能通过.来调用方法。对于方法而言，只能使用类似于 awakeFromNib 中通过发送消息的方式来调用。第 26 行通过调用 billField 的 floatValue 方法将字符串转换为浮点值。第 29 行通过访问 customPercentSlider 的属性来获取 customPercentSlider 的值，此处获取的值的类型为浮点型。

方法 calculateTip:的作用在于，作为用户在 billField 中输入或者滑动 customPercentSlider 的响应。当一个对象从 GUI 组件收到一个消息的时候，同时也收到一个指向该 GUI 组件（称为发送者）的指针作为参数，该参数类型为 id 类型。所谓的 id 类型其实是一个通用的指针类型，此类型的指针可以指向任何类型的对象。第 32 行判断了 sender 和 billField 是否指向同一个对象。两个指针进行比较的时候，操作符==其实比较的是两个操作数中所存储的地址是否相等；当指针所指的地址相等时，即认为两个指针指向同一个对象。就本例而言，可以判断当前用户交互的 GUI 组件为 billField。第 69 行我们也进行了类似的比较，判断用户当前交互的 GUI 组件是否为 customPercentSlider。嵌套的 if…else 语句可以用来判别不同事件来源，从而做出不同的响应。

第 35～40 行根据用户是否输入或删除数字来计算当前的账单金额，并更新在 billField 中。我们通过比较当前 billField 中字符的长度和原有的字符的长度来判断用户是否进行了

[3]我们将在第 6 章中讨论。

输入或删除（原有的字符存储于 billField 中）。如果当前的字符比原先要短（如第 35 行所示），那么可以推断出用户删除了一个数字，这样我们将 newTotal 除以 10，并更新小数点的位置。否则，用户新输入了一个数字，我们将 newTotal 乘以 10 并更新小数点位置[4]。第 36 和 39 行使用了@"string"形式的 NSString 类型字符串用于格式化。NSString 类型的字符串以@作为开头，@后面是 Objective-C 中普通字符串，与 C 语言中的字符串类似。

第 35～40 行通过调用 NSString 的静态类方法 stringWithFormat:将数字格式化为字符串，格式化后，小数点的右侧保留两位数字。其中格式串%.02f 用于对 newTotal/10 的结果进行格式化，.02 表明格式化的结果应该在小数点右侧保留两位有效数字（不足的话，用 0 补足），字符 f 表示需要格式化的输入类型为浮点型。字符串格式化的完整文档可以在：developer.apple.com/iphone/library/documentation/Cocoa/Conceptual/Strings/introStrings.html 的 Formatting String Objects 下面找到。字符串 billTotal 的值计算完成后，第 43 行将 billField 中的文本更新为 billTotal 的值。

第 35 行，使用小于关系操作符（<）来比较长度，如表 4-1 所示为所有的关系操作符。

表 4-1 | Objective-C 的关系操作符

标准算术关系操作符	Objective-C 关系操作符	Objective-C 条件示例	Objective-C 条件含义
=	==	x == y	x 和 y 是否相等
≠	!=	x != y	x 和 y 是否不相等
<	<	x < y	x 小于 y
>	>	x > y	x 大于 y
≥	>=	x >= y	x 大于等于 y
≤	<=	x <= y	x 小于等于 y

第 46～51 行，首先将字符串 billTotal 的值转换为浮点类型并赋值给 newTotal，然后以乘法的方式，分别计算 10%、15%、20%时的小费。表 4-2 所示为 Objective-C 的所有算术操作符。第 54～66 行将计算出的小费和总账单金额格式化为字符串以显示在界面上。

表 4-2 | Objective-C 中的算术操作符

Objective-C 操作	算术操作符	算术表达式	Objective-C 表达式
加法	+	$f+7$	f + 7
减法	–	$p-c$	p - c
乘法	*	$b \cdot m$	b * m
除法	/	x/y 或者 $x \div y$	x / y
取模	%	$r \bmod s$	r % s

第 69～85 行的作用在于，当用户滑动滑块的时候，更新 customPercentLabel 和 customPercentSlider 的值。第 73 行获取滑动条的当前比例，并转换为整数。第 76 和 77 行

[4] 本程序中假定.表示小数点，在有些国家使用,来表述小数点。可以使用表达式[[NSLocale currentLocale] objectForKey:NSLocaleDecimalSeparator]来获取当地的小数点表示方法，也可以使用上述表达式或者使用 NSNumberFormatter 类来进行当地货币格式的转换。

将上面获取到的滑动条百分比，使用%i 格式化为字符串，并更新到 customPercentLabel 中。格式化时，使用%%在结果中加入一个%以将结果显示为百分比。第 80 和 81 行使用取整的结果来设置滑动条的显示比例，具体设置比例之前，首先把整数转换为小数，这样可以避免使用整数来设置滑动条的显示比例。由于当用户滑动滑动条或者在文本框进行输入时，都需要对小费金额和账单总额进行更新，因此第 88～96 行在 if 语句之外对小费金额和账单总金额进行更新。

如果由于代码中修改了某个 GUI 组件的值，从而触发事件调用 calculateTip:方法（第 98 行），那么此次调用中我们需要将 toggle 的值设置为 YES。其原因在于：下次 calculateTip:方法的调用将由用户与 GUI 的交互而触发，而此时 toggle 的值为 YES，根据代码中的 if…else 语句进行判断，执行处理用户交互的代码。通过对 toggle 变量的设置和判断，可以避免上述两种调用过程之间相互递归的情况。

4.8 小结

本章，你学习了使用 Objective-C 来编写第一个 iPhone 程序，学会控制 GUI 组件，接收 GUI 发出的消息，并做出响应，更新程序界面显示。本章中，用户主要通过文本框和滑动条和程序进行交互。此外，你还学习了如何声明类接口，以及如何实现一个类，在程序编写过程中，学习使用 Objective-C 的基本数据类型、关键字、操作符、控制语句等。

在下一章中，我们将通过编写一个 Twitter 搜索收藏夹程序来学习数据结构，并介绍一些高级的面向对象知识，如继承、self 和 super 关键字等。当然，你也将学习使用 C 风格的数据结构，并将学习通过编写代码对 GUI 布局进行修改，这样可以根据用户交互来动态地添加或删除一些 GUI 组件。

5

Twitter 搜索收藏夹应用程序

（Collections 与 Cocoa GUI 编程）

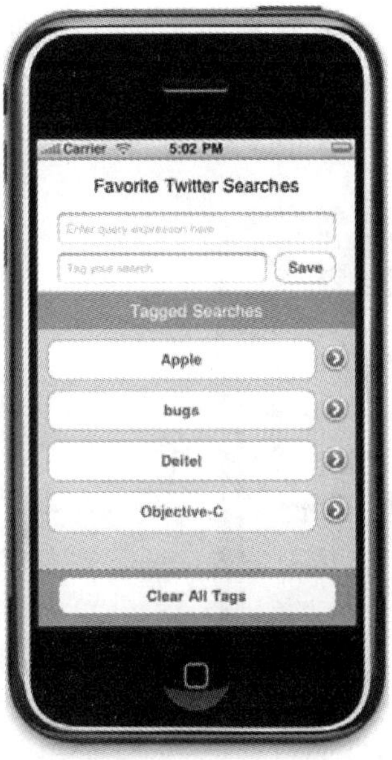

本章导读：

- 使用Interface Builder中的View对象为应用程序增添色彩
- 让用户通过按钮（Buttons）与应用程序进行交互
- 使用滚动视图（Scroll View）显示超过一个屏幕的内容
- 编写init方法，在对象创建时初始化其数据
- 使用NSMutableArray和NSMutableDictionary来存放程序的可变数据
- 通过编程来动态创建GUI组件并添加到用户界面中以响应用户交互
- 将NSMutableDictionary中的内容写入到文件中或者从文件中读取出来
- 通过编程在Safari浏览器中打开一个网页

Outline

5.1 Twitter 搜索收藏夹应用程序简介

Twitter 搜索收藏夹应用程序允许用户以自己选择的容易记住的短标记名称来保存它们喜爱的 Twitter 搜索字符串（可能是很长的）。这样用户就可以很快地加入它们感兴趣的话题（tweets）中。Twitter 的搜索查询可以用 Twitter 搜索操作符来进行微调，通常导致一个冗长的查询而在 iPhone 中输入会相当费时（Twitter 搜索操作符的完整列表可以在.twitter.com/operators 中找到）。Twitter 搜索收藏夹应用程序将用户喜爱的搜索结果保存到 iPhone 中，这样每次程序运行时就能使用。图 5-1（a）展示了一个保存了 4 个搜索结果的程序，当然用户可以保存很多的搜索结果并用滚动条浏览它们。这些结果的标签是按照字母顺序排列的。在顶端的文本框中输入搜索查询及它们对应的标签，然后用 save 按钮添加到搜索收藏列表中。触击 search 按钮可以在 Safari 浏览器中打开 Twitter 搜索结果。图 5-1（b）显示触摸 Deitel 按钮后的结果，这里我们指定从 deitel 搜索 c 或者 java。你可以使用搜索收藏夹列表右边的 ⊙ 按钮修改搜索条件。这让你在保存搜索条目后，只需稍作调整就可以查询到更好的结果。屏幕底部的 Clear All Tags 按钮可以清空这个收藏夹。

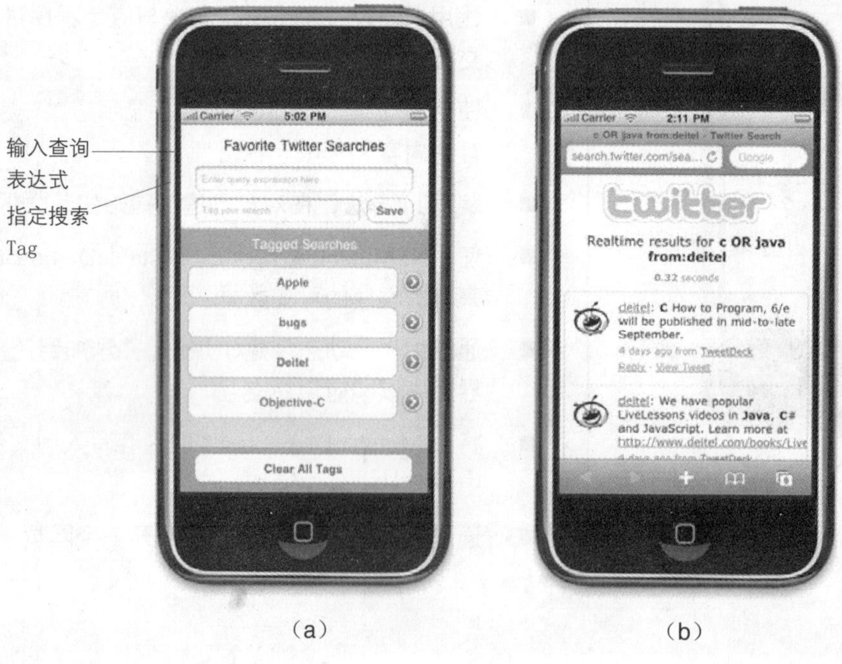

图 5-1 | Twitter 搜索收藏夹应用程序

5.2 试运行应用程序

1．打开程序

进入项目所在的文件夹，双击 FavoriteTwitterSearches.xcodeproj 文件，在 Xcode 中打开该项目。

2．运行程序

单击 Build and Go 按钮在 iPhone 模拟器中运行该程序，如图 5-2 所示，你可以在上面两个文本框中输入新的搜索，而下面部分会列出你之前保存过的搜索条目（这里为空）。

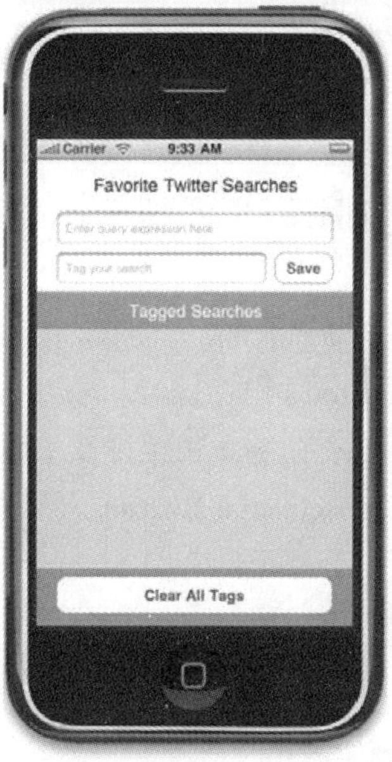

图 5-2 | 运行 Twitter 搜索收藏夹应用程序

3. 添加新的搜索

在最上面的文本框中输入 **Apple OR iPhone** 作为搜索主题。在下面的输入框中输入 iPhone。这将作为短名称显示在搜索标记（**Tagged Searches**）部分，你可以单击 Save 按钮来保存这个搜索，这样一个搜索条目按钮就出现在了搜索标记中。

4. 编辑搜索

在每个搜索条目按钮右边有一个展示详细信息的按钮（**Detail Disclosure Button**），单击这个按钮，会在顶部的输入框内重新载入你输入的查询和标签。通过在查询语句后面添加 near:Cupertino within:5mi，我们限制搜索条件为"苹果公司总部 5 英里内"。触摸 **Save** 按钮更新这个搜索条目。

5. 查看 Twitter 搜索结果

触摸 iPhone 按钮来查看搜索结果，这将打开 Safari 网页浏览器并访问 Twitter 网站及显示结果。

5.3 技术概述

这个程序使用到了 3 个新的 GUI 组件——视图（View）、滚动视图（Scroll View）和按钮（Button）。视图提供了一些其他 GUI 组件的基本功能，标签（Label）和图像视图（Image View）是视图类型。按钮和滑块是控件（Control）类型，当然控件也是一种视图，所以按钮和滑块同样也是视图。这些组件响应用户触摸，显示复杂的图形及实现三维动画。在这个程序中，我们将使用一个视图来在显示搜索条目的地方添加背景色。

滚动视图（Scroll View）是一种允许你通过滚动视图来查看超过一个屏幕的内容的特殊视图。我们使用滚动视图来显示任意大小的搜索列表。因为用户可能会有很多的搜索条目，将超出屏幕显示范围。

按钮（Button）在触摸时发送动作。Interface Builder 中有 5 种按钮样式如表 5-1 所示。更多按钮样式使用于工具栏（**Toolbars**）（Bar Button Item，我们将在第 10 章讨论）和标签栏（**Tab Bars**）（Tab Bar Item，未在本书中涉及）中。而我们的应用程序中使用的是 **Rounded Rect Button** 和 **Detail Disclosure Button** 这两种按钮，**Detail Disclosure Button**（ ）允许用户编辑现有的搜索，而那个用来在 Safari 中打开搜索结果的较大的按钮就是 **Rounded Rect Button**。

表 5-1 | Interface Builder 的按钮样式

按钮类型	举 例	说 明
Rounded Rect		多功能按钮用于执行动作
Detail Disclosure		用于显示有关元素的其他信息
Add Contact		用来增加用户选择的内容
Info Dark		深色背景的 Info Button。通常用来访问 an app's settings
Info Light		亮背景的 Info Button。通常用来访问 an app's settings

我们在NSDictionary中保存搜索的结果/标签对。我们主张为NSArray设置对应的Rounded Rect Buttons，在程序中使用可编辑的集合（collections）——NSMutableArray和NSMutableDictionary的副本，由此来区分那些一旦创建和初始化过后就不能够修改的集合（collections）。

我们还将说明如何创建 GUI 组件来修改用户交互界面。我们使用这样的技术去为每一个用户添加的新搜索词条创建一个 Round Rect Button。同时设置这些 Button 的大小、位置和它们所绑定的对象和动作。

5.4 创建程序

首先打开 Xcode，创建一个 Window-based Application 项目，将它命名为 FavoriteTwitter-Searches，双击 MainWindow.xib 打开 Interface Builder。

5.4.1 GUI 的布局

从 Library 中拖动一个标签（Label）到程序主窗口中，并将它命名为 Favorite Twitter Searches，在 Inspector 中调整字体大小为 18，使用 **Container > Layout > Alignment > Align Horizontal Center in Container** 设置它为窗口顶部水平居中。然后拖曳 2 个文本框（Text Field）到程序主窗口中。选中第一个文本框，在 Inspector 的属性栏中找到占位符（Placeholder）（译注：这是一开始出现在文本框中的灰色提示性文字），并输入 Enter query expression here。再选中第二个文本框，在它的 Placeholder 中输入 Tag your search，调整它们的布局，如图 5-3 所示。

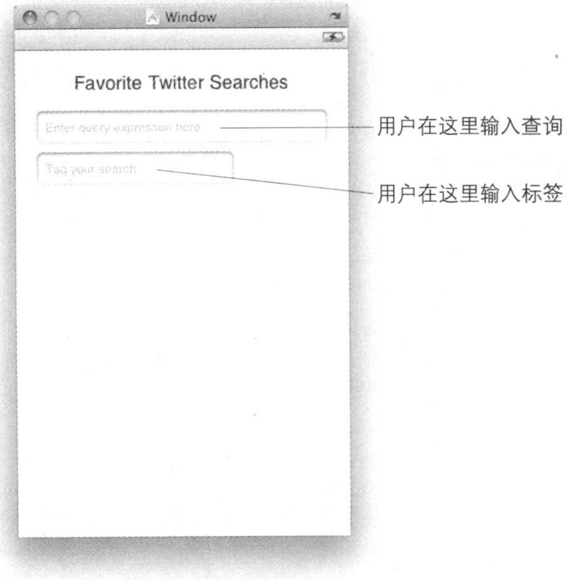

图 5-3 | 程序主窗口、标签和 2 个文本框

拖动一个圆角按钮（Round Rect Button）到程序窗口中，在 Inspector 窗口的 Attributes 选项卡中设置它的 **Title** 为 save，如图 5-4 所示。

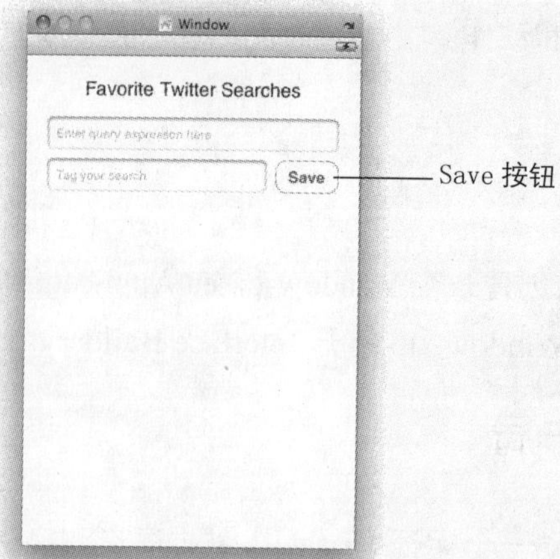

图 5-4 | 在窗口中添加 save 按钮

再拖动一个视图（View）到程序窗口中，让它占满整个文本框以下的空间。选中这个视图，打开 Inspector，在 Attributes 选项卡中单击 Background 旁边的色卡（color swatch）来打开一个颜色选择器（**Colors**）窗口，单击第二个标签栏（），并从列表中选择 RGB 滑块（**RGB Slider**）。任何一种颜色都可以在这里创建，你只需要调整它的红、绿、蓝值，也就是 RGB 值。它们的值域为 0~255。第一个值定义了这个颜色的红色份量，第二个定义它的绿色份量，第三个定义它的蓝色份量。值越大，份量越高。我们设置红色为 129，绿色为 160，蓝色为 168（或者用你喜欢的颜色），关闭颜色选择器回到主窗口，视图就变成了你选择的新颜色。

拖动一个标签到 View 中，然后设置它的文本为 Tagged Searches，在 Inspector 中，选择 Color 标签旁边的色卡，改变它的颜色为白色，然后将它调整为在视图中居中置顶，如图 5-5 所示。

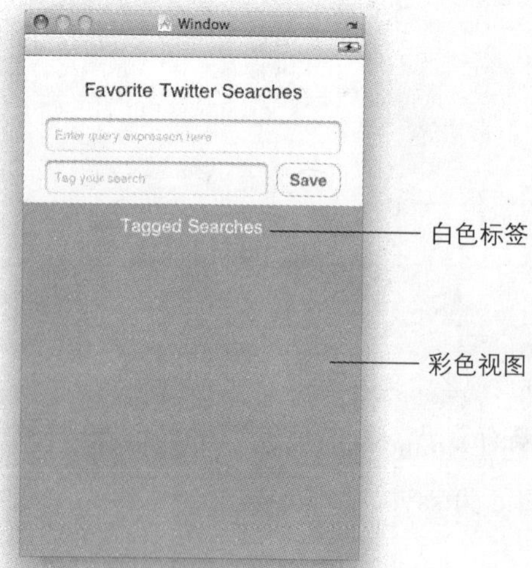

图 5-5 | 带有背景色的视图和置顶的白色标签

拖动一个圆角按钮到视图底部，双击改变它的标题为 Clear All Tags，如图 5-6 所示。

接下来你需要添加一个滚动视图 (类 UIScrollView 的实例)，它可以用来显示一个屏幕内展示不完的内容。设置它的位置在 Clear All Tags 按钮与标签之间，如图 5-7 所示，现在，你完成了 GUI 的设计，保存 nib file 并回到 Xcode。

图 5-6 | 添加圆角按钮到底部

图 5-7 | 添加一个滚动视图

5.4.2 定义 Controller 类

在 Xcode 中，选择 Classes 组并创建一个新类 (我们在 4.5 节中讨论过) 并确认从子类列表中选中 NSObject。然后单击 Finish 按钮并打开这个新建的 Controller.h 文件。代码 5-1

为这个类的完整声明。

第 6 和 7 行定义了 2 个常量，在第 6 章我们将介绍创建常量的一个更好的方法：静态常量(static const)。BUTTON_SPACING 定义了滚动视图中按钮的间隔，BUTTON_HEIGHT 则是每个按钮的高度，如果你想改变这些按钮的外观，可以修改这些值。

代码 5-1　Twitter 搜索收藏夹应用程序的 Controller 类

```
1  //  Controller.h
2  //  Twitter 搜索收藏夹的控制器类
3  #import <UIKit/UIKit.h>                 // 本行为自动生成
4
5  //  常量——控制按钮的高度和间距
6  #define BUTTON_SPACING 10
7  #define BUTTON_HEIGHT 40
8
9  @interface Controller : NSObject        // 本行为自动生成
10 {
11 //  Interface Builder 的输出口变量
12 IBOutlet   UIScrollView *scrollView;   // 可滚动的收藏夹视图
13 IBOutlet   UITextField *tagField;      // 用于输入标签的文本框
14 IBOutlet   UITextField *queryField;    // 用于输入查询的文本框
15
16 //  存储标签的名字和搜索条件
17 NSMutableDictionary *tags;
18
19 //  存储代表搜索条目的按钮
20 NSMutableArray *buttons;
21
22 //  存储用来编辑搜索条目的信息按钮
23 NSMutableArray *infoButtons;
24
25 // 存储搜索收藏夹的文件位置
26 NSString *filePath;
27 } //  实例变量声明结束
28
29 -(IBAction)addTag:sender;               // 添加标签
30 -(IBAction)clearTags:sender;            // 删除所有标签
31 -(void)addNewButtonWithTitle:(NSString   *)title;  // 创建按钮
32 -(void)refreshList;                     // 刷新按钮列表
33 -(void)buttonTouched:sender;            // 处理收藏按钮事件
34 -(void)infoButtonTouched:sender;        // 处理信息按钮事件
35 @end // Controller 接口定义结束
36
```

```
37 // UIButton 的排序分类
38 @interface UIButton (sorting)
39 //   比较这个 UIButton 和给定 UIButton 的标题
40 -(NSComparisonResult)compareButtonTitles:(UIButton *)button;
41 @end //   UIButton 接口的排序分类结束
```

第 12～14 行定义了 1 个 UIScrollView 和 2 个 UITextField 的指针，这些 IBOutlets 类型的对象分别对应我们在 Interface Builder 中创建的滚动视图和文本框。

第 17 行定义了一个叫做 tags 的 NSMutableDictionary 类型的指针，它将指向那些存储 Twitter 的搜索查询和相应的标签的对象。NSMutableDictionary 是 NSDictionary 的一个子类，是一种键 - 值对(key-value pair)组成的集合。一个键(key)对应一个相应的值(value)。关键字 mutable 表明这个类创建后可以被修改。但是 NSDictionary 所声明的对象在创建后不能被修改。在这个集合中，关键字（ keys ）是你输入的标签，而对应的值（ value ）是你的搜索查询。当用户加入新搜索时，我们需要在这个集合中插入新的键 - 值对，所以它必须是可变的。

我们同样将用户创建或者修改的搜索按钮存储在集合中，第 20 和 23 行声明了名为 buttons 和 infoButtons 的 NSMutableArray 类型的指针，NSMutableArray（ NSArray 的子类）是一个可变的数组对象。就像 NSMutableDictionary 一样，NSMutableArray 允许你在不创建新的数组对象的情况下更改其包含的元素。

第 29～34 行定义了 Controller 类的一些方法。头两个类型为 IBActions 的方法将出现在 Interface Builder 的动作（ Action ）中，组件可以调用它们来处理事件（ events ）。

- 方法 addTag：添加一个新的搜索。
- 方法 clearTags：清除之前存储的所有的搜索。
- 方法 addNewButtonWithTitle：在用户添加一个新搜索时添加一个新的按钮到界面上。
- 方法 buttonTouched：在浏览器中加载所选的搜索结果。
- 方法 infoButtonTouched：在文本框内加载选中的搜索来进行编辑。

第 38～41 行是一个 UIButton 的排序分类（ sorting category ），分类是一些能够增强现有类功能的相关方法集合，分类中的方法可以在运行时添加到类中，因此我们可以在 UIButton 中添加方法，即使我们不能更改它原来的声明或实现。这里这个排序分类只有一个方法 compareButtonTitles(在后面的代码 5-9 中定义)，它将两个标题按照字母进行比较。我们使用这个方法对 UIButtons 数组进行排序。

5.4.3 Abstract Factory 的设计模式（抽象工厂型设计模式）

NSArray 和 NSDictionary 是抽象工厂设计模式（ abstract factory ）的两个例子。在这种抽象工厂（ abstract factory ）设计模式下，我们可以生成一个想要的类实例并且不对客户端暴露它实际的代码细节，这在类层次结构设计中很有代表性。客户端代码并不知道由工厂（factory）返回的对象的确切类型，只要这个对象拥有客户端所需要的功能。通常，抽象工厂（abstract factory）提供让客户端获取所需适当对象的方法。当你实例化一个 NSArray 类时，你所获得的对象实际上是一个私有 NSArray 子类。客户端代码通过 NSArray 的抽象公共接口与对象交互。NSArray 和它的子类被统称为 ***class cluster***。

5.4.4 在 Interface Builder 中连接对象

一旦你完成了对 Controller.h 的编辑，请保存它并在 Interface Builder 中打开 MainWindow.xib，从 **Library** 窗口拖曳一个 **Object** 到标题为 MainWindow.xib 的窗口中，如图 5-8 所示，选择你新建的对象，然后打开 Inspector，在 Identity 标签栏的 Class 列表中修改它的值为 Controller。我们定义过的动作（action）和输出口变量（outlet）应该出现在 **Class Outlets** 和 **Class Actions** 标题下面。

切换到 Inspector 中的 Connections 标签栏，这里应该有 3 个 outlet 要连接到 GUI 的组件上，我们通过拖动 outlet 名称右边的复选框到相应的组件上，将 queryField 绑定到顶部文本框。同样地，将 scrollView 绑定到视图中央的滚动视图上，将 tagField 绑定到第二个文本框，这样连接就完成了。你还可以通过在 MainWindow.xib 窗口中用鼠标右键单击 Controller 来查看这些连接（Connection）。

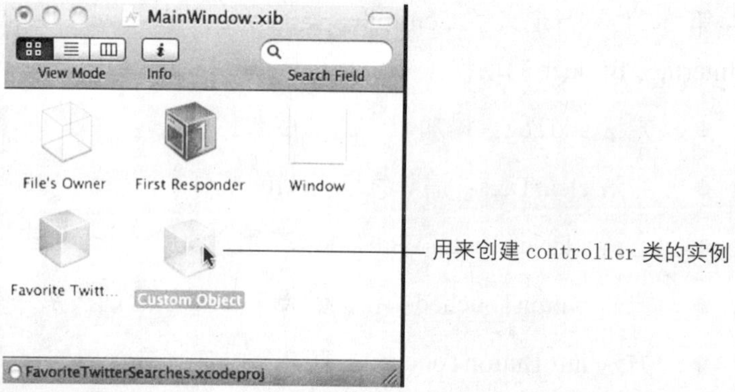

图 5-8 | 在 nib 文件中加入用户自定义对象

接下来，你将需要把 GUI 组件的事件连接到相应的动作上。这个应用程序中产生的事件是由两个按钮对象发送的。选中 save 按钮并打开 Inspector 中的 Connections 标签栏。这里，我们使用按钮的 ***Touch Up Inside*** 事件，这个事件在用户触摸并释放这个按钮并且一直保持在按钮内部时触发。这意味着这个事件不会在用户滑动到按钮外部并且与屏幕保持接触时触发。绑定这个 **Touch Up Inside** 事件到你的 Controller 对象上。 在提示对话框弹出时请在列表中选择方法 addTag:。接下来，选中 Clear All Tags 按钮，连接它的 **Touch Up Inside** 事件到 Controller 对象并选择 clearTags:方法。完成后保存文件并关闭 Interface Builder。

5.4.5 定义 Controller 类的实现

我们已经声明了 Controller 类并且连接了动作和输出口，现在我们需要提供这个类的实现。对于这个应用程序，我们必须实现在 Controller.h 中声明的 6 个方法，同时需要覆盖（override）两个从 NSObject 中继承过来的方法，它们是 init 方法（用来初始化对象）和 dealloc 方法（用来将对象从内存中释放），最后定义一个 awakeFromNib 方法，因为我们在 Interface Builder 中添加了一个类的实例到 nib 文件中。这个方法将会在 nib 文件加载和 GUI 创建后执行。在 Xcode 中，打开 Controller.m 文件。

5.4.6 Controller 类的初始化方法

init 方法（参见代码 5-2 的第 8～44 行），继承于 NSObject 类并被覆盖，它用来初始化类 Controller 实例中的变量。在例子中，init 方法是在 nib 文件加载时自动调用的，它用来创建 GUI 组件与 Controller 的对象。当你在覆盖这个方法的时候，你必须调用父类去确保继承的实例变量被正确地初始化了（第 10 行）。每一个对象都可以通过关键字 self 来访问指向自己的指针。关键词 super 引用了与 self 相同的对象，不过 super 通常是用来访问父类成员的。第 10 行发出 init 消息给 super，它调用了父类 NSObject 的 init 方法。在执行自定义的初始化前确保初始化其父类的实例变量是十分重要的。

代码 5-2 Twitter 搜索程序的 Controller 类

```
1   //  Controller.m
2   //  Twitter 搜索收藏夹应用程序的 Controller 类
3   #import "Controller.h"
4
5   @implementation Controller   // 本行是自动生成的
6
7   // 对象初始化时调用
8   - (id)init
9   {
10  self = [super init]; // 初始化父类成员
11
12  if (self != nil)   // 如果父类被成功初始化
13  {
14      //  创建保存文件的有效目录的列表
15      NSArray *paths = NSSearchPathForDirectoriesInDomains(
16      NSDocumentDirectory, NSUserDomainMask, YES);
17
18      // 获取第一个文件目录
19      NSString *dir = [paths objectAtIndex:0];
20
21      // 将文件名“tagsIndex.plist”连接到路径名尾部
22      filePath = [[NSString alloc] initWithString:
```

```
23          [dir stringByAppendingPathComponent:@"tagsIndex.plist"]];
24
25          NSFileManager *fileManager = [NSFileManager defaultManager];
26
27          //  如果文件不存在，创建一个 NSMutableDictionary；
28          //  否则，以文件内容初始化一个 NSDictionary
29          if ([fileManager fileExistsAtPath:filePath]==NO)
30          {
31                 tags = [[NSMutableDictionary alloc] init];
32          } // if 结束
33          else
34          {
35                 tags = [[NSMutableDictionary alloc]
36                 initWithContentsOfFile:
37          } // else 结束
38
39          buttons = [[NSMutableArray alloc] init];   // 创建数组
40          infoButtons = [[NSMutableArray alloc] init];   // 创建数组
41     } //  if 结束
42
43     return self;  // 如果 self ==  nil，对象则没有被初始化
44     } //  方法结束
45
```

如果父类没有被正确实例化，则 init 方法返回的是“空指针”，它是用关键字 ***nil*** 来表示的。第 12 行通过判断 self 是否为空来确定父类初始化是否正常。第 43 行返回该 self，如果 self 不为空，则初始化成功；否则说明初始化失败。

如果父类初始化成功，第 15～40 行则是初始 Controller 类实例的变量。如果要初始化 filePath，我们需要询问操作系统来获取允许保存文件的路径。根据 iPhone 开发人员文档，在 iPhone 程序中使用绝对路径是不合适的，因为基础目录结构可能会随着 iPhone 操作系统的发布而改变。调用 NSSearchPathForDirectoriesInDomains（第 15 和 16 行）返回一个 NSArray 包含可能的位置信息。这个方法有 3 个参数并返回 NSArray 包含符合我们检索结果的路径列表。第一个参数表示我们正在寻找一个可以存储文件的目录；第二个的意思是我们正在寻找与当前用户相关的目录，iPhone 的 SDK 没有给予你访问系统文件夹的权限，你只能使用划分给你的程序的文件夹；最后一个参数告诉程序使用波浪符（～）扩展后返回完整的地址，波浪符在 UNIX 系统代表用户的根目录。要想看看 iPhone 系统目录结构，可以转到 ~/Library/Application Support/iPhone Simulator/User/Applications 目录。因为每个 iPhone 应用程序有一个文档目录，所以函数 NSSearchPathForDirectoriesInDomains 返回只有一个对象的 NSArray。第 19 行用 objectAtIndex 方法获得该目录的路径，objectAtIndex 方法用来返回指定索引的对象。

第 22 和 23 行创建了一个字符串，并以路径名再加上我们用来保存收藏的文件名称（即

tags 索引文件名）来进行初始化。NSString 的 initWithString:方法使用另外一个字符串对象来进行初始化。NSString 的 ***stringByAppendingPathComponent*** 方法将把参数扩展到调用该方法的字符串对象后，这个方法确保了路径被分隔符(/)所分开。这样，变量 filePath 就包含了我们用来保存和读取应用程序数据的文件路径。

第 25 行获取默认的 NSFileManager，用于执行常见的文件系统操作，如添加、复制和删除文件。这是 singleton 设计模式的另外一个例子。

第 29～32 行用 NSFileManager 的 ***fileExistsAtPath*:** 方法检查文件是否已经存在，该方法以文件名和路径作为参数，并返回 YES 或 NO。如果我们的程序在以前执行中创建过这个文件，那么这个文件应该是已经存在的，但是如果文件不存在，我们需要创建并初始化一个 NSMutableDictionary 对象 tags。我们调用 NSMutableDictionary 的 alloc 方法来创建它，然后调用 NSMutableDictionary 的 init 方法对其初始化。如果文件存在，使用文件内容对 tags 进行初始化。NSMutableDictionary 的方法 ***initWithContentsOfFile*** 以文件名和路径作为参数并使用文件内容对该字典对象进行初始化。第 39 和 40 行将 buttons 和 infoButtons 初始化为 NSMutableArrays 类型。注意，不同于很多其他的面向对象语言，Objective-C 没有一个能够确保它一定会在对象创建时调用的构造函数，所以必须由对象的创建者（创建方法）调用一个适当的对象初始化方法。

5.4.7 Controller 类的 awakeFromNib 方法

awakeFromNib 方法（参见代码 5-3 的第 47～51 行）为每个用户想要保存的搜索条目创建一个相应的按钮。我们在这里创建按钮而不是在 init 方法中创建，是为了保证当我们想要在 GUI 中添加按钮时 GUI 已经载入成功。awakeFromNib 是一个只有在 GUI 对象被成功加载才调用的方法，而 init 方法是在 GUI 被创建前就已经调用了。awakeFromNib 方法遍历 tags 中的每一项，并且为其中每一个元素创建一个 UIButton 的实例。我们使用 for…in 循环，这将遍历集合中的所有项。对于 NSDictionary，for…in 循环默认是通过集合的 keys 进行遍历的，对于每一个 key 我们都会调用 addNewButtonWithTitle 方法，将用户自定义的标签传递给它，作为按钮上显示的文本。

代码 5-3 Controller 的 awakeFromNib 方法

```
46 // 在 GUI 组件加载完毕以后调用
47 - (void)awakeFromNib
48 {
49 for (NSString *title  in tags)
50 [self  addNewButtonWithTitle:title];
51 } //  awakeFromNib 方法结束
52
```

5.4.8 Controller 类的 refreshList 方法

refreshList 方法（参见代码 5-4 的第 54～99 行）更新屏幕上的搜索列表以反映滚动视图中的按钮数量的改变。首先第 57 和 58 行删除了所有的 UIButtons[1]。subviews 属性返回了当前 scrollView 管理的所有子视图，也就是我们前面添加的那些 UIButton 对象。Subview 是一个包含在大视图中的小视图。这样每一个按钮都可以在 scrollView 中拥有一个属于自己的视图。这个大视图我们称为 superview。对于每个按钮，我们调用 ***removeFromSuperview*** 方法来告诉 UIButton 将自己从 scrollView 中删除。同时，我们调用了 removeAllObjects 方法清空了 infoButtons（第 60 行）中的所有元素，我们将在稍后加入新的元素。

代码 5-4 Controller 类的 refreshList 方法

```
53  //  清空所有的按钮并生成收藏夹视图
54  - (void)refreshList
55  {
56      //  在 GUI 中删除所有的按钮
57      for  (UIButton *button in scrollView.subviews)
58      [button removeFromSuperview];
59
60      [infoButtons removeAllObjects];
61
62      float buttonOffset =BUTTON_SPACING;  //  重新设置间距
63
64      //  重新生成视图和按钮
65      for (UIButton *button in buttons)
66      {
67          CGRect buttonFrame=button.frame;  //  获取按钮的框架
68          buttonFrame.origin.x=BUTTON_SPACING;  //  设置 X 坐标
69          buttonFrame.origin.y=buttonOffset;  //  设置 Y 坐标
70
71          //  button 的宽度是 view 减去一边填充物的大小
72          buttonFrame.size.width=
73          scrollView.frame.size.width-5* BUTTON_SPACING
74          buttonFrame.size.height=BUTTON_HEIGHT;  // 设置高度
75          button.frame=buttonFrame;  // 给 button 分配新 frame
76          [scrollView  addSubview:button];  //  加入 subvie
77
78          //  创建详细信息按钮
79          UIButton *infoButton =
80          [UIButton buttonWithType: UIButtonTypeDetailDisclosure];
81          [infoButtons addObject:infoButton];  //  在 add infoButtons  添加新项
```

[1] 如果你使用这个方法加入的UIButtons过多，那么它将运行得十分慢。为了更好地管理含有很多无用的集合的情况，我们可以使用类UITableView，将在第10章提及到。

```
82
83              //  放到我们刚才添加的搜索条目按钮的右侧
84              buttonFrame = infoButton.frame; // 获取 infoButton 的 frame
85              buttonFrame.origin.x = scrollView.frame.size.width - 35;
86
87              //  因为这个按钮比普通的按钮小一点，所以我们需要对它进行调整
88              buttonFrame.origin.y =buttonOffset + 3;
89              infoButton.frame = buttonFrame;  // 分配新的 frame
90
91              // 当按钮被触动时调用 infoButtonTouched 方法
92              [infoButton addTarget:self action:@selector(infoButtonTouched:)
93              forControlEvents:UIControlEventTouchUpInside];
94              [scrollView addSubview:infoButton];  // 添加一个 infoButton
95
96              //  增加偏移量以便下一个按钮放在更下面的位置
97              buttonOffset += BUTTON_HEIGHT + BUTTON_SPACING;
98          } //  for 结束
99      } //  refreshList 结束
100
```

第 65 ~ 98 行遍历 buttons 数组，设置其中每一个 UIButton 元素的宽度、高度和在 scrollView 中的位置。第 67 行得到当前按钮的 frame 属性，这个属性（CGRect 类型）是包括了一个 CGSize 对象 size 和一个 CGPoint 对象 origin 的结构体。结构体是一个数据集合，它存储了若干具有不同类型的数据单元。size 这个属性控制了 UIButton 实例的宽度和高度，origin 控制了它在 superview 中的位置，在本例中 superview 指的是 scrollView。第 68 行设置了 UIButton 实例和滚动视图左侧的距离，第 69 行设置了 UIButton 实例和滚动视图顶端的距离。第 72 和 73 行设置了 UIButton 实例的宽度，这个宽度是整个 scrollView 实例的整个宽度减去两边填充的宽度，再减去我们加在后面的信息按钮的宽度。然后我们设置高度（第 74 行），给 UIButton 分配一个新的 frame（第 75 行），然后将它添加到 scrollView 中（第 76 行）。

接下来我们在刚才添加的按钮右边创建详细信息按钮(**Detail Disclosure Button**)( )。我们创建一个 UIButton（第 79 和 80 行），并将它添加到 infoButtons 中（第 81 行），然后设置它们的 frame 属性，这与设置 UIButton 的 frame 类似。但是不用设置它的宽度和高度，保持默认值即可。第 92 和 93 行指定处理 infoButton 的 UIControlEventTouchUpInside 事件时应该调用 action-infoButtonTouched：方法。

5.4.9 Controller 类的 infoButtonTouched 方法

infoButtonTouched 方法（参见代码 5-5 的第 102 ~ 114 行）允许用户编辑当前的搜索条目，这个方法在用户触动 scrollView 中的详细信息按钮时被调用。当该方法被调用时，我们更新 tagField 和 queryField 为适当的值。首先，第 105 行获取当前触摸按钮在 infoButtons

数组中的索引值。参数 sender（未指定类型时默认为 id）自动地传递给事件处理器（event handler），代表这个与用户交互的组件。与这个详细信息按钮紧挨着的搜索条目按钮在 buttons 中拥有相同的索引，所以我们可以通过这个索引获得搜索条目按钮和它的标题（第 108 行），将 tagField 的 Text 属性设置为这个标题。然后调用 NSMutableDictionary 的 valueForKey 方法在 tags 中查找 title（第 112 行）并将返回值更新到 queryField 的文本属性中（第 113 行）。

代码 5-5　Controller 类的 infoButtonTouched 方法

```
101  //  用户触摸信息按钮时调用
102  -(void)infoButtonTouched:sender
103  {
104      //  获取当前触摸按钮的索引
105      int index= [infoButtons indexOfObject:sender];
106
107      //  获取按钮的标题
108      NSString *key= [[buttons objectAtIndex:index] titleLabel].text;
109      tagField.text=key; //  以按钮标题更新 tagField 的文本
110
111      //  根据按钮标题获取搜索查询
112      NSString *value= [tags valueForKey:key];
113      queryField.text=value;  //  更新 queryField 的文本
114  } //  infoButtonTouched 方法结束
115
```

5.4.10　Controller 类的 addTag 和 clearTags 方法

clearTags 方法（参见代码 5-6 的第 117 ~ 139 行）在用户触摸 save 按钮时将一个新的按钮添加到应用程序中。第 120 和 121 行表示的是当 tagField 和 queryField 失去焦点的时候隐藏键盘。第 123 和 124 行获取 tagField 和 queryField 的文本。如果它们中有一项的值为空，则退出这个方法（第 128 行）。第 130 行检查 tagField 中输入的值是否已存在，如果不存在，则添加一个相应的 UIButton（第 131 行），否则只是简单调用 NSMutableDictionary 中的 setValue:forKey 方法来改变现有的 key 对应的 value（第 133 行）。这个方法有一个 NSString 类型的参数 key 和一个 value 对象。

代码 5-6　Controller 类中的 addTag 和 clearTags 方法

```
116  //  加入一个搜索
117  -(IBAction)addTag:sender
118  {
119      //  使键盘消失
120      [tagField resignFirstResponder];
121      [queryField resignFirstResponder];
122
```

```
123        NSString *key = tagField.text;  // 获得 tagField 的文本
124        NSString *value = queryField.text;  // 获得 queryField 的文本
125
126        //  测试任意一个字段是否为空
127        if (value.length==nil || key.length==nil)
128        return;  //  退出方法
129
130        if  ([tags valueForKey:key] ==nil)  // 测试 tag 是否已经存在
131        [self addNewButtonWithTitle:key]; // 如果不是，加入一个新按钮
132
133        tagField.text = nil;  // 清空 tagField 文本
134
135        [tags setValue:value forKey:key];  // 在 tags 中添加新的条目
136        queryField.text = nil; // 清空 queryField 文本
137
138        [tags writeToFile:filePath atomically:NO];  // 保存数据
139    } // addTag 方法结束
140
141    // 清除 tags
142    -(IBAction)clearTags:sender
143    {
144        [tags removeAllObjects];  // 清除 tags
145        [tags writeToFile:filePath atomically:NO];  // 更新文件
146        [buttons removeAllObjects];  // 清除 buttons
147        [self refreshList];  // 更新显示
148    } // clearTags 结束
149
```

接下来我们将 queryField 和 tagField 中的值清空（第 135 和 136 行）。因为已经添加了一个新的条目，我们需要将它更新到文件中（第 138 行）。NSDictionary 中的 ***writeToFile:atomically:*** 方法将把 NSDictionary 中的所有内容写入文件中，设置第二个参数为 NO 可以直接将 NSDictionary 写入文件而不是使用临时文件。这样执行写入操作的速度比较快，但是如果在中途被中断，文件则有可能被损坏。

clearTags 方法（第 142 ~ 148 行）清空整个 tags 集合，然后写入文件（也就是清空文件内容）。然后我们删除 buttons 集合中所有的按钮，同时执行 refreshList 更新应用程序用户界面。

5.4.11 Controller 类中的 addNewButtonWithTitle 方法

addNewButtonWithTitle 方法（参见代码 5-7 的第 151 ~ 175 行）在 NSArray 类型的 buttons 集合中按照字母排序添加了一个新的 UIButton。第 154 行创建了新的圆角按钮。第 157 行设置了按钮标题。

第 160 和 161 行将 **UIControlTouchUpInside** 事件连接到 Controller 的 buttonTouched 动

作（action）。***addTarget:action:forControlEvents:***方法有 3 个参数，第一个是一个指向定义了动作的对象的指针，第二个为调用的动作，第三个是一个常量：代表连接到动作上的事件。第二个参数中，@selector 是一个编译器指令，它允许我们在方法中像调用数据一样通过方法名来调用方法。这与 C/C++中的函数指针类似。

代码 5-7　Controller 类的 addNewButtonWithTitle 方法

```
150  // 添加给定标题的按钮到列表中
151  -(void)addNewButtonWithTitle:(NSString *)title
152  {
153      //  创建一个新的 button
154      UIButton *button = [UIButton buttonWithType:UIButtonTypeRoundedRect];
155
156      //  将 tag 设置为按钮标题
157      [button setTitle:title forState:UIControlStateNormal];
158
159      //  按钮被触摸时，调用 buttonTouched:方法
160      [button addTarget:self action:@selector(buttonTouched:)
161      forControlEvents:UIControlEventTouchUpInside];
162
163      [buttons addObject:button]; // 添加 UIButton 到数组末尾
164
165      //  按照 UIButton 的标题对 NSMutableArray 进行排序
166      [buttons sortUsingSelector:@selector(compareButtonTitles:)];
167      [self refreshList];  // 刷新搜索收藏按钮列表
168
169      //  调整视图大小来容纳新的按钮
170      //  视图只有在当前内容的尺寸大于它的框架尺寸时才进行滚动
171      CGSize contentSize=CGSizeMake(scrollView.frame.size.width,
172        buttons.count * (BUTTON_HEIGHT + BUTTON_SPACING)+BUTTON_SPACING);
173      [scrollView setContentSize:contentSize];
174  } //  addNewButtonWithTitle 结束
175
```

第 163 行使用 NSMutableArray 的 addObject 方法在 buttons 数组的末尾插入 UIButton，然后使用 NSMutableArray 中的 sortUsingSelector 方法将 UIButtons 以字母顺序进行排列。我们传入 **compareButtonTitles:**方法，这个方法将在代码 5-9 中定义，该方法用来比较两个 UIButton 的标题。

到目前为止，还没有更改 GUI（我们所有的修改仅限于 UIButton 列表）。如果需要 GUI 根据 Buttons 列表进行相应的修改，需要调用 refreshList:方法（第 167 行）。我们将在稍后回顾这个方法。

最后一步是调整 scrollView 的 contentSize 属性，这设置了 scrollView 显示内容的尺寸以便知道如何让用户在任意方向滚动视图。第 171 和 172 行传递一个尺寸作为函数 CGSizeMake 的参数，这个尺寸通过创建一个新的 CGSize（一个由宽度和高度值构成的结

构体）来表示。第一个参数是宽度，我们并不改变它因为在本程序中不需要水平滚动。第二个参数是高度，它是 UIButton 的高与空白间距的和，再乘以 UIButton 的个数。我们也需要在第一个 UIButton 上面加上一段空白间距。第 173 行通过调用 UIScrollView 的 setContentSize 方法调整 ScrollView 的大小来容纳新加入的按钮。

5.4.12 设计模式：命令模式（command）

我们用来注册事件处理器的 addTarget:action:forControlEvents:方法就是命令模式的一个例子，即对象包含必要的信息来在稍后某个时刻调用一个方法——典型的事件处理器。这个信息包括方法的名称与方法调用的对象。在本例中，UIButton 对象包含了必要的信息，当用户触摸按钮时，调用 Controller 对象的 buttonTouched:事件处理方法。

5.4.13 Controller 类的 buttonTouched 方法

buttonTouched 方法（参见代码 5-8 的第 177 ~ 190 行）在用户触摸按钮时告诉 Safari 浏览器打开相应的搜索条目。首先我们需要获取被触摸按钮的标题（第 179 行），请注意，我们在获取 sender 的 titleLabel 属性时使用了对象消息而不是点（.）操作符，因为 sender 是一个泛类型 id，它没有实际定义的属性，如果我们用点操作符去获取 titleLabel 则会出现编译错误。在对象的消息传递中，接收对象和调用方法在运行时被动态绑定在一起。编译器不会去检查你调用的一个方法是否对接收对象不适用，所以这样的错误会导致你的应用程序在运行时失败。在本例中，我们知道 sender 是一个定义了 titleLabel 属性的 UIButton。我们在 tags 中寻找这个标题所对应的搜索查询字符串，然后对它进行 URL 编码（第 182 和 183 行）。

代码 5-8　类 Controller 的 buttonTouched 方法

```
176  // 在浏览器中加载选定的搜索
177  -(void)buttonTouched:sender
178  {
179     NSString *key = [sender titleLabel].text;   // 获取按钮文本
180
181     // 获取查询语句并对特殊符号进行 URL 编码
182     NSMutableString *search = [[tags valueForKey:key]
183        stringByAddingPercentEscapesUsingEncoding:NSUTF8StringEncoding];
184
185     // 格式化 URL
186     NSString *urlString = [NSString stringWithFormat:
187        @"http://search.twitter.com/search?q=%@", search];
188     NSURL *url = [NSURL URLWithString:urlString];
189     [[UIApplication sharedApplication] openURL:url];
190  } //   buttonTouched 结束
191  @end //   controller 实现结束
192
```

stringByAddingPercentEscapesUsingEncoding 方法对特殊字符进行编码使它成为一个正确的 URL 格式，以便传递给网页浏览器。我们把这段格式化后的搜索字符串加入到 Twitter 搜索 URL 中（第 187 行），然后创建一个 NSURL 对象存储它（第 188 行）。%@格式说明符是一个占位符说明（这里应该被转换成一个字符串）。第 189 行告诉操作系统打开这个 URL。每一个在 IPHONE OS 中运行的程序都由一个相应的 UIApplication 实例去管理(例如管理窗口和打开外部资源）。这是**单例设计模式**（singleton design pattern）的一个例子，它确保了系统最多只会实例化给定类的一个对象。在 UIApplication 类中通过执行 sharedApplication 得到所需对象并且调用这个对象的 openURL 方法在 Safari 中打开网页。在 Safari 的默认设置中任何一个 NSURL 都是以 http://为开头的。这将使程序退出，然后所搜寻的页面将在 Safari 中加载、显示。

5.4.14 UIButton 的排序分类

第 194～201 行实现了 UIButton 排序分类中的 compareButtonTitles:方法，如代码 5-9 所示。第 198 和 199 行调用 NSString 类的 caseInsensitiveCompare 方法来比较 UIButton 参数和接收消息的 UIButton 这两个按钮对象的文本属性，并返回结果。这用来对 UIButtons 对象进行排序。

代码 5-9　UIButton 的排序分类

```
193  // 定义 UIButton 的排序分类中的方法
194  @implementation UIButton (sorting)
195  -(NSComparisonResult)compareButtonTitles:(UIButton *)button
196  {
197     // 比较 UIButton 与给定 UIButton 的标题
198     return [self.titleLabel.text
199          caseInsensitiveCompare:button.titleLabel.text];
200  } // compareButtonTitles 方法结束
201  @end // UIButtons  排序结束
```

5.5 小结

本章我们创建了 Twitter 搜索收藏夹应用程序，首先，设计了 GUI，包括按钮（Button）及视图（View）组件；然后我们编写了 Objective-C 代码，并用到了 NSMutableDictionary 和 NSMutableArray 类，介绍了 init 方法以及如何使用 self 和 super 关键字来获得当前对象的指针和访问其父类成员；学习了怎样通过编程的方式创建 GUI 组件，它允许我们动态地修改 GUI 组件来响应用户交互；我们展示了如何编写添加目标对象和控制其相应动作的代码；又学习了怎样格式化 URL 和使用 iPhone 操作系统在 Safari 浏览器中打开它；还展示了如何在 NSMutableArray 中使用它的 sortUsingSelector 方法对它包含的元素进行排序。在 16 章，我们将再次提及到 Twitter——创建一个名为 Twitter web 服务的应用程序。

在第 6 章，你将完成一个国旗问答测验应用程序，它将使用 Utility 程序模板去创建一个含有两个视图的程序，我们将展示一种更复杂的可以管理前端视图和隐藏视图的视图控制器。我们还将介绍基本的内存管理知识和 UIViewController 类。

6

国旗问答游戏应用程序

（控制器和 Utility Application 模板）

本章导读：

- 使用Utility Application模板创建一个双面视图(frontside and flipside)的应用程序(flipside 通常用来作为应用程序设置）。
- 扩展UIViewController类来管理多个视图。
- 使用分段控件（Segmented Control）GUI组件来创建多个可选择的项目。
- 每次应用程序运行时随机生成测验答案。
- 使用基本的内存管理避免内存泄漏。
- 从你的iPhone资源文件中加载并显示旗帜图像。

Outline

6.1 国旗问答游戏应用程序简介

国旗问答游戏应用程序测试用户辨别全球各个国家国旗的能力，如图 6-1 所示。

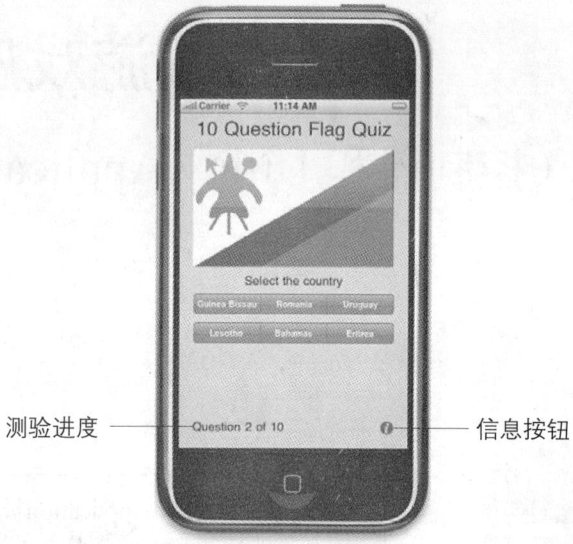

图 6-1 | 国旗问答游戏应用程序

程序显示一个国旗图片和 3、6 或 9 个国名——其中一个与国旗匹配而其他选项是随机选择的。用户通过触摸屏幕上国家名称进行选择。如果选择是正确的，应用程序显示绿色的“正确!”字样，如图 6-2 所示，并在延迟 3 秒钟后加载下一个国旗。错误的选择将禁用所选国家并以红色显示“不正确”，如图 6-3 所示，用户需要不停选择直到选到正确的答案。应用程序在左下角显示整个问答的进展。用户可以通过选项窗口来自定义问答测验，如图 6-4 所示，该窗口隐藏在应用程序背后，可以通过触摸信息按钮（Info Button）来访问。用户可以增加选择项的数目，从默认的 3 个，到 6 或 9 个，从而使测验变得更加困难。开关（Switch）是用于把测验范围限制在世界特定地区（5 个主要大陆和大洋洲），其中包括澳大利亚、新西兰和南太平洋岛屿。

图 6-2 | 答案正确

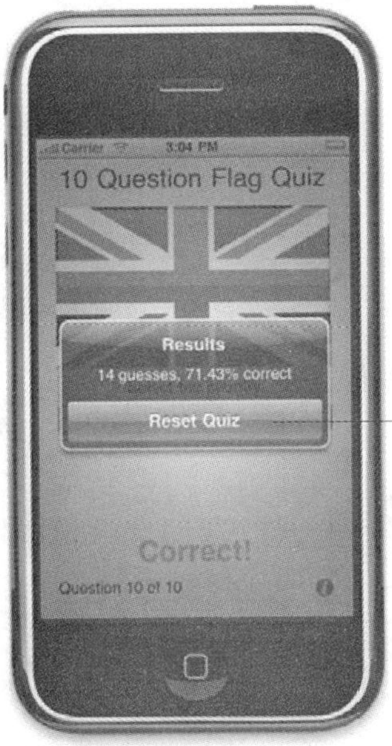

图 6-3 | 答案错误

通过把一个开关设置成 OFF，可以从测验中删除相应区域的国家。**Done** 按钮将应用该配置更改，并开始一个新的测验。在有 10 面国旗匹配后，弹出警报显示用户回答总数和正确率，如图 6-5 所示。**Reset Quiz** 按钮启动一个新的问答测验。

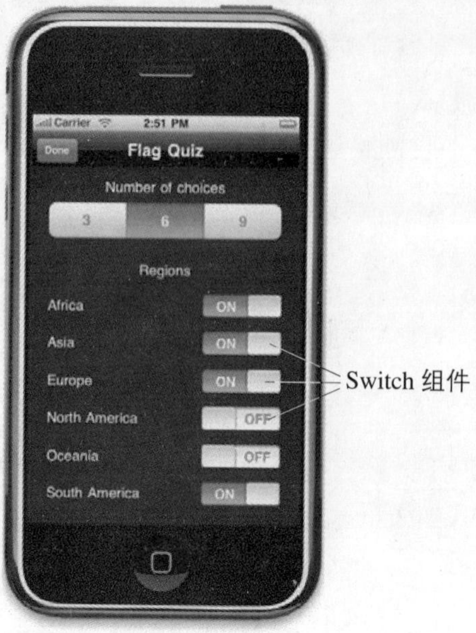

图 6-4 | 选项屏幕

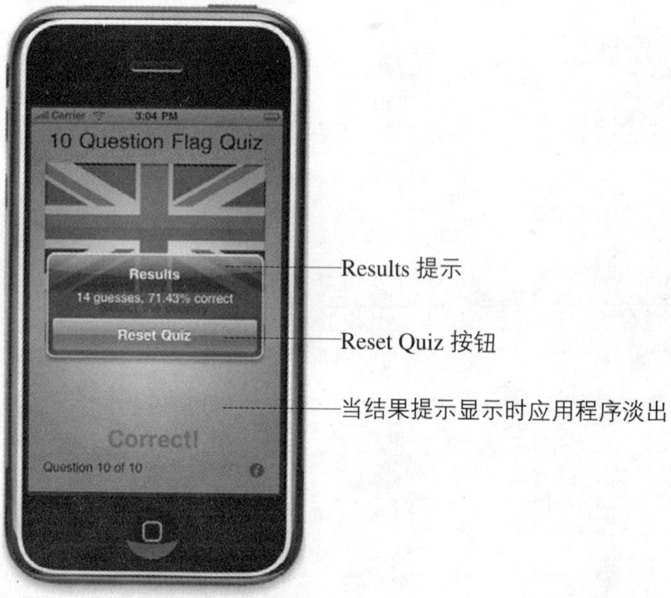

图 6-5 | 测验完毕后的结果提示

6.2 测试国旗问答游戏程序

1. 打开应用程序

打开国旗问答游戏应用程序的项目目录，双击 FlagQuizGame.xcodeproj 文件，以在

Xcode 中打开它。运行该程序。

2．运行应用程序

单击 Build and Go 在模拟器中运行该应用程序，一个新的测验将自动开始。应用程序顶部的国旗和图片下面的 3 个国家中的某一个相匹配，国旗和答案选项是随机生成的，你每次运行程序都不一样。

3．配置该测验程序

触摸信息按钮（ⓘ）来查看选项屏幕。最上面的 3 个项目指定了每个国旗下显示的答案数目，默认选项是 3，中间选项是 6。下面 6 个开关代表了世界各个地区。它们默认值都是 ON（意味着任何国家的国旗都可能会被随机生成）。触摸非洲和大洋洲旁边的开关，把它们设置成 OFF，这将从问答中排除相应的国家。按下在选项屏幕上方的“完成”按钮来以你刚才指定的选项启动一个游戏。,

4．完成测验

测验的每个问题有 6 个答案选项，而且没有非洲和大洋洲的任何国家的标志。通过选择与每个国旗相匹配的国家来进行这个测验，如果你猜测错误，需要继续猜测直到获得正确的答案，但你成功地回答了 10 个问题后，这个游戏将淡出，并弹出一个 Alert 显示你猜测的总数和正确率，触摸“重置问答”按钮来开始另一个测验。

6.3 技术概述

本章介绍了 Utility Application 模板，它定义了一个具有双面视图的应用程序。正面（frontside）通常显示应用程序主视图，而反面（flipside）用做应用程序设置。该模板生成多个类（一个 frontside 视图类、一个 flipside 视图类），并为每个视图创建一个视图控制器。视图控制器是管理单一视图及其子视图的。它通常用来响应在相应视图中产生的事件。该实用程序模板还自动生成在这两个视图之间进行切换的界面元素。一个信息按钮（ⓘ）被放置在正面而反面是“Done”按钮。每个按钮都被预先配置来翻转视图。

应用程序中每面国旗都对应有一张图片。这些图片存储在 iPhone 上并按需加载。我们可以从 www.free-country-flags.com 网站得到这些图片。

这个应用程序引入了**分段控件**（Segmented Controls）——一种用于提供一系列选项供用户挑选的 GUI 控件。分段控件的行为也像一个按钮集，或作为一个从相互排斥的选项中选择其中之一的途径，类似于其他用户界面技术里的单选按钮（radio button）。这两种功能，我们在本章中均会使用。

我们还将介绍内存管理。在 Cocoa 中，内存使用所谓保留计数的机制来进行人为的管理。每一个 NSObject 类型的对象都有一个整数类型的成员：保留计数（***retain count***）。当它为零时，该对象的内存被释放。如果程序中的一部分依赖于一个对象，可以给该对象发送 retain 消息，这将使对象的保留计数加 1。当这部分使用完对象后，它发送 release 消息给该对象，这将使对象的保留计数减 1。作为一项规则，你应该负责释放任何保留（retain）的或者以 alloc 或 copy 方式创建的对象。

你不必释放由函数返回的或者使用简捷构造器（比如 stringWithFormat:方法）创建的任何对象。这样的对象应该是自释放的，对象将在未来某个时间点发送 release 消息。欲了解更多有关内存管理方面的信息，请访问 developer.apple.com/iPhone/library/documentation/Cocoa/Conceptual/MemoryMgmt/MemoryMgmt.html。

6.4 构建程序

6.4.1 节介绍了 MainView（即正面视图）和类 MainViewController。6.4.2 节介绍了 FlipsideView 和类 FlipsideViewController。

6.4.1 MainView 和 MainViewController 类

打开 Xcode 并创建一个新的 Utility Application。记住把包含本例图片的文件夹从 Finder 中拖到项目的 Resources 组中。在 Interface Builder 中打开 MainView.xib。在屏幕顶端的中心位置放置一个标签（Label），并将其 Text 属性设置为 10 Question Flag Quiz。在 Inspector 窗口设置标签的最小字体为 27。拖曳一个图像视图（Image View）到应用程序窗口的顶部，该图像视图用来显示国旗。接下来，在图片下方中心放置一个标签，然后更改其文本为 Select the country。再添加两个标签到应用程序窗口。把第一个标签放在接近应用程序底部的位置，并将其最小字体大小属性设置为 30（这个标签用来显示答案是否正确）。设置这个标签的文本为 Answer。你很快就会看到如何隐藏这个标签直到用户选择一个答案。第二个标签放在左下角，用来显示用户的测验进度（本测验中到目前为止看到的国旗数目）。设置这个标签的文本为 Question 0 of 10。图 6-6 显示了 MainView 的完整布局。

图 6-6 | 完整的 MainView 图形用户界面设计

应用程序窗口右下角的信息按钮（ ）由 Utility 应用程序模板自动生成。触摸这个按钮将显示反面视图，其中包含此应用程序的选项界面。这个按钮的功能是由模板提供的。你可以移动该信息按钮，但苹果的 iPhone 人机界面指南建议如果合适就尽量把它放在右下角。

1．MainView 接口

在 Xcode 的 Groups and Files 窗口 Main View 目录下，选择 MainViewController.h，这是自动生成的 MainViewController 类的头文件。

最初，这个类包含 showInfo 方法，被用来显示 FlipsideView。

代码 6-1 包含完整的接口声明。

代码 6-1　MainViewController 接口声明

```
//  MainViewController.h
//  Flag Quiz 应用程序的主视图控制器
//  Implementation in MainViewController.m
#import "FlipsideViewController.h"

@interface MainViewController:UIViewController
<FlipsideViewControllerDelegate>
{
      IBOutlet UIImageView *flagView; //  显示国旗图片
      IBOutlet UILabel *answerLabel;  //  显示答案是否正确
      IBOutlet UILabel *numCorrectLabel;  //  显示测验进度
      NSMutableArray *bars;  //  保存分段控件
      NSMutableArray *filenames;  //  图片文件名称列表
      NSMutableArray *quizCountries; //  测验中的 10 个国家名称
      NSMutableDictionary *regions; //  保存每个地区是否启用标志
      NSString *correctAnswer;  //  当前国旗对应的正确的国家名称
      int totalGuesses;  //  猜测总数
      int numCorrect;  //  正确次数
      int guessRows;  //  用来显示选项的分段控件数目
} //  end instance variable  declarations

//  声明 3 个 outlets 属性
@property (nonatomic, retain) IBOutlet UIImageView *flagView;
@property (nonatomic, retain) IBOutlet UILabel *answerLabel;
@property (nonatomic, retain) IBOutlet UILabel *numCorrectLabel;

//  method declarations
-(IBAction)showInfo;  //  显示 FlipsideView
-(IBAction)submitGuess:sender;  //  处理一个猜测
-(void)loadNextFlag;  //  显示一面新国旗和国家名称选项
-(void)setGuessRows:(int)rows;  //  设置分段控件数目
-(void)resetQuiz;  //  重置测验
-(NSMutableDictionary *)regions; //  返回地区字典信息
```

```
34  @end //  end interface   MainViewController;
35
36  @interface NSString (displayName)   //   begin NSString's displayName category
37  -(NSString *)convertToDisplayName; //   转换文件名称为国家名
38  @end // end category displayName of interface NSString
```

MainViewController 是一个 UIViewController 子类（第 6 行），它实现了 FlipSideViewContollerDelegate 协议（第 7 行）。协议描述了一个对象可以被调用的方法集，类似于其他编程语言中"接口"（interface）的概念。FlipSideViewControllerDelegate 协议被 Utility 应用程序模板自动定义在 FlipSideViewController 类中,该协议声明了 flipsideViewControllerDidFinish 方法，当用户触摸 Done 按钮时调用它来返回应用程序的主视图。

有 3 个输出口（outlets）变量（第 9 ~ 11 行）代表主视图上的 3 个动态 GUI 组件，我们将通过程序与之交互（flagView、answerLabel 和 numCorrectLabel）。第 12 ~ 14 行声明 NSMutableArrays 变量分别用来存储测验程序的分段控件、国旗文件名和国名。NSMutableDictionary 类型的 region 变量用来保存各个区域是否在本次测验范围内（第 15 行）。第 16 ~ 19 行声明了一些其他变量用来维护游戏的状态。

第 23 ~ 25 行以 ***Property*** 来声明每个输出口。***Property*** 是定义了一个获取和设置方法的成员变量。这些方法可以自动生成。***nonatomic*** 关键字会影响性能和属性的线程处理。你可在苹果的 Objective-C 文档 Performance and Threading 部分查阅更多信息，文档位于 developer.apple.com/documentation/Cocoa/Conceptual/ObjectiveC/ Articles/ocProperties.html#//apple_ref/doc/uid/TP30001163-CH17-SW12。

retain 关键字指定 set 方法将释放旧的对象，分配一个新对象，并调用 retain 方法。对于输出口变量我们通常这么用。其他关键字可用于指明生成的设置方法，只是简单地为该指针分配一个新的数值，而不是释放旧的对象或者保留新的对象，或者对用于设置属性的对象进行复制。

MainViewController 包含 6 个方法（第 28 ~ 33 行）。

- showInfo：当"信息"按钮被触摸时显示 FlipsideView（选项）。
- submitGuess：当用户在分段控件上选中一个国名时对回答进行处理。
- loadNextFlag：装载一个新的国旗和答案选项。
- setGuessRows：设置国家选项数目。每一行是一个包含 3 个国家的分段控制。
- resetQuiz：当用户完成测验后重置游戏。
- regions-NSMutableDictionary：指明测验中的地区范围。默认情况下，选择所有地区。

第 36 ~ 38 行为 NSString 添加 displayName 类别。displayName 类别只有一个方法，即 convertToDisplayName（将在代码 6-8 中定义）。这个方法用来把国旗图片文件的名称转换为可在应用程序中显示的可读国名。

2．实现 MainViewController 类

在 Xcode 的 Groups and Files 窗口的 Main View 目录下，双击 MainViewController.m，完整的初始化方法将出现在代码 6-2 中。

这个类的开始部分声明了 BAR_OFFSET 全局变量（第 8 行）。由于变量是在接口外定义，因此可通过任意类访问。BAR_OFFSET 代表 MainView 顶部和最上面的分段控件（247 像素）之间的空间。const 限定符告诉编译器这个变量不能修改。如果试图修改一个 const 变量，编译器将捕获它并引发一个错误。static 关键字指定该变量访问范围为这个编译单元。

代码 6-2　初始化这个 MainViewController 类

```
1    //  MainViewController.m
2    //  国旗测验程序主视图控制器
3    #import <AVFoundation/AVFoundation.h>
4    #import <MediaPlayer/MediaPlayer.h>
5    #import "MainViewController.h"
6    #import "MainView.h"
7
8    static const int BAR_OFFSET=247;  //  最上面的分段控件的 y 坐标
9
10   @implementation MainViewController
11
12   //  为定义为 properties 的输出口变量生成 get 和 set 方法
13   @synthesize flagView;
14   @synthesize answerLabel;
15   @synthesize numCorrectLabel;
16
17   //  初始化控制器
18   -(id)initWithNibName:(NSString *)nibNameOrNil
19   bundle:(NSBundle *)nibBundleOrNil
20   {
21   //  初始化父类
22   if (self = [super initWithNibName:nibNameOrNil bundle:nibBundleOrNil])
23   {
24         guessRows = 1;  //  默认为 1 行选项
25         bars = [[NSMutableArray alloc] init];
26         filenames = [[NSMutableArray alloc] init];
27
28         //  初始化要显示的国旗列表
29         quizCountries = [[NSMutableArray alloc] initWithCapacity:10];
30
31         //  创建地区字典
32         regions = [[NSMutableDictionary alloc] init];
33
34         //  默认设置所有的地区选项为 on
35         NSNumber *yesBool = [NSNumber numberWithBool:YES];
```

```
36          [regions setValue:yesBool forKey:@"Africa"];
37          [regions setValue:yesBool forKey:@"Asia"];
38          [regions setValue:yesBool forKey:@"Europe"];
39          [regions setValue:yesBool forKey:@"North_America"];
40          [regions setValue:yesBool forKey:@"Oceania"];
41          [regions setValue:yesBool forKey:@"South_America"];
42     } //  结束 if
43
44     return self;  //  返回 MainViewController
45     } //  end method initWithNibName:bundle:
46
```

第 13～15 行使用@synthesize“合成每个输出口变量的属性。”实际上是基于@property 声明所指定的选项，来为这些属性自动生成 get、set 方法组合（也称为 get 和 set 访问器）。这样，属性 flagView 就可以使用 setFlagView 来修改，而使用 flagView 来访问，这些都遵循属性方法的默认命名机制。你也可以为属性定义自己的 get 和 set 方法。

initWithNibName:bundle:方法（第 18～45 行）初始化类 MainViewController 的实例变量。guessRows 实例变量初始化为 1 行，这样，每面国旗显示 3 个答案（第 24 行）。第 25 和 26 行初始化 2 个 NSMutableArrays（一个用于存储显示国名的分段控件，另一个用于存储国旗图片文件名称）。NSMutableArray quizCountries（第 29 行）将包含测验使用的 10 个国旗图片的名称。因为我们知道每次测验有多少国旗路径名，所以我们可以使用 NSMutableArray 的 initWithCapacity 方法精确地分配 10 个元素。这可以防止这个数组在我们添加新的对象时自行调整大小，从而提高应用程序的性能。第 35 行调用 NSNumber 的 numberWithBool:方法来创建 yesBool 对象。NSNumber 类代表一个数字对象。我们执行此操作，因为只有派生自 NSObject 的对象才可以存储在一个 NSArray 里，而 BOOL 不是一个对象。以 YES 作为 numberWithBool:方法的参数将返回数值为 1 的 NSNumber 对象。第 36～41 行初始化 NSDictionary 为包含世界的 6 个地区，使用 yesBool 来默认启用每个区域。世界上所有的地区都被包含在测验范围里，除非用户在选项设置视图中禁用它们。

3．类 MainViewController 的 viewDidLoad 方法

viewDidLoad 方法（参见代码 6-3）是 UIViewController（MainViewController 的父类）对应方法的继承和覆盖（overridden），这个方法用来初始化那些只有在视图初始化（即加载）后才被创建的实例变量。第 50 行调用父类的 viewDidLoad 方法。第 51 行给随机数发生器设定种子。srandom 库方法使用一个整数种子产生在每次应用程序运行时都不同的随机数序列。我们通过调用时间库函数来设定当前时间作为种子。第 53 和 54 行设置 answerLabel 和 numCorrectLabel 的 Text 属性为其初始状态。

代码 6-3 MainViewController's viewDidLoad 方法

```
47   //  当视图加载结束时调用
48   -(void)viewDidLoad
```

```
49  {
50      [super viewDidLoad];  //  调用父类的 viewDidLoad 方法
51      srandom(time(0));  //  为随机数发生器设定种子
52
53      [answerLabel setText:nil];  //  清空 answerLabel
54      [numCorrectLabel setText:@"Question   1 of   10"];  //  初始化 label
55
56      //  获取应用程序中所有 png 文件的列表
57      NSMutableArray *paths = [[[NSBundle mainBundle]
58        pathsForResourcesOfType:@"png" inDirectory:nil] mutableCopy];
59
60      //  遍历每个 png 文件
61      for (NSString *filename in paths)
62      {
63          //  把文件名和路径分离开
64          filename = [filename lastPathComponent];
65          [filenames addObject:filename];  //  添加这个显示名称
66      } //  结束 for
67
68  [paths release];  //  释放 paths NSMutableArray
69  [self resetQuiz];  //  启动一个新测验
70  } //  结束 viewDidLoad
71
```

第 57 和 58 行获取一个包含所有国旗图片（.png）路径名的数组。NSBundle 的静态方法 mainBundle 为这个应用程序目录返回 NSBundle。一个 NSBundle 代表文件系统中一个特殊的目录，组合了应用程序可执行文件以及相应的资源文件。NSBundle 的方法 pathsForResources-OfType:返回一个 NSStrings 的 NSArray 对象，代表所有 png 文件的路径。在此 NSArray 对象上调用 mutableCopy 返回一个 NSMutableArray，这样我们可以稍后打乱这个数组。NSArray 从 NSObject 中继承此方法。第 61 ~ 66 行从路径中提取出文件名并添加到 NSArray filenames 对象中。NSString 的 lastPathComponent 方法返回路径中最后一个路径分隔符后面的部分（也就是文件名称）。如果没有路径分隔符，这个方法返回整个的字符串。

第 68 行使用 NSObject 的 release 方法减少路径的保留计数。当一个对象的保留计数到达 0 时，它的内部指针被删除并且它的 dealloc 方法被自动调用，所有的对象创建时保留计数为 1。NSObject 的 retain 和 release 方法分别增加和减少这个引用计数。这里，paths 保留计数为 1（自从数组被创建后（第 58 行）就没有变过）。第 68 行把它的保留计数减到零，并因此释放其内存。在对象不再被需要的时候释放它们是重要的。如果另外一个对象仍然依赖于 paths（比如，一个视图或者一个集合类），保留计数将高于 1，那么调用 release 将不会销毁这个路径对象，这样可以保证如果其他部分正在引用它时，这个对象能够保留在内存中。第 69 行调用 resetQuiz 开始这个游戏。

4．MainViewController 类的 loadNextFlag 方法

loadNextFlag 方法（参见代码 6-4 的第 173 ~ 206 行）在主视图中显示一个新的国旗以及答案选项。第 76 行从数组 quizCountries 的尾部获取下一面国旗的文件名称。NSObject 的 retain 方法确保代表这个文件名的 NSString 对象将不会在第 77 行从数组中删除它时，从内存中释放。correctAnswer 保存了国旗的图片名称（也就是它代表的国名）。第 81 行使用国旗文件名称创建一个 UIImage 对象。

现在我们需要显示下一个国旗图片。第 84 和 85 行使用下一面国旗的文件名称创建一个新的 UIImage 对象。因为图像视图是不能改变的，所以不可能改变由这个图像视图显示的图片（必须创建一个新的图像视图）。UIView 的 removeFromSuperview 方法（第 89 行）从主视图中删除这个 flagView，然后从内存中释放掉它（第 90 行）。第 91 和 92 行设置 flagView 为一个新的图像视图，然后把它附着到主视图上来显示一面新的国旗。

代码 6-4　MainViewController 的 loadNextFlag 方法

```
72  //  当用户猜中一面正确的国旗 3 秒后调用
73  -(void)loadNextFlag
74  {
75      //  获取下一面国旗的文件名称
76      NSString *nextImageName = [[quizCountries lastObject] retain];
77      [quizCountries removeLastObject];      //  从列表中删除这面国旗
78      correctAnswer = nextImageName;         //  更新正确答案
79  
80      //  使用给定文件名创建一个新的国旗图片
81      UIImage *nextImage = [UIImage imageNamed:nextImageName];
82  
83      //  为下一面国旗创建一个 UIImageView 对象
84      UIImageView *nextImageView =
85      [[UIImageView alloc] initWithImage:nextImage];
86  
87      //  删除当前 flagView 并把 nextImageView 放到正确的位置上
88      [nextImageView setFrame:[flagView frame]];  //  设置 frame
89      [flagView removeFromSuperview];  //  从父视图中删除 flagView
90      [flagView release];  //  释放 flagView 的内存
91      flagView = nextImageView;  //  用新的视图为 flagView 重新赋值
92      [self.view addSubview:flagView]; //  添加这个子视图
93  
94      int offset = BAR_OFFSET+40*bars.count;  //  为下一个 bar 设置偏移
95  
96      //  在必要时添加新的 UISegmentedControls
97      for (int i = bars.count; i < guessRows; i++)
98      {
99          //  使用 3 个空项目创建一个新 bar
100         UISegmentedControl *bar = [[UISegmentedControl alloc] initWithItems:
101             [NSArray arrayWithObjects:@"", @"", @"", nil]];
```

```
            bar.segmentedControlStyle = UISegmentedControlStyleBar;

            // 使分段控件仅保持短暂选中
            bar.momentary = YES;

            // 告诉这个 bar 当它被触摸时调用给定的方法
            [bar addTarget:self action:@selector(submitGuess:)
              forControlEvents: UIControlEventValueChanged];
            CGRect fram =bar.frame;  // 获取这个 bar 的当前 frame
            frame.origin.y=offset;  // 定位在最后的 bar 下面
            frame.origin.x=20;  // 在左边给出一些填充空间

            // 扩展这个 bar 来填充屏幕，右边留有一些填充空间
            frame.size.width=self.view.frame.size.width - 40;
            bar.frame=frame; // 赋予新的 frame
            [self.view addSubview:bar];  // 把 bar 添加到主视图
            [bars addObject:bar];  // 添加这个 bar 到 bar 列表中
            [bar release];  // 释放这个 bar 分段控件
            offset += 40;  // 为下面的 bar 增加偏移量
        } //

        // 如果屏幕上有太多 bar，则删除掉
        for (int i=bars.count; i > guessRows; i--)
        {
            UISegmentedControl *bar=[bars lastObject];  // 获取最后一个 bar
            [bar removeFromSuperview];  // 从主视图中删除这个 bar
            [bars removeLastObject];  // 从 bar 列表中删除这个 bar
        } // 结束 for

        // 启用所有的 bar
        for (UISegmentedControl *bar in bars)
        {
            bar.enabled = YES;  // 启用分段控制

            // 启用这个 bar 的每个部分
            for (int i=0; i<3; i++)
              [bar setEnabled:YES forSegmentAtIndex:i];
        } // 结束 for

        // 打乱文件名次序
        for (int i=0; i<filenames.count; i++)
        {
            // 在当前索引和结尾之间选取一个随机整数
            int n=(random()%(filenames.count i))+i;

            // 交换索引位置为 i 和随机选取的对象
            [filenames exchangeObjectAtIndex:i withObjectAtIndex:n];
```

```
} // 结束 for

// 获取正确答案字符串的索引
int correct=[filenames indexOfObject:correctAnswer];

// 把正确的答案放到最后
[filenames exchangeObjectAtIndex:filenames.count-1
  withObjectAtIndex:correct];

int flagIndex=0; // 开始从头添加国旗

// 遍历每个 bar 并选择不正确的答案来显示
for (int i=0;i<guessRows; i++)
{
    // 在当前索引位置获取 bar
    UISegmentedControl *bar=
      (UISegmentedControl *)[bars objectAtIndex:i];
    int segmentIndex=0;

    // 遍历 bar 的每个部分
    while (segmentIndex<3)
    {
        NSString *name; // 存储国名

        // 如果有另外一个文件名
        if (flagIndex < filenames.count)
          name = [filenames objectAtIndex:flagIndex]; // 获取文件名
        else // 没有足够多的文件名
          name = nil; // 设置名字为空

        // 从文件名中获取地区
        NSString *region =
          [[name componentsSeparatedByString:@"-"] objectAtIndex:0];

        // 如果选中的国家地区是可用的
        if ([[regions valueForKey:region] boolValue])
        {
            [bar setTitle:[name convertToDisplayName]
              forSegmentAtIndex:segmentIndex];
            ++segmentIndex;
        } // 结束 if

        ++flagIndex; // 移到数组中的下一项
    } // 结束 while
} // 结束 for

int z=random() % guessRows; // 选取一个随机 bar
```

```
196        UISegmentedControl *bar=[bars objectAtIndex:z];
197
198        //  把正确答案放在一个随机挑选的分段中
199        [bar setTitle:[correctAnswer convertToDisplayName]
200           forSegmentAtIndex:random() % 3];
201
202        //  更新标签来显示当前问题数
203        [numCorrectLabel setText:[NSString stringWithFormat:
204        @"Question %i of 10", numCorrect + 1]];
205           [answerLabel setText:nil];  //  清除答案标签
206  } //  结束 loadNextFlag 方法
207
```

第 97 ~ 121 行动态创建分段控件来显示国家答案，初始化这个循环的控件，将变量设为当前分段控件的数目（guessRows）。如果 guessRows 等于当前分段控件的数目，循环不做任何事情；否则，循环的每个迭代创建一个分段控件。第 100 和 101 行创建了一个新的分段控件包含 3 个空白项。第 102 行通过设置它的 segmentedControlStyle 属性来指定这个分段控件的外观。第 105 行设置 bar 的 momentary 属性为 YES（指定这个分段控件的项在被触摸时不会一直保持选中状态）。第 108 和 109 行指定 submitGuess：方法为响应分段控件触摸事件的响应函数。第 110 ~ 112 行在主视图上放置分段控件。第 115 行设置 frame 的宽度来填充大部分屏幕，而第 116 行设置 bar 的 frame 属性为这个 frame。第 117 和 118 行添加这个 bar 对象到主视图和 bars 中。在释放 bar 后（第 119 行），我们增加偏移量来确保下一个分段控件被放在当前那个控件的下面（第 120 行）。

如果 guessRows 少于分段控件的当前数目，多余的组件必须从测验中删除。第 124 ~ 129 行从父视图（第 127 行）及 bar 数组（第 128 行）中删除了每一个多余的分段控件。第 132 ~ 139 行启用所有分段控件中的项。

当国旗更新后，需要产生新的答案。为此我们打乱了可能的答案数组，然后把正确答案移到数组尾部。从打乱的数组前面部分选择显示的答案（正确的答案将不会被选中），然后用正确的答案替换掉一个随机的错误答案。

第 142 ~ 149 行打乱答案。第 145 行在数组中选择一个随机索引。为了在数组边界内产生一个数值，随机数使用%操作符及数组大小来约束其范围。这个随机选择的数组元素被交换到位于索引 i 的元素（第 148 行）。对于数组中每个项重复这么做。一旦数组被打乱，正确答案被定位并移到数组尾部，这样它就处于特殊位置（第 155 和 156 行）。接下来，我们通过从 filenames 数组中选取名字来设置分段控件中每一项的标题。第 161 ~ 193 行遍历每个分段控件。对于每个分段控件中的项，我们从 filenames 中的下一个元素中提取出国名和地区（第 171 ~ 181 行）。最后，一个随机的分段被选取来显示正确答案，也就是放在数组最后的那个答案（第 199 和 200 行）。第 203 ~ 205 行更新这个测验的标签来反映用户的进度。

5．MainViewController 类的 submitGuess 方法

submitGuess:方法（参见代码 6-5）在用户通过触摸一个分段控件项来提交答案时被调用，这个被选中的国家通过获取触摸分段的索引来判定（第 212 行）。第 215 行使用 UISegmentedControl 的 titleForSegmentAtIndex:方法来获取那个分段的标题。如果被选中的国家匹配当前的国旗(第 219 行)，这个 answerLabel 的文本属性被设置为 Correct!(第 222 ~ 224 行)。然后所有其他分段都将被禁用（第 220 ~ 244 行）。如果游戏结束（第 249 行），第 252 ~ 254 行创建一个 NSString 来显示选中的猜测数目及正确率。如果游戏没有结束，performSelector:withObject:AfterDelay:方法（继承自类 NSObject）在延迟 3 秒后调用 loadNextFlag 方法(第 266 和 267 行)。方法 performSelector:withObject:AfterDelay:接收一个要调用的方法参数，一个传递给该方法的对象及一个以秒计算的方法调用前的等待时间。如果用户选择不正确，第 272 和 273 行以红色字体文本 Incorrect 显示在 answerLabel 标签中。接着第 276 行禁用这个不正确的分段，这样这个答案将不会被再次选中。

代码 6-5　MainViewController 的 submitGuess:方法

```
208 //  当用户触摸分段控件项时被调用
209 -(IBAction)submitGuess:sender
210 {
211      //  获取当前选择项的索引
212      int index=[sender selectedSegmentIndex];
213
214      //  获取分段中的 bar 标题，也就是用户猜的答案
215      NSString *guess=[sender titleForSegmentAtIndex:index];
216      ++totalGuesses;  //  增加用户猜测总数
217
218      //  如果猜测正确
219      if ([guess isEqualToString:[correctAnswer convertToDisplayName]])
220      {
221          //  以选中颜色文本显示
222          answerLabel.textColor=
223             [UIColor colorWithRed:0.0 green:0.7 blue:0.0 alpha:1.0];
224          answerLabel.text=@"Correct!";  //  为标签设置文本
225
226          //  从正确的文件名中获取正确答案
227          NSString *correct=[correctAnswer convertToDisplayName];
228
229          //  遍历每个 bar
230          for (UISegmentedControl *bar in bars)
231          {
232              bar.enabled=NO;  //  不让用户选择另外一个答案
233
234              //  遍历 bar 分段
235              for (int i=0; i < 3; i++)
236              {
```

```
                    // 获取分段的标题
                    NSString *title=[bar titleForSegmentAtIndex:i];

                    // 如果这个分段没有正确的选项
                    if (![title isEqualToString:correct])
                    [bar setEnabled:NO forSegmentAtIndex:i]; // 禁用这个分段
                } // 结束 for
            } // 结束 for

            ++numCorrect; // 增加正确猜测数

            // 游戏结束否?
            if (numCorrect==10)
            {
                // 创建包含猜测数和正确率的消息
                NSString *message=[NSString stringWithFormat:
                @"%i guesses, %.02f%% correct", totalGuesses,
                1000 / (float)totalGuesses];

                // 创建一个 alert 来显示这个消息
                UIAlertView *alert = [[UIAlertView alloc] initWithTitle:
                @"Results" message:message delegate:self cancelButtonTitle:
                @"Reset Quiz" otherButtonTitles:nil];
                [alert show]; // 显示这个 alert
                [alert release]; // 释放这个 alert
            } // 结束 if
            else // 游戏未结束，载入另外一面国旗
            {
                // 3 秒后加载一面新的国旗
                [self performSelector:@selector(loadNextFlag) withObject:nil
                  afterDelay:3];
            } // end else
        } // end if
        else // 用户猜测不正确
        {
            answerLabel.textColor=[UIColor redColor]; // 设置文本颜色为红色
            answerLabel.text=@"Incorrect"; // 设置标签文本

            // 禁用这个不正确的选项
            [sender setEnabled:NO forSegmentAtIndex:index];
        } // 结束 else
} // 结束 submitGuess:方法

```

6. 重置这个测验

回想一下每次测验的结尾部分，submitGuess:方法创建一个 UIAlertView 对象，显示这

个用户的总猜测数目和正确率（第 257～260 行）。这个 UIAlertView 包含一个标题为 Reset Quiz 的按钮。触摸这个按钮将调用 alertView:clickedButtonAtIndex 方法（参见代码 6-6 的第 281～285 行），这将触发 resetQuiz 方法。

注意，第 261 行释放了这个 UIAlertView，因为它在显示时被自动保留了。当生成（Build）这个应用程序时，一开始忘记在这个对象上调用 release 方法了，通过在 Instruments 工具中运行这个应用程序（就如同我们为每个应用程序所做的那样），我们能够发现每次触摸 Reset Quiz 按钮启动一次新的测验时都会有一个内存泄漏。我们可以在 Instruments 工具中检查这个内存泄漏，判定泄漏在何处发生及添加合适的 release 调用来消除它。

当用户完成一次问答测验并选择开始一个新的测验时，resetQuiz 方法（第 294～325 行）使游戏返回到初始状态。第 296 和 297 行重置 numGuesses 和 totalGuesses 为零。必须为新的游戏随机选择 10 面国旗，我们从在 filenames 数组中选取一个随机文件名开始（第 303～306 行），每个文件名称以地区名开始，然后是连字符。第 310 行提取出这个地区名。如果这个地区是可用的并且还没有被选择（第 316 和 317 行），这个国旗的文件名称将被添加到 quizCountries 数组中（第 319 行）。方法 setGuessRows:（第 288～291 行）接收一个整型参数并设置其数值为 guessRows（第 290 行）。这就设置了答案的行数（将在创建分段控件时被 loadNextFlag 方法所用）。

代码 6-6　重置测验

```
280 //  当用户触摸 alert 上的 Reset Quiz 按钮时调用
281  -(void)alertView:(UIAlertView *)alertView clickedButtonAtIndex:
282 (NSInteger)buttonIndex
283 {
284       [self resetQuiz];  //  重置这个测验
285 } //  结束 alertView:clickedButtonAtIndex:
286
287 //  设置 bar 的数目来显示选项
288 -(void)setGuessRows:(int)rows
289 {
290       guessRows=rows;
291 } //  结束 setGuessRows:方法
292
293 //  重置这个测验
294 - (void)resetQuiz
295 {
296       numCorrect=0;  //  重置用户的正确回答数
297       totalGuesses=0;  //  重置用户回答总数
298       int i=0; //  初始化 i 为 0
299
300       //  添加 10 个随机文件名到 quizCountries 中
301       while (i < 10)
302       {
```

```
            int n=random() % filenames.count;  //  选择一个随机索引

            //  从路径尾部获取文件名
            NSString *filename=[filenames objectAtIndex:n];
            NSArray *components=[filename componentsSeparatedByString:@"-"];

            //  从文件名头部获得地区名
            NSString *region=[components objectAtIndex:0];

            //  检查这个地区是否启用
            NSNumber *regionEnabled=[regions valueForKey:region];

            //  如果这个地区被启用并且还没有被选择
            if ([regionEnabled boolValue] &&
            ![quizCountries containsObject:filename])
            {
                [quizCountries addObject:filename];  //  添加这个文件到列表中
                ++i;
            } //  结束 if
        } //  结束 for

        [self loadNextFlag];  //  加载第一面国旗
} //  结束 resetQuiz:方法

```

7．regions, flipsideViewControllerDidFinish:及 MainViewController 类的 showInfo 方法

regions 方法（参见代码 6-7 的第 328～331 行）是一个获取（get）regions 变量的方法，调用这个方法允许其他类访问这个 regions 变量。在 Objective-C 中，get 方法通常被命名为与返回变量名相同的名字，而 set 方法以 set 加上变量名，比如 setVariable:。

代码 6-7　showInfo 和 flipsideViewControllerDidFinish:方法

```
327 //  返回 NSMutableDictionary regions
328 -(NSMutableDictionary *)regions
329 {
330         return regions;  //  返回一个类型为 NSMutableDictionary 的对象：regions
331 } //  结束 regions 方法
332
333 //  在用户触摸 Done 按钮的时候，被 FlipsideViewController 调用
334 -(void)flipsideViewControllerDidFinish:
335 (FlipsideViewController *)controller
336 {
337         //  翻转这个应用程序返回到正面
338         [self dismissModalViewControllerAnimated:YES];
339 } //  结束 flipsideViewControllerDidFinish:方法
340
341 //  当用户触摸 info 按钮时被调用
```

```
342 -(IBAction)showInfo
343 {
344       // 创建一个新的 FlipsideViewController
345       FlipsideViewController *controller=[[FlipsideViewController alloc]
346          initWithNibName:@"FlipsideView" bundle:nil];
347       controller.delegate=self; // 设置 delegate
348
349       // 设置这个动画类型为一个水平翻转
350       controller.modalTransitionStyle=UIModalTransitionStyleFlipHorizontal;
351
352       // 显示应用程序的反面
353       [self presentModalViewController:controller animated:YES];
354
355       // 设置反面视图的控制
356       [controller setSwitches:regions]; // 设置每个 region 的开关
357       [controller setSelectedIndex:guessRows - 1]; // 设置选项数目
358
359       [controller release]; // 释放这个控制器 FlipsideViewController
360 } // 结束 showInfo 方法
361
362 - (void)dealloc
363 {
364       [filenames release]; // 释放 filenames NSMutableArray
365       [bars release]; // 释放 bars NSMutableArray
366       [quizCountries release]; // 释放 quizCountries NSMutableDictionary
367       [flagView release]; // 释放 flagView UIImageView
368       [answerLabel release]; // 释放 answerLabel UILabel
369       [numCorrectLabel release]; // 释放 numCorrectLabel UILabel
370       [super dealloc]; // 释放父类
371 } // 结束 dealloc 方法
372 @end // 结束 MainViewController
373
```

flipsideViewControllerDidFinish 方法（第 334～339 行）在用户触摸选项窗口的 Done 按钮时调用。这个方法（由 Utility 应用程序模板自动产生）将通过调用它的 dismissModalViewControllerAnimated:方法返回主视图（第 338 行）。

方法 showInfo（参见代码 6-8 的第 342～360 行）创建并显示这个游戏的选项窗口。第 345 和 346 行创建一个新的 FlipsideViewController。第 347 行设置它的委托（delegate）属性为 self 以便于 FlipSideViewController 能够调用这个类的 flipsideViewControllerDidFinish:方法。它还可以让控制器能够访问 NSMutableDictionary regions 并且 setGuessRows:方法允许它从 FlipsideView 中应用用户设置。FlipsideViewController 类，这是由 Utility 应用程序模板自动生成的，用来控制 FlipsideView。第 350 行设置控制器的 modalTransitionStyle 属性为 UIModalTransitionStyleFlipHorizontal（渐变风格为屏幕水平翻转）。一般，这个新的视图从屏幕底部滑入，然后通过传递 FlipsideViewController 对象给 presentModalViewController:

animated:方法来告诉 MainViewController 显示选项窗口（第 353 行）。第 356 和 357 行设置在 FlipsideView 上面的 GUI 组件来匹配当前测验的设置。FlipsideViewController 控制器现在可以被释放了，因为它已经不再被这个类所需要（第 359 行）。在屏幕上视图显示时，FlipsideViewController 被保留，因此这个控制器的内存分配将不会被立刻释放。当这个 FlipsideViewController 的视图从屏幕中消失时，控制器将被释放（released）。如果它没有被其他地方保留，它的内存也将被释放（deallocated）。

8．委托（Delegation）和修饰器（Decorator）设计模式

委托在 iPhone 应用程序开发中被频繁用来处理事件，委托实现了在一个委托协议中制定的功能。当一个事件发生时，这个组件调用委托的适当方法来进行处理。委托实现了修饰器设计模式的一种形式，这使得为一个已经存在的类添加新的功能却无须创建一个子类，这在事件处理中显得特别重要，因为 GUI 组件的设计者并不能提前知道每个应用程序应该如何对特别的用户操作作出反应。基于这个原因，GUI 组件使用委托协议来指定可以用来处理事件的方法。实现这些协议的类通过指定事件响应来增强已有 GUI 组件类的功能。

9．displayName 类别

代码 6-8 的第 374～394 行实现了 NSString 的 displayName 分类（catergory）中的 convertToDisplayName 方法（分类是修饰器设计模式的另外一个例子，它们用来为类添加新功能而无须子类化）。

代码 6-8　NSString 的 displayName 类别

```
374 @implementation NSString (displayName)
375 -(NSString *)convertToDisplayName
376 {
377     //  从连字符后面获取名字
378     NSString *name=[[self componentsSeparatedByString:@"-"]
379        objectAtIndex:1];
380
381     //  获取名字的一个可变拷贝并用来编辑
382     NSMutableString *displayName = [[name mutableCopy] autorelease];
383
384     //  从名字后面删除.png 后缀
385     [displayName replaceOccurrencesOfString:@".png" withString:@""
386        options:NSLiteralSearch range:NSMakeRange(0, displayName.length)];
387
388     //  把所有下画线替换成空格
389     [displayName replaceOccurrencesOfString:@"_" withString:@" "
390        options:NSLiteralSearch range:NSMakeRange(0, displayName.length)];
391
392     return displayName;
393 } //  结束 convertToDisplayName 方法
394 @end  //  结束 NSString
```

我们使用 NSString 的 componentsSeparatedByString:方法和 NSArray 的 objectAtIndex:方法来删除文件名称连字符前面的部分（第 379 和 380 行）。在获取文件名的一个可变拷贝后（第 382 行），使用 NSString 的 replaceOccurrencesOfString:withString:options:range:方法来删除 png 文件的扩展名（第 385 和 386 行）。第 389 和 390 行删除下画线，第 392 行返回格式化后的国家名称。我们发送 autorelease 消息给 displayName（382 行）来把 displayName 添加到当前的自动释放池（autorelease pool）中（NSAutoreleasePool 类的一个实例）。自动释放池容纳接收到自动释放消息的对象。当一个池被销毁时，它发送一个 release 消息给它容纳的所有对象。通常，方法返回的对象是自动释放的，这样调用者不用负责释放并非它自己创建的对象。每个应用程序都有一个事件处理循环，通常称为运行循环（run loop）。每个循环迭代创建一个自动释放池供本次迭代使用，并且在迭代结束时释放这个池。这确保了自动释放对象在事件处理器完成执行时得到释放。

6.4.2 FlipsideView 和 FlipsideViewController 类

从 Groups and Files 列表中打开 FlipsideView.xib 文件。双击标题并改变文本为 Flag Quiz，放置一个标签到应用程序窗口顶部的中间并改变其 Text 属性为 Number of Choices。从库中拖曳一个分段控件到应用程序窗口中的标签下面，如图 6-7 所示。选择这个分段控件，在 Inspector 窗口的 Attribute 标签页设置 Segments 属性为 3。每个分段代表了每面国旗的国家选项数目，一次只能选择一项。

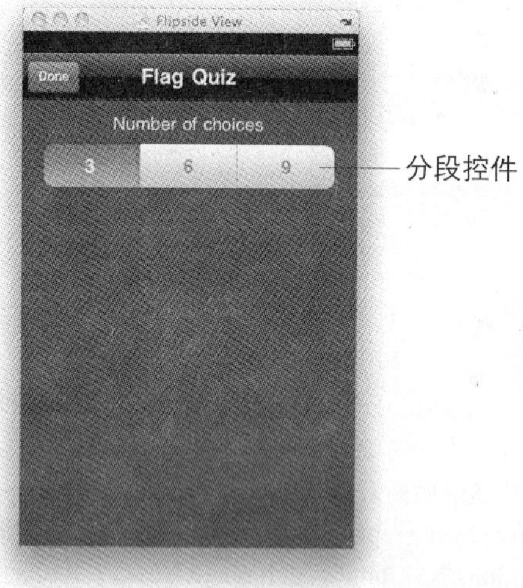

图 6-7 | FlipsideView 里的分段控件

与手工添加 3 个按钮相比，使用分段控件的好处在于分段控件保证了每一项都有相同的宽度。在 Inspector 窗口中使用下拉菜单来设置每个分段中的文本从左至右分别为 3、6 和 9。另外，也可以通过双击每个分段的中间来编辑这个文本。

开关（Switch）组件用来让用户把某些地区排除在问答测验范围之外。开关对应于布尔值并且通过触击在 ON 和 OFF 位置间切换（分别对应于 YES 和 NO 的布尔值）。从组件库中拖曳 6 个开关到应用程序窗口右侧，如图 6-8 所示。再添加 6 个标签，代表世界上的六大地区。你可以使用 Interface Builder 中位于 Inspector 的 ruler 标签页的对齐工具，来对齐这些组件。选择所有的组件进行对齐，然后单击对齐头（Alignment header）下面的适当按钮。应用程序左上角的 Done 按钮是由 Utility 应用程序模板放置的，它的默认功能是返回到主视图。

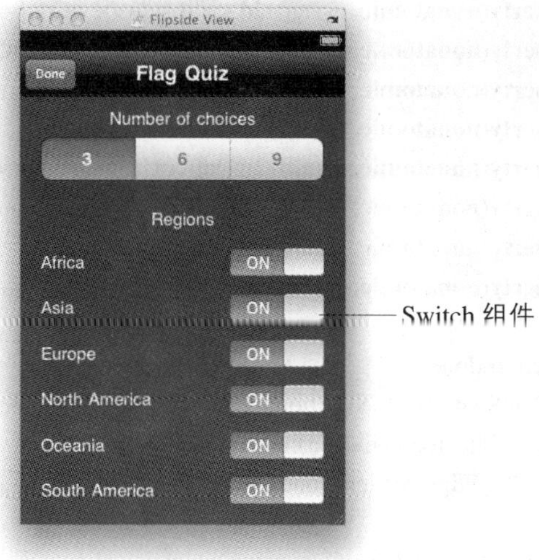

图 6-8 | 切换到 FlipsideView

1．声明 FlipsideViewController 类接口

通过 FlipsideViewController 类控制选项窗口来定制这个国旗问答游戏应用程序，如代码 6-9 所示。除了声明 FlipsideViewController 接口，FlipsideViewController.h 还声明了 FlipsideViewControllerDelegate 协议（这是 MainViewController 所实现的）。

代码 6-9　FlipsideViewController 接口声明

```
//      FlipsideViewController.h
//      国旗问答应用程序 flipside 视图的控制器
//      在文件 FlipsideViewController.m 中实现
@protocol FlipsideViewControllerDelegate;

@interface FlipsideViewController:UIViewController
{
        // 存储一个对象将用来接收委托消息
        id <FlipsideViewControllerDelegate>delegate;

        // 用来选择测验选项数目的控件
        IBOutlet UISegmentedControl *choicesControl;

        // 代表测验中每个地区的包含/排除开关
        IBOutlet UISwitch *africaSwitch;
```

```
16        IBOutlet UISwitch *asiaSwitch;
17        IBOutlet UISwitch *europeSwitch;
18        IBOutlet UISwitch *northAmericaSwitch;
19        IBOutlet UISwitch *oceaniaSwitch;
20        IBOutlet UISwitch *southAmericaSwitch;
21    } //  结束实例变量声明
22
23    //  声明委托和输出口变量为 property
24    @property(nonatomic, assign) id <FlipsideViewControllerDelegate>delegate;
25    @property(nonatomic, retain) IBOutlet UISegmentedControl *choicesControl;
26    @property(nonatomic, retain) IBOutlet UISwitch *africaSwitch;
27    @property(nonatomic, retain) IBOutlet UISwitch *asiaSwitch;
28    @property(nonatomic, retain) IBOutlet UISwitch *europeSwitch;
29    @property(nonatomic, retain) IBOutlet UISwitch *northAmericaSwitch;
30    @property(nonatomic, retain) IBOutlet UISwitch *oceaniaSwitch;
31    @property(nonatomic, retain) IBOutlet UISwitch *southAmericaSwitch;
32
33    - (IBAction)done;  //  返回 MainView
34    - (void)setSwitches:(NSDictionary *)dictionary;  //  设置这个开关的状态
35    - (void)setSelectedIndex:(int)index;  //  设置选中的分段
36    @end  //  FlipsideViewController 接口定义结束
37
38    @protocol FlipsideViewControllerDelegate      //  开始委托协议
39
40    //  通知 MainViewController "Done" 按钮被触摸
41    - (void)flipsideViewControllerDidFinish:
42       (FlipsideViewController *)controller;
43    @end  //  FlipsideViewControllerDelegate 协议结束
```

第 9 行声明一个实现了 FlipsideViewControllerDelegate 协议的对象，类型为 id，用来在实现了该方法的对象上调用 flipsideViewControllerDidFinish。第 15 ~ 20 行为所有在选项窗口中的开关声明输出口。第 24 行声明这个委托（类型 id）变量为一个 property。Assign 关键字指定这个生成的 set 方法是简单地给这个指针分配一个新的数值而不是释放老的对象或保留这个新的对象，对于委托而言这是典型的行为。第 25 ~ 31 行声明每个 FlipsideViewController 的输出口变量为 property。

FlipsideViewController 类包含 3 种方法：done、setSwitches 和 setSelectedIndex（第 33 ~ 35 行）。done 方法应用所有的选项设置并返回到主视图。setSwitches 和 setSelectedIndex 方法更新在 FlipsideView 上的 GUI 组件以反映当前的问答测验设置。

第 38 ~ 42 行声明 FlipsideViewDelegate 协议，实现这个协议的类定义了 flipsideViewControllerDidFinish:方法。MainViewController 实现了这个协议（使用 flipsideViewControllerDidFinish 方法在 Done 按钮被触摸时隐藏 FlipsideView）。

2．实现 FlipsideViewController 类

FlipsideViewController 类定义了所有的方法在 MainView 和 FlipsideView 之间协调数据，如代码 6-10 所示，这包括应用测验程序设置及初始化 FlipsideView 以反映当前设置。每当用户触摸信息按钮时 FlipsideView 被重新创建。

代码 6-10　FlipsideViewController 类实现

```
// FlipsideViewController.m
// 国旗问答测验程序的反面视图控制器
#import "FlipsideViewController.h"
#import "MainViewController.h"

@implementation FlipsideViewController

// 为属性生成 get 和 set 方法
@synthesize delegate;
@synthesize choicesControl;
@synthesize africaSwitch;
@synthesize asiaSwitch;
@synthesize europeSwitch;
@synthesize northAmericaSwitch;
@synthesize oceaniaSwitch;
@synthesize southAmericaSwitch;

// 当主视图初始化完成时调用
-(void)viewDidLoad
{
    // 设置背景色为标准背景色
    self.view.backgroundColor = [UIColor viewFlipsideBackgroundColor];
} // viewDidLoad 方法结束

// 当用户触摸 Done 按钮时调用
-(IBAction)done
{
    // 如果一个开关也没有选
    if (!africaSwitch.on && !asiaSwitch.on && !europeSwitch.on &&
        !oceaniaSwitch.on && ! northAmericaSwitch.on  &&
        !southAmericaSwitch.on)
    {
        // 显示一个 alert 提示用户选择至少一个地区
        UIAlertView *alert = [[UIAlertView alloc] initWithTitle:@"Error"
        message:@"Please select at least  one region" delegate:self
        cancelButtonTitle:@"Ok" otherButtonTitles:nil];
        [alert show];  // 显示这个 alert
        [alert release];  // 释放这个 alert
```

```
      } //  结束 if
      else
      {
            //  获取 choicesControl 选中的索引
            int index = [choicesControl selectedSegmentIndex];

            //  更新主视图上的猜测行数
            [(MainViewController *)self.delegate setGuessRows:index + 1];

            //  使用开关数值更新主视图中启用的地区
            NSMutableDictionary *regions=
            [(MainViewController *)self.delegate regions];
            [regions setValue:[NSNumber numberWithBool:africaSwitch.on]
            forKey: @"Africa"];
            [regions setValue:[NSNumber numberWithBool:asiaSwitch.on]
            forKey: @"Asia"];
            [regions    setValue:[NSNumber numberWithBool:europeSwitch.on]
            forKey: @"Europe"];
            [regions setValue:[NSNumber numberWithBool:
            northAmericaSwitch.on] forKey:@"North_America"];
            [regions    setValue:[NSNumber numberWithBool:oceaniaSwitch.on]
            forKey: @"Oceania"];
            [regions setValue:[NSNumber numberWithBool:
            southAmericaSwitch.on] forKey:@"South_America"];

            //  开始一个新的问答测验
            [(MainViewController *)self.delegate resetQuiz];

            //  翻转回主视图
            [self.delegate flipsideViewControllerDidFinish:self];
      } //  else 结束
} //  done 方法结束

//  以主视图中的数值更新这些开关
- (void)setSwitches:(NSDictionary *)dictionary
{
      //  根据相应的字典条目更新每个开关
      [africaSwitch setOn:[[dictionary valueForKey:@"Africa"] boolValue]];
      [asiaSwitch setOn:[[dictionary valueForKey:@"Asia"] boolValue]];
      [europeSwitch setOn:[[dictionary    valueForKey:@"Europe"] boolValue]];
      [northAmericaSwitch    setOn:
      [[dictionary valueForKey:@"North_America"] boolValue]];
      [oceaniaSwitch setOn:[[dictionary valueForKey:@"Oceania"] boolValue]];
      [southAmericaSwitch setOn:
      [[dictionary valueForKey:@"South_America"] boolValue]];
} //  setSwitches:方法结束

```

```
86  //  以主视图中的数值更新 choicesControl
87  - (void)setSelectedIndex:(int)index
88  {
89      choicesControl.selectedSegmentIndex=index;
90  } //  setSelectedIndex:方法结束
91
92  //  释放 FlipsideViewController 对象的内存
93  - (void)dealloc
94  {
95      [choicesControl release];  //  释放 choicesControl
96      [africaSwitch release]; //  释放 africaSwitch
97      [asiaSwitch release];  //  释放 asiaSwitch
98      [europeSwitch release]; //  释放  europeSwitch
99      [northAmericaSwitch release];  //  释放 northAmericaSwitch
100     [oceaniaSwitch release];  //  释放 oceaniaSwitch UISwitch
101     [southAmericaSwitch release];  //  释放 southAmericaSwitch
102     [super dealloc];  //  调用父类的 dealloc 方法
103 } //  dealloc 方法结束
104 @end  //  FlipsideViewController 类定义结束
```

3．初始化

在视图创建时，viewDidLoad 方法（第 19～23 行）设置了 FlipsideView 的背景色。setSwitches:和 setSelectedIndex:方法由 MainViewController 类调用来设置 GUI 组件以及时反映当前测验的配置。

4．MainViewController 类的 done 和 setSwitches 方法

done 方法（第 26～70 行）用来在用户触摸 Done 按钮时返回主视图。我们只在至少选择了一个地区时才切换视图。如果没有一个开关处于 ON 的位置上（第 29～31 行），将会弹出一个 UIAlert（第 34～36 行）告诉用户选择一个地区，接着这个方法退出且不会返回到主视图。否则，我们从分段控件（第 43 行）中获取选中的索引并通过调用委托中的 setGuessRows:方法来更新问答测验中的答案数量（第 46 行）。

第 49～62 行通过调用 NSMutableDictionary 的 setValue:forKey:方法来更新委托的地区字典（以相应的开关状态来匹配每个 key）。第 65 行开始一个新游戏，而第 68 行通知这个委托对象用户触摸了这个按钮。我们假设这个委托对象实现了 flipsideViewControllerDidFinish:方法（也许情况并非如此），因为实现了这个协议的类并不一定要实现每个方法。不过，我们在 MainViewController.m 中定义了这个方法。

setSwitches:方法（第 73～84 行）设置每个开关来显示这个地区的国家是否被包含在本次测验中。这个方法根据从 MainViewController 接收到的 NSMutableDictionary 来更新相应的开关状态（地区字典中包含了为每个地区设置的布尔值，用来指定该地区是否被包含在测验内）。setSelectedIndex 方法（第 87～90 行）从 choicesControl 分段控件中选择一项。选中项的文本和每面国旗下显示的答案相匹配。

6.5 小结

本章我们创建了一个国旗问答游戏应用程序，测试用户关于国旗方面的知识。我们使用 Utility Application 模板和 UIViewController，这样，应用程序可以有正反面两个视图，正面显示游戏，反面用来设置游戏选项。在 FlipsideView（反面视图）中，用户可以选择测验要包含的地区和显示的答案数。这个问答测验随机选择国旗和答案，并使用一个分段控件来显示答案。我们开始考虑内存管理的问题，当它们在当前范围之外使用时应该保留该对象，而当不再被使用时释放它以避免内存泄漏。

在第 7 章，你将创建一个名为点击竞技的游戏（使用 Cocoa 的 Core Animation 库）。这个应用程序将通过多个自定义视图（斑点）的动画来测试用户的反应能力，用户必须在它们消失前触击到它们，你将第一次手动处理触摸手势。这些斑点将使用核心动画（Core Animation）来处理动画，而且我们将使用 AVFoundation 框架来增加游戏的音效。

7

“点击竞技”游戏

（学习使用 UIView 类和触控技术）

本章导读：

- 创建一个简单有趣的游戏应用程序。
- 使用Core Animation框架来为视图添加动画效果。
- 使用UIImageViews显示自定义的图片。
- 使用AVFoundation框架给程序添加声音。
- 学习如何处理多点触控。
- 使用View-based Application模板，创建单一视图的程序。

7.1 “点击竞技”游戏简介

“点击竞技”游戏要求玩家在小球从屏幕上消失前点中移动的小球，如图 7-1 所示，这样可以练习玩家的反应能力。小球在屏幕上移动时会不断收缩直至最后消失。所以如果小球停留的时间越长，越难被点击到。游戏从初级开始，玩家每点中 10 个小球，晋级一次。每次晋级后，难度都会提高，小球会移动得更快，游戏也更具挑战性。每当小球被点中时，程序都会发出提示音，小球也会变成绿色，然后消失，如图 7-2 所示。玩家每点中一个球，会得到相应的分数（当前等级的 10 倍）。玩家需要注意点击的准确率，因为如果没有点中球的话，会减去相应的分数（当前等级的 20 倍）。玩家当前的分数会显示在屏幕的左上角。游戏开始的时候，玩家有三次机会，随着游戏的进行，如果有一个球在被点中前消失，那么玩家将失去一次机会，游戏会发出消逝的声音提示玩家。如果玩家成功晋级，则会得到一次机会，最多可拥有 7 次机会。当玩家用完所有机会时，游戏结束，如图 7-3 所示。当前生命个数排列在屏幕的左下角。

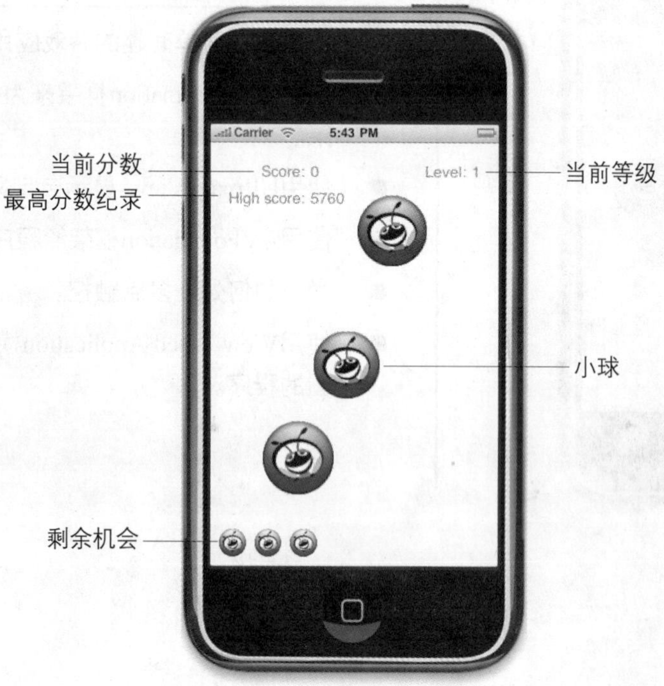

图 7-1 | “点击竞技”游戏

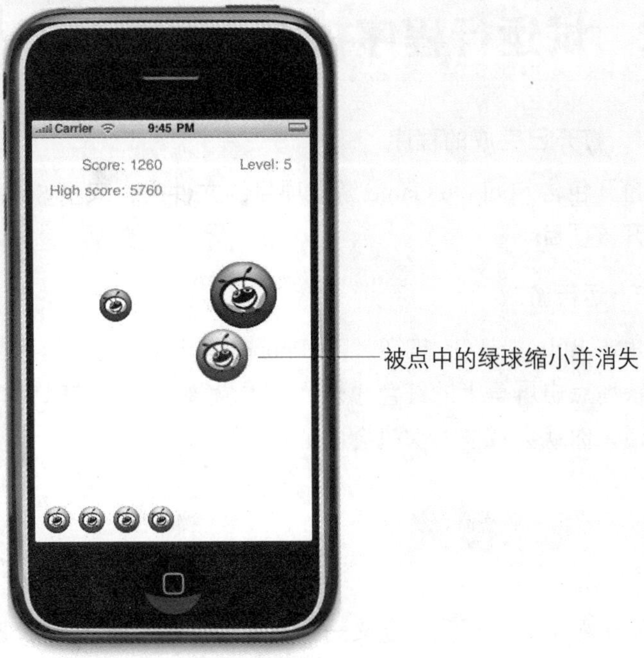

图 7-2 | “点击竞技”中被点中球的模样

图 7-3 | 游戏结束提醒

7.2 试运行程序

1. 打开已完成的程序

打开包含 Spot On Game 游戏项目的文件夹，双击 SpotOn.xcodeproj 文件，以在 Xcode 中打开该项目。

2. 运行游戏

单击 Build and Go 按钮，在 iPhone 模拟器中运行程序。程序会立即启动，启动后，尽可能快地点击屏幕上的红色小球，不要犹豫，小球随时都有可能消失，如果在你点中前消失的话，你就会减去一次机会。

7.3 技术概述

对于每个小球，我们定义一个 UIImageView 类型的对象来显示自定义图片。当小球被点击时，我们将 UIImageView 对象的图片属性设置为一个新的 UIImage 对象（此对象表示一张图片），从而改变小球的显示。我们将在 SpotOnViewController 类中编写响应触控事件的方法，并支持多点触控事件，这样玩家可以同时点击多个小球。实现过程中，会涉及到 touchesBegan 方法，该方法从 UIView 类中继承，能够从 iPhone 中获取当前的触控信息。当玩家触摸屏幕的时候，该方法接收一个指向 UITouch 对象的指针作为参数，通过该参数，我们可以获取到每个触控点的坐标，这样就可以判别玩家是否点中小球。

我们将使用 Core Animation 框架使小球活动起来，支持移动、缩小、消失等变化。你将看到，UIImageView 类中内置了动画方法，可以用来实现简单的动画，我们还将通过底层的 CALayer 对象（Core Animation Layer）来实现更复杂的动画。

在实现过程中，我们主要通过 AVFoundation 框架来给程序添加声音。具体实现方式：通过 AVAudioPlayer 对象播放存储在 iPhone 上面的一段.wav 文件。注意，每个声音文件都需要有一个对应的 AVAudioPlayer 对象来进行控制。NSObject 类的成员方法 performSelector:withObject:afterDelay:提供了延迟调用（秒级别）功能，我们可以使用此方法在程序启动时，以间隔 1 秒的形式给程序添加 3 个小球。

7.4 构建应用程序

首先，打开 Xcode 并创建一个新的项目。创建过程中选择 View-base Application 模板，并将程序命名为 SpotOn。

7.4.1 声明 SpotOnViewController 接口

SpotOnViewController 类（参见代码 7-1）用于控制游戏，记录当前的分数、最高分数纪录、当前等级和剩余机会数。同时也负责实现小球动画，响应用户的触控操作。

代码 7-1 SpotOnViewController 接口声明

```
1   // SpotOnViewController.h
2   // SpotOnViewController 接口声明.
3   // 具体实现在 SpotOnViewController.m 文件中
4   #import <UIKit/UIKit.h>
5   #import <CoreGraphics/CGBase.h>
6   #import <QuartzCore/CoreAnimation.h>
7   #import <AVFoundation/AVFoundation.h>
8
9   @interface SpotOnViewController : UIViewController <UIAlertViewDelegate>
10  {
11      IBOutlet UILabel *scoreLabel;  //  用于显示分数的标签
12      IBOutlet UILabel *levelLabel;  //  用于显示等级的标签
13      IBOutlet UILabel *highScoreLabel;  //  用于显示最高分数纪录的标签
14      NSMutableArray *spots; //  存储小球图片的指针
15      NSMutableArray *lives;  //  存储用于表示当前所剩机会图片的指针
16      AVAudioPlayer *hitPlayer;  //  点中小球时播放的声音对象
17      AVAudioPlayer *missPlayer; //  没有点中小球时播放的声音对象
18      AVAudioPlayer *disappearPlayer; //  小球消失时播放的声音对象
19      int spotsTouched;  //  点中的小球数量
20      int score;  //  当前分数
21      int level;  //  当前等级
22      float drawTime;  //  每个小球在屏幕上存在的时间
23      BOOL gameOver;  //  游戏是否结束
24      UIImage *touchedImage; //  被点中的小球图片
25      UIImage *untouchedImage;  //  没有点中的小球图片
26  } // 变量声明结束
27
28  //  将输出口变量声明为属性
29  @property(nonatomic, retain) IBOutlet UILabel *scoreLabel;
30  @property(nonatomic, retain) IBOutlet UILabel *levelLabel;
31  @property(nonatomic, retain) IBOutlet UILabel *highScoreLabel;
32
33  - (void)resetGame;  // 此方法用于开始一个新的游戏
34  - (void)addNewSpot;  // 此方法用于向游戏中添加一个小球
35
36  //  当小球消失时，调用下面的方法
37  - (void)finishedAnimation:(NSString *)animationId finished:(BOOL)finished
38  context:(void *)context;
39  - (void)touchedSpot:(UIImageView *)spot;  //当某个小球被点中时，调用此方法
40  @end // SpotOnViewController 接口声明结束
```

第 11～25 行定义了 SpotOnViewController 类的成员变量。其中，scoreLabel 用于显示

当前的分数，levelLabel 用于显示当前的等级（第 11 和 12 行）。第 14 和 15 行定义的 NSMutableArrays 类型的变量 spots 和 lives 都用于存储 UIImageViews 类型的对象，这些对象分别用来显示小球和剩余生命数。第 16～18 行定义的 AVAudioPlayer 类型的对象用于播放程序中的声音文件，每个 AVAudioPlayer 类型的对象都需要使用其可以播放的声音文件来进行初始化。第 19 行的变量 spotsTouched 用于保存被点中的小球数量，当前的分数也使用此变量来计算。第 21 行定义的变量 level 用于存储当前的游戏等级。第 22 行定义的变量 drawTime 表示小球从出现到消失的时间，游戏等级每提高一级时，此变量的值减少 5%。第 33～39 行声明了 SpotOnViewController 类的 4 个成员方法。

- resetGame：重置分数，并开始新的游戏。
- addNewSpot：向游戏中添加一个新的小球。
- finishedAnimation:finished:context：当某个小球从屏幕上消失时，调用此方法。本方法将创建一个新的小球，并判断那个消失的小球是否被点中过，如果没有，则将机会数减一。
- touchedSpot：当某个小球被点中时，增加游戏分数，如果当前已经有 10 个小球被点中，则提升游戏等级。

7.4.2 创建程序界面

双击 SpotOnViewController.xib 文件，在 Interface Builder 中打开，打开后双击 SpotOnViewController.xib 窗口中的 View 栏编辑程序的显示界面。拖动 3 个标签（Label）到窗口上，并按照图 7-4 所示排列。

在 Inspector 窗口中修改每个标签的 Color 属性，将不透明度（Alpha 值）设置为 50%。

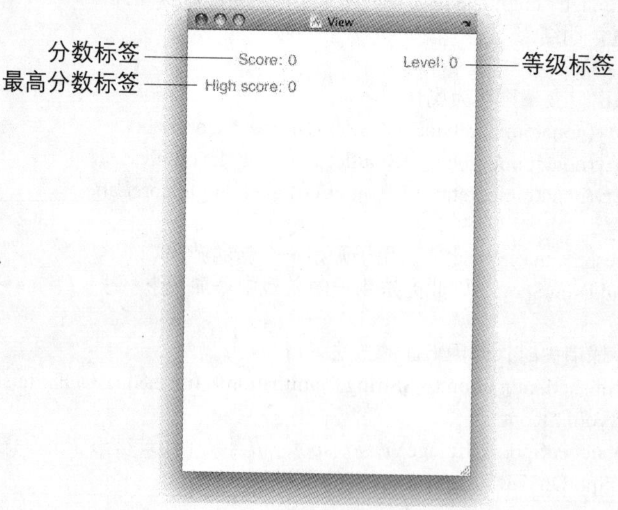

图 7-4 | SpotOnViewController 的用户界面

下一步，我们需要将 SpotOnViewController 类中的输出口变量和相应的标签进行关联。在 MainViewController.xib 窗口中，MainViewController 对象被称为 File's Owner，在窗口中需要选中 File's Owner 对象，此时可以在 Inspector 窗口中看到所有在 MainViewController.h 中定义输出口变量，将这些 outlet 变量关联到对应的标签。

7.4.3 SpotOnViewController 类实现

退出 Interface Builder，在 Xcode 中打开 SpotOnViewController.m 文件。SpotOnViewController 类主要用于控制游戏动画，其创建、显示并销毁界面上的小球，并响应玩家动作。

代码 7-2 的第 14 和 15 行为 viewDidLoad 方法的实现，viewDidLoad 方法在主界面载入时对游戏进行初始化。我们可以看到，父类的成员对象初始化后（第 16 行），第 17～19 行首先使用当前系统时间初始化一个随机数生成器，然后分别对 NSMutableArrays 类型变量 spots 和 lives 进行初始化。第 22 和 23 行载入了两张不同的图片来显示小球的形状。第 26 和 27 行使用 NSBundle 类的成员方法 pathForResource:ofType: 来获取 hit.wav 文件的绝对路径。第 30 行创建了一个 NSURL 类型的对象来存储获得的绝对路径，并且使用此路径初始化对象 hitPlayer（第 33 和 34 行）。第 35 行将 hitPlayer 的音量值设置为 0.3（音量大小可以在 0 到 1 之间设置）。第 38～62 行使用类似过程对其他声音效果进行初始化。第 64 行调用方法 resetGame 启动新的游戏。

代码 7-2　SpotOnViewController 类的 viewDidLoad 方法

```
1   //  SpotOnViewController.m
2   //  "点击竞技"游戏的控制模块
3   #import "SpotOnViewController.h"
4   static const int BALL_RADIUS=40;
5
6   @implementation SpotOnViewController
7
8   // 为属性生成 set 和 get 方法
9   @synthesize scoreLabel;
10  @synthesize levelLabel;
11  @synthesize highScoreLabel;
12
13  //  当载入视图后，调用此方法
14  -(void)viewDidLoad
15  {
16      [super viewDidLoad];  // 将消息传递给父类
17      srandom(time(0));  //  使用当前系统时间初始化一个随机数生成器
18      spots = [[NSMutableArray alloc] init];  //  初始化 spots 变量
19      lives = [[NSMutableArray alloc] init];  //  初始化 lives 变量
20
```

```
    // 初始化两张小球图片
    touchedImage = [UIImage imageNamed:@"touched.png"];
    untouchedImage = [UIImage imageNamed:@"untouched.png"];

    // 获取声音文件的路径
    NSString *soundPath = [[NSBundle mainBundle] pathForResource:@"hit"
       ofType:@"wav"];

    //  使用获取到的路径创建一个 URL 对象
    NSURL *fileURL = [[NSURL alloc] initFileURLWithPath:soundPath];

    //  使用声音文件构造 AVAudioPlayer 类型的对象
    hitPlayer = [[AVAudioPlayer alloc] initWithContentsOfURL:fileURL
       error:nil];
    hitPlayer.volume = 0.3;  //  设置 hitPlayer 的音量大小

    //  获取声音文件的路径
    soundPath = [[NSBundle mainBundle] pathForResource:@"miss"
       ofType:@"wav"];

    //  使用获取到的路径创建一个 URL 对象
    [fileURL release];
    fileURL = [[NSURL alloc] initFileURLWithPath:soundPath];

    //  使用声音文件来构造 AVAudioPlayer 类型的对象
    missPlayer = [[AVAudioPlayer alloc] initWithContentsOfURL:fileURL
       error:nil];
    missPlayer.volume = 0.7;  //  设置 missPlayer 的音量大小

    // 获取声音文件的路径
    soundPath =
       [[NSBundle mainBundle] pathForResource:@"disappear"  ofType:@"wav"];

    //  使用声音文件初始化 AVAudioPlayer 类型的对象
    [fileURL release];
       fileURL = [[NSURL alloc] initFileURLWithPath:soundPath];

    //  使用声音文件来构造 AVAudioPlayer 类型的对象
    disappearPlayer =
       [[AVAudioPlayer alloc] initWithContentsOfURL:fileURL error:nil];
    disappearPlayer.volume = 0.3;  //  设置 disappearPlayer 的音量大小
    [fileURL release];  //  释放 fileURL 对象

    [self resetGame];  //  开始一个新游戏
} //  viewDidLoad 方法定义结束

```

7.4.4 SpotOnViewController 类的 resetGame 方法

如代码 7-3 所示，resetGame 方法从前一轮游戏中删除所有的小球，并将所有的变量设置为初始状态，然后以间隔 1 秒的方式向新游戏中添加 3 个小球。

代码 7-3 SpotOnViewController 类的 resetGame 方法

```
// 删除旧的对象，并开始新的游戏
- (void)resetGame
{
        [spots removeAllObjects]; // 将 spots 数组清空
        drawTime = 3.0; // 将小球停留时间重置
        spotsTouched = 0; // 将点中的小球数目重置
        score = 0; // 重置分数
        level = 1; // 重置游戏等级
        [scoreLabel setText:@"Score: 0"]; // 重置分数标签的内容
        [levelLabel setText:@"Level: 1"]; // 重置游戏等级标签的内容

        // 从配置文件中获取最高分数纪录
        NSNumber *highScore =
          [[NSUserDefaults standardUserDefaults] valueForKey:@"highScore"];

        // 如果没有最高分数纪录
        if (highScore == nil)
          highScore = [NSNumber numberWithInt:0]; // 将最高分数纪录设置为 0

        // 将最高分数纪录标签的内容更新为当前最高分数纪录
        [highScoreLabel setText:
          [NSString stringWithFormat:@"High Score: %@", highScore]];
        gameOver = NO; // 设置 gameOver 为 NO

        // 添加 3 次机会
        for (int i = 0; i < 3; i++)
        {
              UIImageView *life = [[UIImageView alloc]
                initWithImage:touchedImage];

              // 将图片排列在左下角
              CGRect frame = CGRectMake(10 + 40 * i, 420, 30, 30);
              life.frame = frame; // 设置新的边框
              [lives addObject:life]; // 向 lives 列表中添加一个新的视图对象（life）
              [self.view addSubview:life]; //将图片添加到视图中
              [life release];
        } // for 循环结束

        // 以间隔 1 秒的方式添加 3 个小球
```

```
106         [self addNewSpot];
107         [self performSelector:@selector(addNewSpot) withObject:nil
108            afterDelay:1.0];  //   等待 1 秒后，调用 addNewSpot 方法
109         [self performSelector:@selector(addNewSpot) withObject:nil
110            afterDelay:2.0];  //   等待 2 秒后，调用 addNewSpot 方法
111    } // resetGame 方法定义结束
112
```

第 70 ~ 76 行将 SpotOnViewController 类的成员变量设置为初始状态。第 79 和 80 行定义一个 NSNumber 类型的变量来表示当前的最高分数纪录。首先，我们调用 NSUserDefault 类的 standardUserDefaults 方法返回一个 NSUserDefault 类型对象来表示程序的配置信息(这些配置信息存储在程序的.plist 文件中)。然后，调用该对象的成员方法 valueForKey:获取文件中保存的最高分数纪录，并赋值给 highScore。如果没有最高分数纪录信息，将 highScore 置为 0 (第 83 行)。第 87 和 88 行更新标签上所显示的最高分数纪录。

第 92 ~ 103 行在程序界面的左下角添加了 3 个绿色小球，这 3 个小球用来表示当前剩余的机会数，大小比正常的小一点。

游戏开始之前，我们需要在界面上添加一些小球，第 106 ~ 110 行调用 addNewSpot 方法 3 次来创建了 3 个小球。第二次和第三次对 addNewSpot 方法的调用是通过 NSObject 的 performSelector:withObject:afterDelay:方法以间隔 1 秒的方式延迟调用的。

7.4.5 SpotOnViewController 类的 addNewSpot 方法

如代码 7-4 所示，addNewSpot 方法创建了 UIImageView 对象 (用于表示小球)，并将它们添加到显示界面上。每添加完一个小球，就会调用 beginSpotAnimation 方法来启动小球动画。

代码 7-4 SpotOnViewController 类的 addNewSpot 方法

```
// 添加一个小球到随机位置
- (void)addNewSpot
{
     //   获取视图的宽度和高度
     float viewWidth = self.view.bounds.size.width;
     float viewHeight = self.view.bounds.size.height;

     // 从视图中选取一个随机位置
     float x = random() % (int)(viewWidth - 2 * BALL_RADIUS);
     float y = random() % (int)(viewHeight - 2 * BALL_RADIUS);

     //   创建一个新的小球视图对象
     UIImageView *spot = [[UIImageView alloc] initWithImage:untouchedImage];
     [spots addObject:spot]; //     将小球添加到数组 spots 中
     [self.view addSubview:spot];   //  将小球添加到视图中
```

```
128
129        // 使用随机坐标来设置小球的 frame 属性
130        [spot setFrame:CGRectMake(x, y, BALL_RADIUS * 2, BALL_RADIUS * 2)];
131
132        // 延迟一段时间后启动小球动画过程，这样留有一段时间来渲染小球图片
133        [self performSelector:@selector(beginSpotAnimation:) withObject:spot
134           afterDelay:0.01];
135
136        [spot    release];  // 释放小球
137  } // addNewSpot 方法定义结束
138
```

第 117 和 118 行用于获取视图的大小。与控制对象（SpotOnViewController 类型）所对应的视图对象（UIView 类型）拥有一个边界（bounds）属性，从边界属性中我们可以获取视图的宽度和高度。根据获取到宽度和高度，可以随机给出一个视图范围内的（x, y）坐标（第 121 和 122 行）。第 127 行调用视图对象的 addSubview 方法，将 spot 对象（UIImageView 类型）作为一个子视图添加到视图中。第 130 行使用刚才获取的随机坐标来设置 spot 对象的 frame 属性。创建完小球后，调用 beginSpotAnimation 方法启动动画，移动小球（第 133 和 134 行）。注意，这里延迟了一段时间（0.01 秒左右）后才开始执行动画，原因在于，动画启动前需要有一小段时间来渲染表示小球的图片。由于本方法不再使用 spot 对象，故第 136 行将其释放，但是前面我们将 spot 对象添加到 spots 数组中，并将 spot 对象设置为主视图的子视图，这都会向添加的 spot 对象发出保留（retain）消息，即 spot 对象的引用计数大于 0，从而不会被释放。

7.4.6 SpotOnViewController 类的 beginSpotAnimation 方法

如代码 7-5 所示，beginSpotAnimation 方法首先在主视图中选中一个坐标，然后将小球移动到该坐标，这个方法和 beginSpotEndAnimation 方法都没有在 SpotOnViewController.h 中声明（在 Objective-C 中只有在类外面调用的方法才需要在头文件中声明）。

在 beginSpotAnimation 方法中，首先，我们计算出小球将要移动到的目标点（第 143 ~ 148 行），然后使用一个 ***Core Animation block*** 来实现移动过程。所谓 Core Animation block，其实是一段代码，其使用动画方式来慢慢改变 UIView 类型的对象而不是突变方式。Core Animation 块以 beginAnimation:context:方法作为开头（第 150 行），以 commitAnimations 方法结尾（第 163 行）。

beginAnimations:withContext:方法的第一个参数是一个动画 id。动画 id 对动画本身而言没有什么用处，但是在委托中，可以用来区分不同的动画。

代码 7-5 SpotOnViewController 类的 beginSpotAnimation:方法

```
139  //   启动小球的动画过程
140  - (void)beginSpotAnimation:(UIImageView *)spot
```

```
141 {
142         //  获取视图的宽度和高度
143         float viewWidth = [self.view bounds].size.width;
144         float viewHeight = [self.view bounds].size.height;
145
146         // 获取视图内的某个随机坐标
147         float x = random() % (int)(viewWidth - 2 * BALL_RADIUS);
148         float y = random() % (int)(viewHeight - 2 * BALL_RADIUS);
149
150         [UIView beginAnimations:nil    context:spot];   //  开始定义动画块
151         [UIView setAnimationDelegate:self];   // 将控制模块设置为委托
152
153         // 动画结束时，调用委托的指定方法
154         [UIView setAnimationDidStopSelector:
155             @selector(finishedAnimation:finished:context:)];
156         [UIView setAnimationDuration:drawTime];   // 设置动画时长
157
158         // 设置动画缓慢启动，然后逐渐加速
159         [UIView setAnimationCurve:UIViewAnimationCurveEaseIn];
160
161         // 设置动画结束时，小球的位置
162         [spot setFrame:CGRectMake(x + BALL_RADIUS, y + BALL_RADIUS, 0, 0)];
163         [UIView commitAnimations]; // 动画块定义结束
164 } // beginSpotAnimation:方法定义结束
165
```

本程序中我们并不需要此 id，故传递一个 nil 给此方法。第二个参数表示委托将要操纵的视图对象。我们会在委托中操纵小球，故将视图对象 spot 给作为第二个参数。第 151 行将控制对象自己（SpotOnViewController 类型）设置为动画的委托，这意味着动画开始或结束时将给控制对象发送一个通知。下一步，第 154 和 155 行调用 UIView 类的 setAnimationDidStopSelector:方法设置动画结束时发出的消息（例如委托中调用的方法）。

第 156 行调用 UIView 类的 setAnimationDuration 方法，使用 drawTime 变量来设置动画持续时间，即小球从出现在屏幕上到消失的时间间隔。第 159 行调用 UIView 类的 setanimationCurve:方法设置小球的移动方式（开始时缓慢移动，然后逐渐加速）。第 162 行调用 setFrame:方法来设置动画结束时的坐标。第 163 行调用 UIView 的 commitAnimation 方法来结束 Core Animation 块的定义。beginSpotAnimation 方法执行完成后，即开始动画过程。

7.4.7 SpotOnViewController 类的 touchesBegan:withEvent:方法

触控事件由 touchesBegan:withEvent:方法进行处理，当玩家触控屏幕时都会调用此方法（参见代码 7-6 的第 167～218 行）。本程序中，我们需要覆盖此方法，以使得当玩家点中小球时，被点中的小球将消失。touchesBegan:withEvent:方法的第一个参数是一个 NSSet 类型的对象。NSSet 类型为一个集合类型，集合中包含了所有的触控信息。而每个触控信息

都由一个 UITouch 类型的对象表示，该对象中包含有触控点、触控时间、触控类型等信息。

代码 7-6 SpotOnViewController 的 touchesBegan:withEvent:方法

```
// 当玩家触控屏幕时，调用下面的方法
-(void)touchesBegan:(NSSet *)touches withEvent:(UIEvent *)event
{
    BOOL hitSpot = NO;  // 初始化 hitSpot 标志位

    for (UITouch *touch in touches)  // 遍历每个触控对象
    {
        // 获取触控点的坐标
        CGPoint point = [touch locationInView:self.view];

        // 遍历所有小球，判断是否点中某个小球
        // 采用逆序遍历方式，这样可以先检查视图中最顶层的小球
        for (int i = spots.count - 1; i >= 0 && !hitSpot; i--)
        {
            UIImageView *spot = [spots objectAtIndex:i];

            // 我们希望获取小球的当前坐标
            // 但是小球的 frame 属性中保存的坐标是结束点的坐标
            // 故需要通过访问 Core Animation 层来获取真实的坐标
            CGRect frame = [[spot.layer presentationLayer] frame];

            // 计算小球中心坐标
            CGPoint origin = CGPointMake(frame.origin.x + frame.size.width /
              2, frame.origin.y + frame.size.height / 2);

            // 计算触控点和小球中心之间的距离
            float distance =
              pow(origin.x - point.x, 2) + pow(origin.y- point.y, 2);
            distance = sqrt(distance);

            // 判断是否点中小球
            if (distance <= frame.size.width / 2)
            {
                spot.image = touchedImage;  // 改变被点中的小球的图标
                [self touchedSpot:spot];  // 调用 touchedSpot:方法
                hitSpot = YES;  // 设置标志位，点中一个小球
            } // if 语句结束
        } // 内层 for 循环结束
    } // 外层 for 循环结束

    if (!hitSpot)  // 没有点中任何小球
    {
        [missPlayer play];  // 播放未击中提示音
        score -= 20 * level;  // 减掉相应的分数
```

```
210
211             if (score < 0)
212             score =0;
213
214             //  更新显示分数的标签
215             [scoreLabel setText:
216                [NSString stringWithFormat:@"Score: %i", score]];
217         } // if 语句结束
218  } //   touchesBegan:withEvent:方法定义结束
219
```

第 171 ~ 204 行遍历了所有的 UITouch 类型对象并进行处理。我们调用 UITouch 的 locationInView:方法来获取一个触控点的坐标，locationInView:方法返回一个包含坐标信息的 CGPoint 对象（第 174 行）。第 178 ~ 203 行遍历每个小球，判断触控点是否在小球坐标半径内。当两个小球重叠时，我们希望只处理上面那个，故采用逆序遍历的方式，这样可以保证先处理上面那个小球。

下一步，我们确定小球的位置。由于小球正处于动画状态，它的 frame 属性中保存的是结束点的坐标，故不能从 frame 中获取当前坐标。要获取玩家点击时小球的真实坐标，我们需要访问 Core Animation Layer。我们可以通过 UIImageView 的 layer 属性来访问 CALayer 类型的对象。CALayer 类的 presentationLayer 方法会返回屏幕中所显示的当前层的一个拷贝，此拷贝的 frame 属性正是我们所需要的。

第 188 和 189 行计算出小球中心的坐标，第 192 ~ 194 行计算玩家的触控点和小球中心的距离。如果玩家命中小球（第 197 行），通过修改小球的图片属性将小球变为绿色小球，并调用 SpotOnViewController 类的 touchedSpot 方法。否则，播放一个声音提示用户未命中（第 208 行），并将玩家分数减去“20*当前等级”（第 209 行）。如果玩家分数小于 0，则将分数置为 0 以避免出现负数的情况（第 211 行）。第 215 和 216 行更新 scoreLabel 标签上所显示的分数。

7.4.8 职责链设计模式（Chain of Responsibility）

touchesBegin:withEvent:方法以一种类似于“职责链模式”的方式来处理事件。所谓职责链设计模式，即使用一个对象链表来处理一个命令对象，通常这个命令对象是一个事件。如果链表中的第一个对象并没有处理事件（可能没有注册相应的事件处理句柄），则将事件传递给链表中下一个对象，否则结束处理过程。

在 Cocoa 框架中，所谓的职责链是一个用于处理事件的对象列表。首先，负责与用户交互的视图对象会收到一个用户交互事件，如果视图对象没有对应的处理句柄，则将事件传递给链表中的下一个对象（如包含当前视图的上一级视图对象）。例如，当用户触摸屏幕时，一个触控事件会发送给相应的处理对象链表，并在其中传递，直到某个对象的事件处理句柄对其进行处理。如果没有任何对象能够处理该事件，那么事件最终会被忽略。

7.4.9 SpotOnViewController 类的 touchedSpot 方法

当玩家点中某个小球时，SpotOnViewController 类的 touchedSpot 方法将被调用，如代码 7-7 所示。此方法会更新玩家的分数、等级和所剩机会数，并启动小球消逝的动画。

在 touchedSpot 方法中，首先我们增加变量 spotsTouched 的值，然后将“当前等级*10”加到分数上（第 222 和 223 行），再播放点中小球的提示音。具体播放过程为：首先将 hitPlayer 对象重置为开始状态，这样如果已经开始播放声音的话（玩家点击太快时会出现这种情况），会从头开始播放。

代码 7-7　SpotOnViewController 类的 touchedSpot:方法

```
220 - (void)touchedSpot:(UIImageView *)spot
221 {
222     ++spotsTouched; //  增加用户点中的小球数量
223     score += 10 * level; //  增加分数
224     hitPlayer.currentTime = 0; //  将声音播放重置为初始状态
225     [hitPlayer play]; //  播放点中提示音
226 
227     //  更新分数标签
228     [scoreLabel setText:[NSString stringWithFormat:@"Score: %i", score]];
229 
230     //  当玩家点中 10 个小球时，提高游戏等级
231     if (spotsTouched % 10 == 0)
232     {
233         ++level; //  提高游戏等级
234         drawTime *= 0.95; //  减少动画时间，加快小球移动速度
235 
236         //  更新游戏等级标签
237         [levelLabel setText:
238            [NSString stringWithFormat:@"Level: %i", level]];
239 
240         //  增加一条新的生命
241         if (lives.count < 7)
242         {
243             // 载入用于表示游戏生命的图片
244             UIImageView *life = [[UIImageView alloc]
245                initWithImage:touchedImage];
246 
247             //  将表示游戏生命的图片放在前一张图片的右侧
248             CGRect frame = CGRectMake(10 + 40 * lives.count, 420, 30, 30);
249             life.frame = frame; //  设置位置
250             [self.view addSubview:life]; //  将 life 对象添加到视图中
251             [lives addObject:life]; //  将 life 对象添加到 lives 数组
252             [life release]; //  释放 life 对象
253         } //  内层 if 语句结束
```

```
254        } //  外层 if 语句结束
255
256        //  结束当前动画，并在原地启动一个新的动画
257        CGRect frame = [[spot.layer presentationLayer] frame]; //获取 frame 属性
258        [spot.layer removeAllAnimations];  //  结束动画
259        spot.frame = frame;  //  将小球移动到结束前的位置
260        [spot setNeedsDisplay];  // 重绘小球
261
262        // 延迟调用 beginSpotEndAnimation:方法来提供一段时间渲染小球图片
263        [self performSelector:@selector(beginSpotEndAnimation:) withObject:spot
264           afterDelay:0.01];
265    } //  touchedSpot:方法定义结束
266
```

第 231 行通过判断当前是否已经命中 10 个小球来决定是否提升游戏等级。如果已经命中 10 个小球，则提升游戏等级（第 237 和 238 行），并减少 drawTime 的值（drawTime 用于表示动画时长），这样可以加快小球移动速度提高游戏难度。如果玩家的游戏机会数小于 7 的话，则添加一次机会作为成功晋级的奖励（第 241 ~ 252 行）。

下一步，我们将结束当前动画，并启动表示小球消逝过程的动画。如果我们直接结束动画过程，那么小球将直接跳到结束位置。为了在点中的位置继续显示小球，首先我们使用小球的 CALayer 成员属性获取小球当前位置，然后结束动画，最后重新设置小球的位置（第 257 ~ 259 行）。

我们通过调用小球的 setNeedsDisplay 方法来设置小球需要进行重绘的标志位(如第 260 行所示)，这样当小球被点中时才能变成绿色。setNeedsDisplay 方法通知应用程序当调用者执行完成后，视图对象需要被立即重绘。第 263 和 264 行调用 performSelector:withObject:afterDelay 方法启动小球的消逝动画。

7.4.10 SpotOnViewController 类的 beginSpotEndAnimation:方法

beginSpotEndAnimation:方法的参数为 UIImageview 类型的对象，beginSpotEnd-Animation:方法会将此对象缩小、淡化并最终消失。小球的第一个动画完成后，touchedSpot:方法会立即调用本方法，如代码 7-8 所示。

代码 7-8 SpotOnViewController 类的 beginSpotEndAnimation 方法

```
267  //  当小球被点中后，开始执行消逝动画
268  -(void)beginSpotEndAnimation:(UIImageView *)spot
269  {
270        [UIView beginAnimations:@"end" context:spot];  // 开始定义动画代码块
271        [UIView setAnimationDuration:0.8];  //  设置动画执行时间
272        [UIView setAnimationDelegate:self];  //  设置动画委托
273
274        //  设置动画结束时调用的方法
```

```
275     [UIView setAnimationDidStopSelector:
276        @selector(finishedAnimation:finished:context:)];
277
278     //  将小球固定在某个点，然后消失
279     CGRect frame = spot.frame;  //  获取当前位置
280     frame.origin.x += frame.size.width /2;  //  x 居中
281     frame.origin.y += frame.size.height / 2;  //  y 居中
282     frame.size.width = 0;  //  将 frame 的宽度清 0
283     frame.size.height = 0;  //  将 frame 的高度清 0
284     [spot setFrame:frame];  //  设置小球新的位置
285     [spot setAlpha:0.0];  //  将小球设置为透明状态
286     [UIView commitAnimations];  // 动画代码块定义结束
287  } //  beginSpotEndAnimation:方法结束
288
```

第 270 行调用 beginAnimations:方法开始一个动画块定义过程，并将 end 作为参数 id 的值，spot 作为参数 context 的值传递给 beginAnimations:方法。我们需要在委托中区分不同的动画，所以这里需要传递动画 id 参数。然后调用 UIView 类的 setAnimationDuration 来设置动画持续时间。持续时间设置为 0.8 秒，这样玩家既可以看到小球，同时小球又会很快消失。第 272 行将动画的委托设置为 SpotOnViewController 对象自己，这样 SpotOnViewController 对象能够收到动画的开始

和结束消息。接下来，通过 UIView 的 setAnimationDidStopSelecotr 方法来设置动画结束时需要执行的方法，这里我们设置 SpotOnViewController 类的 finishedAnimation:finished:Context 方法为需要执行的方法。第 279～283 行以小球的中心位置为参数创建了一个 CGRect 对象，并通过将 CGRect 对象的高度和宽度被设置为 0 来使得小球从屏幕上消失。第 284 行将 CGRect 对象设置为小球的结束位置，这样动画启动后，小球即开始淡化然后消失。最后调用 UIView 的 comitAnimations 方法来结束动画代码块的定义。beginSpotAnimation:方法结束后，即启动动画过程。

7.4.11 SpotOnViewController 类的 finishedAnimation:finished:context:方法

当一个 UIImageView 类型的对象消失时（无论被玩家点中与否），都将调用 finishedAnimatation 方法，如代码 7-9 所示。

代码 7-9 SpotOnViewController 类的 finishedAnimation:finished:Context:方法

```
289 //  动画结束时，将自动调用下面的方法
290 -(void)finishedAnimation:(NSString *)animationId finished:(BOOL)finished
291 context:(void *)context
292 {
293      //  如果游戏已经结束，直接返回
```

```
    if (gameOver)
    return;

    UIImageView *spot = (UIImageView *)context; //获取结束的 UIImageView 对象

    // 如果是一个结束动画，则添加一个新的小球
    if (animationId == @"end")
    {
        // 将 spot 从 spots 数组中删除
        [spots removeObject:spot];
        [spot removeFromSuperview]; // 删除旧的 spot 对象
        [self addNewSpot]; // 添加一个新的 UIImageView 类型对象
    } // if 语句结束
    else if ([spot.image isEqual:untouchedImage]) // 如果没有命中小球
    {
        [disappearPlayer play]; // 播放小球消失的提示音

        // 游戏结束
        if (lives.count == 0)
        {
            for (UIImageView *spot in spots) // 删除 spots 中的所有小球
            {
                [spot removeFromSuperview]; // 将小球从视图中移走
                [spot.layer removeAllAnimations]; // 结束已启动的动画
            } // for 循环结束

            gameOver = YES; // 设置游戏结束标志位

            // 显示游戏结束提示
            NSString *message =
              [NSString stringWithFormat:@"Score: %i", score];

            // 获取玩家默认配置信息
            NSUserDefaults *defaults = [NSUserDefaults standardUserDefaults];

            // 获取最高分数记录
            int highScore = [[defaults valueForKey:@"highScore"] intValue];

            // 如果前一轮的游戏分数高于最高分数记录
            if (score >highScore)

            // 使用新的分数来更新配置文件
            [defaults setValue:[NSNumber numberWithInt:score]
              forKey:@"highScore"];

            UIAlertView *alert = [[UIAlertView alloc]
            initWithTitle:@"Game Over" message:message delegate:self
```

```
341                     cancelButtonTitle:@"Reset Game" otherButtonTitles:nil];
342                     [alert show];  //  显示提示信息
343                     [alert release];  //  释放提示对象
344                 } //  else 语句结束
345                 else //  减去玩家次机会
346                 {
347                     UIImageView*life =[liveslastObject]; //获取表示生命的最后一个UIImageView 类型的对象
348                     [lives removeLastObject];  //  从 lives 数组中删除最后一个
349                     [life removeFromSuperview];  // 从视图中移走 life 对象
350 
351                     //  删除旧的小球并添加一个新的
352                     [spot removeFromSuperview];  //  删除旧的小球
353                     [self addNewSpot];  //  添加一个新的小球
354                 } //  内层 else 语句结束
355             } //  外层 else 语句结束
356 } //  finishedAnimation:finished:context:方法定义结束
357
```

如果游戏已经结束，则此方法直接退出（第 294 和 295 行）。否则，我们将 context 强制转换为一个 UIImageView（第 297 行），回想一下，我们只把动画关联到 UIImageViews 类型的对象中，所以这里能够进行转换。如果传递进来的动画是一个结束动画（第 300 行），首先，我们从 spots 数组中将小球删除（第 301 行），然后将小球从视图中删除，并添加一个新的小球（第 304 和 305 行）。如果小球从来没有被击中过（第 307 行），则播放未击中小球的提示音（第 309 行），然后通过检查当前剩余的生命数来判断游戏是否结束（第 312 行）。如果游戏结束，则执行第 314 ~ 318 行的代码，遍历 spots 数组将数组中的所有小球删除，并调用 UIView 类的 removeFromSuperView 将小球从视图中删除，调用 removeAllAnimations 结束小球上的动画（第 317 行）。这里我们使用小球的 layer 属性来访问 UIImageView 的 Core Animation Layer（一个 CALayer 类型的对象），它为视图提供了对动画的支持。CALayer 类的 removeAllAnimations 方法可以用来删除所有关联到该对象的动画。如果我们不删除这些动画，则 Core Animation 对象将试图继续播放一个不存在的视图对象，这会导致程序崩溃。

接下来，我们使用 NSUserDefault 类的 valueForKey:方法来获取最高分数纪录。如果当前分数高于最高分数纪录（第 333 行），我们使用 NSUserDefault 类的 setValue:forKey 方法将新的最高分数纪录更新到配置文件，然后创建一个 UIAlertView 对象来提示游戏分数。否则，减去玩家一次机会，并更新显示信息。

7.4.12 SpotOnViewController 类的 alertView:clickedButtonAtIndex:、shouldAutorotateToInterfaceOrientation、dealloc 方法

游戏结束时，如果玩家按下提示界面上的 Rest Game 按钮，将会调用 alertView:clickedButtonAtIndex 方法，如代码 7-10 所示。在 alertView:clickedButtonAtIndex 方法中，

第 362 行调用 resetGame 方法来开始新的游戏。

第 366 ~ 371 行定义的 shouldAutoRotateToInterfaceOrientation:方法从 UIViewController 类继承而来，此方法由 iPhone 操作系统调用。当玩家旋转 iPhone 时，iPhone OS 会调用此方法来判断是否需要旋转视图。第 374 ~ 385 行的 dealloc 方法释放了 SpotOnViewController 类中的其他对象，并调用父类的 dealloc 方法。

代码 7-10 SpotOnViewController 类的 alertView:clickedButtonAtIndex:、shouldAutoRotateToInterfaceOrientation:和 dealloc 方法

```
358 //  当玩家按下 Reset Game 按钮时，调用下面的程序
359 - (void)alertView:(UIAlertView *)alertView
360 clickedButtonAtIndex:(NSInteger)buttonIndex
361 {
362     [self resetGame];  // 开始新的游戏
363 } // alertView:clickedButtonAtIndex:方法定义结束
364
365 //  下面的方法用于判断游戏支持哪些方向的视图
366 - (BOOL)shouldAutorotateToInterfaceOrientation:
367 (UIInterfaceOrientation)interfaceOrientation
368 {
369     //  只支持纵向视图
370     return (interfaceOrientation == UIInterfaceOrientationPortrait);
371 } // shouldAutorotateToInterfaceOrientation:方法定义结束
372
373 //  释放 SpotOnViewController 类中分配的内存空间
374 - (void)dealloc
375 {
376     [spots release];  //  释放 spots  数组
377     [lives release];  //  释放 lives 数组
378     [hitPlayer release];  //  释放 hitPlayer 对象
379     [missPlayer release];  //  释放 missPlayer 对象
380     [disappearPlayer release];  //  释放 disappearPlayer 对象
381     [scoreLabel release];  //  释放 scoreLabel 标签
382     [levelLabel release];  //  释放 levelLabe 标签
383     [highScoreLabel release];  //  释放 highScoreLabel 标签
384     [super dealloc];  //  调用父类的 dealloc 方法
385 } // dealloc 方法定义结束
386 @end
```

7.5 小结

本章，我们编写了一个“点击竞技游戏”应用程序，并使用 Core Animation 来显示多个视图的动画。我们使用了 Core Animation block 来为视图添加动画效果。通过设置每个

UIImageView 类型视图的大小、起始终止位置、动画时长，Core Animation 框架能够获取并根据这些参数来移动变换视图，并最后将视图设置为消失状态。同时，我们使用 AVAudioPlayer 类型的对象来播放游戏音效。将 AVAudioPlayer 类型的对象关联到某个声音文件后，可以在程序中通过编码来播放声音。

在第 8 章中，我们将通过一个“加农炮游戏”应用程序来更深入地学习本章中涉及到的技术，并学习如何处理多点触控和手势变换，学习使用 NSTimer 类型的对象来生产事件并根据这些事件更新显示，而不是像本章中使用 Core Animation 框架来创建动画效果。此外，我们还会介绍如何将相关的对象放到一个结构体中，并学习简单的碰撞检测方法。

8

加农炮游戏应用程序

（使用 NSTimer 实现动画及处理拖曳事件）

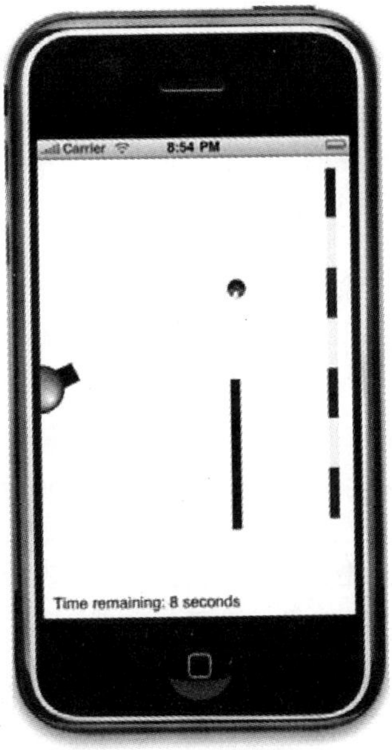

本章导读：

- 使用NSTimer产生固定时间间隔的事件。
- 使用struct类型把公共变量组合在一个名称下。
- 执行简单的冲突检测。
- 当玩家在屏幕上拖动手指时，使用touches-Moved: withEvent:方法使加农炮瞄准目标。
- 处理双击事件发射炮弹。
- 使用typedef关键字为前面定义的数据类型声明易于理解的别名。

8.1 加农炮游戏简介

加农炮游戏应用程序要求玩家在10秒之内完成摧毁一个七分体的目标，如图8-1所示。这个游戏由3个可视组件组成——一个玩家操控的加农炮、目标及一个保护目标的拦截器。玩家通过触摸屏幕来使加农炮瞄准目标——即瞄准触摸点。当玩家双击屏幕时，加农炮将发射一发炮弹，如图8-2所示。

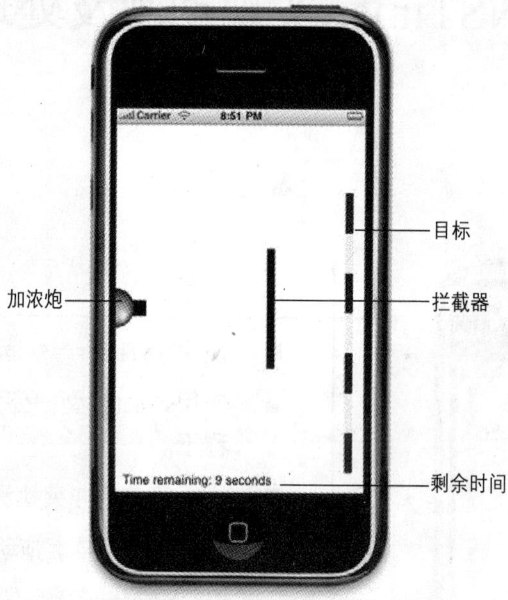

图 8-1 | 完整的加农炮应用程序.

目标由7片组成，玩家必须击中每一片才能获胜。当一发炮弹击中目标时，会发出玻璃破碎的声音，并且这一片目标将从屏幕消失。当炮弹击中拦截器时，会发出碰撞的声音，并且炮弹被弹回。拦截器不能被摧毁。目标和拦截器按垂直方向移动，在碰到屏幕顶部或底部的时候改变方向。

这个游戏开始时有10秒的限时。每击中一次目标，时限延长3秒，而每击中一次拦截器，时限缩短2秒。玩家必须在时间耗尽前摧毁所有目标。如果时间到达零秒，玩家失败。

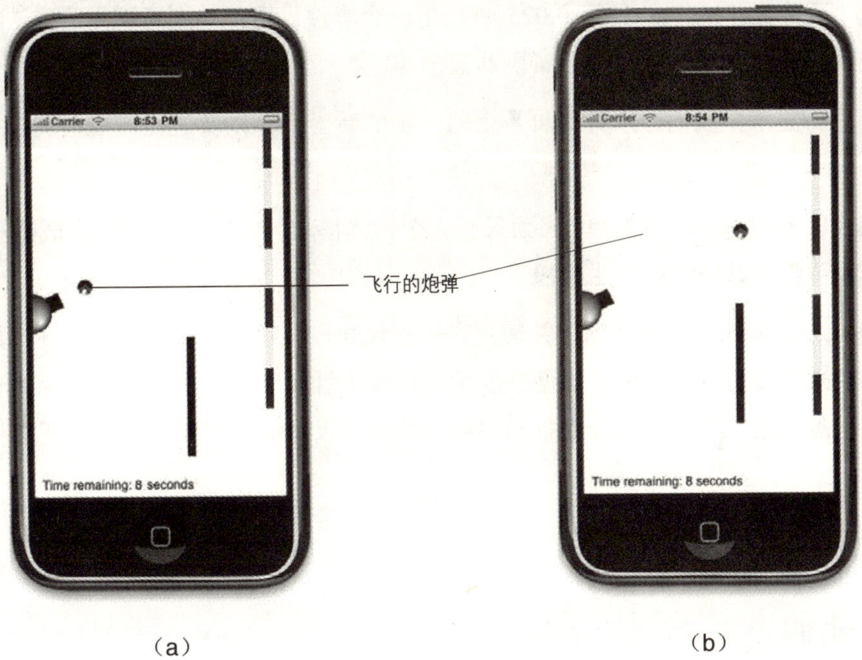

图 8-2 ❙ 带飞行炮弹的加农炮应用程序.

8.2 试运行应用程序

1. 打开完整的应用程序

打开包含“Cannon Game”游戏应用程序项目的目标，双击“Cannon- Game.xcodeproj”文件以在 XCode 中打开该项目。

2. 运行游戏

单击“**Build and Go**”按钮，在 iPhone 模拟器中运行该程序。在屏幕上拖动你的手指或者通过触击它来使加农炮进行瞄准，然后双击屏幕（即在同一个地方快速地触击两次）发射一发炮弹。尽快摧毁目标——如果程序界面左下角的时间耗尽，游戏就结束了。

8.3 技术概述

在前面的章节中，我们使用 Core Animation 框架在程序中为多个视图添加了动画。在本章中，我们通过响应固定时间间隔发生的 NSTimer 事件来亲自制作这个动画。鱼与熊掌不可兼得，这让我们在可以更好地控制动画的同时，也牺牲了 Core Animation 框架所带来的一些简易性。

一个 *NSTimer* 对象通过一个时间间隔和一个当间隔到期时将被调用的方法进行初始

化。在这个程序里，NSTimer 每 0.025 秒产生一个事件，事件响应所调用的方法重画整个显示区域，这将使得应用程序每秒钟刷新显示 40 次。

为了刷新显示，我们必须计算屏幕上每一项的新坐标，以及进行碰撞检测和相应的调整速度。

这在我们的程序中比较简单，因为只有 4 个物体移动（加农炮、炮弹、拦截器和目标），并且只有炮弹会和其他元素产生碰撞。

我们引入结构体（Structures）并使用它来把代表一条线的两个端点组合在一起，拦截器和目标的端点都可以用这个新类型来表示。本章还引入了 Core Graphics 框架功能，我们将演示如何画线条、文本，改变线条的粗细、颜色，以及保存和恢复图形上下文。

8.4 构建应用程序

8.4.1 声明 CannonView 接口

CannonView 类控制着这个游戏——保存加农炮、炮弹、目标和拦截器的位置信息。一个 NSTimer 对象每 0.025 秒更新一次这个游戏的屏幕，以重新绘制每个物件的位置。代码 8-1 显示了 CannonView 的接口声明。

代码 8-1　CannonView 的接口声明

```
// CannonView.h
// CannonView 的接口声明
// 在 CannonView.m 文件中实现
#import <UIKit/UIKit.h>
#import <AVFoundation/AVFoundation.h>
#define TARGET_PIECES 7 // 目标个数

typedef struct line // 用两点来表示一个线段
{
    CGPoint start; // 起点
    CGPoint end; // 终点
} Line; // 完成结构体 line 的定义

@interface CannonView : UIView
{
    AVAudioPlayer *cannonFireSound; // 播放加农炮发射的声音
    AVAudioPlayer *targetHitSound; // 播放击中目标的声音
    AVAudioPlayer *blockerHitSound; // 播放击中拦截器的声音

    Line blocker; // 保存拦截器端点信息
```

```
21        Line target; //  保存目标端点信息
22        BOOL targetPieceHit[TARGET_PIECES]; //  是否每个目标都被击中
23        int targetPiecesHit; //  已被击中的目标个数
24        float blockerVelocity; //  拦截器速度
25        float targetVelocity; //  目标速度
26
27        CGPoint cannonball; //  炮弹图片的左上角
28        CGPoint cannonballVelocity; //  炮弹的速度
29        CGPoint barrelEnd; //  加农炮枪管的终点
30        NSTimer *timer; //  主定时器
31        BOOL cannonballOnScreen; //  是否还有炮弹在屏幕上?
32
33        int timerCount; //  计时器触发次数
34        int timeLeft; //  剩余时间
35        int shotsFired; //  已射击次数
36        int timeElapsed; //  已消逝的秒数
37    } //  实例变量声明结束
38
39    - (void)timerFired:(NSTimer *)theTimer; //  更新整个显示
40
41    //  以给定标题和消息显示一个警告窗口
42    - (void)showAlertWithTitle:(NSString *)title message:(NSString *)message;
43    - (void)newGame; //  开始一个新游戏
44    - (void)processTouch:(UITouch *)touch; //  处理一个玩家的触摸事件
45    @end //  结束 CannonView
```

其中常量 TARGET_PIECES 指定了目标个数（第 6 行）。第 8 ~ 12 行定义了一个***结构体***（***structure***），即一个名字下面的相关变量集合。结构体和数组不同，一个结构体可以包含不同类型数据的变量。结构声明以关键字 struct 开始；标识 line 是这个结构的标签，它命名了这个声明。

声明在结构体里面的变量是结构的成员，同一结构类型里的成员必须拥有唯一的命名，但是两个不同的结构可能包含相同的名字而不冲突。struct 关键字通常被用来声明一个结构体类型的变量。本例中，结构体类型是 struct line。typedef 说明符（第 8 行）为前面定义的数据类型声明了同义词（别名），我们使用 typedef 来创建简短、可读性更好的类型名。这里，我们为 line 结构体类型创建别名 Line（第 12 行）。如果一个 struct 声明以 typedef struct 起始，我们就把别名放在这个 struct 的右花括号和分号之间。本例中，我们可以用这个别名来声明结构体类型的变量。CannonView 接口的声明表明它是 UIView 的一个子类。第 16 ~ 18 行声明了 3 个 AVAudioPlayer 指针，用来在加农炮发射、炮弹击中拦截器及击中目标时播放相应的音响效果。

第 30 行声明了一个 NSTimer 指针。这个定时器将每隔 0.025 秒调用一次 setNeedsDisplay 方法，这将间接导致 CannonView 的 drawRect:方法被调用以更新视图。

类 CannonView 定义了以下 4 个方法（第 39 ~ 44 行）：

- timerFired：在定时器触发时更新游戏状态。
- showAlertWithTitle:message：在游戏结束时显示结果。
- newGame：重置所有的存放全部目标块的游戏组件，移除炮弹并使加农炮沿水平方向瞄准，然后开始一个新的游戏。
- processTouch：处理触击、双击和拖动触摸。

8.4.2 CannonView 类实现

CannonView（参见代码 8-2）将显示所有游戏中的可见元素并制作动画。一个 CannonView 稍后将通过 Interface Builder 添加到主视图中。不过所有的界面设计都包含在 CannonView 类中。

代码 8-2 CannonView.m 文件中声明的全局变量

```
1   // CannonView.m
2   // 加农炮游戏的主视图
3   #import <AVFoundation/AVFoundation.h>
4   #import "CannonView.h"
5
6   static const int CANNON_BASE_RADIUS = 25; // 加农炮炮身的半径
7   static const int CANNON_LENGTH = 40; // 加农炮炮管长度
8
9   static const int CANNONBALL_RADIUS = 10; // 炮弹的半径
10  static const int CANNONBALL_VELOCITY = 600; // 炮弹的速度
11
12  static const int LINE_WIDTH = 10; // 目标和拦截器的宽度
13  static const int BLOCKER_DISTANCE = 200; // 拦截器到屏幕左边的距离
14  static const int BLOCKER_BEGINNING = 50; // 拦截器到屏幕顶端的距离
15  static const int BLOCKER_END = 200; // 拦截器底部到屏幕顶端的距离
16  static const int BLOCKER_VELOCITY = 300; // 拦截器的速度
17
18  static const int TARGET_VELOCITY = -100; // 目标的速度
19  static const int TARGET_DISTANCE = 300; // 目标到屏幕左边的距离
20  static const int TARGET_BEGINNING = 50; // 目标到屏幕顶端的距离
21  static const int TARGET_END = 400; // 目标底部到屏幕顶端的距离
22
23  static const int MISS_PENALTY = 2; // 失误时的减时
24  static const int HIT_REWARD = 3; // 击中时的加时
25
26  static const float TIME_INTERVAL = 0.025; // 定时器事件时间间隔
27
```

其中，第 6 ~ 26 行声明了类 CannonView 所使用的静态全局常量。CANNON_BASE_RADIUS 和 CANNON_LENGTH 用来设置加农炮的尺寸（第 6 和 7 行）。

CANNONBALL_RADIUS 声明了炮弹的尺寸，CANNONBALL_VELOCITY 控制炮弹在屏幕上的移动速度（第 9 和 10 行）。LINE_WIDTH（第 12 行）定义拦截器和目标的宽度。

BLOCKED_DISTANCE 设置拦截器的 *x* 坐标，BLOCKER_BEGINNING 设置拦截器顶部的 *y* 坐标，BLOCKER_END 设置拦截器底部的 y 坐标（第 13 ~ 15 行）。这个拦截器的速度由 BLOCKER_VELOCITY 定义（第 16 行）。目标的速度由 TARGET_VELOCITY 设置，而它的 *x* 坐标由 TARGET_DISTANCE 设置（第 18 和 19 行）。目标顶部的 *y* 坐标由 TARGET_BEGINNING 设置；TARGET_END 设置它的底部 *y* 坐标（第 20 和 21 行）。

MISS_PENALTY 是玩家失误时从剩余计时中减掉的秒数，而 HIT_REWARD 是击中目标后增加的秒数（第 23 和 24 行）。TIME_INTERVAL 用来设定显示更新的频度（第 26 行）。

8.4.3 CannonView 类的 initWithCoder:和 awakeFromNib 方法

initWithCoder:方法在加载 nib 文件时由 iPhone OS 调用。既然我们在 Interface Builder 中把 CannonView 加到一个 nib 文件中，我们就使用 initWithCoder:方法来初始化这个 CannonView，如代码 8-3 所示。如果父类视图的初始化成功（第 34 行），加农炮的位置被初始化为和屏幕底部平行。这通过类型为 CGPoint 的 barrelEnd 变量来设置，它代表加农炮炮管末端的点。改变这个点就改变了加农炮的角度。我们把这个点初始化为加农炮末端并处于屏幕中间（第 37 行）。

CannonView 的 ***frame size*** 属性返回一个 CGSize 对象代表整个视图的尺寸。

第 40 和 41 行触发 NSBundle 的 pathForResource:ofType:方法来获取 cannon_fire.wav 的文件路径。

第 44 行将这个路径转换为一个 NSURL。这个 NSURL 对象被用来初始化 cannonFireSound AVAudioPlayer（47 和 48 行）。

第 52 ~ 73 行类似地初始化其他的 AVAudioPlayers。

awakeFromNib 方法（第 80 ~ 83 行）在 nib 文件加载结束后被调用。此处，我们通过调用 newGame 方法起动一个新的游戏。

代码 8-3 CannonView 的 initWithCoder:和 awakeFromNib 方法

```
28  @implementation CannonView
29
30  //  初始化视图
31  - (id)initWithCoder:(NSCoder *)aDecoder
32  {
33      //  判断父类是否被恰当地初始化
34      if (self = [super initWithCoder:aDecoder])
35      {
36          //  使加农炮初始指向水平方向
37          barrelEnd = CGPointMake(CANNON_LENGTH, self.frame.size.height / 2);
```

```

        // 获取加农炮发射声音文件路径
        NSString *soundPath = [[NSBundle mainBundle]
        pathForResource:@"cannon_fire" ofType:@"wav"];

        // 把路径转换成一个 URL
        NSURL *soundURL = [[NSURL alloc] initFileURLWithPath:soundPath];

        // 以此 URL 初始化 cannonFireSound
        cannonFireSound =
          [[AVAudioPlayer alloc] initWithContentsOfURL:soundURL error:nil];
        [soundURL release]; // release the soundURL NSURL

        // 获取击中目标声音文件路径
        soundPath = [[NSBundle mainBundle] pathForResource:@"target_hit"
          ofType:@"wav"];

        // 把路径转换成一个 URL
        soundURL = [[NSURL alloc] initFileURLWithPath:soundPath];

        // 以此 URL 初始化 targetHitSound
        targetHitSound =
          [[AVAudioPlayer alloc] initWithContentsOfURL:soundURL error:nil];
        [soundURL release]; // release the soundURL NSURL

        // 获取击中拦截器声音文件路径
        soundPath = [[NSBundle mainBundle] pathForResource:@"blocker_hit"
          ofType:@"wav"];

        // 把路径转换成一个 URL
        soundURL = [[NSURL alloc] initFileURLWithPath:soundPath];

        // 以此 URL 初始化 blockerHitSound
        blockerHitSound =
          [[AVAudioPlayer alloc] initWithContentsOfURL:soundURL error:nil];
        [soundURL release]; // release the soundURL NSURL
     } // end if

     return self;
} // initWithCoder:方法结束

// 当 nib 文件加载结束时调用
- (void)awakeFromNib
{
     [self newGame]; // 视图已经加载，那么开始一个新游戏
} // awakeFromNib 方法结束

```

8.4.4 CannonView 类的 newGame 方法

newGame 方法，如代码 8-4 所示。重置显示并开始一个新游戏。newGame 方法从声明拦截器和目标的端点开始（第 89 ~ 94 行）。然后，我们遍历 targetPieceHit 数组，声明所有目标都还没有被击中（第 97 和 98 行）。targetPiecesHit 实例变量以 0 开始，而 blockerVelocity 和 targetVelocity 被初始化为它们各自的常量的值（第 102 和 103 行）。游戏开始时 timeLeft 设置为 10。第 100 ~ 113 行初始化 CannonView 的剩余实例变量为初始比赛状态。第 112 和 113 行通过调用其静态方法 scheduledTimerWithTimeInterval 创建一个新的 NSTimer 对象，该方法可自动分配内存。它还把计时器添加到当前运行循环中，这同时也保留了该计时器。TIME_INTERVAL 指定计时器的事件生成频率，而下面两个参数声明计时器将调用自身的 timerFired 方法。userinfo 参数可用于存储任何用户想在该方法中使用的对象，不过这里把它设置为空，因为我们不需要使用它。最后的那个参数指明我们希望在整个程序运行期间定时器能一直生成事件，而不是只生成一次。

代码 8-4　CannonView 的 newGame 方法

```
85  // 重置所有的屏幕元素并开始一个新的游戏
86  - (void)newGame
87  {
88      // 基于定义的常量设置拦截器的初始位置
89      blocker.start = CGPointMake(BLOCKER_DISTANCE, BLOCKER_BEGINNING);
90      blocker.end = CGPointMake(BLOCKER_DISTANCE, BLOCKER_END);
91
92      // 基于定义的常量设置目标的初始位置
93      target.start = CGPointMake(TARGET_DISTANCE, TARGET_BEGINNING);
94      target.end = CGPointMake(TARGET_DISTANCE, TARGET_END);
95
96      // 设置所有 targetPieceHit 为 NO
97      for (int i = 0; i < TARGET_PIECES;  i++)
98      targetPieceHit[i] = NO; // 未被击中
99
100     targetPiecesHit = 0; // 没有目标片被击中
101
102     blockerVelocity = BLOCKER_VELOCITY; // 设置拦截器初始速度
103     targetVelocity = TARGET_VELOCITY; // 设置目标初始速度
104
105     timeLeft = 10; // 以 10 秒启动倒数计时
106     timerCount = 0; // 计时器已经开始了 0 秒
107     cannonballOnScreen = NO; // 加农炮炮弹不在屏幕上
108     shotsFired = 0; // 设置射击数初始数值
109     timeElapsed = 0; // 设置消逝时间
110
111     // 用给定时间间隔启动定时器
112     timer = [NSTimer scheduledTimerWithTimeInterval:TIME_INTERVAL target:
```

```
        self selector:@selector(timerFired:) userInfo:nil repeats:YES];
} //  newGame 方法结束

```

8.4.5 CannonView 类的 timerFired:方法

timerFired:（参见代码 8-5）每当定时器产生一个事件时更新游戏。

全局常量 TIME_INTERVAL 指明计时器每隔 0.025 秒生成事件，但这些事件可能不会在 0.025 秒时间间隔里处理。例如，如果一个事件仍在处理中，新的计时器事件将排队等待尽快被处理。因此，timerFired:可能不会精准地在每个计时器事件发生时被调用。timerFired:方法约每秒调用 40 次来实现流畅的动画，更少的刷新动作将使得动画不稳定。

代码 8-5　CannonView 的 timerFired:方法

```
// 刷新屏幕所有元素
-(void)timerFired:(NSTimer *)theTimer
{
    // 如果加农炮炮弹在屏幕上
    if (cannonballOnScreen)
    {
        // 更新加农炮的位置
        cannonball.x += TIME_INTERVAL * cannonballVelocity.x;
        cannonball.y += TIME_INTERVAL * cannonballVelocity.y;

        // 检查是否和拦截器发生碰撞
        if (cannonball.x > BLOCKER_DISTANCE - CANNONBALL_RADIUS * 2 &&
          cannonball.x < BLOCKER_DISTANCE + LINE_WIDTH / 2 &&
          cannonball.y + CANNONBALL_RADIUS * 2 > blocker.start.y &&
          cannonball.y < blocker.end.y)
        {
            cannonballVelocity.x *= -1;
            [blockerHitSound play]; // 播放击中拦截器时的声音
            timeLeft -= MISS_PENALTY;
        } // if 结束

        // 左右墙壁的碰撞检测
        else if (cannonball.x > self.frame.size.width || cannonball.x +
        CANNONBALL_RADIUS * 2 < 0 && cannonballVelocity.x < 0)
        cannonballOnScreen = NO; // 使加农炮炮弹消失

        // 上下墙壁的碰撞检测
        else if (cannonball.y + CANNONBALL_RADIUS * 2 < 0 ||
        cannonball.y > self.frame.size.height + CANNONBALL_RADIUS * 2)
        cannonballOnScreen = NO; // 使加农炮炮弹消失

        // 检查是否击中目标
```

```
        else if (cannonball.x > TARGET_DISTANCE - CANNONBALL_RADIUS * 2 &&
        cannonball.x < TARGET_DISTANCE + LINE_WIDTH / 2 &&
        cannonball.y + CANNONBALL_RADIUS * 2 > target.start.y &&
        cannonball.y < target.end.y)
        {
            // 计算每一片目标的长度
            float pieceLength =
              (TARGET_END - TARGET_BEGINNING) / TARGET_PIECES;

            // 确定哪一个片段被击中（0 代表最上面的那个）
            int section =
              (int)((cannonball.y - target.start.y) / pieceLength);

            // 检查这个片段是否尚未被击中
            if (!targetPieceHit[section])
            {
                targetPieceHit[section] = YES; // 被击中
                cannonballOnScreen = NO; // 使加农炮炮弹消失
                timeLeft += HIT_REWARD; // 添加剩余时间
                [targetHitSound play]; // 播放目标击中声音

                // 如果所有的目标片段均被击中
                if (++targetPiecesHit == TARGET_PIECES)
                {
                    NSString *message = [NSString stringWithFormat:
                    @"Shots fired: %i\nTime elapsed: %i seconds",
                    shotsFired, timeElapsed];

                    // 显示游戏获胜提示框
                    [self showAlertWithTitle:@"You Win!" message:message];
                } // if 结束
            } // if 结束
        } // else 结束
    } // if 结束

    // 更新拦截器位置
    blocker.start.y += TIME_INTERVAL * blockerVelocity;
    blocker.end.y += TIME_INTERVAL * blockerVelocity;

    // 更新目标位置
    target.start.y += TIME_INTERVAL * targetVelocity;
    target.end.y += TIME_INTERVAL * targetVelocity;

    // 检测拦截器是否碰撞到上下墙壁
    if (blocker.start.y < 0 || blocker.end.y > self.bounds.size.height)
    blockerVelocity *= -1; // 反转拦截器移动的方向

```

```
195        //  检测目标是否碰撞到上下墙壁
196        if (target.start.y < 0 || target.end.y > self.bounds.size.height)
197        targetVelocity *= -1;  //  反转目标移动的方向
198
199        ++timerCount;  //  增加计时器事件数
200
201        //  如果过了 1 秒时间
202        if (TIME_INTERVAL * timerCount >= 1)
203        {
204            --timeLeft; //  剩余时间减 1
205            ++timeElapsed;  //  消逝时间加 1
206            timerCount = 0;  //  重置计时器事件数
207        } //  if 结束
208
209        //  如果计时剩余时间为 0
210        if (timeLeft <= 0 && timerCount > 0)
211
212            //  显示游戏结束警告框
213            [self showAlertWithTitle:@"Game Over" message:nil];
214
215        [self setNeedsDisplay];  //  重新绘制整个界面显示
216    } //  timerFired:方法结束
217
```

第 120 行检查炮弹目前是否在屏幕上。如果是，我们根据自上一次计时器事件以来的行进距离更新其位置。这通过速度×时间进行计算（第 123 和 124 行）。第 127～130 行检查炮弹是否与拦截器相撞。我们基于炮弹图片的矩形边界进行简单的碰撞检测，如果炮弹与拦截器相接触，必须符合 4 个条件：炮弹的左边缘必须大于拦截器的 *x* 坐标（BLOCKER_DISTANCE）减去炮弹（第 127 行）直径，这意味着炮弹已到达拦截器；该炮弹的 x 坐标也必须小于拦截器的位置再加上其宽度（第 128 行），这确保了炮弹尚未通过拦截器；部分炮弹还必须低于拦截器顶部（第 129 行）和高于拦截器底部（第 130 行）。如果所有条件都得到满足，我们通过设置 cannonballOnScreen 为 NO 把炮弹从屏幕上移除，然后播放击中拦截器声音。

我们在炮弹到达屏幕任意边界时移除它。第 138～140 行在炮弹到达左右边界时移除这个炮弹，而第 143～145 行在炮弹到达上下边界时移除它。然后，我们检查炮弹是否击中了目标。如果炮弹与目标相接触（第 142～145 行），必须满足 4 个条件。这和拦截器碰撞检测条件一样，只不过使用的是目标的坐标。

如果炮弹击中了目标，我们需要判定目标的哪个分段被击中。第 154 和 155 行计算每个目标分段的长度（目标总长度/目标分段数目）。第 158 和 159 行确定哪个分段已被命中（炮弹和目标底部的距离/分段长度。对于最上面的分段将返回 0，而对于最下面的分段将返回 6。我们通过 targetPieceHit 数组检查该分段以前是否被击中过（第 162 行）。如果不是，第 164 行设置 targetPieceHit 适当的元素为 YES 并从屏幕上移除炮弹。然后，我们添加 HIT_REWARD 到 timeLeft，增加游戏的剩余时间，并播放击中目标的声音。

我们增加目标被击中分段的计数，如果它等于目标分段总数即 TARGET_PIECES（第 170 行），游戏结束。showAlertWithTitle:message:方法被调用来显示一个 UIAlertView，该提示框包含发射次数和游戏耗时信息（第 172～177 行）。

现在，所有可能的炮弹碰撞已被检测过，接下来我们需要更新拦截器和目标位置。第 184 和 185 行改变拦截器的位置，首先通过拦截器移动速度×时间得到移动距离，然后把这个数值加到当前拦截器的 x 和 y 坐标中。第 188 和 189 行为目标做同样的计算。如果拦截器已与顶部或底部的墙壁相撞，通过速度值×-1 来反转其方向（第 192 和 193 行）。第 196 和 197 行为目标完成同样的检测和调整。

我们递增 timerCount，记录已生成的计时器事件次数。如果 TIME_INTERVAL（.025）和 timerCount 的乘积是 1，那么 timerCount 必定等于 40 并且自从 timeLeft 最后被更新到现在已经过去了 1 秒钟。如果是这样，我们减少 timeLeft，增加 timeElapsed 并复位 timerCount（第 205～207 行）。如果计时器计时为零，showAlertWithTitle:message:方法被调用来显示一个“Game Over”的 UIAlertView（第 213 行）。第 215 行调用 UIView 的 setNeedsDisplay 方法使得 CannonView 重绘。

8.4.6 CannonView 类的 showAlertWithTitle:message:和 alertView:clickedButtonAtIndex:方法

showAlertWithTitle:message:方法（参见代码 8-6 的第 219～229 行）在游戏结束时调用，以显示一个 UIAlertView。

代码 8-6　CannonView 的 showAlertWithTitle:message:和 alertView:clickedButtonAtIndex:方法

```
218 //  使用给定标题和信息显示一个提示框
219 - (void)showAlertWithTitle:(NSString   *)title message:(NSString *)message
220 {
221       [timer invalidate];  //  停止并释放计时器
222       timer = nil;  //  设置计时器为空
223 
224       //  创建这个游戏结束提示框
225       UIAlertView *alert = [[UIAlertView alloc] initWithTitle:title
226          message:message delegate:self cancelButtonTitle:@"New   Game"
227          otherButtonTitles:nil];
228       [alert show]; //  显示这个提示框
229       [alert release];  //  释放这个提示框
230 } //  showAlertWithTitle:message 方法结束
231 
232 //  当玩家触摸提示框中的新游戏按钮时调用
```

```
233 - (void)alertView:(UIAlertView *)alertView clickedButtonAtIndex:
234 (NSInteger)buttonIndex
235 {
236       [self newGame]; // 开始一个新游戏
237 } //  alertView:clickedButtonAtIndex:方法结束
238
```

第 221 行调用 NSTimer 的 invalidate 方法，以防止计时器产生定时事件，而第 222 行设置计时器为空。第 225～228 行创建并显示一个 UIAlertView，以传入参数作为标题。cancelButtonTitle:参数被设置为"New Game"，并调用 CannonView 的 alertView:clickedButtonAtIndex:方法，这将通过调用 newGame 方法（第 233～237 行）开始一个新游戏。

8.4.7 CannonView 类的 drawRect:方法

在 timerFired:方法更新视图中每一项的位置后会重新绘制这个 CannonView，drawRect:方法如代码 8-7 所示。。

代码 8-7 CannonView 的 drawRect:方法

```
// 绘制给定矩形内的界面显示
- (void)drawRect:(CGRect)rect
{
   // 获取当前图形上下文
   CGContextRef context = UIGraphicsGetCurrentContext();

   // 保存这个上下文，因为我们需要上下翻转它
   CGContextSaveGState(context);

   // 向下移动该上下文坐标原点
   CGContextTranslateCTM(context, 0, self.bounds.size.height);
   CGContextScaleCTM(context, 1.0, -1.0); // 向上翻转图形上下文

   // 以剩余时间来创建一个字符串
   NSString *str =
      [NSString stringWithFormat:@"Time remaining: %i seconds", timeLeft];

   // 选择字体为 16pt  Helvetica
   CGContextSelectFont(context, "Helvetica", 16, kCGEncodingMacRoman);
   CGContextSetTextDrawingMode(context, kCGTextFill); // 设置绘制模式

   // 设置文本颜色为黑色
   CGContextSetRGBFillColor(context, 0.0, 0.0, 0.0, 1.0);

   // 转换 str 为一个 C 字符串并显示它
   CGContextShowTextAtPoint(context, 10.0, 10.0,
```

```
[str cStringUsingEncoding:[NSString defaultCStringEncoding]],
   str.length);
CGContextRestoreGState(context);  //  恢复上下文

//  如果炮弹在屏幕上
if (cannonballOnScreen)
{
      //  创建矩形并在其中绘制炮弹
      CGRect cannonballRect = CGRectMake(cannonball.x, cannonball.y,
      CANNONBALL_RADIUS * 2, CANNONBALL_RADIUS * 2);

      //  加载这个炮弹图片
      UIImage *image = [UIImage imageNamed:@"cannonball80.png"];

      //  绘制图片到矩形中
      CGContextDrawImage(context, cannonballRect, image.CGImage);
} //  if 结束

//  绘制加农炮炮管
//  移动加农炮底座到视图中间位置
CGContextMoveToPoint(context, 0, self.frame.size.height / 2);

//  添加一根到加农炮炮管终端的线条
CGContextAddLineToPoint(context, barrelEnd.x, barrelEnd.y);
CGContextSetLineWidth(context, 20);  //  设置线条粗细
CGContextSetRGBStrokeColor(context, 0.0, 0.0, 0.0, 1.0);  //  黑色
CGContextStrokePath(context);  //  绘制线条

//  为加农炮底座创建矩形
CGRect cannonBase = CGRectMake(0, self.frame.size.height / 2 - CANNON_BASE_
   RADIUS,CANNON_BASE_RADIUS,CANNON_BASE_RA  DIUS * 2);

//  加载加农炮底座图片
UIImage *baseImage = [UIImage imageNamed:@"cannon_base.png"];

//  把加农炮底座图片绘制到矩形中
CGContextDrawImage(context, cannonBase, baseImage.CGImage);

//  在拦截器两个端点之间添加一根线条
CGContextMoveToPoint(context, blocker.start.x, blocker.start.y);
CGContextAddLineToPoint(context, blocker.end.x, blocker.end.y);
CGContextSetLineWidth(context, LINE_WIDTH);  //  设置线条

CGContextStrokePath(context);  //  绘制线条

//  计算目标每个分段的长度
float pieceLength =(TARGET_END- TARGET_BEGINNING) / ARGET_PIECES;
```

```
312
313         //  移到目标起点
314         CGContextMoveToPoint(context, target.start.x, target.start.y);
315
316         //  绘制每个目标分段
317         for (int i = 1; i <= TARGET_PIECES; i++)
318         {
319            //  相邻分段以黄、蓝两色区分开
320            if (i % 2 == 0)
321               CGContextSetRGBStrokeColor(context, 1, 1, 0, 1);
322            else
323               CGContextSetRGBStrokeColor(context, 0, 0, 0.5, 1);
324
325            //  移到下一个分段的端点
326            CGContextMoveToPoint(context, target.end.x,
327               target.start.y + pieceLength * (i - 1));
328
329            //  如果这个分段还没有被击中
330            if (!targetPieceHit[i - 1])
331            {
332               // 为该分段添加一条线
333               CGContextAddLineToPoint(context, target.end.x,
334                  target.start.y + pieceLength * i);
335               CGContextStrokePath(context); //  绘制分段
336            } //  if 结束
337         } //  for 结束
338 } //  drawRect:方法结束
339
```

要在一个视图中进行自定义绘制，我们必须首先获得当前图形上下文。图形上下文（CGContext）是一个绘图画布，它存放绘图信息，如颜色、线条宽度和字体。在调用 drawRect: 之前，由 UIView 配置当前图形上下文。UIGraphicsGetCurrentContext 函数返回已经为当前 UIView（第 243 行）所配置的图形上下文。

第 246 行保存上下文的状态，因为我们将改变它的坐标来显示剩余时间，但稍后将恢复原来的坐标系统。我们必须改变上下文的坐标系统，来恰当地绘制文本。默认情况下，绘制图形的起点是视图的左上角（0,0）坐标。*x* 坐标向右递增而 *y* 坐标向下递增。但是，要想在图形上下文中直接绘制，起点位于左下角，*y* 坐标向上递增。为了正确绘制文本，我们必须改变到正确的坐标系统。

首先，我们通过调用 CGContextRef 中的 CGContextTranslateCTM 函数（第 249 行）把坐标原点转换到左下角，该函数有两个参数，即水平和垂直方向的变换数值。然后，我们使用了 CGContextRef 中的 CGContextScaleCTM 函数颠倒 *y* 轴（第 250 行）。该函数有两个参数，即*x* 轴和 *y* 轴的变换比例。第一个参数为 1，保持 *x* 轴不变，而传递第二个参数为 -1，表示颠倒 *y* 轴。

第 253 和 254 行创建了一个将用来显示剩余时间的 NSString。%i 格式符（第 254 行）表示 timeLeft 包含一个整数值，将被转换为字符串格式。CGContextSelectFont 函数设置图形上下文的字体为 16 point Helvetica（第 257 行）。第 258 行设置上下文的文本绘制模式为 CGTextFill，这告诉图形上下文使用填充操作来显示文本。CGContextSetRGBFillColor 函数设置文本颜色为黑色。第 264 ~ 266 行调用 CGContextShowTextAtPoint 函数在坐标（10.0, 10.0）处显示文本。这个函数需要一个 C 风格的字符串作为参数，所以第 265 行调用 NSString 的 cStringUsingEncoding 方法获取 str 的 C-string 版本。接下来，第 267 行恢复原来的坐标系统。

接下来，我们绘制炮弹，如果它在屏幕上（第 270 ~ 281 行）。CGMakeRect 函数使用传入的炮弹坐标和周长参数创建一个 CGRect 对象：cannonballRect。第 277 行加载炮弹图片，使用 cannonball80.png 创建一个新的 UIImage。 CGContextDrawImage 函数绘制炮弹到上下文中（第 280 行）。UIView 的 CGImage 属性返回一个炮弹图片的 CGImage 拷贝的指针，可被写入图形上下文（和 UIImages 不一样）。图片绘制在 cannonballRect 里面。

我们接下来绘制加农炮的炮管。CGContextMoveToPoint 函数选择屏幕左侧中间位置（第 285 行），这将是我们绘图时的起点。第 288 ~ 291 行从我们刚刚选择的点到 barrelEnd（存放了炮管的末端点）之间添加了一条 20 像素宽的黑线。CGContextStrokePath 函数绘制这条线。

第 294 和 295 行使用 CGRectMake 函数创建一个加农炮底座所在的 CGRect 对象。加农炮底座是一个连接到屏幕左侧的半圆。宽度为 CANNON_BASE_RADIUS，高度为其一倍（圆周）。baseImage 使用图片 cannon_base.png 创建，然后 CGContextDrawImage 函数将绘制这个底座到图形上下文中（第 298 ~ 301 行）。

拦截器的绘制方式和加农炮炮管相似，也是一条线段。第 304 行选择拦截器在上下文中的起始位置，第 305 和 306 行绘制一条 10 个像素宽的线指向拦截器的末端位置。第 311 行通过目标总长度除以目标分段数来计算每一个分段的高度。第 314 行使用 CGContextMoveToPoint 函数选择目标的起点。第 317 ~ 337 行遍历目标的各个分段，如果该分段还没有被击中则绘制它。第 320 ~ 323 行以黄色和深蓝色变换相邻目标分段的颜色。然后，我们选择将要绘制的分段的起点。当前分段索引乘以每段长度（pieceLength）可以得到当前分段到目标起点的距离。第 330 ~ 336 行绘制未被击中的目标分段。

8.4.8 使用 Instruments 来检测性能问题

当我们第一次创建这个程序时，使用渐变圆，而不是图像来绘制加农炮底座和炮弹。当我们运行应用程序时，动画断断续续且不稳定。因此，我们使用***活动监视器***（***Activity Monitor***）模板在 Instruments 中运行该程序。这个工具显示，我们的应用程序使用了很少的内存和少数的线程，但是 CPU 的负载却接近 100%。本着这一认识，我们修改了代码中处理器敏感部分。在移除渐变圆，代之以图片后，动画大大加快。

8.4.9 CannonView 类的 touchesBegan:withEvent、touchesMove:withEvent:和 processTouch:withEvent:方法

touchesBegan:withEvent:（参见代码 8-8 的第 341～344 行）和 touchesMovedwithEvent:（第 347～350 行）方法都执行相同的触摸处理。touchesBegan:withEvent:方法在玩家第一次接触屏幕时调用，而 touchesMoved:withEvent:在用户滑动手指时被调用。两者都使用 NSSet 的 anyObject 方法来把任意一个触摸对象作为参数传递给 processTouch:方法(由这个集合随意选择)(第 353～391 行)。

代码 8-8　CannonView 的 touchesBegan:withEvent:、touchesMoved:withEvent:和 processTouch:方法

```
340 //  处理新的触摸事件
341 -(void)touchesBegan:(NSSet *)touches withEvent:(UIEvent *)event
342 {
343       [self processTouch:[touches anyObject]];
344 } //  touchesBegan:withEvent:方法结束
345
346 //  除了双击外，与 touchesBegan:withEvent:几乎一样
347 - (void)touchesMoved:(NSSet *)touches withEvent:(UIEvent *)event
348 {
349       [self processTouch:[touches anyObject]];
350 } //  touchesMoved:withEvent:方法结束
351
352 //  使加农炮瞄准目标并在恰当的时机发射炮弹
353 - (void)processTouch:(UITouch *)touch
354 {
355       //  获取视图上的触摸位置
356       CGPoint touchPoint = [touch locationInView:self];
357
358       //  计算炮管水平方向上的角度
359       float angle =
360          atan(touchPoint.x / (self.frame.size.height / 2 - touchPoint.y));
361
362       //  如果触摸点处于屏幕下半部分
363       if (touchPoint.y > self.frame.size.height / 2)
364       angle += M_PI;  //  适应角度
365
366       //  计算加农炮炮管的末端
367       barrelEnd.x = CANNON_LENGTH * sin(angle);
368       barrelEnd.y = -CANNON_LENGTH * cos(angle) + self.frame.size.height / 2;
369
370       //  仅更新加农炮区域的显示
371       [self setNeedsDisplayInRect:CGRectMake(0, self.frame.size.height / 2 -
372          CANNON_BASE_RADIUS - CANNON_LENGTH, CANNON_BASE_RADIUS +
```

```
373        CANNON_LENGTH, (CANNON_BASE_RADIUS + CANNON_LENGTH)*2)];
374
375        //  双击时发射一发炮弹
376        if (touch.tapCount >= 2 && !cannonballOnScreen)
377        {
378            //  移动炮弹到加农炮内部
379            cannonball.x = -CANNONBALL_RADIUS;   //  加农炮 X 方向对齐
380            cannonball.y = self.frame.size.height / 2 - CANNONBALL_RADIUS;
381
382            //  获取总速度的 x 分量
383            cannonballVelocity.x = CANNONBALL_VELOCITY * sin(angle);
384
385            //  获取总速度的 y 分量
386            cannonballVelocity.y = - CANNONBALL_VELOCITY * cos(angle);
387            cannonballOnScreen = YES;   //  现在可以看见炮弹了
388            ++shotsFired;   //  增加发射计数
389            [cannonFireSound play];   //  播放加农炮发射声音
390        } //  if 结束
391    } //  processTouch:方法结束
392
393    //  释放 CannonView 的内存
394    - (void)dealloc
395    {
396        [cannonFireSound release];   //  释放 cannonFireSound AVAudioPlayer
397        [targetHitSound release];   //  释放 targetHitSound AVAudioPlayer
398        [blockerHitSound release];   //  释放 blockerHitSound AVAudioPlayer
399        [super dealloc];   //  调用父类的 dealloc 方法
400    } //  dealloc 方法结束
401    @end   //  CannonView 类实现结束
```

调用 UITouch 的 locationInView 方法（第 356 行）返回一个 CGPoint 表示屏幕触摸点。第 359 和 360 行计算加农炮角度以瞄准用户触摸点。然后，我们以这个新的角度重绘加农炮（第 371～373 行）。每个 UITouch 对象包含一个 tapCount 属性，用来存放短时间内有多少快速触击事件发生。如果至少有两次触击（第 376 行），炮弹将被发射。第 386～389 行初始化炮弹的起始位置在加农炮的末端并设置 cannonballOnScreen 为 YES。

8.5 小结

在这一章中，我们通过在一个 UIView 上绘制图形来创建了一个加农炮游戏应用程序。为了实现这一目标，我们引入了一些新技术，演示了如何使用结构体对变量进行组合并使用 typedef 关键字为结构体声明别名。我们使用 NSTimer 生成不断更新游戏的定时事件。最后，你看到了如何使用核心图形（Core Graphics）框架来绘制图像、线条和文本，这些构成了这个游戏的主体。我们使用 touchesBegan:withEvent 和 touchesDragged:withEvent:方法来处理玩家的触摸事件。我们访问每一个触摸事件的 tapCount 属性，并在检测到用户双击时发射炮弹。

在第 9 章中，我们创建 Painter 应用程序——把 iPhone 的屏幕转变成一个虚拟画布。这个应用程序将使用 Utility Application 模板来设计（创建一个主视图和一个反面视图）。我们将定义一个类代表绘制的线条并在用户滑动手指时添加新的点到这些线条中。iPhone 的加速器在用户摇晃设备时生成一个事件用来清除整个图画。

9

画图板应用程序

（使用控件与 UIView 对象交互）

本章导读：

- 如何将自定义视图和Cocoa框架中的GUI组件结合起来创建功能更加丰富的程序。
- 如何处理多点触控。
- 如何检测手指在屏幕上滑动或离开。
- 当用户摇晃iPhone时，如何通过检测运动事件来实现清空屏幕。
- 如何将基本数据类型和结构体类型变量添加到集合中。

9.1 画图板应用程序简介

画图板应用程序将 iPhone 的屏幕变成了一个虚拟的画图板，如图 9-1（a）所示，用户可以通过一个或多个手指在屏幕上滑动来进行绘图。按下右下角的 info 按钮后，可以打开控制面板来设置线条的颜色和宽度。控制面板，如图 9-1（b）所示。里面主要有 3 个滑动条，分别用来设置线条的宽度和红绿蓝三基色。左右滑动 LineWidth 滑动条可以减少或增加线条宽度。控制面板底部有两个按钮，一个可以将用户的手指变成橡皮擦，另外一个直接将整个屏幕清空。用户在绘图的过程中，可以通过左右摇晃 iPhone 来将整个屏幕清空。

（a）　（b）

图 9-1 | 画图板应用程序及其控制面板

9.2 技术概述

画图板应用程序使用自定义的 Squiggle 类来存储绘制的线条信息。每个 Squiggle 对象中包含一个用来记录线条坐标点的数组、一个表示线条颜色的 UIColor 类型对象和一个表示线条宽度的数值变量。当用户触控屏幕时，首先会创建一个 Squiggle 类型的对象，然后给定一个唯一的 key，并将键（key）和值（value）存放到一个 NSMutableDictionary 类型的字典对象中。随着用户手指在屏幕上的滑动，新的坐标点会添加到前面定义的 Squiggle 类型的对象中。当手指离开屏幕时，会从字典中取出 Squiggle 对象并将存放到一个数组中，此数组专门用来存放已经绘制完的 Squiggle 类型的对象。

画图板应用程序使用 Utility Application 模板来创建。其中 MainView 视图负责显示用户的绘制过程（即显示所有绘制完和正在绘制的 Squiggle 对象）。FlipsideView 视图用于设置绘制参数。用户可以通过 3 个分别代表 RGB 三色的滑动条来修改线条颜色。当用户滑动滑动条时，我们通过修改 UIView 类的 backgroundColor 属性来预览修改后的颜色。用户从 FlipsideView 视图切换回 MainView 视图时，在 FlipsideView 视图中设置的线条颜色和宽度将传递给 MainView 视图。

9.3 构建应用程序

打开 Xcode，创建一个新的工程，选择 Utility Application 模板，将工程命名为 Painter。

9.3.1 声明 Squiggle 接口

创建一个新的文件，并将其命名为 Squiggle。Squiggle.h 中声明了一个 Squiggle 类，用来表示手指在 iPhone 屏幕上的一次滑动过程。每个 Squiggle 类型的对象记录着从手指按下到最后离开过程中的每个坐标，并保存了手指按下那个时刻线条的宽度和颜色。这样，利用 Squiggle 类型对象中保存的信息，我们可以将用户滑动的轨迹重绘出来。首先，让我们查看 Squiggle 接口，如代码 9-1 所示。

代码 9-1　Squiggle 类封装了用于表示一个线段的坐标、颜色和宽度等信息

```
// Squiggle.h
// Squiggle 类封装了用于表示一个线条的坐标、颜色和宽度等信息
// 具体实现在 Squiggle.m 文件中
#import <UIKit/UIKit.h>

@interface Squiggle : NSObject
{
NSMutableArray *points;  // 记录线条中所有坐标信息的数组
UIColor *strokeColor; // 线条颜色
float lineWidth;  // 线条宽度
} // 成员变量声明结束

// 将变量 strokeColor、lineWidth 和 points 声明为属性
@property (retain) UIColor* strokeColor;
@property (assign) float lineWidth;
```

```
16  @property (nonatomic, readonly) NSMutableArray *points;
17
18  -  (void)addPoint:(CGPoint)point;   //此方法用于向 Squiggle 对象中添加一个新的坐标点
19  @end  // Squiggle 接口声明结束
```

第 14～16 行将所有的坐标信息都存储在一个 NSMutableArray 类型的数组中，并且将 strokeColor、lineWidth 和 points 都声明为属性。addPoint:方法用于向一个 Squiggle 对象添加坐标点。由于我们将 points 数组声明为只读属性，故其他类只能通过 addPoint:方法来修改 points 数组。

9.3.2 Squiggle 类实现

如代码 9-2 所示，Squiggle 类中包含了用于绘制线条的信息，但没有定义如何进绘制线条。具体绘制过程由包含 Squiggle 对象的视图（View）负责。

代码 9-2　Squiggle 类实现

```
//  Squiggle.m
//  Squiggle 类的具体实现
#import "Squiggle.h"

@implementation Squiggle

@synthesize strokeColor;  // 为 strokeColor 属性生成 set 和 get 方法
@synthesize lineWidth;  //  为 lineWidth 属性生成 set 和 get 方法
@synthesize points;  //  为 points 属性生成 set 和 get 方法

//  Squiggle 对象初始化
- (id)init
{
      // 如果父类初始化成功
      if (self = [super init])
      {
            points = [[NSMutableArray alloc] init];  //  初始化 points 数组
            strokeColor = [[UIColor blackColor] retain];  // 设置默认颜色
      } // if 语句结束

      return self;  //  返回
} //  init 方法定义结束

//  在 Squiggle 添加一个新的坐标点
- (void)addPoint:(CGPoint)point
{
      //使用 NSValue 类型对象来封装 point 变量，这样才能将坐标点存放到 NSArray
        类型的数组中
```

```
28          NSValue *value =
29             [NSValue valueWithBytes:&point    objCType:@encode(CGPoint)];
30          [points addObject:value];   // 将封装后的 point 存放到数组中
31    } // addPoint:方法定义结束
32
33    //   释放为 Squiggle 分配的内存
34    - (void)dealloc
35    {
36          [strokeColor release];   //   释放 strokeColor
37          [points release];   //   释放 points 数组
38          [super dealloc];
39    } //   dealloc 方法定义结束
40    @end
```

第 7～9 行用于为 strokeColor、lineWidth 和 points 属性生成 set 和 get 方法。由于 points 声明为只读属性，故编译器只为 points 属性生成 get 方法。

第 12～22 行定义的 init 方法用于 Squiggle 类型对象的初始化。该方法创建用于存储坐标点的数组，并将 strokeColor 变量设置为黑色（第 18 行），这意味着每个线条默认是黑色的。

第 25～31 行定义的 addPoint 方法用来向 Squiggle 对象中添加一个新的坐标点，此方法接受一个 CGPoint 类型的变量作为参数。由于 CGPoint 是一个结构体类型，不能直接将 CGPoint 类型的变量添加到 NSArray 数组中，这里我们将 CGPoint 类型变量转换成一个 NSValue 类型的对象。NSValue 类型对象的作用相当于一个容器，用来包装诸如 int、float、结构、指针等这些非对象类型的变量，第 28 和 29 行调用 NSValue 类的 valueWithBytes:objCType:方法来进行转换，此方法接受两个参数，第一个为指针变量，指向需要进行转换的变量，另一个参数为需要转换的变量的类型。我们使用&操作符来获取指向 CGPoint 变量的指针，&操作符会返回一个指向参数变量的指针（如变量在内存中的地址）。@encode 指示编译器将后面所跟的类型转换成一个 C 类型的字符串，字符串将用来表示变量的类型。当你需要将一个非对象类型（如基本类型或者结构体）的变量存储到集合时，可以使用这种技术来进行转换。第 30 行将转换后的 NSValue 类型的对象存储到数组中。

第 34～39 行定义的 dealloc 方法在 Squiggle 对象从内存中删除时调用。dealloc 方法中会将 init 方法中初始化的对象释放。

9.3.3 声明 MainView 接口

如代码 9-3 所示，MainView 类在 MainView.h 文件中声明。MainView 类继承于 UIView 类，用来显示程序的画板界面、响应触控操作、绘制线条，并将绘画信息存储下来。

代码 9-3　画图板应用程序的前端视图

```
//   MainView.h
//   画图板应用程序的前端视图
```

```
3   //  具体实现在 MainView.m 文件中
4   #import <UIKit/UIKit.h>
5   #import "Squiggle.h"
6
7   @interface MainView : UIView
8   {
9       NSMutableDictionary *squiggles;  //用于存储正在绘制的 squiggle 对象的字典
10      NSMutableArray   *finishedSquiggles;  //存储已经绘制完的 squiggle 对象的数组
11      UIColor *color; //  当前线条颜色
12      float lineWidth;  //   当前线条宽度
13  } //  变量声明结束
14
15  //   将 color 和 lineWidth 声明为属性
16  @property(nonatomic, retain) UIColor *color;
17  @property float lineWidth;
18
19  //   将给定的 Squiggle 对象在指定的图形上下文中显示出来
20  - (void)drawSquiggle:(Squiggle *)squiggle inContext:(CGContextRef)context;
21  - (void)resetView;  //  将视图中的所有线条清空
22  @end // MainView 接口声明结束
```

为了将图形显示出来，MainView 类使用了两个不同数据结构来存储 Squiggle 对象。一个用来存储绘制过程中的 Squiggle 对象，另外一个用于存储已经绘制完的 Squiggle 对象（第 9 和第 10 行）。同时，MainView 保存了当前绘图所用的颜色和线条宽度（第 11 和 12 行）。drawSquiggle:inContext:方法用于将一个指定的 Squiggle 对象显示在指定的图形上下文中，而 resetView 方法则用来清空整个绘图。

9.3.4 MainView 类实现

如代码 9-4 所示，MainView 类在 MainView.m 文件中定义。第 7 和 8 行为 color 和 lineWidth 属性生成相应的 set 和 get 方法。initWithCoder:方法用来于初始化动作，当 MainView 在某个 nib 文件中创建时，会调用 initWithCoder:方法进行初始化。在 initWithCoder:方法中，如果父类初始化成功，我们将对 squiggles 字典（NSMutableDictionary 类型）和 finishedSquiggles 数组（NSMutableArray 类型）进行初始化（第 17 和 18 行），并将线条的颜色设置为黑色，将线条的宽度设置为 5 个像素（第 21 和 22 行）。

代码 9-4　MainView 类的 initWithCoder:方法

```
1   //   MainView.m
2   //   画图板应用程序的前端视图
3   #import "MainView.h"
4
5   @implementation MainView
6
```

```
@synthesize color;  //  为 color 属性生成 get 和 set 方法
@synthesize lineWidth;  //  为 lineWidth 属性生成 get 和 set 方法

// 当视图在 nib 文件中创建时，调用下面的方法
- (id)initWithCoder:(NSCoder*)decoder
{
    // 如果父类初始化成功
    if (self = [super initWithCoder:decoder])
    {
        //  初始化变量 squiggles 和 finishedSquiggles
        squiggles = [[NSMutableDictionary alloc] init];
        finishedSquiggles = [[NSMutableArray alloc] init];

        // 将线条颜色设置为黑色
        color = [[UIColor alloc] initWithRed:0 green:0 blue:0 alpha:1];
        lineWidth = 5; //  设置线条默认宽度
    } // if 语句结束

    return  self;  // 返回
} // initWithCoder:方法定义结束

```

9.3.5 MainView 类的 resetView 和 drawRect:方法

如代码 9-5 的第 29～34 行所示，retsetView 方法首先调用 removeAllObjects 方法将 squiggles 和 finishedSquiggles 中的线条对象清空，然后再调用 UIView 类的 setNeedsDisplay 方法（第 33 行）强制 MainView 视图进行重绘，从而将屏幕上的全部绘图清除。

drawRect:方法使用保存的线条对象来将图形重新绘制出来。在 drawRect:方法中，首先获取到用于绘图的当前图形上下文（第 40 行），然后遍历 finishedSquiggles 数组，将每个线条对象和图形上下文传递给 drawSquiggle:inContext:方法（第 43 和 44 行），最后遍历 squiggles 字典将正处于绘制过程中的线条重绘出来（第 47～51 行）。

代码 9-5 MainView 类的 resetView 和 drawRect:方法

```
28  // 清空所有绘图
29  - (void)resetView
30  {
31      [squiggles removeAllObjects];  //  清空 squiggles 字典
32      [finishedSquiggles removeAllObjects];  // 清空 squiggles 数组
33      [self setNeedsDisplay];  //  刷新屏幕
34  } // resetView 方法定义结束
35
36  // 绘制视图
37  - (void)drawRect:(CGRect)rect
38  {
```

```
    // 获取当前图形上下文
    CGContextRef context = UIGraphicsGetCurrentContext();

    // 绘制所有已经绘制完成的线条
    for (Squiggle *squiggle in finishedSquiggles)
    [self drawSquiggle:squiggle inContext:context];

    //  绘制正处于绘制过程中的线条
    for (NSString *key in squiggles)
    {
        Squiggle *squiggle = [squiggles valueForKey:key];  // 获取一个 squiggle 对象
        [self drawSquiggle:squiggle inContext:context];  // 绘制线条
    } //  for 循环结束
} // drawRect:方法定义结束

```

9.3.6 MainView 类的 drawSquiggle:inContext:方法

drawSquiggle:inContext:方法接受一个 Squiggle 对象和一个图形上下文作为参数，然后根据 Squiggle 对象中包含的线条颜色和宽度信息，将线条在图形上下文中绘制出来，如代码 9-6 所示。

代码 9-6　MainView 类的 drawSquiggle:方法

```
//  将给定 squiggle 对象绘制到指定的图形上下文中
- (void)drawSquiggle:(Squiggle*)squiggle  inContext:(CGContextRef)context
{
    // 根据 squiggle 对象中包含的颜色信息来设置线条颜色
    UIColor *squiggleColor = squiggle.strokeColor; //获取 squiggle 对象中包含的颜色
    CGColorRef colorRef = [squiggleColor CGColor];  // 获取 CGColor 对象
    CGContextSetStrokeColorWithColor(context, colorRef);

    //根据 squiggle 对象中包含的宽度信息来设置线条宽度
    CGContextSetLineWidth(context, squiggle.lineWidth);

    NSMutableArray *points = [squiggle points];  //从 squiggle 对象中获取线条所有的坐
                                                   标点信息

    // 获取一个 NSValue 类型对象，并将对象的值存储到 firstPoint 中
    CGPoint firstPoint;  //  声明一个 CGPoint 变量
    [[points objectAtIndex:0] getValue:&firstPoint];

    // 将光标移动到 firstPoint 位置
    CGContextMoveToPoint(context, firstPoint.x, firstPoint.y);

    //  在相邻两个点之间绘制一条线段
    for (int i = 1; i < [points count]; i++)
```

```
76          {
77              NSValue *value = [points objectAtIndex:i];  //  获取下一个值
78              CGPoint point;  //  声明一个新的 CGPoint 变量
79              [value getValue:&point];  //  将 value 对象的值存储到 point 中
80
81              // 向新的点绘制一条线段
82              CGContextAddLineToPoint(context, point.x, point.y);
83          } // for 循环结束
84
85          CGContextStrokePath(context);
86      } // drawSquiggle:inContext:方法定义结束
87
```

drawSquiggle:inContext:方法的具体实现过程：

首先，我们从参数对象 squiggle 中获取线条颜色并设置为前景色（第 58 ~ 60 行），然后获取 squiggle 中保存的线条宽度并设置到图形上下文中（第 63 行）。

下一步我们将绘制线条。第 68 和 69 行获取 squiggle 中存储的第一个坐标点，并将光标移动到此坐标。回忆下，前面我们将 CGPoint 类型的变量转换成 NSValue 类型的对象后再存储到数组中，故要从 NSValue 类型的对象中获取坐标点的值，我们使用 getValue:方法来实现，getValue:方法会返回一个指针，此指针指向用来存储 CGPoint 类型变量的空间。在移动到第一个坐标点后，我们将在 squiggle 对象的其他坐标点两两之间添加线段（第 72 ~ 83 行）。首先，我们获取下一个 NSValue 对象（第 77 行），从此对象中获取 CGPoint 类型的坐标点（第 78 和 79 行），然后添加一条到此坐标点的线段（第 82 行）。

在 drawSquiggle:inContext:方法的最后，我们调用 CGContextstrokePath 方法将上面已经添加到图形上下文中的线条绘制出来（第 85 行）。

9.3.7 MainView 类的触控处理方法

如代码 9-7 所示，MainView.m 中定义的 3 个方法用来处理触控事件。当用户手指接触屏幕时，将调用 touchesBegan:withEvent:方法；当用户在屏幕上滑动手指时，将调用 touchesMoved:withEvent:方法；当用户手指离开屏幕时将调用 touchesEnded:withEvent:方法。

代码 9-7 MainView 类的触控处理方法

```
//  当用户将手指放到屏幕上时，调用下面的方法
- (void)touchesBegan:(NSSet *)touches withEvent:(UIEvent *)event
{
    NSArray *array = [touches allObjects];  // 获取所有的触控对象

    //  遍历所有新的触控对象
    for (UITouch *touch in array)
    {
        //  创建一个新的 Squiggle 对象并进行设置
```

```
            Squiggle *squiggle = [[Squiggle alloc] init];
            [squiggle setStrokeColor:color];  //  设置 squiggle 对象的前景色
            [squiggle setLineWidth:lineWidth];  //  设置 squiggle 对象的线条宽度

            //  将第一个触控点的坐标加到 squiggle 对象中
            [squiggle addPoint:[touch locationInView:self]];

            //  使用触控对象的指针值作为 key
            NSValue *touchValue = [NSValue valueWithPointer:touch];
            NSString *key = [NSString stringWithFormat:@"%@", touchValue];

            // 使用 key 将新的 squiggle 对象添加到字典中
            [squiggles setValue:squiggle forKey:key];
            [squiggle release];  // 操作完 squiggle 后，将其释放
        } // for 循环结束
} // touchesBegan:withEvent:方法定义结束

//  当用户在屏幕上滑动手指时，调用下面的方法
- (void)touchesMoved:(NSSet *)touches withEvent:(UIEvent *)event
{
        NSArray *array = [touches allObjects];  //  获取所有滑动中的触控对象

        //  遍历每个触控对象
        for (UITouch *touch in array)
        {
            // 获取每个触控的 key 值
            NSValue *touchValue = [NSValue valueWithPointer:touch];

            //根据 key 获取对应的 squiggle 对象，并将触控点添加到 squiggle 对象中
            Squiggle *squiggle = [squiggles valueForKey:
            [NSString stringWithFormat:@"%@", touchValue]];

            // 获取当前和上一个触控点的坐标
            CGPoint current = [touch locationInView:self];
            CGPoint previous = [touch previousLocationInView:self];
            [squiggle addPoint:current];  // 将新的坐标点添加到 squiggle 对象中

            //  使用上一个和当前触控点的 x、y 坐标，创建两个新的坐标点，
            //  一个点使用较大的 x、y 坐标，另外一个使用较小的 x、y 坐标，
            //  使用这两个新的坐标点来决定屏幕上哪个区域需要重绘
            CGPoint lower, higher;
            lower.x = (previous.x > current.x ? current.x : previous.x); lower.y =
            (previous.y > current.y ? current.y : previous.y); higher.x = (previous.x <
            current.x ? current.x : previous.x); higher.y =  (previous.y < current.y ?
            current.y : previous.y);

            //  重绘屏幕上的指定区域
```

```
144             [self setNeedsDisplayInRect:CGRectMake(lower.x - lineWidth, lower.y -
145             lineWidth, higher.x - lower.x + lineWidth * 2, higher.y - lower.y +
146             lineWidth *    2)];
147         } //    for 循环结束
148 } // touchesMoved:withEvent:方法定义结束
149
150 // 当用户手指从屏幕上面离开时，调用下面的方法
151 - (void)touchesEnded:(NSSet *)touches withEvent:(UIEvent *)event
152 {
153         //  遍历每个触控对象
154         for (UITouch *touch in touches)
155         {
156             // 获取触控对象的 key
157             NSValue *touchValue = [NSValue valueWithPointer:touch]; NSString *key =
158             [NSString stringWithFormat:@"%@", touchValue];
159
160             // 使用 key 获取对应的 squiggle 对象
161             Squiggle *squiggle = [squiggles valueForKey:key];
162
163             // 将绘制结束的 squiggle 对象从字典中删除，
164             // 并添加到数组中
165             [finishedSquiggles addObject:squiggle];   // 添加到 finishedSquiggles 数组中
166             [squiggles removeObjectForKey:key];   // 从 squiggles 字典中删除
167         } // for 循环结束
168 } // touchesEnded:withEvent:方法定义结束
169
```

在 touchesBegan:withEvent:方法中，首先，使用 NSSet 类的 allObjects 方法获取所有的触控对象（第 91 行）。此方法会将 NSSet 类型对象中的所有 UITouch 类型的触控对象存放在一个 NSArray 类型的数组中返回。接下来，我们遍历存放触控对象的数组（第 94 ~ 111 行）。对于每个触控对象，我们创建了一个新的 Squiggle 对象来记录，并通过一个唯一的 key，将此 Squiggle 对象存放到一个字典中。由于在一个触控的生命期内，可以保证传递给触控处理方法的触控对象都是同一个触控对象，故我们可以使用触控对象的内存地址作为 key。如第 97 行所示，首先创建了一个 Squiggle 对象，然后对其进行配置（第 98 和 99 行），最后在对象中添加第一个触控点的坐标（第 100 行）。第 105 和 106 行则用来创建 key，首先使用 NSValue 类的 valueWithPointer:方法将 UITouch 对象的内存地址转换成一个 NSValue 对象（第 105 行），然后将 NSValue 对象转换成一个 NSString 对象（第 106 行），最后使用此 NSString 对象作为 key 将 Squiggle 对象存储到字典中（第 109 行）。

在 touchedMoved:withEvent:方法中（第 115 ~ 148 行），对于每个移动的触控对象，我们添加一个新的坐标点到对应的 squiggle 对象中。首先，对于每个变化了的触控对象，我们获取到其对应的 key（第 123 行），使用 key 从字典中获取对应的 squiggle 对象（第 126 和 127 行），然后计算出手指移动到的触控点坐标（第 130 行），再将触控点坐标添加到

squiggle 对象中（第 132 行）。

更新完 squiggle 对象之后，我们需要在视图上将新画的线段显示出来（第 137 ~ 146 行）。可以使用 setNeedsDisplay 方法来重绘整个视图，但是我们只改变了视图的一部分，重绘整个视图效率太低。这里调用 setNeedsDisplayInRect:方法来通知视图，只需要将参数指定的区间重绘（第 144 ~ 146 行）。我们构造一个 CGRect 对象来表示需要重绘的区间，并使用?:操作符来确定区间的左上角和右下角的坐标（第 137 ~ 141 行）。?:操作符接受 3 个参数，第一个参数是一个条件语句，第二个参数表示当一个参数为真时，整个表达式的值，而第三个参数表示当第一个参数为假时，整个表达式的值。计算出这两个坐标之后，再加填充空间（需要考虑线条的宽度），可以构造出 CGRect 对象（第 144 ~ 146 行）。

在 touchesEnded:withEvent:方法中，我们将完成的触控对象对应的 squiggle 对象从字典中移到数组中（第 151 ~ 168 行）。首先，遍历每个完成的触控对象（第 154 ~ 167 行），然后从字典中获取对应的 squiggle 对象（使用触控对象的内存地址作为 key，第 157 ~ 161 行）。再将获取的 squiggle 对象添加到 finshedSquiggles 数组中，并从字典中删除（第 165 和 166 行）。

9.3.8 MainView 类的 motionEnded:withEvent:、alertView:clickedButtonAtIndex:、canBecomeFirstResponder 和 dealloc 方法

如代码 9-8 所示，MainView 中接下来定义的 3 个方法用来实现“用户摇晃 iPhone 时清空绘画板”的功能。当一个运动事件（如摇晃 iPhone）结束后，将调用 motinEnded:withEvent:方法。如果结束的事件是一个摇晃动作（第 174 行），将给出一个提示，询问用户是否需要清空屏幕（第 177 ~ 182 行）。当用户按下提示框中的按钮时，将调用 alertView:clickedButtonAtIndex:方法。如果用户点击 Clear 按钮（第 194 行），则清空整个画板（第 195 行）。canBecomeFirstResponder 方法用于判断该类对象是否可以作为事件的第一响应者（first responder）。由于只有第一响应者才能够收到运动事件的通知，故我们需要将 MainView 类型的对象设置为第一响应者。第 201 行返回 YES 使得 MainView 类型的对象能够成为第一响应者。

代码 9-8　MainView 类的 motionEnded:withEvent:、alertView:clickedButtonAtIndex:、canBecomeFirstResponder 和 dealloc 方法

```
170 //  当一个运动事件结束时，调用下面的方法。运动事件可以是“摇晃”等动作
171 - (void)motionEnded:(UIEventSubtype)motion withEvent:(UIEvent *)event
172 {
173     // 如果结束的是一个摇晃动作
174     if (event.subtype == UIEventSubtypeMotionShake)
175     {
176         // 创建一个提示框，提示用户是否清空画图板
```

```
            NSString *message = @"Are you sure you want to clear the painting?";
            UIAlertView *alert = [[UIAlertView alloc] initWithTitle:
            @"Clear painting" message:message delegate:self
            cancelButtonTitle:@"Cancel" otherButtonTitles:@"Clear", nil];
            [alert show];  //  显示提示框
            [alert release];  //  释放 alert 对象
        } // if 语句结束

        //  调用父类的 moetionEnded:withEvent:方法
        [super motionEnded:motion withEvent:event];
} // motionEnded:withEvent:方法定义结束

//  如果用户按下“Clear”按钮，清空画板
- (void)alertView:(UIAlertView  *)alertView  clickedButtonAtIndex:
(NSInteger)buttonIndex
{
        //如果用户按下“Clear”按钮
        if (buttonIndex == 1)
           [self resetView];  //  清空屏幕
} // alertView:clickedButtonAtIndex:方法定义结束

//  判断本视图是否可以成为第一响应者
- (BOOL)canBecomeFirstResponder
{
        return YES;  //  本视图可以是第一响应者
} // canBecomeFirstResponder 方法定义结束

//  释放 MainView 中分配的空间
- (void)dealloc
{
        [squiggles release];  // 释放 squiggles 对象
        [finishedSquiggles release];  //  释放 finishedSquiggles 对象
        [color release];  // 释放 color 对象
        [super dealloc];
} // dealloc 方法定义结束
@end
```

9.3.9 声明 MainViewController 接口

如代码 9-9 所示，MainViewController.h 文件中定义了 UIViewController 的子类 MainViewController，此类的对象主要对本程序前端视图进行控制。其主要功能在于，当用户按下 info 按钮时，翻页到 flipside 视图，并将 flipside 视图中的消息传递到

MainView 视图中。第 6 行将 MainViewController 类定义为 UIViewController 的子类。同时，MainViewController 类还遵循 FlipsideViewController.h 中定义的 FlipsideView-ControllerDelegate 协议。showInfo:方法的用途在于，当用户按下 info 按钮时调用 showInfo:

方法，新创建一个 FlipsideViewController 对象并将其显示出来。

代码 9-9　MainViewController 接口

```
//  MainViewController.h
//  前端视图对应的控制器.
//  具体实现在 MainViewController.m 文件中
#import "FlipsideViewController.h"

@interface MainViewController: UIViewController
  <FlipsideViewControllerDelegate>
{
} //  变量声明结束

- (IBAction)showInfo;  //  将程序翻页到 flipside 视图
@end  // MainViewController 接口声明结束
```

9.3.10　MainViewController 类实现

如代码 9-10 所示，MainViewController.m 文件中定义了 MainViewController 类的具体实现。成员方法 viewDidAppear:和 viewDidDisappear:（第 9～20 行）都继承于 UIViewController 类，当 MainView 视图显示或者隐藏时，将分别调用这两个方法。对 MainView 类型的对象而言，如果想要接受运动事件的消息，对象必须是第一响应者。这些消息是必须接受的，只有这样才能实现“摇晃 iPhone 清空画板”功能，同时我们又希望 MainView 视图隐藏时，视图对象不是第一响应者。为了达到上述目的，当 MainView 视图显示时，调用 becomeFirstResponder 方法将视图对象设置为第一响应者（第 12 行），当 MainView 视图隐藏时，调用 resignFirstResponder 方法将 firstresponder 状态删除（第 19 行）。

代码 9-10　前端视图的控制器

```
1   //  MainViewController.m
2   //  前端视图的控制器.
3   #import "MainViewController.h"
4   #import "MainView.h"
5
6   @implementation MainViewController
7
8   //  将主视图对象设置为第一响应者
9   - (void)viewDidAppear:(BOOL)animated
10  {
11        [super viewDidAppear:animated];  //  将消息传递给父类
12        [self.view becomeFirstResponder];  //  将主视图对象设置为第一响应者
13  } //  viewDidAppear 方法定义结束
14
15  //  清除主视图对象的第一响应者角色
16  - (void)viewDidDisappear:(BOOL)animated
```

```
{
    [super viewDidDisappear:animated]; //  将消息传递给父类
    [self.view resignFirstResponder]; //  清除主视图对象的第一响应者角色  .
} // viewDidDisappear:方法定义结束

//  当按下 flipside 视图中的 "Done"按钮时调用下面的方法
- (void)flipsideViewControllerDidFinish:(FlipsideViewController  *)c
{
    // 将程序视图切回主视图
    [self dismissModalViewControllerAnimated:YES];
} // flipsideViewControllerDidFinish:方法定义结束

// 按下 info 按钮时调用下面的方法
- (IBAction)showInfo
{
    //  从 FlipsideView.xib 文件创建一个 FlipsideViewController 对象
    FlipsideViewController *controller = [[FlipsideViewController alloc]
    initWithNibName:@"FlipsideView" bundle:nil];

    controller.delegate = self; //  将 controller 的委托设置为自己

    //  设置动画效果，并打开 flipside 视图
    controller.modalTransitionStyle = UIModalTransitionStyleFlipHorizontal;
    [self presentModalViewController:controller animated:YES];

    // 使用主视图中线条的设置信息来设置 flipside 视图中滑动条的状态
    MainView *view = (MainView *)self.view;
    [controller setColor:view.color lineWidth:view.lineWidth];
    [controller release]; //  不再使用 controller 故将其释放
} // showInfo 方法定义结束

//  设置主视图的颜色
- (void)setColor:(UIColor *)color
{
    MainView *view = (MainView *)self.view;
    // 将控制器关联的视图对象强制转换成 MainView 类型的对象
    view.color = color; // 修改主视图的颜色
} // setColor:方法定义结束

// 设置主视图中的线条宽度
- (void)setLineWidth:(float)width
{
    MainView *view = (MainView *)self.view;
    //将控制器关联的视图对象强制转换成 MainView 对象
    view.lineWidth = width; //  修改主视图的线条宽度
} //  setLineWidth:方法定义结束
```

```
62  //  清空主视图中的绘画
63  - (void)resetView
64  {
65      MainView*view = (MainView*)self.view;
        // 将控制器关联的视图对象强制转换成 MainView 对象
66      [view resetView]; //  重置主视图
67  } // resetView 方法定义结束
68  @end
```

第 23～27 行定义了 flipsideViewControllerDidFinish:方法，当用户在 FlipSideView 视图中按下 Done 按钮的时，进行调用。

第 30～46 行定义了 showInfo 方法，当用户在 MainView 视图中按下 info 按钮时进行调用。showInfo 方法中，第 33 和 34 行创建了一个 FlipsideViewController 类型的控制对象，并将其控制的视图设置为 FlipsideView.xib，这通过 controller 指针访问。然后将控制器的 delegate 属性设置为自己，这样 FlipsideViewController 对象便可以访问 MainViewController 类型对象的属性和方法。第 39 行将控制器的 modalTransitionStyle 属性（该属性继承于 UIViewController 类）设置为 UIModalTransitionStyleFlipHorizontal，这样 MainView 视图和 FlipsideView 视图只在垂直方向进行翻转切换。第 43 行获取到指向 MainView 视图对象的指针，第 44 行以 MainView 视图中的线条的颜色和宽度属性作为参数，调用控制对象的成员方法 setColor:lineWidth:，将 FlipsideView 视图中的 GUI 组件的状态和 MainView 中线条颜色和宽度设置为一致。由于在 MainViewController 中不再使用到 controller 对象，故第 45 行将其释放。

第 49～53 行定义的 setColor:方法接受一个 UIColor 对象作为参数。方法中，首先获取到 MainView 视图对象，然后根据参数来修改视图对象中线条的颜色。

第 56 和 60 行定义的 setLineWidth 方法以类似的过程来设置 MainView 视图对象的线条宽度属性。

第 63～67 行定义的 resetView 方法则只是简单地调用 MainView 类的 resetView 方法。

9.3.11 声明 FlipsideViewController 接口

如代码 9-11 所示，FlipsideViewController.h 文件中声明了 FlipsideViewController 类，该类继承于 UIViewController 类。FlipsideViewController 类的对象主要用于控制程序的 flipside 视图。在类声明中，第 8 行定义了一个 id 类型的成员变量 delegate，该变量实现了 FlipsideViewControllerDelegate 协议，这样当用户按下 Done 按钮时，该变量将会收到一个消息。接下来声明了 5 个输出口（outlet）变量，后面将在 Interface Builder 中将这些变量关联到对应的 GUI 组件上。其中 4 个 UISlider 类型的滑动条变量用于设置线条的颜色和宽度（第 9～13 行），UIView 视图用于预览设置的颜色，clearScreen 变量用于记录用户是否按下 Clear Screen 按钮。

代码 9-11　FlipsideViewController 接口

```
// FlipsideViewController.h
// 画图板应用程序的 flipside 视图的控制器.
// 具体实现在 FlipsideViewController.m 文件中
@protocol FlipsideViewControllerDelegate; // 声明一个新的协议

@interface FlipsideViewController : UIViewController
{
    id <FlipsideViewControllerDelegate> delegate; // 声明类的委托
    IBOutlet UISlider *redSlider; // 用于设置红色的滑动条
    IBOutlet UISlider *greenSlider; // 用于设置绿色的滑动条
    IBOutlet UISlider *blueSlider; // 用于设置蓝色的滑动条
    IBOutlet UISlider *widthSlider; // 用于设置线条宽度的滑动条
    IBOutlet UIView *colorView; // 用于预览新线条颜色的视图
    BOOL clearScreen; // 用于记录是否按下 Clear Screen 按钮
} // 成员变量声明结束

// 将委托和输出口变量声明为属性
@property(nonatomic, assign) id <FlipsideViewControllerDelegate> delegate;
@property(nonatomic, retain) IBOutlet UISlider *redSlider;
@property(nonatomic, retain) IBOutlet UISlider *greenSlider;
@property(nonatomic, retain) IBOutlet UISlider *blueSlider;
@property(nonatomic, retain) IBOutlet UISlider *widthSlider;
@property(nonatomic, retain) IBOutlet UIView *colorView;

- (IBAction)done; // 按下 Done 按钮时调用此方法
- (IBAction)updateColor:sender; // 滑动颜色滑动条时调用此方法
- (IBAction)erase:sender; // 按下 Erase 按钮时调用此方法
- (IBAction)clearScreen:sender; // 按下 Clear Screen 按钮时调用此方法

// 设置线条宽度和颜色
- (void)setColor:(UIColor *)c lineWidth:(float)width;
@end // FlipsideViewController 接口声明结束

// 委托所需要实现的协议
@protocol FlipsideViewControllerDelegate
- (void)flipsideViewControllerDidFinish: // 返回 MainView 视图
  (FlipsideViewController *)controller;
- (void)setColor:(UIColor *)color; // 设置当前绘制的线条颜色
- (void)setLineWidth:(float)width; // 设置当前绘制的线条宽度
- (void)resetView; // 清空整个绘图
@end // FlipsideViewControllerDelegate 协议声明结束
```

9.3.12　FlipsideViewcontroller 类实现

包含以下 5 个方法。

- done 方法：当按下 Done 按钮时调用 done 方法返回到 MainView 视图。
- updateColor 方法：当滑动调整颜色的滑动条时，更新 UIView 视图来预览当前设置的颜色。
- erase 方法：当按下 Eraser 按钮时，将已绘制的线条颜色设置为白色，设置颜色的滑动条也都相应地滑动到最右侧。
- clearScreen:sender:方法：当按下 Clear Screen 按钮时调用此方法。此方法将会导致当程序返回 MainView 视图时，清空屏幕上的绘图。
- setColor:lineWidth:方法：根据线条的颜色和宽度来设置滑动条的位置。

9.3.13 FlipsideViewController 类实现

如代码 9-12 所示，FlipsideViewController.m 文件中定义了 FlipsideViewController 类的具体实现。其中 viewDidLoad 方法（第 16～20 行）在视图载入时，完成 FlipsideViewController 成员变量的初始化，我们还将视图的 backgroundColor 属性设置为 Flipside 视图的默认颜色。

代码 9-12 FlipsideViewController 类

```
1   //  FlipsideViewController.m
2   //  画图板应用程序的 flipside 视图的控制器
3   #import "FlipsideViewController.h"
4   #import "MainViewController.h"
5
6   @implementation FlipsideViewController
7
8   @synthesize delegate;  //  为 delegate 属性生成 set 和 get 方法
9   @synthesize redSlider;  //  为 redSlider 属性生成 set 和 get 方法
10  @synthesize greenSlider;  //  为 greenSlider 属性生成 set 和 get 方法
11  @synthesize blueSlider;  //  为 blueSlider 属性生成 set 和 get 方法
12  @synthesize widthSlider;  //  为 widthSlider 属性生成 set 和 get 方法
13  @synthesize colorView;  //  为 colorView 属性生成 set 和 get 方法
14
15  //  当视图载入完成时，调用下面的方法
16  - (void)viewDidLoad
17  {
18      //  将视图背景颜色设置为默认颜色
19      self.view.backgroundColor = [UIColor viewFlipsideBackgroundColor];
20  } //  viewDidLoad 方法定义结束
21
22  //  当视图将要显示时，调用下面的方法
23  - (void)viewWillAppear:(BOOL)animated
24  {
25      [super viewWillAppear:animated];
26      clearScreen = NO;  //  重置 clearScreen 变量
```

```
} // viewWillAppear:方法定义结束

//  设置 color 和 lineWidth 的值
- (void)setColor:(UIColor  *)c lineWidth:(float)width
{
    //  将参数中的颜色分离出来
    const float *colors = CGColorGetComponents(c.CGColor);

    //  使用新值来设置滑动条的值
    redSlider.value = colors[0];  //  设置红色滑动条的值
    greenSlider.value = colors[1];  // 设置绿色滑动条的值
    blueSlider.value = colors[2];  //   设置蓝色滑动条的值

    // 更新 colorView 视图的颜色以同步滑动条的状态
    colorView.backgroundColor =   c;

    //  更新设置线条宽度的滑动条
    widthSlider.value = width;
} // setColor:lincWidth:方法定义结束

// 当任意一个设置颜色的滑动条滑动时，调用下面的方法
- (IBAction)updateColor:sender
{
    //  从滑动条中获取颜色
    UIColor *color = [UIColor colorWithRed:redSlider.value
    green:greenSlider.value blue:blueSlider.value alpha:1.0];

    // 更新 colorView 视图，显示修改后的颜色
    [colorView setBackgroundColor:color];
} // updateColor:方法定结束

//  当按下 Eraser 按钮时，调用下面的方法
- (IBAction)erase:sender
{
    //  将所有的修改操作都放在动画块中实现，
    //  这样所有的滑动条都同时完成移动动作
    [UIView beginAnimations:nil context:nil];  // 开始动画块定义
    [UIView setAnimationDuration:0.5];  // 设置动画时长

    // 将所有的滑动条都设置为最大值，此时颜色被设置为白色
    [redSlider setValue:1.0];  //   将红色滑动条的值设置为 1
    [greenSlider setValue:1.0];  //将绿色滑动条的值设置为 1
    [blueSlider setValue:1.0];  //将蓝色滑动条的值设置为 1

    //  更新 colorView 视图来预览修改后的颜色
    [colorView setBackgroundColor:[UIColor whiteColor]];
    [UIView commitAnimations];  // 动画块定义结束
```

```
74  } // erase 方法定义结束
75
76  //  当 Clear Screen 按钮按下时调用下面的方法
77  - (IBAction)clearScreen:sender
78  {
79      clearScreen = YES;  //  将 clearScreen 设置为 YES
80  } //  clearScreen:方法定义结束
81
82  //  当 Done 按钮按下时调用下面的方法
83  - (IBAction)done
84  {
85      // 设置新的线条颜色和线条宽度
86      [self.delegate setColor:colorView.backgroundColor];
87      [self.delegate setLineWidth:widthSlider.value];
88
89      //  如果用户按下 Clear Screen 按钮
90      if (clearScreen)
91      [self.delegate resetView]; // 清空画板
92
93      // 翻页返回前端视图
94      [self.delegate flipsideViewControllerDidFinish:self];
95  } // done 方法定义结束
96
97  // 释放 FlipsideViewController 中分配的内存
98  - (void)dealloc
99  {
100     [redSlider release];  //  释放 redSlider
101     [greenSlider release];  //  释放 greenSlider
102     [blueSlider release];  //  释放 blueSlider
103     [widthSlider release];  //  释放 widthSlider
104     [colorView release];  //  释放 colorView
105     [super dealloc];  //  调用父类的 dealloc 方法
106 } //  dealloc 方法定义结束
107 @end
```

第 23～27 行定义的 viewWillApper 方法，在 FlipsideView 视图将要显示时被调用。该方法将 clearScreen 变量设置为 NO，并调用父类的 viewWillAppear:方法来确保 UIView 视图已经准备好显示（第 25 行）。

第 30～45 行定义的 setColor:lineWidth:方法用于更新 flipside 视图中的 GUI 组件，使得组件的配置信息与线条的设置保持一致。请记住，每次用户按下 info 按钮时都会创建一个新的 FlipsideViewController 对象，但我们希望存有相同的配置信息。首先，调用 CGColorGetComponents 方法将 CGColor 对象分解成一个 RGB 数组（第 33 行）。然后分别根据 RGB 数组中的值，更新滑动条的状态，滑动到对应的位置（第 36～38 行）。第 41 行更新 colorView 视图的 backgroundColor 属性来预览当前线条颜色，第 44 行使用当前线条的宽度来更新 widthSlider 滑动条的状态。

第 48 ~ 56 行定义的 updateColor 方法，在滑动设置颜色的滑动条时调用以更新 colorView 视图。在 updateColor 方法中，首先使用滑动条的值创建了一个 UIColor 对象（第 51 和 52 行），然后使用该对象来设置 colorView 视图的背景颜色以预览修改后的颜色。

第 59 ~ 74 行定义的 erase 方法将每个颜色滑动条的值设置为 1.0，即将线条颜色设置为白色。滑动条的移动过程采用动画方式实现。第 63 行首先调用 UIView 类的 beginAnimations:context:方法开始定义动画块，然后调用 setAnimationDuration:方法将动画持续时间设置为 0.5 秒，第 67 ~ 69 行调用 UISlider 类的 setValue:方法将滑动条的值设置为 1.0。然后将 colorView 视图的颜色更新为白色。第 73 行调用 commitAnimations 方法结束动画块的定义，并启动动画。

第 77 ~ 80 行定义了 clearScreen:方法，当用户按下 Clear Screen 按钮时被调用，方法中，将 clearScreen 变量的值设置为 YES，这样当用户返回 MainView 视图后，清空整个画板。

第 83 ~ 95 行定义了 done 方法，当用户按下 Done 按钮时被调用。在 done 方法中，第 86 行调用委托的 setColor 方法，使用 colorView 视图的 backgroundColor 属性来设置线条颜色。第 87 行调用委托的 setLineWidth 方法，使用 widthSlider 的值来设置线条宽度。如果用户按下了 Clear Screen 按钮，我们将调用委托的 resetView 方法来清空当前绘图（第 90 行）。最后调用 MainViewController 的 flipsideViewControllerDidFinish: 方法返回到程序的 MainView 视图。

9.3.14 创建 Flipside 视图

Flipside 视图的界面包含在 FlipsideView.xib 文件中，视图中主要包含用于设置线条颜色和宽度的组件。首先，我们将窗口的标题修改为 Painter，添加一个滑动条和一个标签到窗口中。滑动条将用来修改线条宽度，标签则用于表示滑动条的用途。然后，选中滑动条并打开 Inspector 窗口，将 Minimum 的值设置为 1.0，Maximum 的值设置为 20.0，Current 的值设置为 5.0。再拖动 3 个滑动条到窗口中，这 3 个滑动条将用来设置线条的 RGB 颜色。打开 Inspector 窗口，将这 3 个滑动条的 Continuous 复选框都设置为选中状态，这样滑动条在移动过程中会一直发出事件，而不是在停止移动时才发出。添加两个按钮到窗口中，分别命名为 Clear Screen 和 Eraser。Clear Screen 按钮将用于清空画板，而 Eraser 则将线条变成橡皮擦。最终的窗口如图 9-2 所示。

下一步，将 outlet 变量和相应的动作关联起来。在 FlipsideView.xib 窗口中，FlipsideViewController 对象由 File's Owner 表示，选中此对象并连接其输出口，如图 9-2 所示。接下来，选中 3 个控制颜色的滑动条，并将它们的 Value Changed 事件关联到 File's Owner 对象的 updateColor:方法。然后再分别将 Eraser 和 Clear Screen 按钮的 Touch Up Inside 事件关联到 erase:方法和 clearScreen:方法。

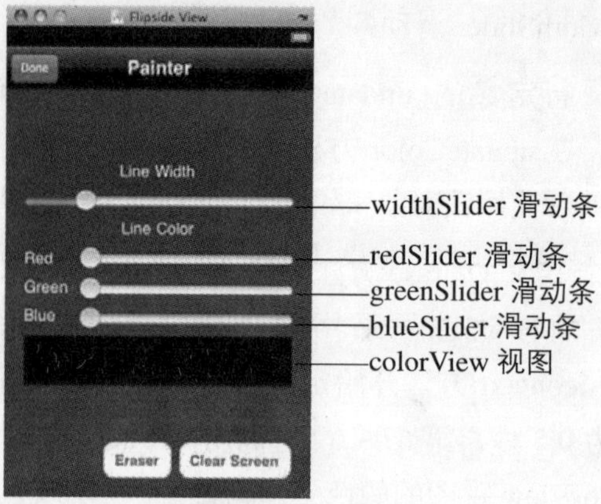

图 9-2 | Flipside 窗口最终的效果

9.4 小结

本章通过画图板程序，你进一步学习了如何在自己定义的 UIView 对象和 UIViewController 对象之间进行交互。同时，介绍了如何处理 3 种类型的触控事件（手指按下、滑动、离开等），以及处理摇晃手机产生的运动事件，学习了使用 NSValue 类来封装基本数据类型和结构体类型变量并存储到集合中，并学习了如何只刷新 UIView 视图对象的一部分来提升程序性能。

第 10 章，我们将创建一个地址簿程序，并介绍如何使用**表格视图**（**Table View**）来显示一个信息列表。我们将介绍不同类型的表格视图，以及如何填充表格信息。还会介绍导航控制器（Navigation Controller），它用于控制视图层次，而且通常与表格视图一起使用。所有这些类，都将在 Navigation-based Application 模板上下文中使用。

10

地址簿应用程序

（表格与 UINavigationController）

本章导读：

- 使用UITableViews显示联系人信息。
- 复用UITableViewCells节约内存。
- 使用UIKeyboardStyles显示不同的键盘风格匹配各种输入方式。
- 使用Navigation-Based Application模板和导航控制器切换视图。
- 为一个UINavigationItem添加按钮以便通过一个导航栏在3个视图之间转换。
- 扩展UITableViewCell创建一个可编辑窗格。

Outline

10.1 地址簿应用程序简介

地址簿应用程序，如图 10-1 所示。提供快捷方便的方式来存储联系人信息。在主屏幕上，用户可以滚动按字母排序的联系人列表、添加联系人、删除联系人以及查看单个联系人的更多信息。触摸联系人的名字将显示这个联系人的详细资料，如图 10-2 所示。触摸详细信息窗口左上角的 Back 将返回联系人列表窗口。你可以通过触摸应用程序右上角的添加联系人（Add Contact）按钮（）添加一个新的联系人。这将显示一个视图，其中包含可编辑的文本框用于输入新联系人的姓名、地址、电子邮件和电话号码，如图 10-3 所示。触摸 Done 按钮将添加新的联系人，并返回联系人主窗口。按下主窗口左上角的 Edit 按钮，将在每个联系人旁边显示删除控制按钮（），如图 10-4（a）所示。触摸任意一个删除控制按钮将在联系人名称旁边显示一个 Delete 按钮，如图 10-4（b）所示。按下 Delete 按钮来删除相应的联系人。

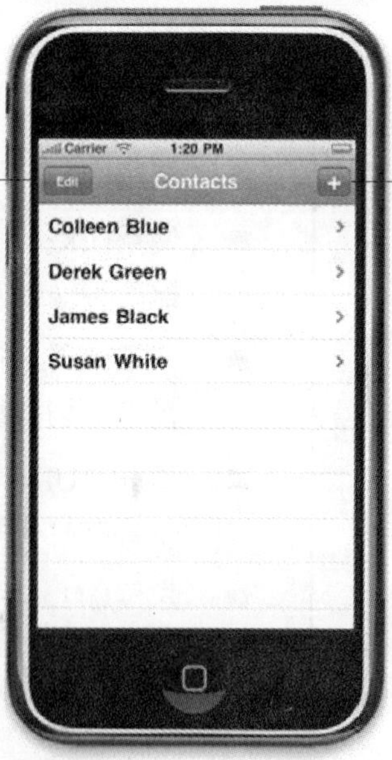

图 10-1 | 联系人列表

图 10-2 | 查看一个联系人的详细信息

图 10-3 | 添加联系人窗口

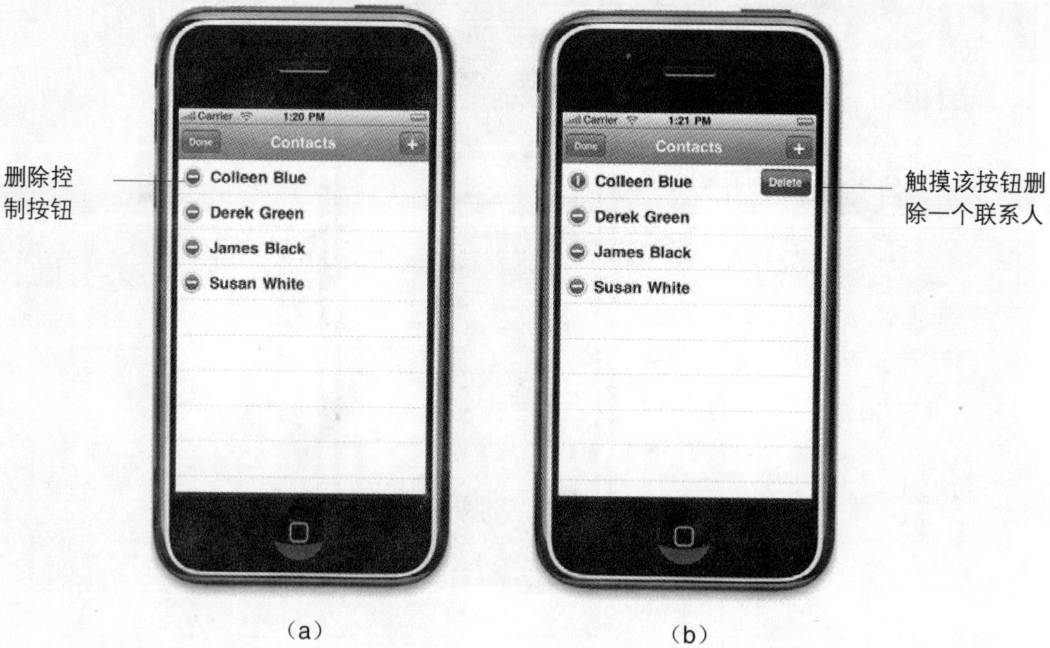

图 10-4 | 删除一个联系人

10.2 试运行应用程序

1. 打开工程

打开包含这个 Address Book 应用程序项目的目录，双击 AddressBook.xcodeproj 文件，在 Xcode 中打开该项目。

2. 添加一个新联系人

单击 Build and Go 按钮来运行该程序。触摸应用程序右上角的+按钮查看添加新联系人窗口。触摸 Name 文本框并输入姓名。触摸 Street 文本框并输入街道地址，然后填充剩下的联系人信息。完成后，触摸应用程序右上角的 Done 按钮。这是你在联系人列表中输入的第一个条目。只要你愿意，可以增加更多的联系人。注意它们以字母序排列。

3. 删除一个联系人

触摸联系人列表左上角的 Edit 按钮，删除控制按钮（⊖）将出现在每个联系人旁边。触摸删除控制按钮将在联系人名称的右边显示红色的 Delete 按钮，触摸这个删除按钮将把这个联系人从列表中删除。

10.3 技术概述

这个应用程序在一个 UITableView（iPhone 应用程序的标准表格视图）上显示联系人

列表。UITableView 允许用户通过在屏幕上向上或向下滑动手指来翻阅联系人。UITableViews 包含 UITableViewCells（表格视图窗格）。在这个应用程序中同时使用可编辑和不可编辑的窗格。为了节约内存，并提高应用程序性能，我们复用 UITableViews 中的 UITableViewCells。例如，当用户翻阅一长串的联系人时，在任何时候只有有限数量的联系人可以出现在屏幕上。我们可以通过调用 UITableView 的 dequeueReusableCellWithIdentifier: 方法来重用那些不可见的 UITableViewCells，而不是为要显示的联系人创建新的窗格。这样可以节省内存并提高应用程序的性能。同样，我们并不需要为用户添加的每个新联系人新建 UITableViewCells，可以简单地重用 UITableView 中的窗格。要了解更多关于 UITableViews 编程的信息，请访问：developer.apple.com/iphone/library/documentation/UserExperience/ Conceptual/TableView_iPhone/。

所有的 UIViewControllers 拥有一个 UINavigationController 类型的 navigationController 属性。我们可以使用这个导航栏来添加按钮，用户可以点击该按钮来查看、编辑和添加新的联系人。UINavigationItems 包含用来在应用程序屏幕之间导航的按钮。RootViewController（根视图控制器）的视图包含了联系人列表的表格视图（UITableView）。当用户触摸一个联系人时，RootViewController 显示一个新的 ContactViewController，而当用户触摸（+）按钮时创建一个 AddViewController。各种 UIKeyboardTypes 用来根据用户输入的信息类型提供正确的键盘。

10.4 构建程序

打开 Xcode 并新建一个项目。选择 Navigation-based Application 模板并命名项目为 AddressBook。这个 RootViewController 类文件将自动生成。

10.4.1 RootViewController 类

RootViewController 类（参见代码 10-1）管理 RootView（根视图），这是地址簿应用程序的起点。

代码 10-1 地址簿应用程序主表格的控制器

```
//  RootViewController.h
//  地址簿应用程序根视图控制器
//  在 RootViewController.m 文件中实现
#import <UIKit/UIKit.h>
#import "AddViewController.h"
#import "ContactViewController.h"

//  interface RootViewController 定义开始
@interface RootViewController : UITableViewController
<AddViewControllerDelegate>
```

```
11  {
12          NSMutableArray *contacts; //  容纳所有添加的联系人
13          NSString *filePath;  //  保存文件的路径
14  } //  实例变量声明结束
15
16  - (void)addContact;  //  显示添加新联系人的视图
17  @end //  interface RootViewController 定义结束
18
19  //  NSDictionary 的 sorting 分类定义开始
20  @interface NSDictionary (sorting)
21  //  比较联系人名字和给定联系人的标题
22  - (NSComparisonResult)compareContactNames:(NSDictionary *)contact;
23  @end  //  NSDictionary 的 sorting 分类定义结束
```

RootViewController 是 UITableViewController 的一个子类（第 9 行），而 UITableViewController 是我们前面使用过的 UIViewController 的子类。UITableViewController 管理着 UITableViews，这类似于 UIViewController 管理着 UIViews（CocoaTouch 中，每一个视图通常都有一个与之对应的控制器）。第 10 行声明这个类实现了 AddViewControllerDelegate 协议（它实现了 addViewControllerDidFinish:方法）。

RootViewController 有两个实例变量，即 contacts（第 12 行）和 filePath（第 13 行）。这个 NSMutableArray 类型的 contacts 变量包含了 NSDictionary 对象，每一个对象代表了一个完整的联系人信息。filePath 包含了存储应用程序数据的文件。addContact 方法（第 16 行）创建了一个新的 AddContactView（添加联系人视图），这样用户可以添加一个新的联系人。

第 20 ~ 23 行添加 sorting 分类（Catergory）到 NSDictionary 中。这个 sorting 分类只有一个方法，即 compareContactNames:（在代码 10-8 中定义）。它比较以 NSDictionarys 表示的两个联系人的姓名。我们使用这个方法按照字母序来对联系人数组进行排序。

1. **定义 RootViewController 类的实现**

viewDidLoad 方法（参见代码 10-2 的第 9 ~ 48 行）在视图加载后初始化 RootViewController 类的实例变量。第 12 和 13 行使用 NSSearchPathForDirectoriesInDomains 函数来获取数组，该数组拥有一条记录（应用程序保存数据的路径名），这个路径名被保存在 directory 字符串变量中（第 16 行）。第 19 和 20 行把单词 contacts 连接到 directory 后面指定我们用来保存联系人信息的文件名全路径。第 23 行通过调用 NSFileManager 的 defaultManager 静态方法创建一个新的 NSFileManager。我们使用这个对象来判定这个文件是否已经存在（第 26 行）。如果已经存在，调用 NSMutableArray 的静态方法 initWithContentsOfFile 使用文件内容初始化联系人（第 27 行）。这个方法通过解析 plist 文件创建一个包含文件内容的 NSMutableArray 对象，否则 contacts 变量被初始化为一个空数组（第 29 行）。第 32 ~ 34 行创建一个类型为 UIBarButtonItem 的 Add Contact 按钮（+），当被触摸时，将调用 RootViewController 的 addContact 方法。UIBarButtonItem 和 UIButton

功能相似，不过 UIBarButtonItem 仅在导航栏内部使用。第 37 和 38 行创建另外一个标题为 Back 的 UIBarButtonItem。我们访问 RootViewController 的 navigationItem 属性（从类 UIViewController 中继承）来把两个 UIBarButtonItem 放在应用程序顶部的导航栏上（第 41 和 42 行），Add Contact 按钮被放在导航栏的右侧（第 41 行），而 UIViewController 的 editButtonItem 被放在左边（第 42 行）。第 45 行设置 navigationItem 的 backBarButtonItem 为 backButton，这将使得当用户离开 RootViewController 的视图时，这个导航控制器将使用 ***Back*** 按钮作为 navigationItem（导航条）的 leftBarButtonItem（左边按钮）。

代码 10-2　RootViewController 类的 viewDidLoad 方法

```
1   //  RootViewController.m
2   //  地址簿应用程序主表格视图的控制器
3   #import "RootViewController.h"
4   #import "AddressBookAppDelegate.h"
5
6   @implementation RootViewController
7
8   //  当视图完成初始化时调用
9   - (void)viewDidLoad
10  {
11      //  为保存一个文件创建有效目录列表
12      NSArray *paths = NSSearchPathForDirectoriesInDomains(
13      NSDocumentDirectory, NSUserDomainMask,   YES);
14
15      //  因为我们只关心一个，所以获取第一个目录
16      NSString *directory = [paths objectAtIndex:0];
17
18      //  连接 contacts 字符串到路径名尾部
19      filePath = [[NSString alloc] initWithString:
20      [directory   stringByAppendingPathComponent:@"contacts"]];
21
22      //  获取默认的 NSFileManager
23      NSFileManager *fileManager = [NSFileManager defaultManager];
24
25      //  如果这个文件已存在，使用其内容初始化 contacts
26      if ([fileManager fileExistsAtPath:filePath])
27      contacts = [[NSMutableArray alloc] initWithContentsOfFile:filePath];
28      else //  否则用一个空的可变数组初始化 contacts
29      contacts = [[NSMutableArray alloc] init];
30
31      //  创建一个按钮来添加新联系人
32      UIBarButtonItem *plusButton = [[UIBarButtonItem alloc]
33         initWithBarButtonSystemItem:UIBarButtonSystemItemAdd target:self
34         action:@selector(addContact)];
35
36      //  创建 back UIBarButtonItem
```

```
    UIBarButtonItem *backButton = [[UIBarButtonItem alloc]initWithTitle:
      @"Back" style:UIBarButtonItemStylePlain target:nil action:nil];

    // 在顶部导航栏的右侧添加+号 UIBarButtonItem
    self.navigationItem.rightBarButtonItem = plusButton;
    self.navigationItem.leftBarButtonItem = self.editButtonItem;

    // 设置 back（返回按钮）UIBarButtonItem 为在用户离开该视图时显示
    self.navigationItem.backBarButtonItem = backButton;
    [plusButton release]; // 释放 plusButton UIButton
    [backButton release]; // 释放 backButton UIButton
} // viewDidLoad 方法定义结束

```

2．RootViewController 类的 addContact 方法

addContact 方法（参见代码 10-3）初始化一个新的 AddViewController（第 54 和 55 行）。UIViewController 的 presentModalViewController:animated:方法被调用来显示 controller 的视图（第 58 行）。

代码 10-3　RootViewController 类的 addContact 方法

```
50 // 当用户触摸加号按钮时被调用
51 - (void)addContact
52 {
53     // 创建一个 AddViewController
54     AddViewController *controller = [[AddViewController alloc] init];
55     controller.delegate = self; // 设置这个控制器的委托为其自身
56
57     // 显示这个新的控制器
58     [self presentModalViewController:controller animated:YES];
59     [controller release]; // 释放这个控制器 AddViewController
60 } // addContact 方法结束
61
```

3．RootViewController 类的 addViewControllerDidFinishAdding:方法

addViewControllerDidFinishAdding:方法（参见代码 10-4）添加一个新联系人然后解除添加联系人视图的控制器（AddViewController）。第 65 行调用 AddViewController 的 values 方法（将在代码 10-11 中定义），这将返回一个包含新联系人数据的 NSDictionary。如果这个 NSDictionary 不为空，我们使用 NSDictionary 的 addObject:方法来添加一个新联系人（第 70 行）。第 73 行使用 NSMutableArray 的 sortUsingSelector:方法来按照联系人名称进行排序。然后我们通过调用 UIViewController 的 dismissModalViewControllerAnimated:方法来隐藏 AddViewController 的视图（第 77 行）。第 80 行通过调用 NSMutableDictionary 的 writeToFile:atomically:方法把联系人字典内容保存到一个文件。接下来，我们重新加载 UITableView（第 82 行）来显示更新的联系人列表数据。

代码 10-4　RootViewController 类的 addViewControllerDidFinishAdding:方法

```
- (void)addViewControllerDidFinishAdding:(AddViewController *)controller
{
    // 为要添加的新联系人获取数值
    NSDictionary *person = [controller values];

    // 如果有一个人
    if (person!= nil)
    {
        [contacts addObject:person]; // 添加一个人到 contacts

        // 按字母序对联系人数组进行排序
        [contacts sortUsingSelector:@selector(compareContactNames:)];
    } // if 结束

    // 隐藏 AddViewController 的视图
    [self dismissModalViewControllerAnimated:YES];

    // 把 contacts 写入文件
    [contacts writeToFile:filePath atomically:NO];

    [self.tableView reloadData]; // 刷新表格数据
} // finishedAdding 方法结果

```

4．RootViewController 类的 tableView:NumberOfRowsInSection 和 tableView:cellForRowAtIndexPath:方法

一些从 UITableViewController 继承的方法控制着这个表格的格式。这些方法定义在 UITableViewDataSource 和 UITableViewDelegate 协议中，而 UITableViewController 实现了这些协议。UITableView 获取其指定数据源的数据。在本例中，数据源就是 RootViewController。每段（section）的行数由 UITableViewDataSource 协议的 tableView：numberOfRowsInSection：方法指定（参见代码 10-5 的第 86～90 行）。在这里，我们返回 contacts 数组中的元素个数（第 89 行），因为所有保存的联系人被显示在同一个段中。

代码 10-5　RootViewController 类的 tableView:NumberOfRowsInSection:和 tableView:cellForRowAtIndexPath:方法

```
85  // 从表格视图中调用来给定一个段中的行数
86  - (NSInteger)tableView:(UITableView *)tableView numberOfRowsInSection:
87      (NSInteger)section
88  {
89      return contacts.count; //返回联系人数目
90  } // tableView:numberOfRowsInSection:方法结果
91
```

```
92  //  返回 tableView 中位于指定索引 indexPath 的窗格
93  - (UITableViewCell *)tableView:(UITableView *)tableView
94     cellForRowAtIndexPath:(NSIndexPath *)indexPath
95  {
96        //  创建窗格标识符
97        static NSString *MyIdentifier = @"StandardCell";
98        UITableViewCell *cell = [tableView dequeueReusableCellWithIdentifier:
99           MyIdentifier];//  获取一个可重用的窗格
100
101       //  如果没有可复用的窗格
102       if (cell == nil)
103       {
104            //  创建一个新的可编辑窗格
105            cell = [[[UITableViewCell alloc] initWithStyle:
106               UITableViewCellStyleDefault reuseIdentifier:MyIdentifier]
107               autorelease];
108       } //  if 结束
109
110       //  建立这个窗格
111       NSString *name = [[contacts objectAtIndex:indexPath.row] valueForKey:
112       @"Name"];
113       UILabel *label = [cell textLabel];  //  获取窗格标签
114       label.text = name; //  设置标签文本
115
116       //  在窗格右侧显示一个箭头
117       cell.accessoryType = UITableViewCellAccessoryDisclosureIndicator;
118       return cell;  //  返回更新的窗格
119 } //  tableView:cellForRowAtIndexPath:方法结束
120
```

tableView:cellForRowAtIndexPath:方法根据给定的 UITableView 和 NSIndexPath 返回一个 UITableViewCell ，这里的 NSIndexPath 代表表格中窗格（也就是 contact）索引的对象。第 97 行创建一个 MyIdentifier 字符串，它将传递给 UITableView 的 dequeueReusableCellWithIdentifier:方法来从 tableView 中获取一个 UITableViewCell（第 98 和 99 行）。MyIdentifier 指定我们想要接收的窗格类型。这个方法试图重用一个已有的当前未使用的 UITableViewCell（通过这个指定的标识符），有可能是因为它没有在屏幕上显示。如果 tableView 不包含可以重用的可编辑的 UITableViewCells（第 102 行），我们使用 UITableViewCell 的 initWithStyle:reuseIdentifier:方法来创建一个新的窗格(第 105 ~ 107 行)。UITableViewCell 风格是 iPhone OS 3.x 的新功能，通过在 developer.apple.com 网站上搜索 **A Closer Look at Table-View Cells** 你能学习到更多有关内容。第 111 和 112 行获取我们所获取的行相对应的 contact 名称。第 113 和 114 行更新窗格的 textLabel 属性来显示正确的联系人名称。然后我们返回这个已配置窗格给 UITableView（第 118 行）。

5．RootViewController 类的 tableView:didSelectRowAtIndexPath:方法

UITableViewDelegate 的 tableView：didSelectRowAtIndexPath:方法（参见代码 10-6）在用户触摸 UITableView 行时被调用。在这种情况下，我们会显示一个联系人视图（ContactView）使用户可以编辑这个联系人。第 126 和 127 行创建一个新的 ContactViewController。然后，我们调用 ContactViewController 的 setPerson 和 updateTitle 方法以选定的联系人数据来初始化 ContactView。第 134 行调用 UINavigationController 的 pushViewController:animated:方法来显示这个新的 ContactView。

代码 10-6　RootViewController 类的 tableView:didSelectRowAtIndexPath:方法

```
121 //  当用户触摸表格行时调用
122 - (void)tableView:(UITableView *)tableView didSelectRowAtIndexPath:
123  (NSIndexPath *)indexPath
124 {
125      //  初始化一个 ContactViewController
126      ContactViewController *controller = [[ContactViewController alloc]
127         initWithNibName:@"ContactViewController" bundle:nil];
128
129      //  向 controller 传入用来显示的数据
130      [controller setPerson:[contacts objectAtIndex:[indexPath row]]];
131      [controller updateTitle];  //  使用新数据更新标题
132
133      //  显示 ContactViewController 的内容
134      [self.navigationController pushViewController:controller animated:YES];
135      [controller release];  //  释放控制器 ContactViewController
136 } //  tableView:didSelectRowAtIndexPath:方法结束
137
```

6．RootViewController 类的 tableView:commitEditingStyle:forRowAtIndexPath:、shouldAutorotateToInterfaceOrientation:及 dealloc 方法

UITableViewDataSource 协议的 tableView:commitEditingStyle:forRowAtIndexPath:方法（参见代码 10-7 的第 139 ~ 156 行）在用户编辑表格时被调用，比如删除或者插入一行。回想一下用户可以在编辑模式下删除窗格。如果给定的 UITableViewCellEditingStyle 是 UITableViewCellEditingStyleDelete（第 144 行），用户触摸 Delete 按钮后，第 147 行调用联系人的 removeObjectAtIndex 方法来删除位于 indexPath.row 处的元素。我们调用 UITableView 的 deleteRowsAtIndexPaths:withRowAnimation 方法来从 tableView 中删除行。然后把更新过的联系人写入文件（第 154 行）。

代码 10-7　RootViewController 的 tableView:commitEditingStyle:forRowAtIndexPath:、shouldAutorotateToInterfaceOrientation:和 dealloc 方法

```
138 //  覆盖（override）支持编辑表格视图的方法
139 - (void)tableView:(UITableView *)tableView commitEditingStyle:
```

```
140 (UITableViewCellEditingStyle)editingStyle forRowAtIndexPath:
141 (NSIndexPath *)indexPath
142 {
143     //  "delete" 编辑风格被提交
144     if (editingStyle == UITableViewCellEditingStyleDelete)
145     {
146         //  删除位于 indexPath.row 的联系人
147         [contacts removeObjectAtIndex:indexPath.row];
148
149         //  从数据源中删除该行
150         [tableView deleteRowsAtIndexPaths:[NSArray arrayWithObject:
151            indexPath] withRowAnimation:UITableViewRowAnimationFade];
152
153         //  把 contacts 写入文件
154         [contacts writeToFile:filePath atomically:NO];
155     } //  if 结束
156 } //  tableView:commitEditingStyle:forRowAtIndexPath:方法结束
157
158 //  调用该函数以确定我们的视图支持哪个方向
159 - (BOOL)shouldAutorotateToInterfaceOrientation:
160  (UIInterfaceOrientation)interfaceOrientation
161 {
162     //  对支持的方向返回 YES
163     return (interfaceOrientation == UIInterfaceOrientationPortrait);
164 } //  shouldAutorotateToInterfaceOrientation 方法结束
165
166 //  释放 MainViewController 的内存
167 - (void)dealloc
168 {
169     [contacts release];  //  释放 contacts NSMutableArray
170     [super dealloc];  //  调用父类的 dealloc 方法
171 } //  dealloc 方法结束
172 @end //  RootViewController 类实现结束
173
```

shouldAutoRotateToInterfaceOrientation:方法（第 159 ~ 164 行）从 UIViewController 继承而来，并在基于导航的应用程序模板中被覆盖。这个方法由 iPhone OS 调用来确定这个视图是否在 iPhone 方向变化时支持旋转。dealloc 方法（第 167 ~ 171 行）释放 contacts 并调用父类的 dealloc 方法。

7. NSDictionary 的 sorting 分类

代码 10-8 的第 175 和 182 行实现了 NSDictionary 的 sorting 分类中的 compareContactNames:方法。第 179 和 180 行使用 NSString 的 caseInsensitiveCompare: 方法来比较给定的 NSDictionary 和接收 compareContactNames:消息的 NSDictionary 对象的键值。

代码 10-8　NSDictionary's sorting 分类

```
// 定义 NSDictionary's sorting 分类的方法
@implementation NSDictionary (sorting)
- (NSComparisonResult)compareContactNames:(NSDictionary *)contact
{
    // 比较这个 contact 和给定的 contact 的标题
    return [[self valueForKey:@"Name"]
    caseInsensitiveCompare:[contact valueForKey:@"Name"]];
} // compareContactNames 方法结束
@end // NSDictionary 的 sorting 分类结束
```

10.4.2　AddViewController 类

在 Xcode 中，选择 File > New File 命令并选择 UIViewController 子类。在进入下一步之前，确保 ***With XIB for user interface*** 复选框被选中，这样 Xcode 会为这个新类自动生成一个 nib 文件，命名这个 AddViewController 类并把它保存到指定位置。打开 AddViewController.xib 并拖动一个***导航栏***（***NavigationBar***）到应用程序窗口的顶部。改变这个导航项的标题为 Add Contact。接下来，从 Library 窗口中拖动一个 ***Bar Button Item*** 到导航栏的右侧。打开 Inspector 窗口来更改这个 Bar Button 项的 ***Title*** 属性为 Done。从 Library 窗口中拖动一个 TableView 并调整其尺寸来填充这个应用程序窗口的剩余部分。图 10-5 显示了这个完整的 nib 文件。

图 10-5　Interface Builder 中的 AddViewController.xib

1．AddViewController 接口声明

AddViewController 类（参见代码 10-9）是 UIViewController 的一个子类（第 10 行）并且实现了 UITableViewDataSource 协议。这意味着 AddViewController 充当了 UITableView

的数据源。它也实现了 EditableCellDelegate 协议以便于在用户开始编辑一个窗格、停止编辑一个窗格或者触摸 Done 按钮时，它可以接收到相关消息。

代码 10-9　AddViewController 的接口声明

```
1   //  AddViewController.h
2   //  AddViewController's 接口声明
3   //  AddViewController.m 片段
4   #import <UIKit/UIKit.h>
5   #import "EditableCell.h"
6   static const int KEYBOARD_HEIGHT = 200;  //  键盘高度
7
8   @protocol AddViewControllerDelegate;  //  AddViewControllerDelegate 协议
9
10  @interface AddViewController : UIViewController <UITableViewDataSource,
11    EditableCellDelegate>
12  {
13      id <AddViewControllerDelegate> delegate;  //  这个类的委托
14      IBOutlet UITableView *table;  //  显示可编辑字段的表格
15      NSArray *fields;  //  包含字段名的数组
16      NSMutableDictionary *data;  //  包含联系人数据的字典
17      BOOL keyboardShown;  //  这个键盘是否可见?
18      EditableCell  *currentCell;  //  当前编辑窗格
19  } //  结束变量声明
20
21  //  声明 delegate 和 table 为属性
22  @property (nonatomic, assign) id <AddViewControllerDelegate> delegate;
23  @property (nonatomic, retain) IBOutlet UITableView *table;
24  @property (readonly, copy, getter=values) NSDictionary *data;
25  - (IBAction)doneAdding:sender;  //  返回 RootView
26  - (NSDictionary *)values;  //  返回 values NSDictionary
27  - (void)clearFields;  //  清空表窗格
28  @end //  AddViewController 接口结束
29
30  //  通知 RootViewcontroller，Done 按钮被触摸
31  @protocol  AddViewControllerDelegate
32  - (void)addViewControllerDidFinishAdding:(AddViewController *)controller;
33  @end //  AddViewControllerDelegate 协议结束
```

第 13 行声明了类型为 id 的变量 delegate，此变量实现了 AddViewControllerDelegate 协议，这将被用来存储 RootViewController。UITableView 表格被声明为一个输出口变量并将显示选中的联系人信息(第 14 行)，在 Interface Builder 中连接这个新表格视图到表格的 File's Owner 属性。数组变量 fields 将为表格中的每个字段存储这个字段的名称（第 15 行）。可变字典变量 data 用于在用户输入内容后容纳这个新联系人的数据（第 16 行）。布尔变量 keyboardShown 指明键盘是否可见（第 17 行）。第 18 行声明了一个 EditableCell 用来存储当前被用户编辑的 UITableViewCell。

第 22～24 行声明 delegate、table 和 data 为属性。AddViewController 类定义了 3 个方法。

- doneAdding:sender：当用户触摸 Done 按钮时返回 RootView。
- values：返回一个 NSDictionary 包含所有保存在这个表格中的联系人信息。
- clearFields：清除这个表格的所有的 EditableCells。

第 31～33 行声明了 AddViewControllerDelegate 协议。实现这个协议的类定义了 addViewControllerDidFinishAdding: 方法。RootViewController 类实现了这个协议，以便当用户触摸 Done 按钮时隐藏 AddView。

2. AddViewController 类的 initWithNibName:bundle:方法

initWithNibName:bundle:方法（参见代码 10-10 的第 10～27 行）在 AddViewController 加载时被调用。如果这个继承自父类成员的初始化方法未出错（第 14 行），第 17 和 18 行使用 NSArray 的 initWithObjects:方法以表格中字段的名称来初始化 fields 数组。这个方法接收一个以逗号分隔开并以 nil 结尾的字符串对象列表。最后的参数指示列表的尾部并且没有包含在数组中。第 21 行使用 NSMutableDictionary 的 initWithCapacity:方法以与 fields 元素相同的数目来创建数据。

代码 10-10　AddViewController 类的 initWithNibName:bundle:和 viewDidLoad 方法

```
1   //  AddViewController.m
2   //  添加联系人的视图控制器
3   #import "AddViewController.h"
4
5   @implementation AddViewController
6   @synthesize delegate;
7   @synthesize table;
8
9   //  初始化 AddViewController
10  - (id)initWithNibName:(NSString *)nibNameOrNil bundle:
11     (NSBundle *)nibBundleOrNil
12  {
13      //  如果这个父类被正确的初始化
14      if (self = [super initWithNibName:nibNameOrNil bundle:nibBundleOrNil])
15      {
16          //  创建字段名字
17          fields = [[NSArray alloc] initWithObjects:@"Name", @"Email",
18          @"Phone", @"Street", @"City/State/Zip", nil];
19
20          //  初始化数据 NSMutableDictionary
21          data = [[NSMutableDictionary alloc] initWithCapacity:fields.count];
22          keyboardShown = NO;  //  隐藏键盘
23          currentCell = nil;  //  当前未选中窗格
24      } //  if 结束
25
```

```
        return self;  //  返回这个 AddViewController
} //  initWithNibName:bundle:方法结束

```

3．AddViewController 类的 doneAdding:和 values 方法

doneAdding:方法（参见代码 10-11 的第 30～40 行）在用户触摸 Done 按钮时返回应用程序到 RootView。如果有一个当前选中的 UITableViewCell（第 33 行）。我们调用 NSDictionary 的 setValue:forKey:方法来使用选中的 UITableViewCell 的文本更新数据。第 39 行调用 RootViewController 的 addViewControllerDidFinishAdding:方法来切换视图。如果用户没有输入任何联系人，这个 values 方法（第 43～51 行）返回空（第 47 行）；否则，它调用 NSDictionary 的 dictionaryWithDictionary:方法来创建一个新的包含相同数据信息的 NSDictionary（第 50 行）。

代码 10-11　AddViewController 类的 doneAdding:和 values 方法

```
29  //  提示 RootViewController“Done”按钮被触摸
30  - (IBAction)doneAdding:sender
31  {
32      //  如果当前有一个窗格被选择
33      if (currentCell != nil)
34      //  以当前选择的窗格文本来更新数据
35      [data setValue:currentCell.textField.text
36          forKey:currentCell.label.text];
37
38      //  返回 RootView
39      [delegate addViewControllerDidFinishAdding:self];
40  } //  doneAdding:方法结束
41
42  //  返回一个包含所有联系人信息的字典
43  - (NSDictionary *)values
44  {
45      //  如果用户未提供一个名字
46      if ([data valueForKey:@"Name"] == nil)
47      return nil; //  返回空
48
49      //  返回一个 NSDictionary 数据的拷贝
50      return [NSDictionary dictionaryWithDictionary:data];
51  } //  values 方法结束
52
```

4．AddViewController 类的 editableCellDidBeginEditing:、editableCellDidEndEditing:和 editableCellDidEndOnExit:方法

editableCellDidBeginEditing:方法（参见代码 10-12 的第 54～78 行）在用户触摸表格中的任意一个窗格时被调用。如果键盘当前未显示（第 57 行），我们调整表格尺寸以便为键

盘留出空间。我们使用动画来展现尺寸调整的过程，以达到视觉上平稳过渡的效果。第 60 行调用 UIView 的 beginAnimations:context:方法来开始一个新的动画块。通过调用 UIView 的 setAnimationDuration:方法设置动画长度为 0.25 秒。调用 UIView 的 setAnimationCurve 方法指定动画缓慢开始并逐渐加速直到完成。第 63 和 64 行获取表格的框架及把框架高度减去键盘的高度。然后，我们应用尺寸调整后的框架到表格中，并调用 UIView 的 commitAnimations 方法来完成动画块并开始这个动画过程（第 65 和 66 行）。下一步，我们设置 keyboardShown 为 YES（第 69 行）。第 73 行传递窗格参数给 UITableView 的 indexPathForCell:方法来获取一个 NSIndexPath，这个索引代表窗格在表中的位置。UITableView 的 scrollToRowAtIndexPath:atScrollPosition:animated:方法滚动这个表格以使窗格出现在屏幕顶部（第 76 和 77 行）。

editableCellDidEndEditing:方法（第 81 ~ 85 行）在用户完成一个窗格的编辑时被调用，通常是用户选择了另外一个窗格或者按下了 Done 按钮。第 84 行以键/值的形式将窗格的名字及它的内容存储在 NSDictionary 类型的 data 变量中。

代码 10-12　AddViewController 类的 editableCellDidBeginEditing:、editableCellDidEndEditing:和 editableCellDidEndOnExit:方法

```
53  //  当用户开始编辑一个窗格时调用
54  - (void)editableCellDidBeginEditing:(EditableCell *)cell
55  {
56      //  如果键盘被隐藏
57      if (!keyboardShown)
58      {
59          //  调整表格的大小来适应键盘
60          [UIView beginAnimations:nil context:NULL];  //  开始动画块
61          [UIView setAnimationDuration:0.25];  //  设置动画持续时间
62          [UIView setAnimationCurve:UIViewAnimationCurveEaseIn];
63          CGRect frame = table.frame;  //  获取表格的框架
64          frame.size.height -= KEYBOARD_HEIGHT;  //  减去键盘高度
65          [table setFrame:frame];  //  应用这个新的框架
66          [UIView commitAnimations];  //  动画块
67      } //  if 结束
68
69      keyboardShown = YES;  //  如果键盘出现在屏幕上
70      currentCell = cell;  //  更新当前选中的窗格
71
72      //  获取当前选中窗格的索引路径
73      NSIndexPath *path = [table indexPathForCell:cell];
74
75      //  滚动表格以使得选中的窗格处于顶部
76      [table scrollToRowAtIndexPath:path atScrollPosition:
77      UITableViewScrollPositionTop animated:YES];
78  } //  cellBeganEditing:方法结束
```

```
79
80  //  当用户停止编辑一个窗格或者选择另外一个窗格时调用
81  - (void)editableCellDidEndEditing:(EditableCell *)cell
82  {
83      //  添加这个新输入的数据
84      [data setValue:cell.textField.text forKey:cell.label.text];
85  } //  editableCellDidEndEditing:方法结束
86
87  //  当用户触摸键盘上的 Done 按钮时被调用
88  - (void)editableCellDidEndOnExit:(EditableCell *)cell
89  {
90
91      //  调整表格尺寸来适应键盘
92      CGRect frame = table.frame;  //  获取表格的框架
93      frame.size.height += KEYBOARD_HEIGHT;  //  增加键盘高度
94      [table setFrame:frame];  //  应用这个新框架
95
96      keyboardShown = NO;  //  隐藏这个键盘
97      currentCell = nil; //  当前没有选中项
98  } //  editableCellDidEndOnExit:方法结束
99
```

editableCellDidEndOnExit:方法（第 88 ~ 98 行）在用户按下 Done 按钮时消除键盘。第 92 ~ 94 行调整表格的框架来填充整个屏幕，而第 96 行设置 keyboardShown 为 NO。

5．AddViewController 类的 numberOfSectionsInTableView:、tableView:numberOfRowsInSection:和 tableView:titleForHeaderInSection:方法

numberOfSectionsInTableView:方法（参见代码 10-13 的第 101 ~ 104 行）返回表格中的段数-2。tableView:numberOfRowsInSection:方法（第 107 ~ 115 行）返回一个给定段的行数。第一段包含三行（名称、电子邮件和电话）而表格的剩余行都在第二段（第 111 ~ 114 行）。这个 tableView:titleForHeaderInSection:方法（第 118 ~ 126 行）返回一个段的标题。第一段的标题是 Address（第 122 ~ 125 行）。所有其他段都没有标题，因此它们将返回空。

代码 10-13　AddViewController 类的 numberOfSectionsInTableView:、tableView:number OfRowsInSection:和 tableView:titleForHeaderInSection:方法

```
100  //  返回表格中段的数目
101  - (NSInteger)numberOfSectionsInTableView:(UITableView *)tableView
102  {
103      return 2;  //  表格中段的数目
104  } //  numberOfSectionsInTableView:方法结束
105
106  //  返回给定表格段的行数
107  - (NSInteger)tableView:(UITableView *)tableView numberOfRowsInSection:
108   (NSInteger)section
109  {
```

```
    // 如果是第一段
    if (section == 0)
      return 3;  // 第一段有 3 行
    else
      return fields.count - 3;  // 所有其他行都在第二段
} // tableView:numberOfRowsInSection:方法结束

// 返回给定段的标题
- (NSString *)tableView:(UITableView *)tableView titleForHeaderInSection:
 (NSInteger)section
{
    // 如果是第二段
    if (section == 1)  // 返回标题
      return @"Address";
    else //  其他段都没有标题
      return nil; //  返回空
} // tableView:titleForHeaderInSection:方法结束

```

6. AddViewController 类的 tableView:cellForRowAtIndexPath:、shouldAutorotateToInterfaceOrientation:和 dealloc 方法

如代码 10-14 所示，第 132 行创建一个 NSString 对象，这个字符串将被传递给 UITableView 的 dequeueReusableCellWithIdentifier:方法来从 tableView 中获取一个 UITableViewCell（第 135 和 136 行）。如果 tableView 没有包含可复用的 UITableViewCells（第 139 行），我们创建一个新的窗格（第 142 和 143 行）。当创建好一个新窗格或者获取到一个可复用窗格后，使用保存的数据来定制这个窗格。第 146 ~ 148 行获取这个窗格的正确标签。然后我们设置文本框中的文本为用户的输入值（第 151 行）。接下来，我们为文本框设置键盘类型（第 154 ~ 164 行）。大部分窗格使用默认键盘，但是输入电子邮件地址及电话号码的窗格需要特殊的键盘。最终，我们为这个窗格设置编辑模式、委托及选择风格（第 165 ~ 169 行）。第 170 行返回这个窗格。

代码 10-14　AddViewController 类的 tableView:cellForRowAtIndexPath:方法

```
128 // 返回给定索引路径的窗格
129 - (UITableViewCell *)tableView:(UITableView *)tableView
130    cellForRowAtIndexPath:(NSIndexPath *)indexPath
131 {
132     static NSString *identifier = @"EditableCell";
133 
134     // 获取一个可复用窗格
135     EditableCell  *cell = (EditableCell *)[table
136       dequeueReusableCellWithIdentifier:identifier];
137 
138     // 如果没有可复用窗格
139     if (cell == nil)
```

```
    {
        // 创建一个新的可编辑窗格
        cell = [[EditableCell alloc] initWithStyle:
          UITableViewCellStyleDefault reuseIdentifier:identifier];
    } // if 结束
    // 获取给定索引路径的 key
    NSString *key =
      [fields objectAtIndex:indexPath.row + indexPath.section * 3];
    [cell setLabelText:key]; // 以这个 key 更新窗格文本

    // 以 key 对应的数值更新文本框的内容
    cell.textField.text = [data valueForKey:key];

    // 如果窗格用来存放一个电子邮件地址（第 1 段第 2 行）
    if (indexPath.section == 0 && indexPath.row == 1)
    {
        // 设置这个窗格键盘为电子邮件地址键盘
        cell.textField.keyboardType = UIKeyboardTypeEmailAddress;
    } // if 结束
    // 如果这个窗格用来存放一个电话号码（第 1 段第 3 行）
    else if (indexPath.section == 0 && indexPath.row == 2)
    {
        // 设置这个窗格键盘为电话号码的特殊键盘
        cell.textField.keyboardType = UIKeyboardTypePhonePad;
    } // else if 结束
    cell.editing = NO; // 窗格不处于编辑模式
    cell.delegate = self; // 设置这个对象为窗格的代理

    // 设置窗格的选中风格为 None
    cell.selectionStyle = UITableViewCellSelectionStyleNone;
    return cell; // 返回这个定制窗格
} // tableView:cellForRowAtIndexPath:方法结束

// 确定视图支持哪些操作
- (BOOL)shouldAutorotateToInterfaceOrientation:
  (UIInterfaceOrientation)interfaceOrientation
{
    // 对于支持的方向返回 YES
    return (interfaceOrientation == UIInterfaceOrientationPortrait);
} // shouldAutorotateToInterfaceOrientation:方法结束

// 释放 AddViewController 的内存
- (void)dealloc
{
    [fields release]; // 释放 fields
    [data release];   // 释放 data
    [table release];  // 释放 table
```

```
        [super dealloc]; //  释放父类
} //  dealloc 方法结束
@end //  AddViewController 的实现结束
```

10.4.3 ContactViewController 类

在 Xcode 中，选择 File > New File 命令并选择 UIViewController 子类。在进入下一步前，确保 With XIB for user interface 复选框是选中的，这样可以自动生成一个 nib 文件。命名这个 ContactViewController 类并保存到给定的默认位置。从库窗口中拖动一个 TableView 并调整其尺寸以填满应用程序窗口。

1．ContactViewController 接口声明

ContactViewController 类（参见代码 10-15）控制视图用来显示单个联系人的信息。ContactViewController 是 UIViewController 的子类并且实现了 UITableViewDataSource 协议（第 7 和 8 行）。这个类有一个实例变量——person（10 行），它在第 14 行被声明为一个属性。updateTitle 方法更新导航栏的标题为选中的联系人名字。

代码 10-15　ContactViewController 的接口声明

```
1    //  ContactViewController.h
2    //  ContactViewController 的接口声明
3    //  在文件 ContactViewController.m 中实现
4    #import <UIKit/UIKit.h>
5
6    //  ContactViewController  接口声明开始
7    @interface ContactViewController   : UIViewController
8      <UITableViewDataSource>
9    {
10         NSDictionary *person; //  被查看条目的数据
11   } //  实例变量声明结束
12
13   //  声明 person 为一个属性
14   @property(nonatomic, retain) NSDictionary* person;
15   - (void)updateTitle;  //  更新导航栏的标题
16   @end  //  ContactViewController 接口声明结束
```

2．ContactViewController 类定义

ContactViewController 的 updateTitle 方法（参见代码 10-16 的第 11～15 行）设置 navigationItem 的 title 属性为选中的联系人的名字。tableView:numberOfRowsInSection:方法（第 18～22 行）返回 person 字典对象中包含的信息总数（第 21 行），这与 UITableView 的唯一的分段中的行数相对应。

代码 10-16　显示联系人信息的 ContactViewController 类

```
1    //  ContactViewController.m
```

```
// ContactViewController 类显示联系人信息
#import "ContactViewController.h"
#import "EditableCell.h"

@implementation ContactViewController

@synthesize person; // 为 person 变量生成 get 和 set 方法

// 更新导航栏标题
- (void)updateTitle
{
    // 设置标题为联系人名字
    [self.navigationItem setTitle:[person valueForKey:@"Name"]];
} // updateTitle 方法结束

// 确定在一个给定段中有多少行
- (NSInteger)tableView:(UITableView *)tableView numberOfRowsInSection:
 (NSInteger)section
{
    return person.count; // 返回总行数的数字
} // tableView:numberOfRowsInSection:方法结束

// 获取 tableView 指定索引路径的窗格
- (UITableViewCell *)tableView:(UITableView *)tableView
cellForRowAtIndexPath:(NSIndexPath *)indexPath
{
    // 用来标识窗格为一个普通窗格
    static NSString *MyIdentifier = @"NormalCell";

    // 获取一个可复用窗格
    UITableViewCell *cell =
       [tableView dequeueReusableCellWithIdentifier:MyIdentifier];

    // 如果没有窗格可被复用，则创建一个
    if (cell == nil)
    {
        // 创建一个新的窗格
        cell = [[UITableViewCell alloc] initWithStyle:
           UITableViewCellStyleDefault reuseIdentifier:identifier];
    } // if 结束

    // 在字典中按照索引获取键（key）
    NSString *key = [[person allKeys] objectAtIndex:indexPath.row];
    NSString *value = [person valueForKey:key]; // 获取值（value）
    UILabel *label = [cell textLabel]; // 获取窗格标签

    // 更新标签文本
```

```
49        label.text = [NSString  stringWithFormat:@"%@: %@", key, value];
50        return cell;  //  返回定制的窗格
51  } //  tableView:cellForRowAtIndexPath:方法结束
52
53  //  为一个给定的表头确定标题
54  - (NSString *)tableView:(UITableView *)tableView  titleForHeaderInSection:
55    (NSInteger)section
56  {
57        return nil;  //  没有分段头
58  } //  tableView:titleForHeaderInSection:方法结束
59
60  //  确定一个表格行是否可以编辑
61  - (BOOL)tableView:(UITableView *)tableView  canEditRowAtIndexPath:
62    (NSIndexPath *)indexPath
63  {
64        return NO;  //  所有行都不能编辑
65  } //  tableView:canEditRowAtIndexPath:方法结束
66
67  //  确定视图支持哪个方向
68  - (BOOL)shouldAutorotateToInterfaceOrientation:
69    (UIInterfaceOrientation)interfaceOrientation
70  {
71        //  只支持竖向
72        return (interfaceOrientation == UIInterfaceOrientationPortrait);
73  } //  shouldAutorotateToInterfaceOrientation:方法结束
74
75  //  释放 ContactViewController 的内存
76  - (void)dealloc
77  {
78        [person release];  //  释放 person  NSDictionary
79        [super dealloc];  //  调用父类的 dealloc 方法
80  } //  dealloc 方法结束
81  @end //  ContactViewController 类实现结束
```

tableView:cellForRowAtIndexPath:方法（第 25 ~ 52 行）返回由 NSIndexPath 指定的位置上的窗格。第 29 行创建了一个 NSString，用来表明我们要获取的窗格是标准 UITableViewCells（不可编辑的）。第 32 和 33 行使用 UITableView 的 dequeueReusableCellWithIdentifier:方法从 tableView 中的获取一个 UITableViewCell。这种方法尝试重用不再显示在屏幕上的已有的窗格。如果 tableView 不包含（第 36 行）可复用的窗格，我们必须创建一个新的 UITableViewCell（第 39 ~ 40 行）。第 44 和 45 行从 person NSDictionary 中获取给定 UITableViewCell 的键 - 值对，第 46 行获取 UITableViewCell 的标签。然后，我们以从 person 中获取到的数据更新标签并返回这个窗格（第 49 和 50 行）。

10.4.4 EditableCell 类

选择 ***File* > *New File* 命令**，并选择 Objective-C 类。从 ***Subclass Of*** 下拉菜单中选择子类 UITableViewCell，表示新类将扩展 UITableViewCell 类。点击 Next 按钮然后命名 EditableCell 类。尽管我们以编程方式来创建 EditableCells，不过从 nib 文件中加载自定义 UITableViewCell 也是可能的。如果想了解这方面的信息，查看 Table View Programming Guide for iPhone OS 一文中的 A Closer Look at Table-View Cells 章节，你可以从这里访问它：developer.apple.com/iphone/library/documentation/UserExperience/Conceptual/TableView_iPhone/TableView_iPhone.pdf

1．EditableCell 接口声明

EditableCell 类（参见代码 10-17）扩展 UITableViewCell 并实现了 UITextFieldDelegate 协议（第 9 行），这个协议声明 EditableCell 能够在用户编辑文本时对文本框发出的消息作出响应，协议所规定的这些消息都是可选的，不过 EditableCell 定义了 textFieldDidBeginEditing:和 textFieldDid- EndEditing:方法。第 11～13 行声明了 EditableCell 的实例变量。

代码 10-17　包含一个标签和文本框的 UITableViewCell 接口

```
1   // EditableCell.h
2   // 包含一个标签和文本框的 UITableViewCell 接口
3   // 在文件 EditableCell.m 中实现
4
5   #import <UIKit/UIKit.h>
6
7   @protocol EditableCellDelegate;  // 声明 EditableCellDelegate 协议
8
9   @interface EditableCell : UITableViewCell <UITextFieldDelegate>
10  {
11      id <EditableCellDelegate> delegate; // 这个类的委托
12      UITextField *textField;  // 用户编辑的文本框
13      UILabel *label;  // 窗格左侧的标签
14  } // 实例变量声明结束
15
16  // 声明 textField 为一个属性
17  @property (nonatomic, retain) UITextField *textField;
18
19  // 声明 label 为一个属性
20  @property (readonly, retain) UILabel   *label;
21
22  //声明 delegate 为一个属性
23  @property (nonatomic, assign) id <EditableCellDelegate> delegate;
24
```

```
25  - (void)setLabelText:(NSString *)text; //  设置标签文本
26  - (void)clearText;  //  清除 textField 文本
27  @end //  EditableCell 接口结束
28
29  @protocol EditableCellDelegate //  委托协议
30
31  //  当用户开始编辑一个窗格时被调用
32  - (void)editableCellDidBeginEditing:(EditableCell *)cell;
33
34  //  当用户停止编辑一个窗格时被调用
35  - (void)editableCellDidEndEditing:(EditableCell *)cell;
36
37  //  当用户触摸键盘上的 Done 按钮时被调用
38  - (void)editableCellDidEndOnExit:(EditableCell  *)cell;
39  @end //  EditableCellDelegate 协议结束
```

第 17 ~ 23 行把 EditableCell 的所有实例变量都声明为属性。readonly 关键字用于标签，这样其他类就不能改变它的文本。第 25 和 26 行声明了两个方法，setLabelText:方法设置标签的文本属性，clearText 方法从 textField 中删除所有的文本。第 29 ~ 39 行声明了 EditableCellDelegate 协议，任何实现了这个协议的类应该定义 3 个方法，即 editableCellDidBeginEditing:、editableCellDidEndEditing:和 editableCellDidEndOnExit:，这些方法分别在用户开始编辑、结束编辑或者触摸键盘 Done 按钮时被调用。

2. EditableCell 类定义

代码 10-18 的第 6 ~ 8 行合成（synthesize）了 EditableCell 的每个属性。initWithStyle：reuseIdentifier：方法（第 11 ~ 34 行）初始化了一个 EditableCell。如果被继承的父类成员初始化时未产生错误（第 15 行），将在 EditableCell 左侧创建一个标签（第 18 行）。第 21 和 22 行在标签的右侧创建一个新的文本框。然后，我们设置 textField 的委托为这个 EditableCell，这样这个类将接收 textFieldDidBeginEditing：和 textFieldDidEndEditing：消息。第 27 和 28 行调用 UITextField 的 addTarget:action:forControlEvents: 方法来指定这个 EditableCell 对象在用户触摸键盘的 Done 按钮时接收 textFieldDidEndOnExit：消息。然后，我们为 EditableCell 视图添加标签和文本框（第 29 和 30 行）。

代码 10-18　EditableCell 的类定义

```
1  //  EditableCell.m
2  //  EditcableCell 的类定义
3  #import "EditableCell.h"
4  @implementation  EditableCell
5
6  @synthesize textField;  //  合成 textField 变量的 get  和 set 方法
7  @synthesize label;  //  合成 label 变量的 get 和 set 方法
8  @synthesize delegate;  //  合成 delegate 变量的 get  和 set 方法
9
```

```
// 初始化这个窗格
- (id)initWithStyle:(UITableViewCellStyle)style
  reuseIdentifier:(NSString *)reuseIdentifier
{
    // 调用父类初始化
    if (self = [super initWithStyle:style reuseIdentifier:reuseIdentifier])
    {
        // 在左侧创建标签
        label = [[UILabel alloc] initWithFrame:CGRectMake(20, 10, 0, 20)];

        // 在标签右侧创建文本框
        textField=
          [[UITextField alloc] initWithFrame:CGRectMake(0, 10, 0, 20)];

        [textField setDelegate:self]; // 设置委托为窗格自身

        // 当 Done 键被触摸时，textFieldDidEndOnExit 被调用
        [textField addTarget:self action:@selector(textFieldDidEndOnExit)
          forControlEvents:UIControlEventEditingDidEndOnExit];
        [self.contentView addSubview:label]; // 为窗格添加标签
        [self.contentView addSubview:textField]; // 为窗格添加文本框
    } // if 结束

    return self; // 返回这个可编辑窗格
} // initWithFrame:reuseIdentifier:方法结束

// 当触摸键盘上的 Done 键时，该方法被调用
- (void)textFieldDidEndOnExit
{
    [textField resignFirstResponder]; // 消除键盘
    [delegate editableCellDidEndOnExit:self]; // 调用委托方法
} // textFieldDidEndOnExit 方法结束

// 设置标签文本
- (void)setLabelText:(NSString *)text
{
    label.text = text; // 更新文本

    // 以当前字体获取文本大小
    CGSize size = [text sizeWithFont:label.font];
    CGRect labelFrame = label.frame; // 获取标签的边框（frame）属性
    labelFrame.size.width = size.width; // 调整 frame 的大小来适应其文本
    label.frame = labelFrame; // 使用新的 frame 更新这个标签

    CGRect textFieldFrame = textField.frame; // 获取 textField 的框架

    // 移动文本框到标签右侧 30 个像素点处
```

```
57          textFieldFrame.origin.x = size.width + 30;
58
59          //  设置其宽度来填充屏幕剩余部分
60          textFieldFrame.size.width =
61             self.frame.size.width - textFieldFrame.origin.x;
62          textField.frame =   textFieldFrame;   //   分配这个新的框架
63      } //   setLabelText:方法结束
64
65      //   清除文本框文本
66      - (void)clearText
67      {
68          textField.text = @"";   //   把文本框内容设为空字符串
69      } //   clearText 方法结束
70
71      //   UITextField 的委托方法，在一个文本框开始编辑时被调用
72      - (void)textFieldDidBeginEditing:(UITextField *)textField
73      {
74          [delegate editableCellDidBeginEditing:self];   //   通知这个委托
75      } //   textFieldDidBeginEditing:方法结束
76
77      //   UITextField 的委托方法，在一个文本框完成编辑时被调用
78      - (void)textFieldDidEndEditing:(UITextField *)textField
79      {
80          [delegate editableCellDidEndEditing:self];   //   通知这个委托
81      } //   textFieldDidEndEditing:方法结束
82
83      //   释放 EditableCell 的内存
84      - (void)dealloc
85      {
86          [textField release];   //   释放文本框
87          [label release];   //   释放标签
88          [super dealloc];   //   调用父类的 dealloc 方法
89      } //   dealloc 方法结束
90      @end //   EditableCell 类定义结束
```

用户触摸键盘上的 Done 按钮时，textFieldDidEndOnExit 方法（第 37 ~ 41 行）被调用。调用 UITextField 的 resignFirstResponder 方法取消对文本框的选择，这同时会导致键盘消失。第 40 行调用委托的 editableCellDidEndOnExit: 方法表明用户触摸了 Done 按钮。

setLabelText:方法（第 44 ~ 63 行）更新标签文本。第 46 行设置标签的文本属性为给定的字符串。NSString 的 sizeWithFont：方法用来获取一个 CGSize 对象，代表了以标签字体来显示的文本大小。

第 50 ~ 52 行调整标签框架的大小，以适应新的 CGSize。第 54 ~ 62 行调整文本框框架的大小，以填补 EditableCell 的其余部分。

clearText 方法（第 66 ~ 69 行）设置 textField 的文本属性为空字符串。TextFieldDid-

BeginEditing：和 textFieldDidEndEditing：方法调用其委托的相应方法。

10.5 小结

地址簿应用程序使用了几种不同的表格视图（UITableViews），用来显示存储在应用程序中的联系人信息。我们使用一个 UINavigationController 来处理应用程序中 3 个视图之间的导航。我们添加按钮到 UINavigationItem 中。在整个程序运行中导航栏总是被显示的，这使得用户可以通过导航栏方便地在视图间进行切换。每个视图都在 UITableView 中显示联系人信息。为了让用户在一个 UITableView 中输入信息，我们创建了一个自定义的 UITableViewCell 子类：EditableCell。EditableCell 类允许用户输入一个新联系人信息。

在第 11 章中，我们将开发一个路线跟踪器应用程序。这个应用程序将跟踪用户的行走路线，显示一个用户途经的地方的地图和卫星图片。为此，我们将使用 Map Kit 框架，它与谷歌地图的 Web 服务进行交互。我们还使用了 Core Location 框架，它与 iPhone 的 GPS 和指南针功能互相配合来提供用户当前所处的位置及地图服务。

11

路线跟踪器应用程序

（Map Kit 和 Core Location 框架（GPS 和指南针））

本章导读：

- 使用Map Kit框架和MKMapView类显示通过Google web服务生成的Google地图。
- 使用Core Location框架和CLLocationManager类来接收有关iPhone位置和指南针方向的信息。
- 使用从CLLocation对象接收到的GPS位置数据显示用户路线
- 使用CLHeading对象中的数据根据用户当前的指南针指向来确定方向（iPhone 3GS的新特性）。
- 使用NSDate对象计算用户在路线上的移动速度。

11.1 路线跟踪器应用程序简介[1]

路线跟踪器应用程序监控用户的位置和朝向（即方向），在地图上图形化地显示一条路线。应用程序一开始显示一个世界地图，包含一个蓝色的圆点指示 iPhone 的当前大约位置，如图 11-1 所示（译注：定位不可能非常精确）。用户触摸 Start Tracking 按钮来收缩地图并把 iPhone 当前位置设置为地图中心，如图 11-2 所示。地图伴随用户的移动而发生变化，并始终保持用户的位置在地图中心。路线是从绿点（起始位置）到蓝点（当前位置）的一条线。沿线区间的黑色箭头，用来指示用户的旅行方向，如图 11-3（a）和（b）所示。这张地图始终指向用户的方向，而用户方向总是指向设备的顶部。用户可以通过触摸分段控件上的 Map、Satellite 或 Hybrid 来更改地图形状。触摸 Map 显示 Google 地图的街道地图，这是应用程序的默认地图类型。触摸 Satellite 显示一个用户周围地区的卫星图片，如图 11-4（a）所示。而触摸 Hybrid 显示卫星图片的地图覆盖，如图 11-4（b）所示。用户触摸 Stop Tracking 按钮，来结束当前路线。这将显示一个包含路线距离和用户平均速度的提示框，如图 11-5 所示。

图 11-1 | 用户在世界地图上当前的大致位置

[1]注意：这个路线跟踪器应用程序使用了 Map Kit 框架，允许你把 Google 地图功能整合到应用程序中。在使用 Map Kit 开发任何应用程序前，你必须同意 Google 地图 iPhone 服务条款（包括相关的法律注意事项和隐私政策）：code.google.com/apis/maps/iphone/

图 11-2 | 用户按下 Start Tracking 后显示的地图

图 11-3 | 在地图上显示的用户路线，箭头标示用户行走方向

图 11-4 | 卫星和混合地图视图

图 11-5 | 一个完整路线的统计

11.2 测试这个路径跟踪器应用程序

1．打开应用程序

打开包含 Route Tracker 应用程序项目的目录，双击 RouteTracker.xcodeproj 文件以在 Xcode 中打开项目。iPhone 模拟器不能模拟 GPS 功能。应用程序运行后，只会显示苹果公司加州 Cupertino 总部所在地的默认位置。请参阅 iPhone 开发人员计划门户网站上的 Program Portal User Guide 文档以了解在 iPhone 上测试应用程序的指导性意见：

developer.apple.com/iphone/manage/overview/index.action

iPhone 开发人员计划门户网站仅提供给苹果的收费开发人员计划。另外，尽管这个应用程序可以在任何支持 GPS 功能的 iPhone 上运行，但实际上 iPhone 3GS 之前的版本并不能使用指南针功能。

2．使用路线跟踪器应用程序

路线跟踪器应用程序运行后，触摸应用程序右下角的 Start Tracking 按钮。

当你移动时，代表 iPhone 位置的蓝点也跟着移动。你的路线使用由绿（起始位置）变蓝（当前位置）的一条线标示。iPhone 3GS 的指南针确保地图总是指向你当前面对的方向（这对于没有指南针功能的 iPhone 不起作用）。触摸 Map、Satellite 或 Hybrid 将改变地图类型以分别显示街道地图、卫星图像或混合地图。当你结束移动时，触摸应用程序右下角的 Stop Tracking 按钮。一个提示框将显示你的行走距离和速度。触摸 Return 按钮，关闭提示框并返回到地图上。触摸应用程序左下角的 Reset 按钮将从地图上清除你的路线。

11.3 技术概述

路线跟踪器应用程序使用 Map Kit 框架的 MKMapView 来显示一个地图。我们将使用这个类来旋转、缩放和绘制地图。这条路线通过直接绘制在 MKMapView 上来显示。用户的位置和指南针的指向由 Core Location 框架提供。CLLocationManager 监控 iPhone 的位置、指南针指向，并在两者之一有更新时发送消息到我们的控制器类。用户的位置由一个 CLLocation 对象表示，它提供了特定时刻 iPhone 的纬度、经度和海拔高度（米）。每当我们从 CLLocationManager 收到一个 CLLocation 对象，将绘制路线到新的位置。我们也使用 CLLocation 类来计算两个 CLLocations 之间的距离。这使得我们能够计算用户路线的总距离。

iPhone 的指向由 CLHeading 对象表示，控制器类每接收到一个 CLHeading 对象，我们将旋转地图的指向为与用户相同的方向。每当我们开始跟踪一条路线时，将初始化一个 NSDate 对象为当前时间。当我们停止跟踪时，可以从该对象中获取跟踪时间并利用这段时间来计算用户的速度。

11.4 构建应用程序

打开 Xcode 并创建一个新项目。选择 Windows-based Application 模板，并将该项目命名为 RouteTracker。在 Interface Builder 中打开 MainWindow.xib。拖曳工具栏（Toolbar）到应用程序窗口的顶端和底端，并删除其默认的 Item 按钮。从 Library 窗口中拖曳一个地图视图（MapView）到工具栏之间并调整其大小以填充剩余的空间。拖曳 ***Flexible Space Bar Button Items*** 到窗口的顶端和底端。一个 ***Flexible Space Bar Button Item*** 是一个不可见的组件，用于在其他 Bar 按钮项之间填充空白。接下来，拖动一个分段控件到顶端 ***Flexible Space Bar Button Item*** 的右侧，并配置为 3 个部分（分别命名为 Map、Satellite 和 Hybrid）。拖曳两个圆角按钮（Round Rect Button）到底部的 ***Flexible Space Bar Button Item*** 左右两侧，并分别取名为 Reset 和 Start Tracking。使用 Inspector 窗口连接所有合适的 IBOutlets 和 actions。图 11-6 显示了在 Interface Builder 中这个最终完成的 nib 文件。

图 11-6 | Interface Builder 中的 MainWindow.xib

11.4.1 TrackingMapView 类

TrackingMapView 类（参见代码 11-1）是 UIView 的一个子类。我们在 MKMapView 中叠加（overlay）这个类的一个对象，可以在 Interface Builder 中添加 TrackingMapView 为 MKMapView 的一个子视图；不过，TrackingMapView 与 MKMapView 具备相同的尺寸，因此它们将在 nib 文件中位置重叠，这使得它们难以进行可视化处理。我们选择通过编程的方式来添加 TrackingMapView，这样可以保持 nib 文件尽可能简单。

TrackingMapView 实现了 MKMapViewDelegate 协议，该协议声明了几个方法可以响应来自 MKMapView 对象（第 9 行）的消息。类 MKMapView 代表了一个可以显示在我们的应用程序中并且可以进行编程控制的地图。这个类是 Map Kit 框架的一部分，并使用 Google 地图的 Web 服务。 可变数组 points（第 11 行）存储 CLLocations 对象，代表用户路途沿线的地点。一个 CLLocation 对象表示 iPhone 在特定时刻的地理位置。第 14 和 15 行声明了两个方法；addPoint：方法增加新的 CLLocations 到 points 中；reset 方法删除 points 中所有的 CLLocations。这两种方法在执行任务后都将刷新显示。

代码 11-1　TrackingMap 视图接口声明

```
1    //  TrackingMapView.h
2    //  TrackingMapView 接口声明
3    //  Implementation in TrackingMapView.m
4    #import <UIKit/UIKit.h>
5    #import <MapKit/MapKit.h>
6    #import <CoreLocation/CoreLocation.h>
7
8    //  开始 TrackingMapView 接口声明
9    @interface TrackingMapView : UIView <MKMapViewDelegate>
10   {
11       NSMutableArray *points;  //  保存用户途径的所有地点
12   } //  实例变量声明结束
13
14   - (void)addPoint:(CLLocation *)point;  //  添加一个新的地点到 points 中
15   - (void)reset;  //  重置 MKMapView
16   @end  //  TrackingMapView 接口结束
```

1．TrackingMapView 类的 initWithFrame: 方法

TrackingMapView 的 initWithFrame:方法（参见代码 11-2）是从 UIView 类继承并覆盖的。第 13 行调用父类的 initWithFrame: 方法并检查其初始化是否成功。如果成功，第 15 行使用 UIColor 的 clearColor 方法设置这个 TrackingMapView 的背景色（backgroundColor）属性为 clear（第 16 行）。

代码 11-2　TrackingMapView 类的 initWithFrame:方法

```
1    //  TrackingMapView.m
2    //  用来在 MKMapView 上显示连接坐标点的线条的视图
3    #import "TrackingMapView.h"
4    #import <MapKit/MKMapView.h>
5    static const int ARROW_THRESHOLD = 50;
6
7    @implementation TrackingMapView
8
9    //  初始化这个视图
10   - (id)initWithFrame:(CGRect)frame
11   {
12       //  如果父类初始化正常
13       if (self = [super initWithFrame:frame])
```

```
    {
        self.backgroundColor = [UIColor clearColor];  //  设置背景色
        points = [[NSMutableArray alloc] init];  //  初始化 points
    } //  if 结束

    return self;  //  返回这个 TrackingMapView
} //  initWithFrame:方法结束

```

2．TrackingMapView 类的 drawRect: 方法

drawRect:方法（参见代码 11-3）绘制代表用户路途的路线和箭头。如果 points 中只有一个 CLLocation 或 TrackingMapView 的隐藏（hidden）属性是 YES，该方法直接退出，因为没有线条需要绘制（第 27 和 28 行）。

第 31 行使用 UIGraphicsGetCurrentContext 函数获取当前图形上下文。CGContext-SetLineWidth 函数设置在该上下文中绘制的任何线条宽度均为 4 个像素（第 32 行），也就是代表地图上用户路线的线条的宽度。第 33 和 34 行声明 CGPoint 类型的 point 变量和浮点数 distance 变量。变量 point 是用来存放第 37 ~ 120 行每次循环迭代中线条的下一个点。我们初始化 distance 为零，这个变量可以帮助我们确定是否在路线上放置下一个箭头。

代码 11-3　TrackingMapView 类的 drawRect:

```
22  //  当视图需要被显示时自动调用此方法
23  //  在这里完成所有的绘制工作
24  - (void)drawRect:(CGRect)rect
25  {
26      //  如果只有一个点或者视图是隐藏的，不需要任何绘制
27      if (points.count == 1 || self.hidden)
28      return;  //  退出该方法
29
30      //  获取当前图形上下文
31      CGContextRef context = UIGraphicsGetCurrentContext();
32      CGContextSetLineWidth(context, 4.0);  //  设置行宽度
33      CGPoint point;  //  声明 point
34      float distance = 0.0;  //  初始化 distance 为 0.0
35
36      //  遍历所有的 points
37      for (int i = 0; i < points.count; i++)
38      {
39          float f = (float)i;  //  转换 i 为一个浮点数并保存在 f 中
40
41          //  设置线条颜色以使整条线呈现出渐变效果
42          CGContextSetRGBStrokeColor(context, 0, 1 - f / (points.count - 1),
43              f / (points.count - 1), 0.8);
44
45          //  获取下一个位置
```

```
CLLocation *nextLocation = [points objectAtIndex:i];
CGPoint lastPoint = point;  //  存放 point 在 lastPoint 中

//  获取给定地图坐标对应在屏幕视图上的点
point = [(MKMapView *)self.superview convertCoordinate:
   nextLocation.coordinate toPointToView:self];

//  如果这不是第一个点
if (i != 0)
{
      //  移到最近的那个点
      CGContextMoveToPoint(context, lastPoint.x, lastPoint.y);

      //  添加一条线
      CGContextAddLineToPoint(context, point.x, point.y);

      //  添加这条线的长度到 distance 中
      distance += sqrt(pow(point.x - lastPoint.x, 2) +
      pow(point.y - lastPoint.y, 2));

      //  如果 distance  足够大
      if (distance >= ARROW_THRESHOLD)
      {
            //  加载箭头图片
            UIImage *image = [UIImage imageNamed:@"arrow.png"];
            CGRect frame;  //  声明 frame 变量

            //  计算线条中心点
            CGPoint middle = CGPointMake((point.x + lastPoint.x) / 2,
            (point.y + lastPoint.y)  /  2);

            //  设置 frame 宽度为图片宽度
            frame.size.width = image.size.width;

            //  设置 frame 高度为图片高度
            frame.size.height = image.size.height;

            //  移动 frame 的 x 坐标原点半个 frame 宽度
            frame.origin.x = middle.x - frame.size.width / 2;

            //  移动 frame 的 x 坐标原点半个 frame 高度
            frame.origin.y = middle.y - frame.size.height / 2;

            //  保存这个图形状态，以便于我们稍后恢复它
            CGContextSaveGState(context);

            //  居中绘制箭头的图形上下文
```

```
93                  CGContextTranslateCTM(context, frame.origin.x +
94                  frame.size.width / 2, frame.origin.y + \
95                  frame.size.height / 2);
96
97                  //  计算绘制箭头图片的角度
98                  float angle = atan((point.y - lastPoint.y) / (point.x -
99                     lastPoint.x));
100
101                 //  如果这个点在最近的那个点左边
102                 if (point.x < lastPoint.x)
103                    angle += 3.14159;  //  增加 pi 角度
104
105                 //  以这个需要的角度旋转图形上下文
106                 CGContextRotateCTM(context, angle);
107
108                 //  绘制这个图片到这个旋转的图形上下文中
109                 CGContextDrawImage(context, CGRectMake(-frame.size.width / 2,
110                    -frame.size.height / 2, frame.size.width,
111                    frame.size.height), image.CGImage);
112
113                 //  存放图形上下文的原始坐标系统
114                 CGContextRestoreGState(context);
115                 distance = 0.0;  //  重置 distance
116             } //  if 结束
117         } //  if 结束
118
119         CGContextStrokePath(context);  //  绘制路线
120     } //  for 结束
121 } //  drawRect:方法结束
122
```

第 37 ~ 124 行遍历 points 中的每个 CLLocation。第 39 行存储 control 变量在浮点数 f 中，以便我们可以在浮点除法计算中使用该数值。第 42 和 43 行使用 CGContextSetRGBStrokeColor 函数设置线条颜色。RGB 值的计算采用 f 和 points.count，该线条以绿色开始，逐点增加蓝色。传递的最后一个参数 0.8 使得线条略显透明，使用户仍然可以看到下面的地图。第 46 行获取位于索引 i 处的 CLLocation。第 47 行初始化 lastPoint 为 point。循环中的第一次迭代什么也没做，因为 point 尚未初始化，但后续每次迭代都把上次的 CGPoint 保存到 lastPoint 中。

第 50 和 51 行转换 nextLocation 为 TrackingMapView 中的一个 CGPoint。我们首先把 TrackingMapView 的父视图强制转换为 MKMapView（第 50 行），控制器设置 TrackingMapView 为 MKMapView 的子视图。然后，调用 MKMapView 的 **convertCoordinate:toPointToView:** 方法，该方法接收一个在 TrackingMapView 中代表下一个位置的 CGPoint 对象参数。

如果不是第一次循环迭代(第 54 行),调用 CGContextMoveToPoint 函数来选择图形上下文中上次绘制点的位置(第 57 行)。CGContextAddLineToPoint 函数添加一条从上次绘制点到当前点坐标的线(第 60 行)。第 63 和 64 行使用两点之间的距离公式计算上次的线段长度,并添加到距离中。如果这个距离大于或等于 ARROW_THRESHOLD(第 67 行),我们在路线上绘制一个新的箭头。第 70 行使用 arrow.png 声明一个新的 UIImage 对象,而第 71 行声明了一个 CGRect 对象 frame。第 74 和 75 行调用 CGPointMake 函数在最近的线段中心创建一个新 CGPoint。然后,我们设置 frame 的大小为图片的大小(第 78 ~ 81 行)并且设置其坐标原点在这个线段的中心(第 84 ~ 87 行)。

CGContextSaveGState 函数保存当前图形上下文的坐标系统(第 90 行),以便我们能够在后面恢复它。第 93 ~ 95 行调用 **CGContextTranslateCTM** 函数来把图形上下文放置到线段中心位置,我们要在这里显示箭头。第 98 ~ 103 行计算图形上下文需要旋转的角度,以便当我们在该上下文中绘制箭头时与线条第二个端点垂直。CGContextRotateCTM 函数以计算出的角度旋转这个图形上下文(第 106 行)。第 109 ~ 111 行调用 CGContextDrawImage 函数绘制箭头图片。第 114 行使用 CGContextRestoreCGState 函数恢复图形下上文的原始坐标系统。第 119 行调用函数 CGContextStrokePath 来绘制路线。我们在绘制箭头后绘制路线,这样路线可以显示在箭头上面。

3. TrackingMapView 类的 addPoint:和 reset 方法

addPoint:方法(参见代码 11-4 的第 124 ~ 136 行)添加一个新的 CLLocation 到 points 中。在添加新的位置前,我们要确保它不与最近一次的位置相同,否则意味着用户在此之后没有移动过。第 127 行使用 NSMutableArray 的 lastObject 方法接收 points 中的最后一个元素。第 130 和 131 行比较 CLLocations 对象 point 和 lastPoint 的经纬度属性。如果两者不同,我们添加新的 CLLocaton 到 points 中(第 133 行)。然后,通过调用 UIView 的 setNeedsDisplay 方法迫使 TrackingMapView 重新绘制(第 134 行)。reset 方法(第 139 ~ 143 行)通过调用 NSMutableArray 的 removeAllObjects 方法从 TrackingMapView 中删除用户路线,并调用 setNeedsDisplay 方法迫使 TrackingMapView 重新绘制(第 141 和 142 行)。

代码 11-4　TrackingMapView 类的 addPoint:和 reset 方法

```
123 //  添加一个新位置点到列表中
124 - (void)addPoint:(CLLocation *)point
125 {
126     //  存放最近的位置点
127     CLLocation *lastPoint = [points lastObject];
128 
129     //  如果新的位置点与最近一次的位置不同
130     if (point.coordinate.latitude != lastPoint.coordinate.latitude ||
131        point.coordinate.longitude != lastPoint.coordinate.longitude)
132     {
133         [points addObject:point];  //  添加这个点
```

```
            [self setNeedsDisplay];  //  重新绘制这个视图
        } //  if 结束
} //  addPoint:方法结束

//  删除所有的位置点并更新显示
- (void)reset
{
        [points removeAllObjects];  //  清空 points
        [self setNeedsDisplay];  //  更新显示
} //  reset 方法结束

```

4. TrackingMapView 类的 mapView:regionWillChangeAnimated: 和 mapView:regionDidChangeAnimated: 方法

MKMapViewDelegate 协议的 mapView:regionWillChangeAnimated:方法（参见代码 11-5 的第 146 ~ 150 行）在当前显示的地图将要转变时被 MKMapView 所调用。第 149 行隐藏在此过渡期间的 TrackingMapView，这可以避免在地图变化时路线显示会有临时偏差。当地图完成转变时，MKMapViewDelegate 协议的 mapView:regionDidChangeAnimated:方法被调用。第 156 行表示 TrackingMapView 被显示，第 157 行调用 UIView 的 setNeedsDisplay 方法以使 TrackingMapView 进行重新绘制。

代码 11-5　TrackingMapView 类的 mapView:regionWillChangeAnimated:和 mapView:regionDidChangeAnimated:方法

```
145 //  当地区将要变化时由 MKMapView 调用
146 - (void)mapView:(MKMapView *)mapView regionWillChangeAnimated:
147   (BOOL)animated
148 {
149         self.hidden = YES;  //  在转变过程中隐藏着个视图
150 } //  mapView:regionWillChangeAnimated:方法结束
151
152 //  当地区变化完成时由 MKMapView 调用
153 - (void)mapView:(MKMapView *)mapView
154    regionDidChangeAnimated:(BOOL)animated
155 {
156         self.hidden = NO;  //  显示这个视图
157         [self setNeedsDisplay];  //  重新绘制这个视图
158 } //  mapview:regionDidChangeAnimated:方法结束
159
160 //  释放 TrackingMapView 的内存
161 - (void)dealloc
162 {
163         [points release];  //  释放 points
164         [super dealloc];  //  调用父类的 dealloc 方法
165 } //  dealloc 方法结束
166 @end    //  TrackingMapView 类实现结束
```

11.4.2 Controller 类

Controller 是 UIViewController 的一个子类，实现了 MKMapViewDelegate 协议和 CLLocationManagerDelegate 协议（参见代码 11-6 的第 9 和 10 行)，表明这个类可以接收来自 CLLocationManager 对象的消息。CLLocationManager 类是 Core Location 框架的一部分，并提供有关 iPhone 位置和指南针指向的信息。

代码 11-6　路线跟踪器应用程序 Controller 类的接口声明

```
1   //  Controller.h
2   //  路线跟踪器应用程序的控制器类的接口声明
3   //  Implementation  in Controller.m
4   #import <UIKit/UIKit.h>
5   #import <MapKit/MapKit.h>
6   #import <CoreLocation/CoreLocation.h>
7   #import "TrackingMapView.h"
8
9   @interface Controller : UIViewController <MKMapViewDelegate,
10    CLLocationManagerDelegate>
11  {
12      //  触摸这个按钮来开始或停止跟踪
13      IBOutlet  UIBarButtonItem *startButton;
14      TrackingMapView *trackingMapView;  //  显示地图和路线的视图
15      IBOutlet MKMapView *mapView;  //  代表地图
16      CLLocationManager *locationManager;  //  提供位置信息
17      BOOL tracking;  //  是否处于跟踪状态
18      float distance;  //  用户行走距离
19      NSDate *startDate;  //  保存跟踪时间
20      CLHeading *heading;  //  iPhone 指南针指向
21  } //  实例变量声明结束
22
23  //  声明输出口为属性
24  @property (nonatomic,retain) IBOutlet UIBarButtonItem *startButton;
25  @property (nonatomic,retain) IBOutlet MKMapView *mapView;
26
27  - (IBAction)toggleTracking;  //  在跟踪或不跟踪之间切换
28  - (IBAction)resetMap;  //  重置 MKMapView
29  - (IBAction)selectMapMode:sender;  //  选择地图显示类型
30  @end        //  Controller 接口结束
```

startButton 输出口变量（第 13 行）是被连接到是否进行用户路线跟踪的按钮。第 14 行声明一个 TrackingMapView。MKMapView 类型的 mapView 变量代表了 TrackingMapView 中显示（第 15 行）的地图。第 16 行声明了一个 CLLocationManager 用于获取绘制用户路线的位置和指南针指向信息。BOOL 类型变量 tracking 指定应用程序是否正在跟踪用户的路线而 distance 存放了当前路途的总行程。NSDate 类存储了一个日期和时间。第 19 行声明了一个 NSDate 对象用来存储跟踪启动时间。第 20 行声明一个 CLHeading 对象代表 iPhone 的指南针指向。

Controller 类还声明了 3 个方法（第 27～29 行）：

- toggleTracking：如果尚未跟踪用户路线的话，告诉 CLLocationManager 来启动跟踪。否则，停止跟踪并显示一个包含路线统计信息的提示框。
- resetMap：从地图上清除之前的路线。
- selectMapMode：在街道、卫星和混合地图之间切换。

1．Controller 类的 viewDidLoad 方法

Controller 的 viewDidLoad 方法（参见代码 11-7）从初始化继承的父类成员及设置 tracking 为 NO 开始。第 18 和 19 行初始化 trackingMapView 为与 mapView 有相同尺寸，因为我们想在 mapView 上重叠这个 trackingMapView。第 22 行调用 UIView 的 addSubview: 方法来把 trackingMapView 添加为 mapView 的子视图。然后我们设置 mapView 的委托属性为 trackingMapView（第 26 行），这样 mapView 可以在地图移动时递交通知给 trackingMapView。

第 29 和 32 行初始化 locationManager，并设置其委托为控制器对象。设置 locationManager 的 desiredAccuracy 属性为 kCLLocationAccuracyBest（第 35 行）指定 locationManager 提供的位置和指南针指向信息应该尽可能准确（只要 iPhone 的硬件能够支持）。

代码 11-7　Controller 类的 viewDidLoad 方法

```
1   // Controller.m
2   // 路径跟踪器的控制器类
3   #import "Controller.h"
4
5   @implementation Controller
6
7   // 为属性生成 get 和 set 方法
8   @synthesize startButton;
9   @synthesize mapView;
10
11  // 当主视图完成加载时被调用
12  - (void)viewDidLoad
13  {
14      [super viewDidLoad]; // 初始化父类
15      tracking = NO; // 设置 tracking 为 NO
16
17      // 初始化 TrackingMapView
18      trackingMapView =
19        [[TrackingMapView alloc] initWithFrame:mapView.frame];
20
21      // 添加 trackingMapView 为 mapView 的子视图
22      [mapView addSubview:trackingMapView];
```

```
        [trackingMapView release]; // 释放 TrackingMapView

        // 设置 trackingMapView 为 mapView 的委托
        mapView.delegate = trackingMapView;

        // 初始化位置管理器
        locationManager= [[CLLocationManager alloc] init];

        // 设置 locationManager 的委托为其自身
        locationManager.delegate = self;

        // 设置 locationManager 来提供尽可能精确的信息
        locationManager.desiredAccuracy = kCLLocationAccuracyBest;
} // viewDidLoad 方法结束

```

2．Controller 类的 toggleTracking 方法

toggleTracking 方法（参见代码 11-8）在用户触摸应用程序右下角的按钮时被调用，应用程序将在开始跟踪和停止跟踪之间转换，这取决于当前跟踪状态。如果应用程序正在跟踪用户的路线（第 42 行），我们设置 tracking 为 NO（第 44 行），然后使用 UIApplication 的 setIdleTimerDisabled：方法（第 47 行）启用 iPhone 的睡眠模式。我们还设定 startButton 的标题属性为 Start Tracking（第 48 行）。然后发送 stopUpdatingLocation 和 stopUpdatingHeading 消息来防止 locationManager 监控 iPhone 的位置和方向（第 49 和 50 行）。第 51 和 52 行设置 mapView 的 scrollEnabled 和 zoomEnabled 属性为 YES，这将允许用户滚动、放大或缩小地图。

代码 11-8　Controller 类的 toggleTracking 方法

```
38 // 当用户触摸 Start Tracking 按钮时调用
39 - (IBAction)toggleTracking
40 {
41         // 如果应用程序正处于跟踪状态
42         if (tracking)
43         {
44                 tracking = NO; // 停止跟踪
45 
46                 // 使得 iPhone 进入睡眠状态
47                 [[UIApplication sharedApplication] setIdleTimerDisabled:NO];
48                 startButton.title = @"Start Tracking"; // 更新按钮标题
49                 [locationManager stopUpdatingLocation]; // 停止跟踪位置
50                 [locationManager stopUpdatingHeading]; // 停止跟踪方向
51                 mapView.scrollEnabled = YES; // 允许用户滚动地图
52                 mapView.zoomEnabled = YES; // 允许用户缩放地图
53 
54                 // 获取跟踪开始后消逝的时间
```

```
55          float time = -[startDate timeIntervalSinceNow];
56
57          // 使用各种计算来格式化最终消息
58          NSString *message = [NSString stringWithFormat:
59          @"Distance %.02f km, %.02f mi\nSpeed: %.02f km/h, %.02f mph",
60          distance / 1000, distance * 0.00062, distance * 3.6 / time,
61          distance * 2.2369 / time];
62
63          // 创建一个提示框来显示这个消息
64          UIAlertView *alert = [[UIAlertView alloc]
65          initWithTitle:@"Statistics" message:message delegate:self
66          cancelButtonTitle:@"Return" otherButtonTitles:nil];
67          [alert show]; // 显示这个提示框
68          [alert release]; // 释放这个提示框
69       } // if 结束
70       else // 开始跟踪
71       {
72          tracking = YES; // 设置开始跟踪标志
73          mapView.scrollEnabled = NO; // 防止用户滚动地图
74          mapView.zoomEnabled = NO; // 防止用户缩放地图
75
76          // 阻止 iPhone 进入睡眠状态
77          [[UIApplication sharedApplication] setIdleTimerDisabled:YES];
78          startButton.title = @"Stop   Tracking"; // 更新按钮标题
79          distance = 0.0; // 重置距离
80          startDate = [[NSDate date] retain]; //store the start time
81          [locationManager startUpdatingLocation]; //start tracking location
82          [locationManager startUpdatingHeading]; //start tracking heading
83       } // else 结束
84    } // toggleTracking 方法结束
85
```

第 55 行调用 NSDate 的 timeIntervalSinceNow 方法返回一个包含从 startDate(即当第一次启动应用程序跟踪时)创建以来消逝时间(秒)的浮点数。然后，我们创建了一个包含用户旅行的距离和速度信息的 NSString(第 58 ~ 61 行)，计算时同时使用标准和公制计量单位。第 64 ~ 66 行在一个包含 Return 按钮的提示框中显示这个字符串。

如果应用程序没有跟踪用户路线(第 70 行)，我们设置 tracking 为 YES(第 72 行)。第 73 和 74 行设置 mapView 的 scrollEnabled 和 zoomEnabled 属性为 NO，这样跟踪过程中用户将无法滚动或缩放地图。然后，我们通过 UIApplication 的 setIdleTimerDisabled：方法来禁用 iPhone 的休眠模式(第 77 行)。第 78 和 79 行设置 startButton 的标题属性为 Stop Tracking 并重置距离为零。我们创建一个新的 NSDate 来监控用户旅行所花费时间。然后发送 startUpdatingLocation 和 startUpdatingHeading 消息告诉 locationManager 开始监控 iPhone 的位置和方向。

3．Controller 类的 resetMap, selectMapMode: 和 mapView:viewForAnnotation:方法

当用户触摸 Reset 按钮时，resetMap 方法（参见代码 11-9 的第 87～90 行）调用 trackingMapView 的 reset 方法，这将清除地图中的路线。当用户触摸包含地图选项的分段控件时，selectMapMode:方法（第 93～109 行）将被调用来更新地图类型。第 95 行获取 UISegmentedControl 的 selectedSegmentIndex 属性，它代表触摸项的索引。如果索引为 0，我们设置 mapView 的 mapType 属性为 MKMapTypeStandard，这导致 mapView 显示一个标准的街道地图（第 101 行）。如果索引为 1，我们设置 mapType 属性为 MKMapTypeSatellite（第 104 行）来显示一个卫星图像。如果索引为 2，我们设置 mapType 属性为 MKTypeHybrid 来在卫星图像上叠加街道地图。

mapView:viewForAnnotation:方法（第 112～116 行）返回空（nil），因为这里我们不使用注解。MKAnnotationView 类代表注解，可以用来在地图上标记位置。

代码 11-9 Controller 类的 resetMap、selectMapMode:和 mapView:viewForAnnotation:方法

```
86  // 当用户触摸 Reset 按钮时被调用
87  - (IBAction)resetMap
88  {
89      [trackingMapView reset]; // 清除所有保存的位置点
90  } // resetMap 方法结束
91
92  // 当用户触摸 UISegmentedControl 的一个分段时被调用
93  - (IBAction)selectMapMode:sender
94  {
95      int index = [sender selectedSegmentIndex]; // 获取选中的分段
96
97      // 根据选中的分段来设置地图类型
98      switch (index)
99      {
100         // 显示标准地图
101         case 0: mapView.mapType = MKMapTypeStandard; break;
102
103         // 显示卫星地图
104         case 1: mapView.mapType = MKMapTypeSatellite; break;
105
106         // 显示混合地图
107         case 2: mapView.mapType = MKMapTypeHybrid; break;
108     } // switch 结束
109 } // selectMapMode:方法结束
110
111 // MKMapView 的委托方法
112 - (MKAnnotationView *)mapView:(MKMapView *)mapView viewForAnnotation:
113   (id <MKAnnotation>)annotation
114 {
115     return nil; // 我们不需要注解
```

```
} //  mapView:viewForAnnotation:方法结束
```

4．Controller 类的 locationManager:didUpdateToLocation:fromLocation: 方法

CLLocationManagerDelegate 协议的 locationManager:didUpdateToLocation:fromLocation: 方法（参见代码 11-10）在每次 CLLocationManager 更新 iPhone 位置时被调用。这个方法接收一个代表 iPhone 当前位置的 CLLocation 对象（newLocation）和一个代表 iPhone 之前所处位置的 CLLocation 对象（第 119 和 120 行）。第 123 行传递 newLocation 给 TrackingMapView 的 addPoint 方法。如果这不是添加的第一个位置（第 126 行），我们使用 CLLocation 的 getDistanceFrom:方法计算位置之间的距离，然后添加其结果到 distance 变量。第 133 行使用 MapKit 的 MKCoordinateSpanMake 函数创建一个 MKCoordinateSpan 结构体，跨度为 0.005 度经度和 0.005 度纬度。MKCoordinateSpan 结构体代表 MKCoordinateRegion 所覆盖面积的大小。MKCoordinateRegion 结构体代表要显示的总地图的一部分。第 136 和 137 行创建一个新的 MKCoordinateRegion 和跨度大小相同，以 newLocation 为中心。第 140 行传递这个新的地区给 UIMapView 的 setRegion 方法来居中显示用户在 mapView 中的位置。

代码 11-10　Controller 类的 locationManager:didUpdateToLocation:fromLocation:方法

```
118 //  每当位置管理器更新当前位置时被调用
119 - (void)locationManager:(CLLocationManager *)manager didUpdateToLocation:
120   (CLLocation *)newLocation fromLocation:(CLLocation *)oldLocation
121 {
122       //  添加这个新位置到地图中
123       [trackingMapView addPoint:newLocation];
124 
125       //  如果之前有一个位置
126       if (oldLocation != nil)
127       {
128           //  添加本次行走距离到总距离中
129           distance += [newLocation getDistanceFrom:oldLocation];
130       }
131 
132       //  创建一个以该点为中心的地区
133       MKCoordinateSpan span = MKCoordinateSpanMake(0.005, 0.005);
134 
135       //  创建一个以新位置为中心的 MKCoordinateRegion
136       MKCoordinateRegion region = MKCoordinateRegionMake(
137         newLocation.coordinate, span);
138 
139       //  重新调整地图位置来显示这个新的位置点
140       [mapView setRegion:region animated:YES];
141 } //  locationManager:didUpdateToLocation:fromLocation 方法结束
142 
```

5. Controller 类的 locationManager:didUpdateHeading:和 locationManager:didFailWithError: 方法

每当 CLLocationManager 更新 iPhone 的指南针指向时，CLLocationManagerDelegate 协议的 locationManager:didUpdateHeading:方法（参见代码 11-11）被调用。newHeading 的 trueHeading 属性被转换为弧度(从角度转换)并存放到浮点数变量 rotation 中(第 148 行)。第 151 行重置 mapView 的 transform 属性为 CGAffineTransformIdentity，这将恢复 mapView 的坐标系统为其原始设置。第 154 和 155 行创建一个新的 CGAffineTransform 并将其应用到 mapView，这导致地图旋转一个从 newHeading 接收到的角度。locationManager: didFailWithError:方法（第 159～167 行）检查错误码，以确认用户是否拒绝位置服务。如果是这样，第 164 行调用 CLLocationManager 的 stopUpdatingLocation 方法来停止使用定位服务。第 166 行把位置管理失败写入日志。这可能有多种原因，如硬件错误或用户拒绝访问定位服务。

代码 11-11　Controller 类的 locationManager:didUpdateHeading:和 locationManager:didFailWithError:方法

```
143 //  当位置管理器更新指南针指向时被调用
144 - (void)locationManager:(CLLocationManager *)manager didUpdateHeading:
145  (CLHeading *)newHeading
146 {
147       //  以弧度计算旋转角度
148       float rotation = newHeading.trueHeading * M_PI / 180;
149 
150       //  重置 mapView 的变换
151       mapView.transform = CGAffineTransformIdentity;
152 
153       //  以该角度创建一个新的 transform
154       CGAffineTransform transform = CGAffineTransformMakeRotation(-rotation);
155       mapView.transform = transform;  //  应用这个新的 transform
156 } //  locationManager:didUpdateHeading:方法结束
157 
158 //  如果 CLLocationManager 失败，打印一个错误信息到命令行
159 - (void)locationManager:(CLLocationManager *)manager didFailWithError:
160  (NSError *)error
161 {
162       //  如果用户不允许访问其位置信息，停止使用定位服务
163       if ([error code]== kCLErrorDenied)
164          [locationManager stopUpdatingLocation];
165 
166       NSLog(@"location manager failed");  //  记录位置管理器错误日志
167 } //  locationManager:didFailWithError:方法结束
168 
169 //  释放 Controller 的内存
170 - (void)dealloc
171 {
```

```
    [startButton release];  //  释放 startButton
    [mapView release];  //  释放 mapView
    [locationManager release];  //  释放这个 CLLocationManager
    [super dealloc];  //  调用父类的 dealloc
} //  dealloc 方法结束
@end  //  Controller 类实现结束
```

11.5 小结

在路线跟踪器应用程序中，我们使用 Map Kit 框架显示一个地图，它依赖于 Google 地图的 Web 服务来获取地图数据。MKMapView 类让我们可以在地图视图上面绘制线路，改变地图显示模式，在街道、卫星和混合地图之间切换。Core Location 框架和 CLLocationManager 类允许我们访问用户的位置和指南针指向来绘制路线并保持地图指向用户相同的方向。NSDate 类帮助我们确定用户行程所花费的时间，这让我们能够计算出用户行程沿线的平均速度。

在第 12 章中，我们将构建一个幻灯片应用程序， 它允许用户使用图片和音乐来创建并显示一个幻灯片，该应用程序将允许用户访问 iPhone 的音乐和相片库。相片选取器将被用来添加新的相片到这个幻灯片中，而音乐选取器将被用来为幻灯片选择一首背景歌曲。

12

幻灯片应用程序

（访问相片和 iPod 音乐库）

本章导读：

- 使用UIImagePickerController允许用户从iPhone的相片图库中添加图片到幻灯片中。
- 使用MPMediaPickerController允许用户从iPod音乐库中添加音乐到幻灯片中。
- 使用UIActionSheet允许用户选择幻灯片图像切换到下一张的方式。
- 使用MPMusicPlayerController在幻灯片的演示过程中播放iPod音乐库中的音乐。
- 检测方向切换，允许幻灯片在横屏模式下显示。

Outline

12.1 幻灯片应用程序简介

幻灯片程序允许用户使用相簿中的相片和 iPod 音乐库中的音乐创建和管理幻灯片。每张幻灯片的标题和第一幅图像显示在一个表格中，如图 12-1 所示。本程序并不会在关闭时保存幻灯片（我们将在下一章增强型幻灯片程序中使用这个功能）。点击一张幻灯片旁的 Play 按钮播放幻灯片，如图 12-2（a）所示。幻灯片正在播放时将 iPhone 旋转到水平方向横向显示图像，如图 12-2（b）所示。每张图片显示 5 秒钟，在这期间后台播放用户从 iPod 音乐库中选择的歌曲。图像切换方式不论是渐变还是从左侧滑来，都是用户创建幻灯片时指定的。点击程序左上角的 Edit 按钮在每张幻灯片旁边显示删除控件按钮（ ），如图 12-3（a）所示。

图 12-1 | 保存的幻灯片列表

点击选择的幻灯片旁的 Delete 按钮（见图 12-3（b））允许用户移除这张幻灯片。用户点击 New 按钮创建一张新的幻灯片。

（a）　　　　　　　　　　　　（b）

图 12-2 | 在竖屏和横屏模式下播放幻灯片.

（a）　　　　　　　　　　　　（b）

图 12-3 | 编辑幻灯片列表

点击程序右上角的 New 按钮出现一个文本输入框要求输入新幻灯片的名称，如图 12-4（a）所示。编辑幻灯片界面（参见图 12-4（b））允许用户为幻灯片添加图片、音乐和效果。点击程序左上角的 Add Picture 按钮显示 iPhone 的相片图库，如图 12-5 所示。

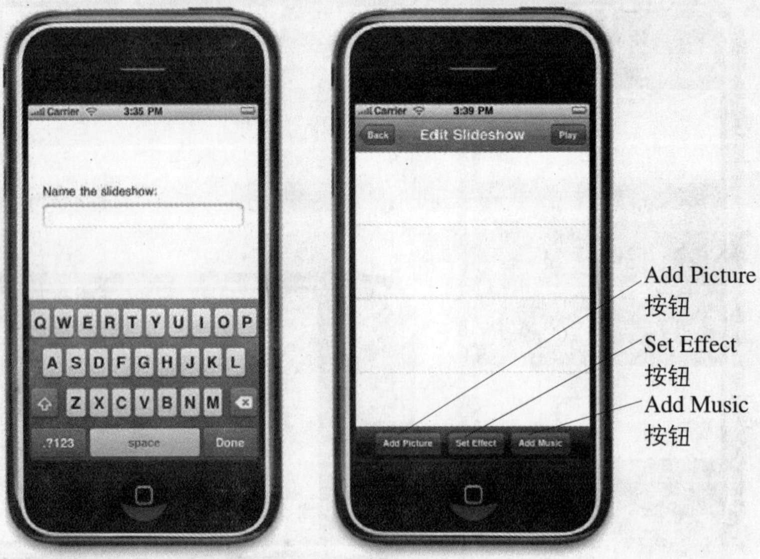

（a）　　　　　　　　（b）

图 12-4 | 创建一张新的幻灯片

图 12-5 | 相片库

点击任意一个相簿，显示相簿中的所有图片，如图12-6（a）所示用户点击一张图片可以看到放大的效果。点击Choose按钮将这张相片添加到幻灯片中，如图12-6（b）所示。

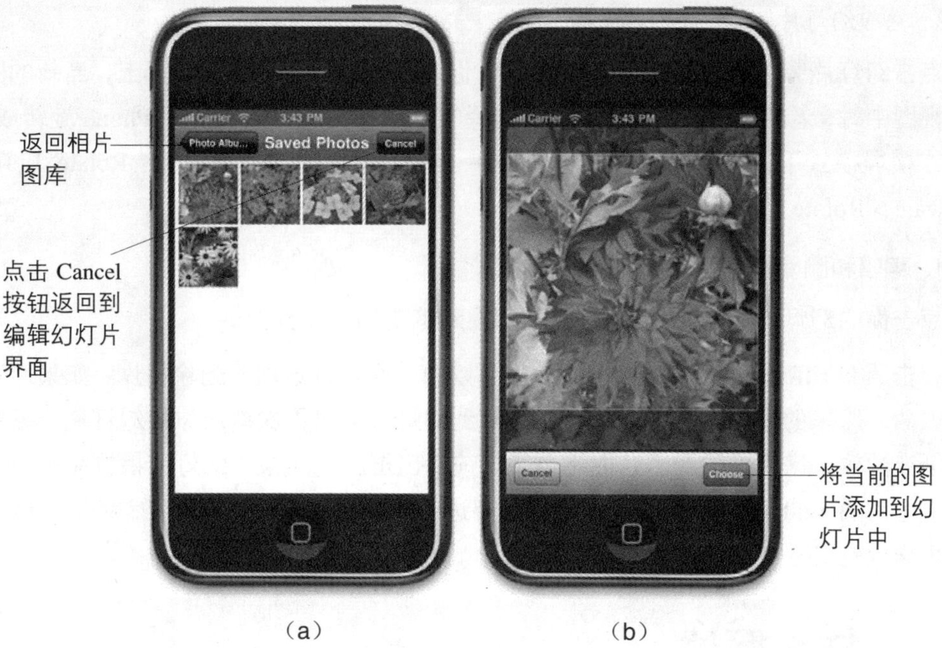

图 12-6 | 选择一张图片

12.2 试运行应用程序

1．打开完整程序

打开包含幻灯片程序项目的文件夹。双击 Slideshow.xcodeproj 在 Xcode 中打开这个项目。

2．添加一张新的幻灯片

点击程序顶部的 New 按钮显示幻灯片编辑界面。点击 Add Picture 按钮显示 iPhone（或模拟器）的相片图库。如果你使用的是模拟器，则点击保存的相片；否则，点击你的个人相片中的任意一个目录。点击任意一张相片来查看相片的放大效果，点击 Choose 按钮添加这张相片到幻灯片中并返回到编辑幻灯片界面。点击此处的 Cancel 按钮取消添加图片并返回到之前的界面。添加两张以上的图片到幻灯片中。点击顶部图片旁边的重排控件（☰），并将其拖曳到列表的底部，这样它就变成了幻灯片中最后显示的一张了。现在点击顶部图片旁的删除控件按钮（⊖）然后点击 Delete 按钮来将这张图片从幻灯片中移除。

点击 Add Effect 按钮并选择 Slide，这样幻灯片在切换的时候将图片滑向左边。如果你使用一个真正的 iPhone 来测试本程序，点击“Add Music”按钮显示你的 iPod 音乐库（模拟器不支持这个特性）。从中选择一首或多首歌曲添加到幻灯片中来作为背景音乐。如果你的幻灯片包含足够的图片，幻灯片将播放你选择的歌曲队列；否则，幻灯片将可能在第一首歌还没有播放完的时候就结束了。点击程序左上角的 Back 按钮返回到幻灯片列表。

3．播放幻灯片

点击幻灯片旁边的 Play 按钮来播放它。你添加的图片将显示在屏幕上，当新的图片切换进视图中时，老的图片将滑向左边。你选择的歌曲将在后台播放。将 iPhone 旋转成水平，可以在横屏模式下查看幻灯片。在模拟器中，你可以选择 Hardware > Rotate Left 或者 Hardware > Rotate Right 达到相同的效果。

4．编辑和删除幻灯片

点击你的幻灯片旁的 Modify 按钮，切换到编辑幻灯片界面。

点击 Add Effect 按钮，选择 Fade。你可以像前面一样添加或删除相片。如果你选择不同的歌曲，原来的歌曲列表将被置换。返回到幻灯片列表再次播放你的幻灯片，图片现在是用渐变的效果来切换显示了，而不再是之前滑出屏幕的效果。幻灯片播放完毕后，点击程序左上角的 Edit 按钮。点击你的幻灯片旁边的删除控件按钮（ ），然后点击 Delete 按钮将把你的幻灯片从程序中擦除。

12.3 技术概述

程序的幻灯片列表显示在一个 UITableView 中，其中包含了自定义的 UITableViewCell，我们向其中加入 Play 和 Modify 按钮。编辑幻灯片界面使用一个包含标准 UITableViewCell 的 UITableView 来显示选中的幻灯片中的所有图片。我们将使用一个包含 UIToolbar 的 UINavigationController 来允许用户在程序的不同屏幕间导航。使用 UIBarButtonItem 来切换不同的视图、删除图像和幻灯片。

Photo API 包含图片选取器，它为用户提供了从 iPhone 的相片图库选择相片的接口。我们创建一个 UIImagePickerController 来允许用户将相片图库中的相片添加到幻灯片中。我们使用 MPMediaPickerController 来控制相似的内置接口，允许用户从 iPod 音乐库中选择幻灯片的背景音乐。我们将 iPod 音乐库中选出的歌曲存储在一个 MPMediaItemCollection 中。MPMusicPlayerController 用来播放选择的歌曲。

用户使用 UIActionSheet 来为幻灯片选择一种图像切换效果，它提供了一个界面展示描述不同图像切换方式的按钮，每个按钮相当于切换种类中的一个成员，这些切换种类定义了程序支持的不同的切换方式。

12.4 构建应用程序

RootViewController 控制视图显示已创建的幻灯片列表。用户可以播放、修改和删除这个视图中存在的幻灯片。SlideshowViewController 控制视图播放幻灯片。NameViewController 控制视图命名新的幻灯片名称，它提供了一个文本输入框供用户输入指定的幻灯片的名称。

在 SlideshowDataViewController 控制的视图中，用户可以为幻灯片添加图片，切换效果和音乐。

12.4.1 RootViewController 类

RootViewController 类（参见代码 12-1）是 UITableViewController 的子类，同时它实现了 SlideshowCellDelegate（参见代码 12-9）和 NameViewControllerDelegate（参见代码 12-18）协议。NSMutableArray 类型的 slideshows 变量（第 13 行）将存储用户的幻灯片。addSlideshow 方法（第 16 行）显示了一个用于命名的视图，允许用户输入新幻灯片的标题。命名后的幻灯片将显示在 RootViewController 的幻灯片列表中。

代码 12-1　幻灯片主列表视图控制器类 RootViewController

```
1    //  RootViewController.h
2    //  幻灯片主列表视图控制器类 RootViewController
3    //  在 RootViewController.m 文件中实现
4    #import <MediaPlayer/MediaPlayer.h>
5    #import "SlideshowDataViewController.h"
6    #import "SlideshowCell.h"
7    #import "NameViewController.h"
8
9    //  RootViewController 接口声明
10   @interface RootViewController : UITableViewController
11   <SlideshowCellDelegate, NameViewControllerDelegate>
12   {
13   NSMutableArray *slideshows; //  已创建的幻灯片
14   } //  实例变量声明结束
15
16   - (void)addSlideshow;  //  允许用户添加新的幻灯片
17   @end  //  接口 RootViewController 结束
```

1．RootViewController 类的 viewDidLoad 方法

RootViewController 的视图初始化完成后调用 viewDidLoad 方法，如代码 12-2 所示。第 10 和 11 行调用父类的 viewDidLoad 方法并初始化 NSMutableArray 类型的 slideshows。第 12 行调用 RootViewController 的 navigationItem 的 setTitle 方法在程序的顶部显示幻灯片的名称。

代码 12-2　RootViewController 类的 viewDidLoad 方法

```
1    //  RootViewController.m
2    //  该类控制幻灯片的主列表
3    #import "RootViewController.h"
4
5    @implementation RootViewController
6
```

```
7   // 视图初始化完成后调用本方法
8   - (void)viewDidLoad
9   {
10      [super viewDidLoad]; // 父类初始化
11      slideshows = [[NSMutableArray alloc] init]; // 初始化 slideshows
12      [self.navigationItem setTitle:@"Slideshows"]; // 设置导航栏的标题
13
14      // 创建 newSlideshowButton 添加新的幻灯片
15      UIBarButtonItem *newSlideshowButton = [[UIBarButtonItem alloc]
16      initWithTitle:@"New" style:UIBarButtonItemStylePlain target:self
17      action:@selector(addSlideshow)];
18
19      // 创建 Back 按钮供用户导航返回使用
20      UIBarButtonItem *backButton = [[UIBarButtonItem alloc]
21      initWithTitle:@"Back" style:UIBarButtonItemStylePlain target:nil
22      action:nil];
23
24      // 将 newSlideshowButton 添加到导航栏的右边
25      [self.navigationItem setRightBarButtonItem:newSlideshowButton];
26      self.navigationItem.leftBarButtonItem = self.editButtonItem;
27
28      // 设置用户导航返回时所用的 Back 按钮
29      [self.navigationItem setBackBarButtonItem:backButton];
30      self.tableView.rowHeight = ROW_HEIGHT; // 设置表格的行高
31      [newSlideshowButton release]; // 释放 newSlideshowButton
32      [backButton release]; // 释放 backButton
33  } // viewDidLoad 方法结束
34
```

第 15 ~ 17 行创建了一个新的标题为 New 的 UIBarButtonItem，当点击时它将调用 addSlideshow 方法，这将允许用户创建一个新的幻灯片。第 20 ~ 22 行创建了一个新的标题为 Back 的 UIBarButtonItem，并添加到导航栏中，当用户离开 RootViewController 时，使用它就可以返回本视图。我们随后在导航栏的右边添加 New 按钮（第 25 行）。第 26 行将 RootViewController 的 editButtonItem 属性添加到导航栏的左边。这就是我们用来删除幻灯片的 Edit 按钮。第 29 行将 backButton 传递给 UINavigationItem 的 setBackBarButtonItem: 方法，当用户导航到其他视图时，backButton 将会出现。

2. RootViewController 类的 viewWillAppear:和 addSlideshow 方法

当程序每次显示 RootViewController 的视图时，都将调用 viewWillAppear:方法（参见代码 12-3 的第 36 ~ 43 行）。第 38 行调用父类的 viewWillAppear:方法，然后得到 RootViewController 的 UINavigationController，使用它的 setNavigationBarHidden:animated: 方法来显示导航栏（第 41 行）。第 42 行调用 UITableView 的 reloadData 方法来更新 RootViewController 的表格，这样就能显示其他视图所做的改变。

代码 12-3　RootViewController 类的 viewWillAppear:和 addSlideshow 方法

```
35  //  当视图将要显示时调用本方法
36  - (void)viewWillAppear:(BOOL)animated
37  {
38      [super viewWillAppear:animated];  //  向父类传递信息
39
40      //  显示导航栏
41      [self.navigationController setNavigationBarHidden:NO animated:YES];
42      [(UITableView *)self.view  reloadData];  //  更新表格
43  } //  viewWillAppear:方法结束
44
45  //  当点击 New 按钮时调用本方法
46  - (void)addSlideshow
47  {
48      //  创建一个新的 NameViewController
49      NameViewController *controller = [[NameViewController alloc]
50      initWithNibName:@"NameViewController" bundle:nil];
51      controller.delegate = self;  //  将委托设置为 self
52
53      //  显示 NameViewController
54      [self  presentModalViewController:controller  animated:YES];
55  } //  addSlideshow 方法结束
56
```

用户点击 New 按钮时调用 addSlideshow 方法来显示 NameViewController。第 49 ~ 51 行创建一个新的 NameViewController 并设置它的委托为 self。我们调用 UIViewController 的 presentModalViewController:animated:方法来显示 NameViewController（第 54 行）。

3．RootViewController 类的 nameViewController:didGetName:和 tableView:numberOfRowsInSection:方法

nameViewController:didGetName:方法（参见代码 12-4 的第 58 ~ 73 行）声明在 NameViewDelegate 协议中（参见代码 12-18），当用户完成输入新幻灯片的名称时调用这个方法。UIViewController 的 dismissModalViewControllerAnimated:方法隐藏 NameViewController 的视图（第 62 行）。第 65 ~ 67 行创建一个新的 SlideshowDataViewController 并使用 NSMutableArray 的 addObject:方法将其添加到 slideshows 中。我们随后为新的幻灯片的 title 属性设置给定的名称。第 71 行调用 UINavigationController 的 pushViewController:animated:方法来显示新的 SlideshowDataView 类型的 slideshow。tableView:numberOfRowsInSection:方法（第 76 ~ 80 行）指出 RootViewController 的 UITableView 的唯一段落包含与幻灯片数目一样多的行数。

代码 12-4　类 RootViewController 的 nameViewController:didGetName:和 tableView:numberOfRowsInSection: 方法

```
//  从 NameView 中得到幻灯片的名称然后显示 SlideshowDataView
- (void)nameViewController:(NameViewController *)controller
didGetName:(NSString *)name
{
    //  隐藏 NameView
    [self dismissModalViewControllerAnimated:YES];

    //  创建 SlideshowDataViewController
    SlideshowDataViewController *slideshow =
      [[SlideshowDataViewController alloc] init];
    [slideshows addObject:slideshow];  //  将它添加幻灯片的列表中
    slideshow.title = name; //  将幻灯片的标题设置为给定的名称

    //  显示创建的幻灯片视图
    [self.navigationController pushViewController:slideshow animated:YES];
    [slideshow   release];  //  释放 SlideshowDataViewController
} //  nameViewController:didGetName:方法结束

//  表格视图调用本方法得到给定段落中的行数
- (NSInteger)tableView:(UITableView *)tableView numberOfRowsInSection:
 (NSInteger)section
{
    return slideshows.count;  //  每个幻灯片占用一行
} //  tableView:numberOfRowsInSection:方法结束

```

4．RootViewController 类的 tableView:cellForRowAtIndexPath:方法

tableView:cellForRowAtIndexPath:方法（参见代码 12-5）通过给定的 NSIndexPath 得到 UITableViewCell。第 87 ~ 100 行尝试通过 UITableView 的 dequeReusableCellWithIdentifier: 方法复用给定的 tabeView 中的 UITableViewCell。我们设置新的 SlideshowCell 的委托为这个 RootViewController（第 103 行）。第 105 行设置 UITableViewCell 的 selectionStyle 属性为 UITableViewCallSelectionStyleNone，指出当 UITableViewCell 被点击时将不会进行任何动作。第 108 和 109 行得到与点击的 UITableViewCell 对应的 SlideshowDataViewController。第 112 行调用 SlideshowDataViewController 的 firstImage 方法得到一张代表了选中的幻灯片中第一张图片的 UIImage 对象。第 113 和 114 行设置 SlideshowCell 的缩略图（thumbnail）为那张 UIImage，设置 title 为 SlideshowDataViewController 的标题。

代码 12-5　RootViewController 类的 tableView:cellForRowAtIndexPath:方法

```
82  //  表格视图调用本方法得到它需要放置自身的 cell
83  - (UITableViewCell *)tableView:(UITableView *)tableView
84   cellForRowAtIndexPath:(NSIndexPath *)indexPath
```

```
{
    // 创建 cell 的标识
    static NSString *CellIdentifier=@"SlideshowCell";

    // 得到一个可复用的 cell
    SlideshowCell *cell= (SlideshowCell *)[tableView
      dequeueReusableCellWithIdentifier:CellIdentifier];

    // 如果没有可供复用的 cell
    if (cell == nil)
    {
        // 创建一个新的 cell
        cell = [[[SlideshowCell alloc] initWithStyle:
          UITableViewCellStyleDefault reuseIdentifier:CellIdentifier]
          autorelease];
    } // if 结束

    cell.delegate = self; // 将 cell 的委托设置为本对象

    // 当 cell 被选中时不进行任何操作
    cell.selectionStyle = UITableViewCellSelectionStyleNone;

    // 为指定的行得到 SlideshowDataViewController
    SlideshowDataViewController *controller =
      [slideshows objectAtIndex:indexPath.row];

    // 得到指定索引所在幻灯片的第一张图片
    UIImage *image = [controller firstImage];
    cell.thumbnail.image = image; // 设置 cell 的缩略图
    cell.title.text = controller.title; // 设置 cell 的显示文字

    return cell; // 返回为表格视图配置好的 cell
} // tableView:cellForRowAtIndexPath:方法结束

```

5．类 RootViewController 的 slideshowCellDidSelectEditButton:和 slideshowCellDidSelectPlayButton:方法

slideshowCellDidSelectEditButton:方法（参见代码 12-6 的第 120 ~ 126 行）声明在 SlideshowCellDelegate 协议中，点击幻灯片后用来显示 SlideshowDataViewController 的视图。它允许用户编辑选中的幻灯片。

代码 12-6 RootViewController **类的** slideshowCellDidSelectEditButton:**和** slideshowCellDidSelectPlayButton:**方法**

```
119 // 当用户点击 SlideshowCell 上的 modify 按钮后调用本方法
120 - (void)slideshowCellDidSelectEditButton:(SlideshowCell *)cell
```

```
121 {
122     // 得到点击的 cell 的索引路径
123     NSIndexPath *indexPath = [self.tableView indexPathForCell:cell];
124     [self.navigationController pushViewController:
125       [slideshows objectAtIndex:indexPath.row] animated:YES];
126 } // slideshowCellDidSelectEditButton:方法结束
127
128 // 当用户点击 SlideshowCell 上的 play 按钮后调用本方法
129 - (void)slideshowCellDidSelectPlayButton:(SlideshowCell *)cell
130 {
131     // 查找给定 cell 所在的索引路径
132     NSIndexPath *indexPath = [self.tableView indexPathForCell:cell];
133
134     // 得到索引路径处的 SlideshowDataViewController
135     SlideshowDataViewController *data =
136     [slideshows objectAtIndex:indexPath.row];
137
138     // 创建一个新的 SlideshowViewController
139     SlideshowViewController *controller =
140     [[SlideshowViewController alloc] init];
141     controller.pictures = data.pictures; // 设置 controller 的 pictures
142     controller.effect = data.effect; // 设置 controller 的 effect
143     controller.music = data.music; // 设置 controller 的 music
144
145     // 隐藏导航栏
146     [self.navigationController setNavigationBarHidden:YES animated:YES];
147
148     // 显示幻灯片
149     [self.navigationController pushViewController:controller animated:YES];
150 } // slideshowCellDidSelectPlayButton:方法结束
151
```

当用户点击 Play 按钮时，调用 slideshowCellDidSelectPlayButton:方法（第 129 ~ 150 行）来播放幻灯片。第 132 ~ 136 行通过选中的 UITableViewCell 得到 NSIndexPath 并得到 SlideshowDataViewController。然后创建一个新的 SlideshowViewController 来播放选中的幻灯片（第 139 和 140 行）。第 141 ~ 143 行为选中的幻灯片设置 SlideshowViewController 的图片、效果和音乐。我们隐藏导航栏，然后调用 UINavigationController 的 pushViewController:animated:方法来显示幻灯片（第 146 ~ 149 行）。

6. 类 RootViewController 的 tableView:commitEditingStyle:forRowAtIndexPath:方法

方法 tableView:commitEditingStyle:forRowAtIndexPath:（参见代码 12-7）指出 RootViewController 的 UITableViewCells 支持编辑，它将允许用户删除幻灯片。

代码 12-7 类 RootViewController 的 tableView:commitEditingStyle:forRowAtIndexPath:方法

```
152 // 覆盖本方法支持编辑表格视图.
```

```
- (void)tableView:(UITableView *)tableView commitEditingStyle:
 (UITableViewCellEditingStyle)editingStyle forRowAtIndexPath:
 (NSIndexPath *)indexPath
{
     //  确认编辑类型为 delete
     if (editingStyle == UITableViewCellEditingStyleDelete)
     {
          //  移除 indexPath.row 处的关联
          [slideshows removeObjectAtIndex:indexPath.row];

          //  从表格视图中删除行
          [tableView deleteRowsAtIndexPaths:[NSArray arrayWithObject:
             indexPath] withRowAnimation:UITableViewRowAnimationFade];
     } //  if 结束
} //  tableView:commitEditingStyle:forRowAtIndexPath:方法结束

```

7．类 RootViewController 的 tableView:moveRowAtIndexPath:toIndexPath:和 tableView:canMoveRowAtIndexPath:方法

当用户拖曳 UITableViewCell 的重排控件（≡）移动到 RootViewController 的 UITableView 中的一行时，将调用 tableView:moveAtIndexPath:toIndexPath:方法（参见代码 12-8 的第 170 ~ 183 行）。第 174 ~ 178 行得到被拖曳行的 SlideshowDataViewController 并调用 NSMutableArray 的 removeObjectAtIndex:方法将它从 slideshows 中删除。NSIndexPath 类型的 fromIndexPath 指出了正被拖曳的 UITableViewCell。第 181 行在 UITableViewCell 被拖曳的索引位置将 SlideshowDataViewController 插入回 slideshows。NSIndexPath 类型的 toIndexPath 指出了被拖曳的 UITableViewCell 的结束位置。方法 tableView:canMoveRowAtIndexPath:（第 186 ~ 190 行）在本例中始终返回 YES，指出用户可以移动所有的 UITableViewCell。

代码 12-8　类 RootViewController 的 tableView:moveRowAtIndexPath:toIndexPath:和 tableView:canMoveRowAtIndexPath:方法

```
169  //  用户移动表格中的一行时调用本方法
170  - (void)tableView:(UITableView *)tableView moveRowAtIndexPath:
171   (NSIndexPath *)fromIndexPath toIndexPath:(NSIndexPath *)toIndexPath
172  {
173       //  为移动的行得到 SlideshowDataViewController
174       SlideshowDataViewController *data =
175       [[slideshows objectAtIndex:fromIndexPath.row] retain];
176
177       //  移除移动的 SlideshowDataViewController
178       [slideshows removeObjectAtIndex:fromIndexPath.row];
179
180       //  将 SlideshowDataViewController 插入到新的位置
181       [slideshows insertObject:data atIndex:toIndexPath.row];
182       [data release];  //  释放 SlideshowDataViewController 类型的 data
```

```
} //  tableView:moveRowAtIndexPath:toIndexPath:方法结束

//  查看表格中的一行是否被移动
- (BOOL)tableView:(UITableView *)tableView canMoveRowAtIndexPath:
 (NSIndexPath *)indexPath
{
    return YES;  //  表格中所有的行都可以移动
} //  tableView:canMoveRowAtIndexPath:方法结束
```

8．SlideshowCell 接口的声明

SlideshowCell 类（参见代码 12-9）继承自 UITableViewCell，用来显示幻灯片的标题、Play 和 Modify 按钮。第 11～13 行声明了本类的委托和其他的实例变量。我们将 SlideshowCell 中的每一个实例变量都声明为属性（第 17～19 行）。editSlideshow 方法（第 21 行）通知委托，SlideshowCell 的 Edit 按钮被点击了。playSlideshow 方法（第 22 行）通知委托，SlideshowCell 的 Play 按钮被点击了。SlideshowCellDelegate 协议（第 26～33 行）定义两个方法用来通知委托，SlideshowCell 的按钮被点击了。

代码 12-9　UITableViewCell 用来预览一个幻灯片

```
1  //  SlideshowCell.h
2  //  UITableViewCell 用来预览一个幻灯片
3  //  在 SlideshowCell.m 中实现
4  #import <UIKit/UIKit.h>
5
6  @protocol SlideshowCellDelegate;  //  声明 SlideshowCellDelegate 协议
7
8  //  SlideshowCell 接口声明
9  @interface SlideshowCell : UITableViewCell
10 {
11 id <SlideshowCellDelegate>  delegate; //  本类的委托
12 UIImageView *thumbnail;  //  幻灯片的第一张图像
13 UILabel *title;  //  幻灯片的标题
14 } //  实例变量声明结束
15
16 //  将 delegate、thumbnail 和 title 声明为属性
17 @property (nonatomic, assign) id <SlideshowCellDelegate> delegate;
18 @property (nonatomic, readonly) UIImageView *thumbnail;
19 @property (nonatomic, readonly) UILabel *title;
20
21 - (void)editSlideshow;  //  当用户点击 edit 按钮时调用本方法
22 - (void)playSlideshow;  //  当用户点击 play 按钮时调用本方法
23 @end //  接口 SlideshowCell 结束
24
25 //  SlideshowCell 委托协议
26 @protocol SlideshowCellDelegate
27
```

```
// 通知委托 edit 按钮被点击
- (void)slideshowCellDidSelectEditButton:(SlideshowCell *)cell;

// 通知委托 play 按钮被点击
- (void)slideshowCellDidSelectPlayButton:(SlideshowCell *)cell;
@end // 协议 SlideshowCellDelegate 结束
```

9. SlideshowCell 类的 initWithFrame:reuseIdentifier:方法

initWithFrame:reuseIdentifier:方法（参见代码 12-10）初始化 SlideshowCell。第 19 和 20 行在 SlideshowCell 的左边创建一个新的 UIImageView。它被用于显示幻灯片的第一张图片的缩略图。第 23 行拉伸缩略图以适应 SlideshowCell 的高度。第 26 和 27 行创建一个新的标签，稍后会用它来显示幻灯片的标题。第 30～55 行创建 UIButton 类型的 editButton 和 playButton。点击 editButton 调用 SlideshowCell 的 editSlideshow 方法。点击 playButton 调用 playSlideshow 方法。然后调用 UIView 的 addSubview 方法向 SlideshowCell 的 contentView 添加缩略图、标题和按钮，在 UITableViewCell 上显示它们（第 58～61 行）。

代码 12-10　SlideshowCell 类的 initWithFrame:reuseIdentifier:方法

```
1   // SlideshowCell.m
2   // SlideshowCell 的实现
3   #import "SlideshowCell.h"
4
5   @implementation SlideshowCell
6
7   @synthesize delegate; // 为 delegate 生成 get 和 set 方法
8   @synthesize thumbnail; // 为 thumbnail 生成 get 和 set 方法
9   @synthesize title; // 为 title 生成 get 和 set 方法
10
11  // 初始化 SlideshowCell
12  - (id)initWithStyle:(UITableViewCellStyle)style
13     reuseIdentifier:(NSString *)reuseIdentifier
14  {
15     // 如果父类已经完成初始化
16     if (self = [super initWithStyle:style reuseIdentifier:reuseIdentifier])
17     {
18        // 初始化 thumbnail
19        thumbnail =
20           [[UIImageView alloc] initWithFrame:CGRectMake(20, 10, 120, 76)];
21
22        // 缩放图像以适应视图
23        thumbnail.contentMode = UIViewContentModeScaleAspectFit;
24
25        // 初始化 title
26        title =
27           [[UILabel alloc] initWithFrame:CGRectMake(148, 20, 152, 21)];
28
```

```
29              //  初始化 editButton
30              UIButton *editButton =
31                  [UIButton buttonWithType:UIButtonTypeRoundedRect];
32
33              //  设置 editButton 的边框（frame）
34              editButton.frame = CGRectMake(228, 49, 72, 37);
35
36              //  设置 editButton 的文字
37              [editButton setTitle:@"Modify" forState:UIControlStateNormal];
38
39              //  当点击时使 editButton 调用 editSlideshow 方法
40              [editButton addTarget:self action:@selector(editSlideshow)
41                  forControlEvents:UIControlEventTouchUpInside];
42
43              //  初始化 playButton
44              UIButton *playButton =
45                  [UIButton buttonWithType:UIButtonTypeRoundedRect];
46
47              //  设置 playButton 的文字
48              [playButton setTitle:@"Play" forState:UIControlStateNormal];
49
50              //  设置 playButton 的边框
51              playButton.frame = CGRectMake(148, 49, 72, 37);
52
53              //  当点击时使 playButton 调用 playSlideshow 方法
54              [playButton addTarget:self action:@selector(playSlideshow)
55                  forControlEvents:UIControlEventTouchUpInside];
56
57              //  将以上组件加入到 contentView 中
58              [self.contentView addSubview:thumbnail];  //  将 thumbnail 添加到视图中
59              [self.contentView addSubview:title];  //  将 title 添加到视图中
60              [self.contentView addSubview:editButton]; //  将 editButton 添加到视图中
61              [self.contentView addSubview:playButton]; // 将 playButton 添加到视图中
62          } //  if 结束
63
64          return self;  //  返回本对象
65      } //  initWithFrame:reuseIdentifier:方法结束
66
```

10．类 SlideshowCell 的 editSlideshow 和 playSlideShow 方法

editSlideshow 方法（代码 12-11，68～72 行）调用委托的 slideshowCellDidSelectEditButton: 方法（71 行）。它显示选中的幻灯片的 SlideshowDataViewController，这样用户就能够编辑它了。playSlideshow 方法（代码 12-11，75～79 行）调用委托的 slideshowCellDidSelectPlayButton: 方法来播放选择的幻灯片。

代码 12-11　类 SlideshowCell 的 editSlideshow 和 playSlideShow 方法

```
// 当 edit 按钮被点击时调用本方法
- (void)editSlideshow
{
    // 通知委托 edit 按钮被点击了
    [delegate   slideshowCellDidSelectEditButton:self];
} // editSlideshow 方法结束

// 当 play 按钮被点击时调用而本方法
- (void)playSlideshow
{
    // 通知委托 play 按钮被点击了
    [delegate slideshowCellDidSelectPlayButton:self];
} // playSlideshow 方法结束

// 释放 SlideshowCell 的内存
- (void)dealloc
{
    [thumbnail release];  // 释放 UIImageView 类型的 thumbnail
    [title release];  // 释放 UILabel 类型的 title
    [super dealloc];  // 调用父类的 dealloc 方法
} // dealloc 方法结束
@end
```

12.4.2　SlideshowViewController 类

SlideshowViewController 的视图在全屏模式下播放幻灯片。当用户旋转 iPhone 时幻灯片自适应屏幕。

1．SlideshowViewController 接口声明

SlideshowViewController 类（参见代码 12-12）控制一个视图来显示用户自己创建的幻灯片。第 7～11 行创建一个枚举（enum）类型包含一系列的整型常量符号。enum 中的变量以 0 开始，默认加 1。所以常量 TransitionEffectFade 的值为 0，TransitionEffectSlide 的值为 1。枚举中的标识符必须是唯一的，但是数值可以重复。可以为常量提供一个指定的数值，在 enum 声明中为枚举常量赋值就可以了。第 16 行声明了一个 TransitionEffect 变量。如果用户为幻灯片选择渐变效果，只需将效果变量设置为 TransitionEffectFade。同理，选择滑动效果，只需将效果变量设置为 TransitionEffectSlide。

代码 12-12　视图控制器，控制显示幻灯片的视图

```
1   // SlideshowViewController.h
2   // 视图控制器，控制显示幻灯片的视图.
3   // 声明在 SlideshowViewController.m 中
4   #import <UIKit/UIKit.h>
```

```
5   #import <MediaPlayer/MediaPlayer.h>
6
7   typedef enum _transitionEffects
8   {
9       TransitionEffectFade,  //  图像切换时表现渐变效果
10      TransitionEffectSlide  //  图像切换时表现滑动效果
11  } TransitionEffect;
12
13  @interface SlideshowViewController : UIViewController
14  {
15      NSMutableArray *pictures;  //  幻灯片中的图片
16      TransitionEffect effect;  //  幻灯片的切换效果
17      MPMediaItemCollection *music;  //  幻灯片放映时播放的音乐
18      MPMusicPlayerController *musicPlayer;  //  用来播放音乐
19      NSTimer *timer;  //  为幻灯片播放下一页产生事件通知
20      UIImageView *currentImageView;  //  当前正在显示的图片
21      int pictureIndex;  //  当前幻灯片在图片中的索引值
22  } //  实例变量声明结束
23
24  //  将 pictures、effect 和 music 声明为属性
25  @property (nonatomic, assign) NSMutableArray *pictures;
26  @property (nonatomic, assign) TransitionEffect effect;
27  @property (nonatomic, assign) MPMediaItemCollection *music;
28
29  - (UIImageView *)nextImageView;  //  返回将要显示的下一张图片
30  - (void)exitShow;  //  程序返回到前一个界面
31  - (void)timerFired:(NSTimer *)timer;  //  使幻灯片前进
32  @end //  接口 SlideshowViewController 结束
33
34  //  UIImageView 的附加方法
35  @interface UIImageView (Scaling)
36
37  //  缩放图像视图以布满给定界限
38  - (void)expandToFill:(CGRect)bounds;
39  @end //  UIImageView 的 Scaling 分类结束
```

第 17 行声明一个 MPMediaItemCollection 用来存储幻灯片的背景音乐。我们声明一个 MPMusicPlayerController 来播放 iPod 库中的音乐（第 18 行）。第 19 ~ 21 行声明 SlideshowViewController 剩下的实例变量。

第 25 ~ 27 行将声明 NSMutableArray、TransitionEffect 和 MPMediaItemCollection 声明为属性。SlideshowViewController 类声明 3 个方法（第 29 ~ 31 行）。

- nextImageView：返回新的 UIImage，用于在当前幻灯片中显示。
- exitShow：程序返回到 Rootview。
- timerFired:：每 5 秒改变一次幻灯片的图像；全部显示后，将调用 exitShow 方法。

第 35～39 行为类 UIImageView 添加 Scaling 分类。分类中的 expandToFill:方法拉伸一个 UIImageView 使之填满给定的 CGRect。

2．SlideshowViewController 类的 loadView 和 nextImageView 方法

loadView 方法（参见代码 12-13 的第 12～18 行）初始化 SlideshowView（第 14 行）。我们设置 UIView 的 frame 属性，使 slideshowView 填满整个屏幕（第 17 行）。

代码 12-13　SlideshowViewController 类的 loadView 和 nextImageView 方法

```
1    //  SlideshowViewController.m
2    //  视图控制器，控制显示幻灯片的视图
3    #import "SlideshowViewController.h"
4
5    @implementation SlideshowViewController
6
7    @synthesize pictures;  //  为 pictures 生成 get 和 set 方法
8    @synthesize effect;  //  为 effect 生成 get 和 set 方法
9    @synthesizc music;  //  为 music 生成 get 和 set 方法
10
11   //  设置视图
12   - (void)loadView
13   {
14       self.view = [[UIView alloc] init];  //  初始化主视图
15
16       //  设置主视图的尺寸使之填满整个屏幕
17       self.view.frame = [UIScreen mainScreen].bounds;
18   } //  loadView 方法结束
19
20   //  返回将要显示的下一张 UIImageView 类型的图片
21   - (UIImageView *)nextImageView
22   {
23       //  得到下一个索引值的图像
24       UIImage *image  =  [pictures  objectAtIndex:pictureIndex];
25       ++pictureIndex;  //  索引自增
26
27       //  为图像创建一个图像视图
28       UIImageView *imageView = [[UIImageView alloc] initWithImage:image];
29
30       CGRect screenBounds = self.view.bounds;  //  得到屏幕的范围
31
32       //  调整图像尺寸以不失真地填满屏幕
33       [imageView expandToFill:screenBounds];
34
35       //  将图像摆放在视图的正中央
36       imageView.center = self.view.center;
37
```

```
38        // iPhone 旋转导致父视图的区域发生变化时，
39        // 让图像的各个方向都能按比例移动
40        imageView.autoresizingMask = (UIViewAutoresizingFlexibleLeftMargin |
41           UIViewAutoresizingFlexibleRightMargin |
42           UIViewAutoresizingFlexibleTopMargin |
43           UIViewAutoresizingFlexibleBottomMargin);
44
45        return imageView;
46     } // nextImageView 方法结束
47
```

方法 nextImageView（第 21 ~ 46 行）返回一个显示幻灯片下一张图片的 UIImageView。我们从 pictures 中得到 UIImage（第 24 行），然后使 pictureIndex 增加（第 25 行）。第 28 行使用得到的 UIImage 创建一个新的 UIImageView。我们从 SlideshowViewController 的 UIView 的 bounds 属性中得到 CGRect，代表屏幕的范围（第 30 行）。我们将这个 CGRect 传递给 imageView 的 expandToFill:方法来调整图像视图，使之填充到整个屏幕。这个方法会尽可能不失真地拉伸图像。第 36 行将 UIImageView 放置在屏幕的中央。

SlideshowViewController 的 autoresizingMask 属性（继承自 UIView）定义了当 UIView 的边界发生变化时如何更改它的子视图。当正在播放幻灯片时用户旋转 iPhone，程序中将会遇到上述情况。autoresizingMask 属性是一个包含 bit 标记的整型数字，所以我们可以使用按位或的操作符（|）组装期望的选项来对这个属性进行设置。第 40 ~ 43 行指出 SlideshowViewController 的 UIImageView 在 iPhone 旋转时逗留在视图的中央。

3．SlideshowViewController 类的 exitShow 和 timerFired 方法

exitShow 方法（参见代码 12-14 的第 49 ~ 58 行）调用 AVAudioPlayer 的 stop 方法（第 51 行）停止背景音乐。我们调用 UIApplication 的 sharedApplication 方法得到本程序中唯一的 UIApplication 对象（第 54 行）。调用 UIApplication 的 setStatusBarHidden 方法重新显示状态栏，之前幻灯片播放时我们将其隐藏了。状态栏正常显示在程序的顶部，显示 iPhone 的剩余电池电量、服务提供商（例如 AT&T）（译注：国内是中国联通），当前时间和一些其他信息。第 57 行调用 UINavigationController 的 popViewControllerAnimated:方法返回之前的视图。

timerFired:方法（第 61 ~ 119 行）每 5 秒钟切换一次幻灯片的图像。全部显示完后（第 64 行），我们调用 exitShow 方法结束当前的幻灯片（第 66 行）。否则我们调用 nextImageView 方法得到幻灯片的下一张图片 UIImageView（第 71 行）。使用 UIView 的 addSubview:方法来显示这张图片（第 72 行）。

代码 12-14　SlideshowViewController 类的 exitShow 和 timerFired 方法

```
48  // 如果不再有需要显示的图像时，timerFired:将调用本方法
49  - (void)exitShow
50  {
```

```
        [musicPlayer stop]; // 停止音乐

        // 显示状态栏
        [[UIApplication sharedApplication] setStatusBarHidden:NO];

        // 移除幻灯片视图返回到之前的视图
        [self.navigationController popViewControllerAnimated:YES];
    } // exitShow 方法结束

    // timer 启动后，每隔 5 秒调用一次本方法
    - (void)timerFired:(NSTimer *)timer
    {
        // 检测是否还有其他的图像待显示
        if (pictureIndex >= pictures.count)
        {
            [self exitShow]; // 如果没有图像需要显示，退出幻灯片播放
        } // if 结束
        else
        {
            // 得到下一张待显示的图像
            UIImageView *nextImageView = [self nextImageView];
            [self.view addSubview:nextImageView]; // 将图像添加到视图中
            CGRect frame;

            // 将下一张图片的状态设置为效果的起始状态
            switch (effect)
            {
                case TransitionEffectFade: // 用户选择的是渐变效果
                  nextImageView.alpha = 0.0; // 将下一张图片设置为透明
                  break;
                case TransitionEffectSlide: // 用户选择的是滑动效果

                  // 将下一张图片放置到屏幕的右边
                  frame = nextImageView.frame; // 得到下一张图片的边框
                  frame.origin.x += frame.size.width; // 将边框移动到屏幕之外
                  nextImageView.frame = frame; // 应用重新设置的边框
                  break;
            } // switch 结束

            // 动画程序段的开始
            [UIView beginAnimations:nil context:nextImageView];
            [UIView setAnimationDuration:2.0]; // 设置动画的长度
            [UIView setAnimationDelegate:self]; // 设置动画的委托

            // 当程序结束时调用给定的方法
            [UIView setAnimationDidStopSelector:
               @selector(transitionFinished:finished:context:)];
```

```
98
99             // 设置下一张图片按照选择的效果显示
100            switch (effect)
101            {
102               case TransitionEffectFade: // 用户选择的是渐变效果
103                  [nextImageView setAlpha:1.0]; // 下一张图片淡入
104                  [currentImageView setAlpha:0.0]; // 之前的图片淡出
105               break;
106               case TransitionEffectSlide: // 用户选择的是滑动效果
107                  frame.origin.x -= frame.size.width; // 新图片滑动到左边
108                  nextImageView.frame = frame; // 应用重新设置过的边框
109                  CGRect currentImageFrame = currentImageView.frame;
110
111                  // 之前的图片滑动到左边
112                  currentImageFrame.origin.x -= currentImageFrame.size.width;
113                  currentImageView.frame = currentImageFrame; // 应用边框
114                  break;
115            } // switch 结束
116
117            [UIView commitAnimations]; // 动画程序段结束
118         } // else 结束
119  } // timerFired:方法结束
120
```

使用 Core Animation 通过用户选择的播放效果将图像添加到屏幕上。如果 effect 变量是 TransitionEffectFade，将 UIImageView 的 alpha 设置为 0.0，让图像透明（第 78 和 79 行）。这样允许我们一边淡入该图像，一边淡出旧的图像。如果 effect 变量是 TransitionEffectSlide，我们将 UIImageView 放置到屏幕的右边（第 81 ~ 86 行）。这样允许我们将该图像从屏幕的右边滑入。第 91 ~ 93 行开始核心动画（Core Animation）程序段，定义一个持续 2 秒的动画。第 96 和 97 行指出当动画结束时调用 transitionFinished:finished:context:方法。

我们然后通过选择的播放效果设置图像的完成状态。如果 effect 变量是 TransitionEffectFade，新的图像将变得完全不透明同时旧的图像将变得透明（第 101 和 102 行）。如果 effect 变量是 TransitionEffectSlide，我们将新的 UIImageView 放置到屏幕的中央（第 106 ~ 109 行），同时将旧的 UIImageView 移出屏幕的左边（第 112 和 113 行）。第 117 行调用 UIView 的 commitAnimations 方法使 UIImageView 到达动画的终结状态。

4. SlideshowViewController 类的 transitionFinished:finished:context:、viewWillAppear 和 viewDidDisappear 方法

当图像切换动画完成时调用 transitionFinished:finished:context:方法（参见代码 12-15 的第 122 ~ 128 行）。第 125 行调用 UIImageView 的 removeFromSuperview 方法来移除旧的图像。我们释放之前 UIImageView 的内存并设置新的图像为 currentImageView（第 126 和 127 行）。

代码 12-15 SlideshowViewController 类的 transitionFinished:finished:context:、viewWillAppear 和 viewDidDisappear 方法

```
// 当图像切换动画完成时调用本方法
- (void)transitionFinished:(NSString *)animationId finished:(BOOL)finished
   context:(void *)context
{
      [currentImageView removeFromSuperview];  // 移除旧的图像
      [currentImageView release];  // 释放旧图像的内存
      currentImageView = context; // 指定新图像
} // transitionFinished:finished:context:方法结束

// 当视图将要出现时调用本方法
- (void)viewWillAppear:(BOOL)animated
{
      [super viewWillAppear:animated];  // 将消息传递给父类
      pictureIndex = 0; // 重置 index

      currentImageView = [self nextImageView]; // 载入第一张图像
      [self.view addSubview:currentImageView]; // 将图片加入到视图

      // 隐藏状态栏使幻灯片可以全屏显示
      [[UIApplication sharedApplication] setStatusBarHidden:YES];

      // 初始化定时器，使之每 5 秒钟触发一次
      timer = [NSTimer scheduledTimerWithTimeInterval:5.0 target:self
      selector:@selector(timerFired:) userInfo:nil repeats:YES];

      // 如果用户选择了播放的音乐
      if (music != nil)
      {
          // 获得程序的音乐播放器
          musicPlayer = [MPMusicPlayerController applicationMusicPlayer];
          musicPlayer.shuffleMode = MPMusicShuffleModeOff;  // 关闭随机播放
          musicPlayer.repeatMode = MPMusicRepeatModeNone; // 关闭重复播放

          // 将用户选择的音乐添加到队列中
          [musicPlayer setQueueWithItemCollection:music]; [musicPlayer play];
          // 播放音乐
      } // if 结束
} // viewWillAppear:方法结束

// 当程序消失后调用该方法
- (void)viewDidDisappear:(BOOL)animated
{
      [super viewDidDisappear:animated];

```

```
165        // 停止定时器
166        [timer invalidate];
167        timer = nil; // 设置定时器变量为 nil
168        [currentImageView removeFromSuperview]; // 移除当前的图像
169    } // viewDidDisappear:方法结束
170
```

当程序切换到 SlideshowViewController 的视图时调用 viewWillAppear 方法（第 131～158 行）。第 136 和 137 行使用 UIView 的 addSubview:方法显示幻灯片的第一张图片。UIApplication 的 setStatusBarHidden:方法用来隐藏 iPhone 的状态栏，使幻灯片填满整个屏幕。第 143 和 144 行初始化 NSTimer 使之每隔 5 秒调用一次 timerFired:方法。

如果用户为这个幻灯片选择了背景音乐（第 147 行），我们使用 MPMusicPlayerController 来播放这些文件。第 150 行调用 MPMusicPlayerController 的 applicationMusicPlayer 方法得到程序唯一的 MPMusicPlayerController 对象。我们将 MPMusicPlayerController 的 shuffleMode 属性设置为 MPMusicShuffleModeOff（第 151 行）来防止它随机播放选择的音乐。将 MPMusicPlayerController 的 repeatMode 属性设置为 MPMusicRepeatModeNone（第 152 行）来防止它重复播放音乐。第 155 行将 music 传递给 MPMusicPlayer 的 setQueueWithItemCollection:方法，当调用 MPMusicPlayer 的 play 方法（第 156 行）时，PMusicPlayer 将播放 music 中的每一首音乐。

当程序从 SlideshowViewController 的视图切换回 RootViewController 或 SlideshowDataViewController 的视图时，调用 viewDidDisappear:方法（第 161～169 行）（这取决于用户从哪里开始播放幻灯片）。我们调用父类的 viewDidDisappear 方法（第 163 行），然后 NSTimer 的 invalidate 方法来停止 timer 并释放它（第 166 行）。第 168 行调用 UIImageView 的 removeFromSuperView 方法移除当前的图片；否则，下一次用户播放一个幻灯片时，前一个幻灯片的最后一张图片将仍然显示。

5．SlideshowViewController 类的 shouldAutorotateToInterfaceOrientation:和 willRotateToInterfaceOrientation:方法

shouldAutorotateToInterfaceOrientation:方法（参见代码 12-16 的第 172～176 行）返回 YES，指出 SlideshowViewController 的 view 可以旋转到任何可能的 iPhone 定义的方向。当用户旋转 iPhone 时将调用方法 willRotateToInterfaceOrientation:duration:（第 179～189 行）。第 184 和 185 行创建一个与屏幕相同尺寸的 CGRect。第 188 行调用 imageView 的 expandToFill:方法通过屏幕新的高度和宽度重新设置幻灯片的图像。

代码 12-16 SlideshowViewController 类的 shouldAutorotateToInterfaceOrientation:和 willRotateToInterfaceOrientation:方法

```
171 // 决定 iPhone 的方向改变时视图是否旋转
172 - (BOOL)shouldAutorotateToInterfaceOrientation:
173    (UIInterfaceOrientation)interfaceOrientation
```

```
174 {
175         return YES;  //  允许旋转到所有的接口方向
176 } //  shouldAutorotateToInterfaceOrientation 方法结束
177
178 //  当 iPhone 的方向改变时调用本方法
179 - (void)willRotateToInterfaceOrientation:
180    (UIInterfaceOrientation)interfaceOrientation duration:
181    (NSTimeInterval)duration
182 {
183       //  按照旋转后的视图的高和宽创建一个 CGRect
184       CGRect bounds = CGRectMake(0, 0, self.view.bounds.size.height,
185          self.view.bounds.size.width);
186
187       //  调整当前的图像的尺寸使之填充旋转后的 bounds
188       [currentImageView expandToFill:bounds];
189 } //  willRotateToInterfaceOrientation:方法结束
190
191 //  释放 SlideshowViewController 的内存
192 - (void)dealloc
193 {
194       [currentImageView release];  //  释放 UIImageView 类型的 currentImageView
195       [super dealloc];  //  调用父类的 dealloc 方法
196 } //  dealloc 方法结束
197 @end //  结束实现 SlideshowviewController
198
```

6．UIImageView 的 Scaling 分类

方法 expandToFill:（参见代码 12-17 的第 202 ~ 237 行）拉伸一个 UIImageView 使之填充给定的 CGRect。第 204 和 205 行获得这个 UIImageView 的 UIImage 和 frame。首先，我们检查 UIImage 是否按照它的高度来进行限制（第 208 和 209 行）。如果是的，我们将它的边框的高度拉伸到给定 CGRect 的高度（第 212 行）。我们随后计算得到一个新的宽度确保图像没有失真（第 215 和 216 行）。第 219 和 220 行调整图像的原点使之保持在中央。如果 UIImage 是按照它的宽度进行限制的（第 222 行）。我们将它的边框的宽度拉伸到给定 CGRect 的宽度（第 225 行）。我们随后计算得到一个新的高度确保图像没有失真（第 228 和 229 行）。第 232 和 233 行调整图像的原点使之保持在中央。

代码 12-17　UIImageView 的 Scaling 分类

```
199 @implementation UIImageView (Scaling)  //  UIImageView 的延伸
200
201 //  缩放视图使之不失真地填充给定区域
202 - (void)expandToFill:(CGRect)bounds
203 {
204       UIImage *image = self.image;  //  得到这个 view 的 image
205       CGRect frame = self.frame;  //  得到这个 view 的 frame
```

```

    // 检查图像是否按照它的高度来进行限制
    if (image.size.height / image.size.width >
    bounds.size.height / bounds.size.width)
    {
        // 拉伸新的高度以填满整个视图
        frame.size.height = bounds.size.height;

        // 计算得到一个新的宽度确保图像没有失真
        frame.size.width = image.size.width * bounds.size.height /
        image.size.height;

        // 加到 x 和 y 坐标上，使视图保持在中央
        frame.origin.y += (self.frame.size.height - frame.size.height) / 2;
        frame.origin.x += (self.frame.size.width - frame.size.width) / 2;
    } // if 结束
    else // 图像按照它的宽度进行限制
    {
        // 拉伸新的宽度以填满整个视图
        frame.size.width = bounds.size.width;

        // 计算得到一个新的高度确保图像没有失真
        frame.size.height = image.size.height * bounds.size.width /
        image.size.width;

        // 加到 x 和 y 坐标上，使视图保持在中央
        frame.origin.y += (self.frame.size.height - frame.size.height) / 2;
        frame.origin.x += (self.frame.size.width - frame.size.width) / 2;
    } // else 结束

    self.frame = frame; // 分派新的边框
} // expandToFill:方法结束
@end // 结束实现 UIImageView (Scaling)
```

12.4.3 NameViewController 类

当用户点击幻灯片列表上的 New 按钮时，将会出现 NameViewController 的视图。用户在文字输入框输入新幻灯片的名称。

1. NameViewController 的接口声明

NameViewController 类（参见代码 12-18）继承自 UIViewController。第 11 行声明了本类的委托，第 12 行声明了一个输出口变量（outlet）响应来自用于输入幻灯片名称的文字输入框的事件。第 16 和 17 行将 delegate 和 textField 声明为属性。当用户完成命名新的幻灯片后将调用方法 finishedNaming:。NameViewControllerDelegate 协议声明了 nameViewController:didGetName:方法（第 26 和 27 行），它用于将幻灯片的名称传递给委托。

代码 12-18　控制用于命名幻灯片的视图

```
//  NameViewController.h
//  控制为幻灯片命名的视图
#import <UIKit/UIKit.h>

//  声明 NameViewControllerDelegate 接口
@protocol NameViewControllerDelegate;

//  NameRecordingViewController 接口的开头
@interface NameViewController : UIViewController
{
      id <NameViewControllerDelegate> delegate;  //  声明类的委托
      IBOutlet UITextField *textField; //  输入名称的文字输入框
} //  结束实例变量的声明

//  将 delegate 和 textField 声明为属性
@property (nonatomic, assign) id <NameViewControllerDelegate> delegate;
@property (nonatomic, retain) UITextField *textField;

- (IBAction)finishedNaming:sender;  //  用户完成输入名称
@end //  结束接口 NameViewController

//  开始 NameDelegate 协议
@protocol NameViewControllerDelegate

//  通知委托用户选择了名称
- (void)nameViewController:(NameViewController  *)
   controller didGetName:(NSString *)fileName;
@end //  结束协议 NameDelegate
```

2．NameViewController 类的实现

方法 ViewDidLoad（参见代码 12-19 的第 11 ~ 17 行）调用父类的 viewDidLoad 方法（第 13 行），然后调用 UITextField 的 becomeFirstResponder 方法选中文字输入框弹出键盘。finishedNaming:方法（第 20 ~ 24）将 textField 的 text 属性传递给委托的 nameViewController: didGetName:方法。这样 RootViewController 将得到用户为新幻灯片输入的名称。

代码 12-19　NameViewController 类的实现

```
1   //  NameViewController.m
2   //  实现在 NameViewController 中.
3   #import "NameViewController.h"
4
5   @implementation NameViewController
6
```

```
@synthesize delegate;  //  为 delegate 合成 get 和 set 方法
@synthesize textField;  //  为 textField 合成 get 和 set 方法

//  当视图载入完成时调用本方法
- (void)viewDidLoad
{
    [super viewDidLoad];  //  调用父类的 viewDidLoad 方法

    //  选中文字输入框使键盘弹出
    [textField becomeFirstResponder];
} //  viewDidLoad 方法结束

//  当用户点击键盘上的 Done 按钮时
- (IBAction)finishedNaming:sender
{
    //  通知委托用户选择了名称
    [delegate nameViewController:self didGetName:textField.text];
} //  结束方法 finishedNaming:
@end  //  NameRecoringViewController 的实现
```

12.4.4 SlideshowDataViewController 类

SlideshowDataViewController 类控制供用户编辑幻灯片的视图。这个视图包含添加图片、音乐、效果的按钮，显示待删除和重排的幻灯片。

1. SlideshowDataViewController 接口声明

创建一个新的 UIViewController 的子类，命名为 SlideshowDataViewController。它的类声明显示在 SlideshowDataViewController.h 中，如代码 12-20 所示。

代码 12-20　管理幻灯片的图片、声音和效果

```
//  SlideshowDataViewController.h
//  管理幻灯片的图片、声音和效果。
//  实现在 SlideshowDataViewController.m 中
#import <MediaPlayer/MediaPlayer.h>
#import "SlideshowViewController.h"

const static float ROW_HEIGHT = 100;  //  行高

//  SlideshowDataViewController 接口声明
@interface SlideshowDataViewController : UITableViewController
<UIImagePickerControllerDelegate, UINavigationControllerDelegate,
MPMediaPickerControllerDelegate, UIActionSheetDelegate>
{
    UIImagePickerController *imagePicker;  //  选取图片的控制器
    MPMediaPickerController *musicPicker;  //  选取音乐的控制器
```

```
16        MPMediaItemCollection *music; //  为幻灯片选取的音乐
17
18        //  用来播放幻灯片的视图
19        SlideshowViewController *slideshowViewController;
20        UIActionSheet *effectSheet; //  用来选择效果的表单
21        UIToolbar *toolbar; //  放置在底部的工具栏
22        NSMutableArray *pictures; //  选取的图片
23        TransitionEffect effect; //  切换效果
24        NSString *title; //  这个幻灯片的标题
25        BOOL firstLoad; //  是否第一次载入本对象
26        BOOL returnFromImagePicker; //  是从图像选择器返回的吗
27     } //  结束实例变量声明
28
29     //  将 pictures、effect、music 和 title 声明为属性
30     @property (nonatomic, readonly) NSMutableArray *pictures;
31     @property (nonatomic, readonly) TransitionEffect effect;
32     @property (nonatomic, readonly) MPMediaItemCollection *music;
33     @property (nonatomic, retain) NSString *title;
34
35     - (void)addPhoto; //  为幻灯片添加一张新相片
36     - (void)addMusic; //  为幻灯片添加音乐
37     - (void)addEffect; //  为幻灯片添加效果
38     - (void)startSlideshow; //  启动幻灯片放映
39     - (UIImage *)firstImage; //  返回幻灯片中的第一张图像
40     @end //  接口 SlideshowDataViewController 结束
```

第 10 ~ 12 行声明了 SlideshowDataViewController 实现的协议。声明一个 UIImagePickerController（第 14 行），用来控制提示用户从相片图库中选择图片的视图。我们也声明了一个 MPMediaPickerController（第 15 行），用来控制提示用户从 iPod 音乐库中选取音乐的视图。MPMediaItemCollection 代表了用户使用 MPMediaPickerController 选择的歌曲。

SlideshowViewController（第 19 行）控制显示幻灯片的视图。第 20 行声明了一个 UIActionSheet（一个提示用户从多个选项中作出选择的 GUI 组件）。我们声明了一个 UIToolbar（第 21 行）、一个保存选取的图片的 NSMutableArray（第 22 行）、一个保持切换效果的 TransitionEffect（第 23 行）和一个保存幻灯片标题的 NSString（第 24 行）。声明了两个 BOOL（第 25 和 26 行）用于存储视图是否第一次显示和程序是否从选取图像的地方返回。SlideshowDataViewController 接口声明了 5 个方法。

- addPhoto：提示用户为幻灯片添加一个新的图片。
- addMusic：提示用户选择放映幻灯片过程中播放的音乐。
- addEffect：列出幻灯片切换效果的选择。
- startSlideshow：开始放映幻灯片。

- firstImage：返回幻灯片中的第一张图像。

2．SlideshowDataViewController 类的 viewDidLoad 方法

SlideshowDataViewController 类的实现可以在 SlideshowDataViewController.m 中找到，如代码 12-21 所示。第 7 ~ 10 行合成属性。第 13 ~ 80 行覆盖了 viewDidLoad 来设置视图。首先，我们设置 navigationItem 的标题（第 16 行）并初始化 pictures（第 18 行）。然后我们创建 4 个 UIBarButtonItems 用来添加图片、音乐、效果和播放幻灯片（第 22 ~ 52 行）。我们将用来播放幻灯片的 UIBarButtonItem 加入到 UINavigationItem（第 27 行），将其他几个 UIBarButtonItem 加入到底部的工具栏（第 55 和 56 行）。我们也在底部的工具栏加入一个可变长的占位栏按钮（Flexible Space Bar Button Item）（第 50 ~ 52 行）来让其他组件摆放到中央。第 65 ~ 69 行将工具栏放置到主视图的底部。然后将表格视图设置为编辑模式（第 73 行），设置表格视图的行高（第 76 行）。

代码 12-21　SlideshowDataViewController 类的 viewDidLoad 方法

```
1   //  SlideshowDataViewController.m
2   //  管理幻灯片的图片、声音和效果.
3   #import "SlideshowDataViewController.h"
4
5   @implementation SlideshowDataViewController
6
7   @synthesize pictures;  //  为 pictures 生成 get 和 set 方法
8   @synthesize effect;  //  为 effect 生成 get 和 set 方法
9   @synthesize music;  //  为 music 生成 get 和 set 方法
10  @synthesize title;  //  为 title 生成 get 和 set 方法
11
12  //  当视图初始化完成时调用本方法
13  - (void)viewDidLoad
14  {
15      [super viewDidLoad];  //  初始化父类
16      [self.navigationItem setTitle:@"Edit Slideshow"];  //  设置导航栏的标题
17
18      pictures = [[NSMutableArray alloc] init];  //  初始化 pictures
19
20      //  创建 Play 按钮
21      //  "black translucent" 样式让按钮显示成蓝色
22      UIBarButtonItem *playButton = [[UIBarButtonItem alloc]
23      initWithTitle:@"Play" style:UIBarStyleBlackTranslucent
24      target:self action:@selector(startSlideshow)];
25
26      //  将 Play 按钮添加到顶部导航栏的右边
27      [self.navigationItem setRightBarButtonItem:playButton];
28      [playButton release];  //  释放 UIBarButtonItem 类型的 playButton
29
30      //  在底部创建工具栏
```

```
    toolbar = [[UIToolbar alloc] init];
    [toolbar setBarStyle:UIBarStyleBlack];  //  将工具栏设置为黑色

    //  创建添加新相片的 Add Picture 按钮
    UIBarButtonItem *pictureButton = [[UIBarButtonItem alloc]
      initWithTitle:@"Add Picture" style:UIBarStyleBlack target:self
      action:@selector(addPhoto)];

    //  创建 Add Music 按钮
    UIBarButtonItem *musicButton =   [[UIBarButtonItem alloc]
      initWithTitle:@"Add Music" style:UIBarStyleBlack target:self
      action:@selector(addMusic)];

    //  创建 Add Effect 按钮
    UIBarButtonItem *effectButton = [[UIBarButtonItem alloc]
      initWithTitle:@"Set Effect" style:UIBarStyleBlack target:self
      action:@selector(addEffect)];

    //  创建可变长的占位栏按钮
    UIBarButtonItem *space = [[UIBarButtonItem alloc]
      initWithBarButtonSystemItem:UIBarButtonSystemItemFlexibleSpace
      target:nil action:NULL];

    //  按照给定顺序将按钮添加到工具栏上
    [toolbar setItems:[NSArray arrayWithObjects:space, pictureButton,
      effectButton, musicButton, space, nil]];

    [pictureButton release];  //  释放 UIBarButtonItem 类型的 pictureButton
    [musicButton release];  //  释放 UIBarButtonItem 类型的 musicButton
    [effectButton release]; //  释放 UIBarButtonItem 类型的 effectButton

    //  将工具栏添加到父视图
    [[self.navigationController view] addSubview:toolbar];

    [toolbar sizeToFit];  //  拉伸工具栏以包含所有的按钮
    CGRect frame = toolbar.frame;  //  得到工具栏的边框
    frame.origin.y = self.navigationController.view.bounds.size.height -
      toolbar.bounds.size.height;  //  将工具栏移动到底部
    [toolbar setFrame:frame];  //  应用新的边框

    //  将表格的 cell 设置为编辑模式，
    //  这样它们就会显示删除和重排控件
    [(UITableView *)self.view   setEditing:YES];

    //  设置每一行的高度
    [(UITableView *)self.view   setRowHeight:ROW_HEIGHT];

```

```
78      firstLoad = YES;  //  这是第一次载入本视图
79      returnFromImagePicker = NO;  //  不是从图像选取器返回的
80   } //  viewDidLoad 方法结束
81
```

3．SlideshowDataViewController 类的 viewDidAppear:和 viewDidDisappear:方法

viewDidAppear:和 viewDidDisappear:方法（参见代码 12-22）必要时调整 GUI 组件的尺寸，隐藏或显示视图。在 viewDidAppear:（第 83～114 行）中，我们首先判断视图是否是第一次显示（第 88 行）。如果是，我们调整表格视图的尺寸以适应工具栏（第 92～96 行）。否则，用动画显示工具栏（第 101～109 行）。在 viewWillDisappear:中，我们将工具栏移动到屏幕范围之下以隐藏它（第 122～126 行）。

代码 12-22　SlideshowDataViewController 类的 viewDidAppear:和 viewDidDisappear:方法

```
82   //  当视图显示时，调用本方法
83   - (void)viewDidAppear:(BOOL)animated
84   {
85      [super viewDidAppear:animated];  //  将这个消息传递给父类
86
87      //  如果是本视图的第一次显示
88      if (firstLoad)
89      {
90         //  调整表格的尺寸以适应底部的工具栏
91         firstLoad = NO;  //  视图已经载入过一次
92         CGRect frame = [self.view frame]; //  抓取视图的边框
93
94         //  缩小表格的高度
95         frame.size.height -= [toolbar bounds].size.height;
96         [self.view setFrame:frame];  //  应用新的边框
97      } //  if 结束
98      else
99      {
100        //  显示工具栏和导航栏
101        CGRect frame = toolbar.frame;  //  抓取工具栏的边框
102
103        //  设置边框为刚好在屏幕底部的位置
104        frame.origin.y = self.navigationController.view.bounds.size.height;
105        [toolbar setFrame:frame];  //  应用新的边框
106        [UIView beginAnimations:nil context:toolbar];  //  开始动画
107        frame.origin.y -= frame.size.height;  //  将工具栏移上来
108        [toolbar setFrame:frame];  //  应用新的边框
109        [UIView commitAnimations];  //  动画程序块结束
110
111        //  在顶部显示导航栏
112        [self.navigationController setNavigationBarHidden:NO animated:YES];
113     } //  else 结束
```

```
} //  viewDidAppear:方法结束

//  当视图将要消失时调用本方法
- (void)viewWillDisappear:(BOOL)animated
{
    [super viewWillDisappear:animated];  //  向父类传递消息

    //  隐藏工具栏
    [UIView beginAnimations:nil context:toolbar];  //  开始动画程序块
    CGRect frame = [toolbar frame]; //  抓取工具栏的边框
    frame.origin.y += frame.size.height; //  将工具栏下移
    [toolbar setFrame:frame];  //  应用新的边框
    [UIView commitAnimations];  //  结束动画程序块
} //  viewWillDisappear:方法结束

```

4．SlideshowDataViewController 类的 addPhoto 和 imagePickerController:didFinishPickingImage:方法

接下来的两个方法（参见代码 12-23）允许用户从图片库中选择一张图片并添加到幻灯片中。当用户点击 Add Picture 这个 UIBarButtonItem 时调用 addPhoto 方法（第 130～148 行）。首先，如果 UIImagePickerController 尚未初始化，我们对它进行初始化（第 132～142 行）。我们设置 allowsImageEditing 属性为 YES（第 136 行）来允许用户在图片被添加到幻灯片之前进行编辑。我们将 sourceType 设置为 UIImagePickerControllerSourceTypePhotoLibrary，指出图片将从用户的图片库中进行选取。然后显示这个图片选取器（第 147 行）。

代码 12-23 SlideshowDataViewController 类的 addPhoto 和 imagePickerController:didFinishPickingImage:方法

```
129 //  将新相片添加到幻灯片
130 - (void)addPhoto
131 {
132     if (imagePicker == nil)  //  创建图片选取器
133     {
134         //  初始化 imagePicker
135         imagePicker = [[UIImagePickerController alloc] init];
136         imagePicker.allowsImageEditing = YES;  //  允许编辑图片
137
138         //  将图片的来源设置为图片库
139         imagePicker.sourceType =
140           UIImagePickerControllerSourceTypePhotoLibrary;
141         imagePicker.delegate = self;  //  设置 imagePicker 的委托
142     } //  if 结束
143
144     returnFromImagePicker = YES;  //  从图片选取器返回
145
```

```
146       //  显示图片选取器
147       [self presentModalViewController:imagePicker animated:YES];
148  } //  addPhoto 方法结束
149
150  //  将选择的图片添加到幻灯片
151  - (void)imagePickerController:(UIImagePickerController *)picker
152    didFinishPickingImage:(UIImage *)img editingInfo:
153  (NSDictionary *)editInfo
154  {
155       [pictures  addObject:img];  //  将选取的图片添加到图片列表
156       UITableView *table = (UITableView   *)self.view;
157
158       //  为新图片在表格中插入新的一行
159       [table insertRowsAtIndexPaths:[NSArray arrayWithObject:[NSIndexPath
160          indexPathForRow:pictures.count - 1 inSection:0]] withRowAnimation:
161          UITableViewRowAnimationRight];
162
163       //  离开图片选取器
164       [self dismissModalViewControllerAnimated:YES];
165  } //  imagePickerController:didFinishPickingImage:方法结束
166
```

当用户完成使用 UIImagePickerController 选取一张图片时，调用 imagePickerController:didFinishPickingImage:editingInfo:方法。选取的图片被传递给 img 属性。首先，我们将选取的图片添加到 pictures（第 155 行）。然后为这个图片在表格中插入新的一行（第 159 ~ 161 行）并解散 UIImagePickerController（第 164 行）。

5. 类 SlideshowDataViewController 的 addMusic 和 mediaPicker:didPickMediaItems:方法

如代码 12-24 所示，addMusic 和 mediaPicker:didPickMediaItems:方法允许用户从 iPod 中选择音乐，类似于从图片库中选择图片。在 addMusic 方法中（第 168 ~ 179 行），我们创建了一个新的 MPMediaPickerController（第 171 和 172 行）。我们调用 MPMediaTypeMusic 方法只允许媒体选取器选取音乐。我们将 allowsPickingMultipleItems 属性设置为 YES 来允许用户选取多首歌曲。我们随后显示这个 MPMediaPickerController（第 177 行）。

当用户完成选取歌曲时，MPMediaPickerController 将调用 mediaPicker:didPickMediaItems:方法。我们保存选择的音乐（第 185 行）并解散 MPMediaPickerContorller（第 188 行）。

代码 12-24　SlideshowDataViewController 类的 addMusic 和 mediaPicker:didPickMediaItems:方法

```
167  //  当用户点击添加音乐按钮时调用本方法
168  - (void)addMusic
169  {
170       //  创建一个新的媒体选取器并为选取音乐进行配置
171       musicPicker = [[MPMediaPickerController alloc] initWithMediaTypes:
172          MPMediaTypeMusic];
173       musicPicker.allowsPickingMultipleItems = YES;
```

```
        musicPicker.delegate = self;

        // 显示音乐选取器
        [self presentModalViewController:musicPicker animated:YES];
        [musicPicker release];
} //  addMusic 方法结束

// 当用户在音乐选择器中触摸 done 按钮时被调用
- (void)mediaPicker: (MPMediaPickerController *)mediaPicker
  didPickMediaItems:(MPMediaItemCollection *)mediaItemCollection
{
        music = [mediaItemCollection retain]; // 获取选中的歌曲

        // 解散音乐选择器
        [self dismissModalViewControllerAnimated:YES];
} // mediaPicker:didPickMediaItems:方法结束

```

6．SlideshowDataViewController 类的 addEffect、actionSheet:clickedButtonAtIndex:、startSlideshow 和 firstImage 方法

代码 12-25 定义了 addEffect、actionSheet:clickedButtonAtIndex:和 startSlideshow 方法。在 addEffect 方法（第 192～203 行）中，如果尚未初始化 effectSheet，创建一个 UIActionSheet（从中用户可以选择一种效果）（第 194～200 行）。然后显示这个 UIActionSheet（第 202 行）。

当用户在 UIActionSheet 中点击一个选项时，将调用 actionSheet:clickedButtonAtIndex:方法。我们用这个选项来更新效果。

startSlideshow 方法开始幻灯片放映。如果 slideshowViewController 尚未初始化，我们先来创建它（第 216 和 217 行）。我们随后使用正确的图片、切换效果和音乐更新 slideshowViewController 的属性（第 220～222 行）。我们隐藏导航栏（第 225 行）并显示 slideshowViewController（第 228 和 229 行）。如果幻灯片中有图片的话，firstImage 方法（第 233～240 行）返回 pictures 数组中的第一个 UIImage。

代码 12-25 SlideshowDataViewController **类的** addEffect **和** startSlideshow **方法**

```
191 // 当用户点击添加效果按钮时调用本方法
192 - (void)addEffect
193 {
194         if (effectSheet == nil) // 如果用户是第一次点击这个按钮
195         {
196                 // 使用给定的标题和按钮标题创建一个新的表单
197                 effectSheet = [[UIActionSheet alloc] initWithTitle:@"Choose Effect"
198                    delegate:self cancelButtonTitle:nil destructiveButtonTitle:nil
199                    otherButtonTitles:@"Fade", @"Slide In", nil];
200         } // if 结束
```

```
201
202         [effectSheet showInView:self.view];  //  显示表单
203  } //  addEffect 方法结束
204
205  //  当用户在效果表单中点击一个选项时调用本方法
206  - (void)actionSheet:(UIActionSheet *)actionSheet clickedButtonAtIndex:
207     (NSInteger)buttonIndex
208  {
209         effect = buttonIndex; //  与选择效果关联起来
210  } //  actionSheet:clickedButtonAtIndex:方法结束
211
212  //  当用户点击开始播放幻灯片按钮时调用本方法
213  - (void)startSlideshow
214  {
215         //  第一次点击按钮
216         if (slideshowViewController == nil)
217            slideshowViewController = [[SlideshowViewController   alloc]   init];
218
219         //  设置将要在幻灯片中播放的图片
220         slideshowViewController.pictures = pictures;
221         slideshowViewController.effect = effect;   //  设置幻灯片的效果
222         slideshowViewController.music = music;   //  设置幻灯片的音乐
223
224         //  隐藏导航栏，为全屏显示幻灯片做准备
225         [self.navigationController setNavigationBarHidden:YES animated:YES];
226
227         //  显示播放幻灯片的视图
228         [self.navigationController pushViewController:slideshowViewController
229            animated:YES];
230  } //  startSlideshow 方法结束
231
232  //  RootViewController 调用本方法为表格得到缩略图
233  - (UIImage *)firstImage
234  {
235         //  如果幻灯片中没有图片
236         if (pictures.count ==0)
237            return nil; //  返回 nil
238
239         return [pictures objectAtIndex:0];  //  返回第一张图片
240  } //  firstImage 方法结束
241
```

7. SlideshowDataViewController 类中 UITableViewDataSource 的方法

SlideshowDataViewController 中接下来的方法声明在 UITableViewDataSource 协议中。方法 tableView:numberOfRowsInSection:（参见代码 13-26 的第 243 ~ 247 行）返回幻灯片中的图片张数，来指出表格行的数目。

代码 13-26　SlideshowDataViewController 类的 tableView:cellForRowAtIndexPath:方法

```
// 表格视图调用本方法来得到指定段落的行数
- (NSInteger)tableView:(UITableView *)tableView    numberOfRowsInSection:
 (NSInteger)section
{
    return pictures.count;
} // tableView:numberOfRowsInSection:方法结束

// 表格视图调用本方法来得到并生成窗格（cell）
- (UITableViewCell *)tableView:(UITableView *)tableView
 cellForRowAtIndexPath:(NSIndexPath *)indexPath
{
    static NSString *CellIdentifier = @"Cell";

    // 得到一个复用的窗格
    UITableViewCell *cell =
    [tableView dequeueReusableCellWithIdentifier:CellIdentifier];

    // 如果没有可供复用的窗格
    if (cell == nil)
    {
        // 创建一个新的窗格
        cell = [[[UITableViewCell alloc] initWithStyle:
          UITableViewCellStyleDefault reuseIdentifier:CellIdentifier]
          autorelease];
    } // if 结束

    // 移除复用的窗格中已存在的所有视图
    for (UIView *view in cell.contentView.subviews)
    [view removeFromSuperview];

    // 为给定的行得到图像
    UIImage *image = [pictures objectAtIndex:indexPath.row];

    // 为图像创建一个图像视图
    UIImageView *view = [[UIImageView alloc] initWithImage:image];

    // 无失真地调整图像的尺寸
    float newWidth = image.size.width * ROW_HEIGHT / image.size.height;
    CGRect frame;

    // 将图像偏离中央偏左 50 像素
    frame.origin.x = cell.center.x - newWidth / 2 - 50;
    frame.origin.y = 0; // 图像将填满窗格的高度
    frame.size.width = newWidth; // 设置不失真的宽度
    frame.size.height = ROW_HEIGHT; // 图像将填满窗格的整个高度
```

```
287         view.frame = frame;  //  分派新的边框
288         [cell.contentView addSubview:view]; //  将图像添加到窗格内
289
290         return cell;  //  返回配置后的 cell
291  } //  tableView:cellForRowAtIndexPath:方法结束
292
```

tableView:cellForRowAtIndexPath:方法（第 250~290 行）第一次创建或是复用一个 UITableViewCell（第 253~266 行）。然后移除 cell 内之前添加的所有视图（第 269 和 270 行）。第 273~276 行为这个 cell 创建 UIImageView，随后调整它的尺寸（第 279~287 行）。我们将配置后的 UIImageView 添加到 cell 中（第 288 行）并返回这个 cell（第 290）。

8. SlideshowDataViewController 类中其他的 UITableViewDataSource 方法

在 tableView:commitEditingStyle:forRowAtIndexPath:方法（参见代码 12-27 的的 294~308 行）中，我们处理当用户删除一行时所生成的事件。如果用户删除一行（第 299 行），我们移除 pictures 中的对应项（第 301 行）并移除表格中的这一行（第 305 和 306 行）。在 tableView:moveRowAtIndexPath:toIndexPath:方法（第 310 和 319 行）中，我们将 pictures 中的对应对象从 fromIndexPath 指定的 Uitableviewcell 中移动到 toIndexPath 指定的 UItableviewcell。在 tableView:canMoveRowAtIndexPath:中，因为所有的行都可以重排位置，所以返回 YES。

代码 13-27 SlideshowDataViewController 类的 tableView:commitEditingStyle:forRowAtIndexPath:、tableView:moveRowAtIndexPath:toIndexPath:和 tableView:canMoveRowAtIndexPath:方法

```
293  //  当用户点击删除按钮时调用本方法
294  - (void)tableView:(UITableView *)tableView commitEditingStyle:
295   (UITableViewCellEditingStyle)editingStyle  forRowAtIndexPath:
296   (NSIndexPath *)indexPath
297  {
298      //  如果用户点击的是删除按钮
299      if (editingStyle == UITableViewCellEditingStyleDelete)
300      {
301          //  移除删除行所在位置的对象
302          [pictures removeObjectAtIndex:indexPath.row];
303
304          //  从表格中移除行
305          [tableView deleteRowsAtIndexPaths:[NSArray arrayWithObject:
306             indexPath] withRowAnimation:UITableViewRowAnimationLeft];
307      } //  if 结束
308  } //  tableView:commitEditingStyle:forRowAtIndexPath:方法结束
309
310  - (void)tableView:(UITableView *)tableView moveRowAtIndexPath:
311   (NSIndexPath *)fromIndexPath  toIndexPath:(NSIndexPath  *)toIndexPath
312  {
```

```
    // 得到移动行所在位置的图像
    UIImage *image = [pictures objectAtIndex:fromIndexPath.row];
    [pictures removeObject:image]; // 从列表中移除这个图像

    // 将图像插入到列表指定的索引位置
    [pictures insertObject:image atIndex:toIndexPath.row];
} // tableView:moveRowAtIndexPath:toIndexPath:方法结束

// 表格视图调用本方法来检测给定行是否可以移动
- (BOOL)tableView:(UITableView *)tableView canMoveRowAtIndexPath:
  (NSIndexPath *)indexPath
{
    return YES; // 本表格中的所有行都可以移动
} // tableView:canMoveRowAtIndexPath:方法结束

// 释放本对象的内存
- (void)dealloc
{
    [imagePicker release]; // 释放 UIImagePickerController 类型的 imagePicker
    [slideshowViewController release]; // 释放 slideshowViewController
    [pictures release]; // 释放 NSMutableArray 类型的 pictures
    [toolbar release]; // 释放 UIToolbar 类型的 toolbar
    [music release]; // 释放 MPMediaItemCollection 类型的 music
    [super dealloc]; // 调用父类的 dealloc 方法
} // dealloc 方法结束
@end // SlideshowDataViewController 类结束
```

12.5 小 结

幻灯片应用程序允许用户使用 iPhone 中存储的相片和音乐创建幻灯片。你看到了如何使用 UIImagePickerController 类来显示选择图片的标准接口，如何使用 MPMediaPickerController 类从 iPod 库中选取音乐。使用了 MPMusicPlayerController 类来播放选择的音乐。也使用了 UIActionSheet 组件来呈现给用户切换效果的选择列表。最后我们学习了如何允许一个程序在横屏和竖屏模式下操作。

在第 13 章中，我们将创建一个增强型幻灯片应用程序，它使幻灯片程序增加了对视频的支持，并可以保存幻灯片。你将看到如何使用 NSCoding 协议和 NSKeyedArchiver 类来将一个对象序列化为一个文件。你也将看到如何使用 UIImagePickerController 类来允许用户选择视频，以及如何使用 MPMoviePlayerController 类来播放它们。

13

增强型幻灯片程序

（使用 NSCoder 序列化数据和播放视频）

本章导读：

- 使用MPMoviePlayerController播放iPhone图片库中的视频。
- 使用UIImagePickerController来允许用户从iPhone的图片库中选择图像和视频。
- 使用Core Animation添加一种新的图像切换效果。
- 使用NSCoder来序列化和反序列化对象。
- 使用NSKeyedArchiver将所有保存的幻灯片序列化到内存中，这样程序可以在下次运行时重新载入这些幻灯片。
- 使用程序的委托类在程序关闭时保存数据。

Outline

13.1 增强型幻灯片程序简介

增强型幻灯片程序在第 12 章幻灯片程序的基础上增加了视频功能。当修改一个幻灯片时，用户触摸 Add Picture/Video 按钮，将显示 iPhone 的图片库，可以在其中看到视频了（见图 13-1）。选择一个视频的缩略图将显示缩略图的特写（见图 13-2）。用户触摸播放按钮来播放视频，不过并不会将它添加到幻灯片中。当用户触摸 Set Effect 按钮（见图 13-3）时，将显示一个新的切换效果。翻转（Flip）效果，即水平地旋转前一张图片并在它的反面显示下一张图片（见图 13-4）。所有用户创建的幻灯片都进行了保存，每次程序运行的时候都可以获取。

图 13-1 | iPhone 图片库.

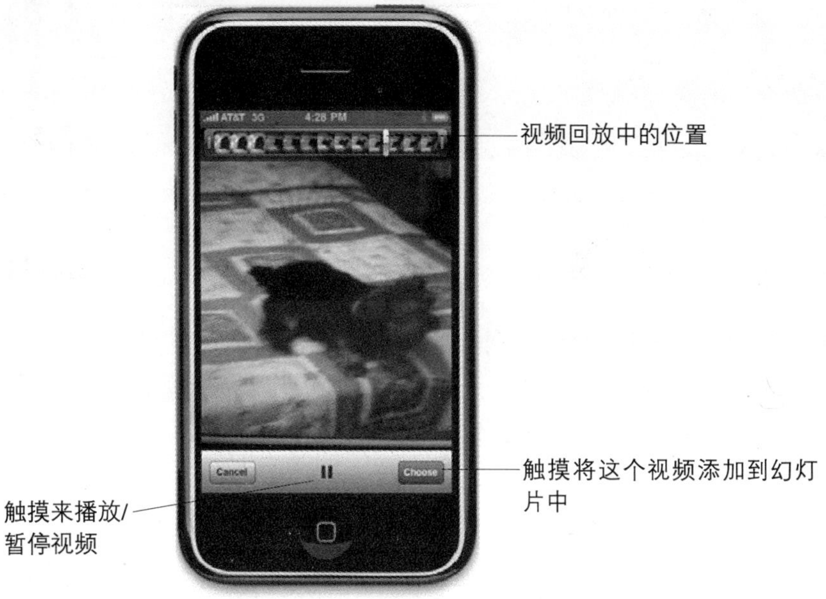

图 13-2 | 显示一个视频

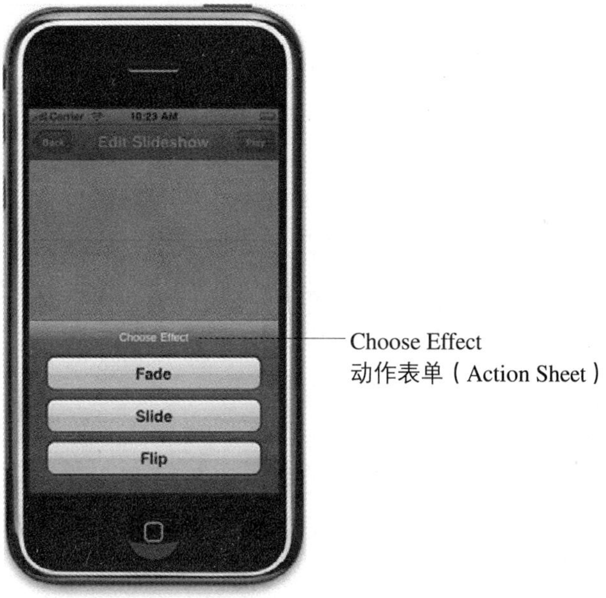

图 13-3 | 设置图像的切换效果

图 13-4 | 翻转效果-水平地旋转图片，将背面的下一张图片显示出来

13.2 试运行应用程序

1. 打开程序

打开包含 **Enhanced Slideshow** 应用程序项目的文件夹，双击 EnhancedSlideshow.xcodeproj 文件，以在 Xcode 中打开项目。在 iPhone 模拟器中运行程序时无法访问 iPod 音乐库，所以如果你使用的是模拟器，你将无法为幻灯片添加背景音乐。同样，你无法在 3GS 之前的 iPhone 图片库中添加视频(模拟器的图片库也不行)，所以在这些设备上运行的幻灯片只能是图片。这里假设你在 iPhone 3GS 上运行程序。

2. 创建一张新的幻灯片

触摸程序右上角的 New 按钮，在 Name this slideshow 文字输入框中输入 My Slideshow1。触摸 Add Picture/Video 按钮查看 iPhone 的图片库，可以看到库中存储了图片和用 iPhone 的摄像头录制的视频。触摸一个视频的缩略图来查看这个缩略图的特写。触摸播放按钮可以观看视频。触摸 Choose 按钮将视频添加到幻灯片中。在 Add a title for the video 的文字输入框中输入 My Video1。你的视频显示在 Edit Slideshow 界面中，包含你指定的一个缩略图和标题。添加两个以上的图片或视频，然后选择这个幻灯片的背景音乐。触摸 Set Effect 按钮并选择翻转(Flip)。触摸 Back 按钮返回到幻灯片列表。

3. 播放幻灯片

触摸你的幻灯片旁边的 Play 按钮，将开始显示你的视频和图片。每张图片在屏幕上逗留 5 秒钟，同时播放背景音乐。每部视频将在屏幕上完整播放。每部视频播放时将停止背景音乐并播放它们自己的声音。退出程序并再次触摸增强型幻灯片程序的图标来启动它。不像原来的幻灯片程序，请注意幻灯片已经被持久化了。

13.3 技术概述

增强型幻灯片程序使用 MPMoviePlayerController 从 iPhone 的图片库中播放视频。用户使用 UIImagePickerController 为幻灯片选择视频。我们通过设定 UIImagePickerController 的 mediaTypes 属性指出图片库中的所有媒体类型（图片和视频）都可用。

我们为这个版本的程序添加另一个 Core Animation 图片切换效果。UIViewAnimationTransitionFlipFromRight 动画切换效果可以水平地翻转一张幻灯片图像并将下一张图片翻转出来。

在增强型幻灯片程序中，幻灯片存储在 iPhone 中供下次查看。我们之前曾经保存过文字数据，但是保存对象(例如图像或视频)需要用到一个叫做**对象序列化（object serialization）**的技术。所谓的序列化对象是代表了一串字节的对象，它包含对象的数据，也就是关于对象的类型和其中存储的数据的类型。我们使用抽象类 NSCoder 的子类序列化一个对象（也被称之为使用 Objective-C 编码）。这个类扮演一个接口的角色，用来把 Objective-C 对象存储到磁盘上（被称为归档）。类 NSKeyedArchiver 是 NSCoder 的一个实体子类，用来把整个幻灯片列表的对象图（object graph）保存到一个文件。对象图（object graph）用来表示一个对象、这个对象引用的所有对象、这些对象引用的所有对象等。NSKeyedArchiver 处理对象图的创建和序列化。

将序列化的对象写入一个文件后，它就可以从这个文件读出并反序列化（deserialized）。所谓反序列化是指，代表对象和它的数据的类型信息和字节可以在内存中重新创建对象图。这个过程也被称为解码（decoding）或读档（unarchiving），它的实现依靠的是 NSCoder 的子类。

13.4 构建应用程序

这里只介绍与第 12 章幻灯片程序有所改变的类和方法。完成的源代码放在项目的文件夹中。之前在第 12 章讨论过的类或方法，在本章显示的时候我们将用高亮色标注新增或改变的行。对于新的类和方法，我们也用高亮色标注新的和重要的行，就像我们之前约定的那样。

13.4.1 MediaItem 类

新类 MediaItem（代码 13-1）代表幻灯片中的一张图片或一部视频。6～10 行声明了枚举类型_mediaType。typedef 允许我们使用 MediaType 来引用这个枚举。

MediaTypeImage 枚举常量指出 MediaItem 代表了一张图片；MediaTypeVideo 常量指出 MediaItem 代表了一部视频。

MediaItem 实现了 NSCoding 协议（12 行），它声明了两个方法来编码和解码正在实现的类中的对象。这样，我们就可以在 iPhone 上存储 MediaItems 了。initWithCoder:方法使用一个 NSCoder 对象创建一个 MediaItem。encodeWithCoder:方法同样使用 NSCoder 将一个 MediaItem 编码。

代码 13-1　MediaItem 类代表一张图片或是一部视频

```
1   //  MediaItem.h
2   //  MediaItem 类代表一张图片或是一部视频
3   #import <Foundation/Foundation.h>
4
5   //  MediaItem 代表的媒体类型
6   typedef enum _mediaType
7   {
8       MediaTypeImage,  //  MediaItem 代表一张图片
9       MediaTypeVideo   //  MediaItem 代表一部视频
10  } MediaType;
11
12  @interface MediaItem : NSObject   <NSCoding>
13  {
14      MediaType type;  //  MediaItem 的类型
15      NSString *description;  //  MediaItem 的描述
16      id data;  //  媒体数据，可以是一张图片或是一部视频
17  } //  实例变量声明结束
18
19  //  将 type、description 和 data 声明为属性
20  @property MediaType type;
21  @property (nonatomic, retain) NSString *description;
22  @property (nonatomic, retain) id data;
23
24  //  创建一个新的 MediaItem，使用给定的类型、描述和数据
25  - (id)initWithType:(MediaType)theType   description:
26   (NSString *)theDescription data:(id)theData;
27  @end //  MediaItem 接口结束
```

类 MediaItem 声明了 3 个实例变量（第 14～16 行）。MediaType 变量（第 14 行）type 指出这个 MediaItem 代表的是一张图片还是一部视频。NSString 变量 description（第 15 行）保存了视频 MediaItem 的简短标题。图片 MediaItem 不会在 description 中保存任何东西。id

类型的变量 data（第 16 行）代表了这个 MediaItem 的图片或视频的文件路径。第 20 ~ 22 行将 MediaItem 的每一个实例变量声明为属性。initWithType:description:data:方法（第 25 ~ 26 行）接受相当于 MediaItem 中每个实例变量作为参数，并创建一个新的 MediaItem。

1．MediaItem 类定义

initWithType:description:data:方法（参见代码 13-2 的第 12 ~ 24 行）创建了一个新的 MediaType。第 18 ~ 20 行将 MediaItem 的每个实例变量设置为各自的参数。

代码 13-2　MediaItem 类的实现

```
1   //  MediaItem.m
2   //  MediaItem 类的实现
3   #import "MediaItem.h"
4
5   @implementation MediaItem
6
7   @synthesize type;  //  为 type 生成 get 和 set 方法
8   @synthesize description;  //  为 description 生成 get 和 set 方法
9   @synthesize data;  //  为 data 生成 get 和 set 方法
10
11  //  将媒体的类型初始化为给定的 type、description 和 data
12  - (id)initWithType:(MediaType)theType   description:
13   (NSString *)theDescription data:(id)theData
14  {
15      //  如果父类初始化完成
16      if (self = [super init])
17      {
18          self.type = theType; //  使用给定的 type 更新 type
19          self.description = theDescription;  //  更新 description
20          self.data = theData; //  使用给定的 data 更新 data
21      } //  if 结束
22
23      return self;  //  返回这个对象
24  } //  initWithType:description:data:方法结束
25
26  //  使用给定的 NSCoder 初始化 MediaItem
27  - (id)initWithCoder:(NSCoder   *)decoder
28  {
29      //  如果父类初始化完成
30      if (self = [super init])
31      {
32          //  从 NSCoder 中得到 type
33          self.type = [decoder decodeIntForKey:@"type"];
34
35          //  从 NSCoder 中得到 description
36          self.description = [decoder decodeObjectForKey:@"description"];
```

```
37
38              // 从 NSCoder 中得到 data
39              self.data = [decoder   decodeObjectForKey:@"data"];
40          } //  if 结束
41
42          return self;  //  返回这个对象
43      } //  initWithCoder:方法结束
44
45      //  将本对象编码进给定的 NSCoder
46      - (void)encodeWithCoder:(NSCoder *)coder
47      {
48          [coder encodeInt:type forKey:@"type"];  //  编码类型
49
50          //  编码 description
51          [coder encodeObject:description forKey:@"description"];
52          [coder encodeObject:data forKey:@"data"];  //  编码数据
53      } //  encodeWithCoder:方法结束
54      @end //  类 MediaItem 结束
```

initWithCoder:方法（第 27～43 行）从给定的 NSCoder 中为 MediaItem 的每一个实例变量解码。这个方法被称为反序列化一个 MediaItem。第 33 行使用 NSCoder 的 decodeIntForKey:方法为 MediaType 解码一个数值。我们将“type”作为解码的关键字(key)，因为我们在将这个实例变量编码的时候用到的是同样的关键字。36 行和 39 行使用 NSCoder 的 decodeObjectForKey:方法为 MediaItem 剩余的实例变量解码。

encodeWithCoder:方法（第 46～53 行）序列化 MediaItem，使用给定的 NSCoder 为 MediaItem 的每一个实例变量编码。第 48 行将关键字“type”传递给 NSCoder 的 encodeIntForKey:方法。关键字作为编码时的标识，在解码时是必须的。第 51～52 行使用 NSCoder 的 encodeObjectForKey:方法编码 MediaItem 的剩余实例变量。

2．MediaItemCreator 接口声明

在新类 MediaItemCreator（参见代码 13-3）控制的视图中，允许用户为选择的视频设置标题。第 10 和 11 行声明了 MediaItemCreator 的委托和用来输入视频名称的文字输入框。NSURL 变量 media 存储的是正被设置标题视频的位置路径。第 16 和 17 行将 delegate 和 media 声明为属性。当用户触摸键盘上的 Done 按钮时，方法 finishedNaming:（第 20 行）将视频的名称传递给委托。第 27 和 28 行声明了 NameChooserDelegate。调用方法 mediaItemCreator:didCreateMediaItem:将新的视频 MediaItem 传递给委托。

代码 13-3　提供给用户一个创建 MediaItem 的接口

```
1   //  MediaItemCreator.h
2   //  提供用户一个创建 MediaItem 的接口
3   #import <UIKit/UIKit.h>
4   #import "MediaItem.h"
```

```

@protocol NameChooserDelegate;

@interface MediaItemCreator : UIViewController
{
    id <NameChooserDelegate> delegate; //  这个类的委托
    IBOutlet UITextField *textField;  //  供用户输入名字的文字输入框
    NSURL *media;  //  视频
} //  实例变量声明结束

//  将 delegate 和 media 声明为属性
@property (nonatomic, assign) id <NameChooserDelegate> delegate;
@property (nonatomic, retain) NSURL *media;

//  当用户完成媒体的命名时调用本方法
- (IBAction)finishedNaming:sender;
@end //  NameChooser 接口结束

//  NameChooserDelegate
@protocol NameChooserDelegate

//  通知委托本对象已经完成创建一个 MediaItem
- (void)mediaItemCreator:(MediaItemCreator *)creator didCreateMediaItem:
 (MediaItem *)item;
@end //  接口 NameChooserDelegate 结束
```

为了创建本视图的 GUI，在 Interface builder 中打开 MediaItemCreator.xib，然后添加一个标签（Label）并设置它的文字，这样就为视频添加了一个标签。在标签下添加一个文字输入框然后打开 Inspector 窗口，在 Inspector 窗口中将 finishedNaming:方法连接到文本输入框的 Did End On Exit 事件。

3．MeidaItemCreator 类定义

类 MediaItemCreator（参见代码 13-4 的第 7 和 8 行）合成属性 delegate 和 media。viewDidLoad 方法（第 11～15 行）设置 MediaItemCreator 的视图。我们调用父类的 viewDidLoad 方法（第 13 行），然后调用 textField 的 becomeFirstResponder 方法来选择“Add a label for the video”文字输入框（第 14 行）。这样将把键盘显示出来。finishedNaming:方法（第 18～26 行）创建一个新的 MediaItem，它使用 textField 的 text 属性（第 21 和 22 行）作为标签。然后将这个 MediaItem 传递给委托的 mediaItemCreator:didCreateMediaItem:方法（第 25 行）。它传递给 SlideshowDataViewController 一个 MediaItem，这个 MediaItem 代表了选中的用户定义了标题的视频。

代码 13-4　MediaItemCreator 类的实现

```
1    //  MediaItemCreator.m
2    //  MediaItemCreator 类的实现.
```

```
#import "MediaItemCreator.h"

@implementation MediaItemCreator

@synthesize delegate;  //  为 delegate 生成 get 和 set 方法
@synthesize media;  //  为 media 生成 get 和 set 方法

//  设置主视图
- (void)viewDidLoad
{
    [super viewDidLoad];  //  调用父类的 viewDidLoad 方法
    [textField becomeFirstResponder];  //  调出键盘
} //  方法 viewDidLoad 结束

//  当用户触摸键盘上的 Done 按钮时调用本方法
- (IBAction)finishedNaming:sender
{
    //  使用用户输入的文字创建一个新的 MediaItem
    MediaItem *item = [[MediaItem alloc] initWithType:MediaTypeVideo
    description:textField.text   data:media];

    //  将 MediaItem 传递给委托
    [delegate mediaItemCreator:self didCreateMediaItem:item];
} //  方法 finishedNaming:结束
@end //  MediaItemCreator 类结束
```

13.4.2 Slideshow 类

Slideshow 类（参见代码 13-5）代表用户创建的一个幻灯片。在原来的幻灯片程序中，我们并没有单独创建一个类来表示幻灯片。基于增强型幻灯片应用程序中幻灯片所增加的复杂性，以及归档的要求，遵循 MVC 设计模式来设计一个代表幻灯片的类就显得很必要了。所以我们创建一个新类来代表一张幻灯片。增强型幻灯片程序为枚举类型 TransitionEffect 增加了一个新的枚举常量（第 8～13 行）。TransitionEffectFlip（第 12 行）代表一种图片切换方式，水平地翻转前一张图片并把背后的下一张图片显示出来。

代码 13-5　代表一张幻灯片的类的接口

```
1  //  Slideshow.h
2  //  代表一张幻灯片的类的接口
3  #import <Foundation/Foundation.h>
4  #import <MediaPlayer/MediaPlayer.h>
5  #import "MediaItem.h"
6
7  //  幻灯片中的切换效果
8  typedef enum _transitionEffects
9  {
```

```
10      TransitionEffectFade = 0,  //  渐显下一张
11      TransitionEffectSlide = 1,  //  将下一张从右侧滑入
12      TransitionEffectFlip = 2,  //  翻转显示下一张
13  } TransitionEffect;
14
15  //  Slideshow 接口
16  @interface Slideshow : NSObject <NSCoding>
17  {
18      NSMutableArray *media;  //  幻灯片中的图片或视频
19      MPMediaItemCollection *music;  //  幻灯片中的音乐
20      TransitionEffect effect;  //  幻灯片的切换效果
21      NSString *title;  //  幻灯片的标题
22  } //  实例变量声明结束
23
24  //  将 music、effect、media 和 title 声明为属性
25  @property (nonatomic, retain) MPMediaItemCollection *music;
26  @property TransitionEffect effect;
27  @property (nonatomic, retain) NSMutableArray *media;
28  @property (nonatomic, retain) NSString *title;
29
30  - (UIImage *)firstImage;  //  返回幻灯片的第一张图片
31  @end //  接口 Slideshow 结束
32
33  //  NSCoding 分类
34  @interface UIImage (NSCoding) //  为 UIImage 添加 NSCoding 接口方法
35  - (id)initWithCoder:(NSCoder *)decoder; //  从存档中创建幻灯片
36  - (void)encodeWithCoder:(NSCoder *)encoder;  //  幻灯片存档
37  @end //  NSCoding 分类结束
```

NSMutableArray 变量 media 存储这张幻灯片中的图片和视频（第 18 行）。第 19 行声明了一个 MPMediaItemCollection 来存储幻灯片的背景音乐。我们使用 TransitionEffect（第 20 行）来代表幻灯片切换时的动画效果。一个 NSString 存储了这张幻灯片的标题。第 25 ~ 28 行将 Slideshow 的实例变量声明为属性。Slideshow 的 firstImage 方法（第 30 行）返回幻灯片的第一张图片，如果幻灯片是以一部视频开始的，这个方法返回的图片将不是第一张。

第 34 ~ 37 行声明了一个叫做 NSCoding 的分类，它为 UIImage 添加了两个 NSCoding 协议方法（第 35 和 36 行）。initWithCoder:方法使用一个 NSCoder 来反序列化一张 UIImage，encodeWithCoder: 方法使用一个 NSCoder 来序列化一张 UIImage。

1．类 Slideshow 的 init 和 initWithCoder:方法

init 方法（参见代码 13-6 的第 12 ~ 20 行）调用父类的 init 方法（第 16 行），然后初始化 NSMutableArray 类型的 media（第 17 行）。initWithCoder:方法（第 23 ~ 42 行）接收一个用来反序列化 Slideshow 的 NSCoder。29 ~ 38 行使用 NSCoder 的 decodeObjectForKey 方法来反序列化 Slideshow 中的每个实例变量。

代码 13-6　Slideshow 类的 init 和 initWithCoder:方法

```
// Slideshow.m
// 代表一张幻灯片
#import "Slideshow.h"

@implementation Slideshow

@synthesize media; // 为 media 生成 get 和 set 方法
@synthesize music; // 为 music 生成 get 和 set 方法
@synthesize effect; // 为 effect 生成 get 和 set 方法
@synthesize title; // 为 title 生成 get 和 set 方法

// 初始化这个对象
- (id)init
{
    // 如果父类初始化完成
    if (self = [super init])
    media = [[NSMutableArray alloc] init]; // 初始化 media

    return self; // 返回这个对象
} // 方法 init 结束

// 通过给定的 NSCoder 初始化这个对象
- (id)initWithCoder:(NSCoder *)decoder
{
    // 如果父类初始化完成
    if (self = [super init])
    {
        // 从 NSCoder 中解码 media
        self.media = [decoder decodeObjectForKey:@"media"];

        // 从 NSCoder 中解码 effect
        self.effect = [decoder decodeIntForKey:@"effect"];

        // 从 NSCoder 中解码 music
        self.music = [decoder decodeObjectForKey:@"music"];

        // 从 NSCoder 中解码 title
        self.title = [decoder decodeObjectForKey:@"title"];
    } // if 结束

    return self; // 返回这个对象
} // initWithCoder:方法结束

```

2．类 Slideshow 的 encodeWithCoder:和 firstImage 方法

encodeWithCoder: 方法（参见代码 13-7 的第 45 ~ 51 行）使用 NSCoder 的 encodeObject:forKey:方法来序列化 Slideshow 的 media、music 和 title 等实例变量。

我们可以编码 media，因为在上一章中我们让 MediaItem 实现了 NSCoding 协议。我们使用 NSCoder 的 encodeInt:forKey:方法来序列化 TransitionEffect 枚举变量，因为枚举变量等于 int 变量。

firstImage 方法（第 54 ~ 73 行）返回这张幻灯片中的第一张图片。第 60 ~ 70 行循环遍历每个 MediaItem，检查它的 type 属性是否是 MediaTypeImage（第 65 行）。如果是，这个 MediaItem 代表的就是一张图片，将它分配给 firstImage 变量（第 67 行）。第 68 行设置 found 为 YES，指出第一张图片已经找到了。

代码 13-7　Slideshow 类的 encodeWithCoder:和 firstImage 方法

```
44  // 将这个对象编码进给定的 NSCoder
45  - (void)encodeWithCoder:(NSCoder *)coder
46  {
47      [coder encodeObject:media forKey:@"media"]; // 编码 media
48      [coder encodeInt:effect forKey:@"effect"]; // 编码 effect
49      [coder encodeObject:music forKey:@"music"]; // 编码 music
50      [coder encodeObject:title forKey:@"title"]; // 编码 title
51  } // 方法 encodeWithCoder:结束
52
53  // 返回本幻灯片中的第一张图片
54  - (UIImage *)firstImage
55  {
56      UIImage *firstImage = nil; // 将第一张图片设置为 nil，直到我们找到为止
57      BOOL found = NO; // 我们还没有找到第一张图片
58
59      // 循环遍历每个 MediaItem
60      for (int i = 0; i < media.count && !found; i++)
61      {
62          MediaItem *item = [media objectAtIndex:i]; // 在索引 i 处得到 MediaItem
63
64          // 如果 item 是一张图片
65          if (item.type == MediaTypeImage)
66          {
67              firstImage = item.data; // 将 item 分配给 firstImage
68              found = YES; // 我们找到了第一张图片
69          } // if 结束
70      } // for 结束
71
72      return firstImage; // 返回第一张图片
73  } // 方法 firstImage 结束
74
```

```
// 释放这个对象的内存
- (void)dealloc
{
    [media release];  // 释放 NSMutableArray 类型的 media
    [music release];  // 释放 MPMediaItemCollection 类型的 music
    [title release];  // 释放 NSString 类型的 title
    [super dealloc];  // 调用父类的 dealloc 方法
} // 方法 dealloc 结束
@end //  Slideshow 类结束

```

3. UIImage 的 NSCoding 分类

类 UIImage 并没有实现 NSCoding 协议，所以我们使用 Objective-C 的分类特性为 UIImage 添加所需的序列化方法。方法 initWithCoder:（代码 13-8，第 89～100 行）使用 NSCoder 初始化一个 UIImage。NSCoder 的 decodeObjectForKey:方法返回代表 UIImage 的一个 NSData 对象（第 94 行）。我们将这个对象传递给 UIImage 的 initWithData:方法类从保存的数据中初始化 UIImage（第 95 和 96 行）。

代码 13-8　UIImage 的 NSCoding 分类

```
85  // UIImage 的 NSCoding 分类
86  @implementation UIImage  (NSCoding)
87
88  // 使用给定的 NSCoder 初始化 UIImage
89  - (id)initWithCoder:(NSCoder *)decoder
90  {
91      // 如果父类初始化完成
92      if (self = [super init])
93      {
94          // 从 NSCoder 中解码 NSData
95          NSData *data = [decoder decodeObjectForKey:@"UIImage"];
96          self = [self initWithData:data];  // 使用 data 初始化 UIImage
97      } // if 结束
98
99      return self;  // 返回本对象
100 } // 方法 initWithCoder:结束
101
102 // 将 UIImage 编码进给定的 NSCoder
103 - (void)encodeWithCoder:(NSCoder *)encoder
104 {
105     // 得到 PNG 表示的 UIImage
106     NSData *data = UIImagePNGRepresentation(self);
107
108     // 使用 NSCoder 编码 data
109     [encoder encodeObject:data forKey:@"UIImage"];
110 } // 方法 encodeWithCoder:结束
```

```
111  @end //  NSCoding 分类结束
```

encodeWithCoder:方法（第 103～110 行）使用 UIImagePNGRepresentation 得到代表这个 UIImage 的 NSData 对象（第 105 行），然后将这个 NSData 对象传递给 NSCoder 的 encodeObject:forKey:方法来序列化本对象（第 108 行）。

13.4.3 RootViewController 类

这一节将只讲述 12.4.1 节中 RootViewController 类更新的部分。

1．RootViewController 类的 viewDidLoad 方法

RootViewController 类的 viewDidLoad 方法（参见代码 13-9）在每次 RootViewController 的视图载入后从 iPhone 的应用程序数据（data）目录中载入幻灯片列表。

第 15 和 16 行调用了 NSSearchPathForDirectoriesInDomains 函数得到一个 NSArray，其中包含了程序的文件夹目录。我们得到这个目录地址（第 19 行），然后将幻灯片数据文件名(data.slideshow)追加到程序的数据目录。

代码 13-9　RootViewController 类的 viewDidLoad 方法

```
9    //  设置主视图
10   - (void)viewDidLoad
11   {
12       [super viewDidLoad];  //  调用父类的 viewDidLoad 方法
13
14       //  查找本程序的文件夹目录
15       NSArray *paths = NSSearchPathForDirectoriesInDomains(
16       NSDocumentDirectory, NSUserDomainMask, YES);
17
18       //  得到第一个目录
19       NSString *directory = [paths objectAtIndex:0];
20
21       //  将文件名"data.slideshows"连接到路径结束
22       NSString *filePath = [[NSString alloc] initWithString:
23       [directory stringByAppendingPathComponent:@"data.slideshows"]];
24
25       //  从文件 data.slideshows 中读档得到 slideshows
26       slideshows =
27          [[NSKeyedUnarchiver unarchiveObjectWithFile:filePath] mutableCopy];
28       [filePath release];  //  释放 NSString 类型的 filePath
29
30       //  如果 data.slideshows 中无法读档得到数据
31       if (slideshows == nil)
32          slideshows = [[NSMutableArray alloc] init];  //  创建 slideshows
33
34       [self.navigationItem setTitle:@"Slideshows"];  //  设置导航栏的标题
```

```
35
36          // 创建一个新幻灯片按钮，用来添加新的幻灯片
37          UIBarButtonItem *newSlideshowButton = [[UIBarButtonItem alloc]
38             initWithTitle:@"New" style:UIBarButtonItemStylePlain target:self
39             action:@selector(addSlideshow)];
40
41          // 创建一个返回按钮，用来供用户导航返回
42          UIBarButtonItem *backButton = [[UIBarButtonItem alloc]
43             initWithTitle:@"Back" style:UIBarButtonItemStylePlain    target:nil
44             action:nil];
45
46          // 将 New 按钮添加到导航栏的右边
47          self.navigationItem.rightBarButtonItem = newSlideshowButton;
48
49          // 将 Edit 按钮添加到导航栏的左边
50          self.navigationItem.leftBarButtonItem = self.editButtonItem;
51
52          // 设置用户导航到其他界面后将显示的返回按钮
53          [self.navigationItem setBackBarButtonItem:backButton];
54          [newSlideshowButton release];   //  释放 newSlideshowButton
55          [backButton release];   //  释放 backButton
56      } // 方法 viewDidLoad 结束
```

第 26 和 27 行通过反序列化 data.slideshows 文件得到一个包含所有幻灯片的 NSMutableArray。NSKeyedUnarchiver 的 unarchiveObjectWithFile:方法返回 id 类型的对象图，代表了 NSArray 类型的保存的 slideshows。NSKeyedUnarchiver 是 NSCoder 的一个实体子类，用来反序列化一个对象。NSObject 的 mutableCopy 方法将 NSArray 转换为 NSMutableArray。如果没有保存的 slideshows，我们将把 slideshows 初始化为一个新的 NSMutableArray（第 31 和 32 行）。第 34 和 35 行用原来幻灯片程序中同样的方法设置程序的导航栏。

2. RootViewController 类的 nameViewController:didGetName:方法

当用户完成为新的幻灯片命名后调用 nameViewController:didGetName: 方法（参见代码 13-10）。调用 UIViewController 的 dismissModalViewControllerAnimated:方法来隐藏 NameViewController 的视图（第 85 行）。第 88 和 89 行创建了一个新的 Slideshow，使用给定的 NSString 设置它的 title 属性，然后使用 initWithSlideshow:方法创建一个新的 SlideshowDataViewController（第 92 和 93 行），最后调用 NSMutableArray 的 addObject:方法将新的 Slideshow 添加到 Slideshows 列表中。

代码 13-10 RootViewController 类的 nameViewController:didGetName:方法.

```
80  // 当用户使用 NameViewController 选取一个名称时调用本方法
81  - (void)nameViewController:(NameViewController *)controller
82     didGetName:(NSString *)name
83  {
84        // 隐藏 NameViewContorller
```

```
        [self dismissModalViewControllerAnimated:YES];

        //  创建一个新的 Slideshow
        Slideshow *slideshow = [[Slideshow alloc] init];
        slideshow.title = name; //  更新 slideshow 的名称

        //  使用 Slideshow 创建一个新的 SlideshowDataViewController
        SlideshowDataViewController *dataController =
        [[SlideshowDataViewController alloc] initWithSlideshow:slideshow];
        [slideshows addObject:slideshow];  //  添加到 Slideshows 列表中

        //  显示幻灯片创建器
        [self.navigationController pushViewController:dataController
           animated:YES];
        [slideshow release];  //  释放 Slideshow
        [dataController release];  //  释放 SlideshowDataViewController
} //  方法 nameViewController:didGetName:结束

```

3．RootViewController 类的 slideshowCellDidSelectEditButton:方法

方法 slideshowCellDidSelectEditButton:（参见代码 13-11）显示正在编辑所选 Slideshow 的视图。第 107 行调用 UITableView 的 indexPathForCell:方法得到一个代表用户触摸的 UITableViewCell 的索引的 NSIndexPath。然后使用 initWithSlideshow 方法创建一个新的 SlideshowDataViewController（第 110 ~ 112 行）。第 112 行将 NSIndexPath 的 row 属性传递给 NSMutableArray 的 objectAtIndex:方法得到选中的 Slideshow。第 115 和 116 行调用 UINavigationController 的 pushViewController:animated:方法来显示幻灯片的编辑视图。

代码 13-11　RootViewController 类的 slideshowCellDidSelectEditButton:方法

```
103 //  当用户触摸 SlideshowCell 上的编辑按钮时调用本方法
104 - (void)slideshowCellDidSelectEditButton:(SlideshowCell   *)cell
105 {
106     //  查找给定 cell 所在位置的索引路径
107     NSIndexPath *indexPath = [self.tableView indexPathForCell:cell];
108
109     //  创建一个新的 SlideshowDataViewController
110     SlideshowDataViewController *controller =
111        [[SlideshowDataViewController alloc] initWithSlideshow:
112        [slideshows objectAtIndex:indexPath.row]];
113
114     //  显示 SlideshowDataViewController
115     [self.navigationController pushViewController:controller
116        animated:YES];
117 } //  方法 slideshowCellDidSelectPlayButton:结束
```

4．RootViewController 类的 tableView:cellForRowAtIndexPath:方法

方法 tableView:cellForRowAtIndexPath:（参见代码 13-12）得到给定 NSIndexPath 所指的 UITableViewCell。第 153 ~ 165 行使用 UITableView 的 dequeReusableCellWithIdentifier: 方法尝试从给定的 tableView 中复用一个 cell。我们设置新 SlideshowCell 的委托为这个 RootViewController（第 167 行）。第 170 行将 UITableViewCell 的 selectionStyle 属性设置为 UITableViewCellSelectionStyleNone，这样当 UITableViewCell 被触摸时将不会进行任何动作。第 173 行得到对应于被触摸窗格的 SlideShow。第 176 行调用 Slideshow 的 firstImage 方法得到一个代表选中 Slideshow 的第一张图片的 UIImage。第 177 和 178 行设置 SlideshowCell 的缩略图为那个 UIImage，设置标题为 Slideshow 的 title。

代码 13-12　RootViewController 类的 tableView:cellForRowAtIndexPath:方法

```
149 //  表格视图调用本方法得到它需要放置自身的窗格（cell）
150 - (UITableViewCell *)tableView:(UITableView *)tableView
151  cellForRowAtIndexPath:(NSIndexPath *)indexPath
152 {
153     static NSString *CellIdentifier = @"SlideshowCell";
154
155     //  得到一个可复用的 cell
156     SlideshowCell *cell = (SlideshowCell *)[tableView
157     dequeueReusableCellWithIdentifier:CellIdentifier];
158
159     //  如果没有可用的可复用窗格，则创建一个
160     if (cell == nil)
161     {
162         cell = [[[SlideshowCell alloc] initWithStyle:
163           UITableViewCellStyleDefault reuseIdentifier:CellIdentifier]
164           autorelease];
165     } //  if 结束
166
167     cell.delegate = self;  //  设置窗格的委托为控制器自身
168
169     //  当被选中时，窗格不做任何操作
170     cell.selectionStyle = UITableViewCellSelectionStyleNone;
171
172     //  通过给定行得到 Slideshow
173     Slideshow *slideshow = [slideshows objectAtIndex:indexPath.row];
174
175     //  得到幻灯片中正确索引处的第一张图片
176     UIImage *image = [slideshow firstImage];
177     cell.thumbnail.image = image;  //  设置窗格的缩略图
178     cell.title.text = slideshow.title;  //  设置窗格的标题
179
180     return cell;  //  为表格返回配置过的窗格
181 } //  tableView:cellForRowAtIndexPath: 方法结束
```

13.4.4 SlideshowDataViewController 类

这一节将只讲述 12.4.4 节 SlideshowDataViewController 类中更新的部分。

1．SlideshowDataViewController 类的 initWithSlideshow:方法

增强型幻灯片程序的 SlideshowDataViewController 类（参见代码 13-13）有一个原来的幻灯片程序中所没有的额外的实例变量。当前正被编辑的幻灯片作为指向新定义的 Slideshow 类的对象的指针进行存储。第 13 行设置这个 slideshow 实例变量为给定的 Slideshow，然后调用它的 retain 方法将它的引用计数加一并确保 Slideshow 的内存直到 SlideshowViewController 不再被需要时才进行释放。

代码 13-13　SlideshowDataViewController 类的 initWithSlideshow:方法

```
8    // 用给定的 Slideshow 进行初始化
9    - (id)initWithSlideshow:(Slideshow *)show
10   {
11       // 如果父类初始化完成
12       if (self = [super init])
13       slideshow = [show retain]; // 获取 Slideshow 的拥有权
14
15       return self; // 返回本对象
16   } // 方法 initWithSlideshow 结束
```

2．SlideshowDataViewController 类的 addPhoto 方法

addPhoto 方法（参见代码 13-14）允许用户从图片库中选择一张图片或一部视频，当用户触摸工具栏上的按钮 Add Picture/Video 时将其添加到幻灯片中。首先，如果 UIImagePickerController 还没有进行过初始化，先对它进行初始化（第 137 ~ 140 行）。我们设置 allowsImageEditing 属性为 YES（第 141 行）来允许用户在将这个图片或视频添加到幻灯片之前进行编辑。例如，用户可以用一个捏（pinch）的手势来放大图片中的某一特定部分，或是拖曳在位于屏幕上方视频缩略图条上左边或右边的控制柄来裁剪一部视频。我们将 sourceType 设置为 UIImagePickerControllerSourceTypePhotoLibrary 来指出图片或视频将从用户的图片库中进行选取。第 148 ~ 150 行调用 UIImagePickerController 的 availableMediaTypesForSourceType 方法，传递一个源类型的参数代表 iPhone 的图片库 (UIImagePickerControllerSourceTypePhotoLibrary)。我们将结果分配给 imagePicker 的 mediaTypes 属性，指出我们需要 imagePicker 来同时显示图片和视频。然后显示这个 imagePicker（第 157 行）。

代码 13-14　SlideshowDataViewController 类的 addPhoto 方法

```
133  // 提示用户为幻灯片添加一个新的图片或视频
134  - (void)addPhoto
135  {
```

```
        // 如果 imagePicker 尚未初始化
        if (imagePicker == nil)
        {
            // 创建 imagePicker
            imagePicker = [[UIImagePickerController alloc] init];
            imagePicker.allowsEditing = YES; // 允许用户编辑图像

            // 从图片库中选取图片
            imagePicker.sourceType =
              UIImagePickerControllerSourceTypePhotoLibrary;

            // 允许选取图片库中的所有类型的媒体
            imagePicker.mediaTypes =
              [UIImagePickerController availableMediaTypesForSourceType:
              UIImagePickerControllerSourceTypePhotoLibrary];
            imagePicker.delegate = self; // 设置委托为本对象
        } // if 结束

        returnFromImagePicker = YES; // 我们刚才在图片选取器中

        // 显示图片选取器
        [self presentModalViewController:imagePicker animated:YES];
    } // addPhoto 方法结束
```

3. SlideshowDataViewController 类的 imagePickerController:didFinishPickingMediaWithInfo:方法

当用户将图片选取器中的一张图片或一部视频添加到幻灯片中时，调用 imagePickerController:didFinishPickingMediaWithInfo:方法（参见代码 13-15）。第 165 行调用 UIViewController 的 dismissModalViewControllerAnimated:方法来隐藏图片选取器。NSDictionary 类型的 info 包含选择的图片或视频的信息。我们使用 NSDictionary 的 valueForKey:方法来通过关键字 UIImagePickerControllerMediaType 得到 info 的值（第 168 行）。如果这个值与 KUTTypeImage 相同，我们知道用户触摸的是一张图片。第 172 和 173 行通过关键字 UIImagePickerControllerEditedImage 得到 info 的 UIImage（这就是用户选择的图片），然后使用这个 UIImage 创建一个新的 MediaItem，并将这个 MediaItem 添加到幻灯片（第 176 ~ 180 行）。第 183 行得到 SlideshowDataViewController 的 UITableView。我们然后将这个新的 MediaItem 插入 UITableView（第 186 和 188 行）。

代码 13-15　SlideshowDataViewController 类的 imagePickerController:didFinishPickingMediaWithInfo:方法

```
160 // 当用户选取一张图片或一部视频后调用本方法
161 - (void)imagePickerController:(UIImagePickerController *)picker
162   didFinishPickingMediaWithInfo:(NSDictionary *)info
163 {
164     // 隐藏图片选取器
```

```
    [self dismissModalViewControllerAnimated:NO];

    // 如果用户选择的是一张图片
    if ([[info valueForKey:@"UIImagePickerControllerMediaType"]
    isEqualToString:kUTTypeImage])
    {
        // 得到用户选择的图片
        UIImage *image =
          [info objectForKey:UIImagePickerControllerEditedImage];

        // 使用 image 创建一个 MediaItem
        MediaItem *item = [[MediaItem alloc] initWithType:MediaTypeImage
          description:nil data:image];

        // 将 MediaItem 添加到幻灯片中
        [slideshow.media addObject:item];

        // 将这张新图片插入进表格中
        UITableView *table = (UITableView *)self.view;

        // 表格中插入新一行来显示这张新图片
        [table insertRowsAtIndexPaths:[NSArray arrayWithObject:[NSIndexPath
          indexPathForRow:slideshow.media.count - 1 inSection:0]]
          withRowAnimation:UITableViewRowAnimationRight];
    } // if 结束
    else // 如果用户选择的是一部视频
    {
        // 获取选中视频的 URL
        NSURL *url = [info objectForKey:UIImagePickerControllerMediaURL];

        // 获取视频的名称
        NSString *name = [[url absoluteString] lastPathComponent];

        // 查找本程序的文件夹目录位置
        NSArray *paths = NSSearchPathForDirectoriesInDomains(
          NSDocumentDirectory, NSUserDomainMask, YES);

        // 得到第一个目录
        NSString *directory = [paths objectAtIndex:0];

        // 为视频创建一个文件夹目录中的路径
        NSString *newPath = [directory stringByAppendingPathComponent:name];

        // 得到默认的文件管理器
        NSFileManager *manager = [NSFileManager defaultManager];

        // 将视频从临时目录移到文件夹目录中
```

```
212             [manager copyItemAtPath:[url path] toPath:newPath error:nil];
213
214             //  创建一个新的 MediaItemCreator
215             MediaItemCreator *creator = [[MediaItemCreator alloc]
216                initWithNibName:@"MediaItemCreator" bundle:nil];
217             creator.delegate = self;  //   将委托设置为本对象
218
219             //  设置 media 为选中的视频
220             creator.media = [NSURL fileURLWithPath:newPath];
221
222             //  显示 MediaItemCreator
223             [self presentModalViewController:creator animated:YES];
224             [creator release];  //   释放 MediaItemCreator 类型的 creator
225          } //   else 结束
226    } //   imagePickerController:didFinishPickingMediaWithInfo:方法结束
227
```

如果用户触摸的不是一张图片，那么一定是一部视频。第 193 行通过关键字 UIImagePickerControllerMediaURL 得到 info 的 NSURL。它代表了选中的视频在 iPhone 上的位置。我们使用 NSURL 的 absoluteString 方法来得到代表 URL 的 NSString，然后调用 NSString 的 lastPathComponent 来从它的文件路径结束提取视频的名称。NSSearchPathForDirectoriesInDomains 函数返回一个 NSString，代表了本程序的文件夹目录路径（第 199 和 200 行）。视频文件自动保存在临时目录中。我们需要将视频移出这个目录，这样当程序关闭的时候它就不会被删除了。使用 NSString 的 stringByAppendingPathComponent:方法将视频的名字附加到文件夹目录路径结束，这样就得到了视频的当前文件路径（第 202 行）。第 209 行得到默认的 NSFileManager。使用 NSFileManager 的 copyItemAtPath:newPath:error:方法将视频文件从临时目录移动到程序的数据目录。我们使用 NSURL 的 path 方法得到临时文件中保存的视频文件的路径（第 212 行）。

第 215～217 行创建一个新的 MediaItemCreator 并将它的委托设置为 self，然后使用 NSURL 的 fileURLWithPath:方法将程序数据目录中视频文件的路径转换为一个 NSURL（第 220 行）。第 226 行调用 UIViewController 的 presentModalViewController:animated:方法来显示 MediaItemCreator 的视图。

4．SlideshowDataViewController 类的 mediaItemCreator:didCreateMediaItem:方法

当用户使用 MediaItemCreator 的视图对视频 MediaItem 命名完毕时，调用 mediaItemCreator:didCreateMediaItem:方法（参见代码 13-16）。第 232 行将 MediaItem 添加到当前 Slideshow 中。第 238～243 行在 SlideshowDataViewController 的 UITableView 中添加新的一行来显示新的 MediaItem，并隐藏 MediaItemCreator 的视图。

代码 13-16　SlideshowDataViewController 类的 mediaItemCreator:didCreateMediaItem:方法

```
228  //   当用户完成命名媒体时调用本方法
```

```
- (void)mediaItemCreator:(MediaItemCreator *)creator didCreateMediaItem:
 (MediaItem *)item;
{
    [slideshow.media addObject:item]; //  将媒体添加到幻灯片中

    // 为媒体在表格中添加新的一行
    UITableView *table = (UITableView *)self.view;

    // 为这张新图片在表格中插入新的一行
    [table insertRowsAtIndexPaths:[NSArray arrayWithObject:[NSIndexPath
      indexPathForRow:slideshow.media.count - 1 inSection:0]]
      withRowAnimation:UITableViewRowAnimationRight];

    // 隐藏 MediaItemCreator
    [self dismissModalViewControllerAnimated:YES];
} //  方法 mediaItemCreator:didCreateMediaItem:结束
```

5．SlideshowDataViewController 类的 mediaPicker:didPickMediaItems:和 addEffect 方法

当用户在 iPod 音乐库中选择歌曲后触摸 Done 按钮，将调用 mediaPicker: addPickMediaItems:方法（参见代码 13-17 的第 263～271 行）。第 267 行将包含有所选歌曲的 MPMediaItemCollection 分配给 slideshow 的 music 属性。调用 UIViewController 的 dismissModalViewControllerAnimated:方法从视图中移除媒体选取器（第 270 行）。当用户触摸 Add Effect 按钮时，调用 addEffect 方法（第 274～286 行）显示一个 UIActionSheet。第 280～282 行创建一个显示切换选项的 UIActionSheet。我们将翻转效果作为第 3 个参数添加给 otherButtonTitles:。

代码 13-17　SlideshowDataViewController 类的 mediaPicker:didPickMediaItems:和 addEffect 方法

```
262 //  当用户触摸媒体选取器中的完成按钮时调用本方法
263 - (void)mediaPicker: (MPMediaPickerController *)mediaPicker
264  didPickMediaItems:(MPMediaItemCollection *)mediaItemCollection
265 {
266     // 更新 slideshow 的 music
267     slideshow.music = mediaItemCollection;
268
269     // 隐藏媒体选取器
270    [self dismissModalViewControllerAnimated:YES];
271 } //  方法 mediaPicker:didPickMediaItems:结束
272
273 //  当用户触摸"Add Effect"按钮时调用本方法
274 - (void)addEffect
275 {
276     // 如果 effectSheet 尚未初始化
277     if (effectSheet == nil)
278     {
279         // 使用给定的标题和按钮文字创建一个新的选单
```

```
280            effectSheet = [[UIActionSheet alloc] initWithTitle:@"Choose Effect"
281                delegate:self cancelButtonTitle:nil destructiveButtonTitle:nil
282                otherButtonTitles:@"Fade", @"Slide", @"Flip", nil];
283        } //  if 结束
284
285        [effectSheet showInView:self.view];  //  显示选单
286    } //  方法 addEffect 结束
287
```

6. SlideshowDataViewController 类的 startSlideshow 和 actionSheet:clickedButtonAtIndex: 方法

方法 startSlideshow（参见代码 13-18 的第 289～303 行）开始放映幻灯片。首先，创建 SlideshowViewController（第 291 和 292 行），然后设置它的 slideshow 属性为当前的 slideshow（第 295 行），之后隐藏导航栏（第 298 行）然后使用 UINavigationController 的 pushViewController:animated:方法显示 slideshowViewController（第 301 行）。方法 actionSheet:clickedButtonAtIndex:（第 206～310 行）设置本 slideshow 的 effect 属性为给定的代表用户选择的效果的 NSInteger。这样就保存了用户选择的图片切换效果。

代码 13-18　SlideshowDataViewController 类的 startSlideshow 和 actionSheet:clickedButtonAtIndex:方法

```
288  //  当用户触摸了开始播放幻灯片按钮
289  - (void)startSlideshow
290  {
291      SlideshowViewController *controller =
292      [[SlideshowViewController alloc] init];
293
294      //  设置幻灯片中将要显示的图片
295      controller.slideshow = slideshow;
296
297      //  隐藏导航栏，使幻灯片可以全屏播放
298      [self.navigationController setNavigationBarHidden:YES animated:YES];
299
300      //  显示展示幻灯片的视图
301      [self.navigationController pushViewController:controller animated:YES];
302      [controller release];  //  释放 SlideshowViewController 类型的 controller
303  } //  方法 startSlideshow 结束
304
305  //  当用户触摸效果选单中的某一选项时调用本方法
306  - (void)actionSheet:(UIActionSheet *)actionSheet   clickedButtonAtIndex:
307   (NSInteger)buttonIndex
308  {
309      slideshow.effect = buttonIndex; //  更新选择的效果
310  } //  方法 actionSheet:clickedButtonAtIndex:结束
```

7．SlideshowDataViewController 类的 tableView:cellForRowAtIndexPath:方法

调用方法 tableView:cellForRowAtIndexPath:（参见代码 13-19）得到给定 NSIndexPath 处的 UITableViewCell。第 328 ~ 339 行尝试复用 tableView 中的窗格(cell)。我们使用 UIView 的 removeFromSuperView 方法清除 UITableViewCell 上的所有子视图（第 342 和 343 行）。第 346 行得到相当于触摸的 UITableViewCell 的 MediaItem。如果这个 MediaItem 的类型是 MediaTypeImage，MediaItem 就代表一张图片，所以我们访问它的 data 属性可以接收到一个 UIImage（第 349 ~ 352 行）。第 355 行使用这个得到的 UIImage 创建一个新的 UIImageView，然后调整它的尺寸来适应 cell（第 358 ~ 367 行），然后将这个配置好的 UIImageView 添加到 cell 上（第 368 行）。如果 MediaItem 代表一部视频，我们需要使用视频的标题来设置 UITableCell 的标题。第 376 ~ 378 行创建一个新的 UILabel 并设置它的 text 为 Video:并紧跟着 MediaItem 的描述。第 379 ~ 383 行设置这个标签的尺寸和摆放位置，然后将它添加到 UITableViewCell 上。

代码 13-19　SlideshowDataViewController 类的 tableView:cellForRowAtIndexPath:方法

```
324 //  表格视图调用本方法得到它需要放置自身的 cell
325 - (UITableViewCell *)tableView:(UITableView *)tableView
326  cellForRowAtIndexPath:(NSIndexPath *)indexPath
327 {
328       static NSString *CellIdentifier = @"Cell";
329
330       //  得到一个复用的 cell
331       UITableViewCell *cell =
332          [tableView dequeueReusableCellWithIdentifier:CellIdentifier];
333
334       //  如果无法找到可供复用的 cell
335       if (cell == nil)
336             //  创建一个新的 cell
337             cell = [[[UITableViewCell alloc] initWithStyle:
338                UITableViewCellStyleDefault reuseIdentifier:CellIdentifier]
339                autorelease];
340
341       //  循环遍历 cell 中存在的所有子视图
342       for (UIView *view in cell.contentView.subviews)
343          [view removeFromSuperview];  //  从 cell 中删除这个视图
344
345       //  为 cell 获取恰当位置处的 MediaItem
346       MediaItem *item = [slideshow.media objectAtIndex:indexPath.row];
347
348       //  如果 MediaItem 代表一张图片
349       if (item.type == MediaTypeImage)
350       {
351             //  得到给定行处的图片
352             UIImage *image = item.data;
```

```

        // 为图片创建一个图像视图
        UIImageView *view = [[UIImageView alloc] initWithImage:image];

        // 无失真地调整图片的尺寸
        float newWidth = image.size.width * rowHeight / image.size.height;
        CGRect frame;

        // 移动图片到中央偏右 50 个像素点的位置
        frame.origin.x = (cell.frame.size.width / 2) - (newWidth / 2) - 50;
        frame.origin.y = 0;  // 图片填满 cell 的高度
        frame.size.width = newWidth;   // 图片不失真的宽度
        frame.size.height = rowHeight;  // 图片填满 cell 的高度
        view.center = CGPointMake(cell.center.x - 50, cell.center.y);
        view.frame = frame;  // 分配新的边框
        [cell.contentView addSubview:view];  // 将图片添加到 cell 上
        [view release];  // 释放 UIImageView 类型的 view
    } // if 结束
    else  // 如果 MediaItem 代表一部视频
    {
        UILabel *label = [[UILabel alloc] init];  // 创建一个新标签

        // 使用用户对视频的描述设置标签的文字
        label.text = [NSString stringWithFormat:@"Video: %@",
           item.description];
        CGRect frame = label.frame; // 得到标签的边框
        frame.origin.x = 20;  // 更新 x 坐标
        frame.size.height = rowHeight;  // 更新高度
        frame.size.width = cell.contentView.frame.size.width;  // 设置宽度
        label.frame = frame;  // 应用新边框
        [cell.contentView addSubview:label];  // 将标签添加到 cell 上
        [label release];  // 释放 UILabel 类型的 label
    } // else 结束

    return cell;  // 返回配置好的 cell
} // 方法 tableView:cellForRowAtIndexPath:结束
```

8. SlideshowDataViewController 类的 tableView:moveRowAtIndexPath:toIndexPath:方法

当用户重排幻灯片时，方法 tableView:moveRowAtIndexPath:toIndexPath:（参见代码 13-20）将一个 MediaItem 从 fromIndexPath 指定的 UITableViewCell 移动到 toIndexPath 指定的 UITableViewCell。我们使用 NSMutableArray 的 objectAtIndex:和 insertObject:atIndex:方法通过 NSIndexPath 来重排 slideshow 的 media 数组。

代码 13-20 SlideshowDataViewController 类的 tableView:moveRowAtIndexPath:toIndexPath:方法

```
// 用来重排 UITableViewCell
- (void)tableView:(UITableView *)tableView moveRowAtIndexPath:
```

```
    (NSIndexPath *)fromIndexPath toIndexPath:(NSIndexPath *)toIndexPath
{
    //  得到移动的那一行位置处的 MediaItem
    MediaItem *item =
      [[slideshow.media objectAtIndex:fromIndexPath.row] retain];

    //  移除这个 MediaItem
    [slideshow.media    removeObjectAtIndex:fromIndexPath.row];

    //  将 MediaItem 插入进列表中指定的索引位置
    [slideshow.media    insertObject:item    atIndex:toIndexPath.row];
    [item release];   //   释放 MediaItem 类型的 item
} //   方法 tableView:moveRowAtIndexPath:toIndexPath:结束
```

13.4.5 EnhancedSlideshowAppDelegate 类

应用程序委托（UIApplicationDelegate的子类）响应程序唯一的UIApplication对象的消息，在程序载入和结束前响应消息。Xcode为每个项目生成应用程序委托类，可以被重写（overwrite）来在载入或运行时增加操作。

当我们创建增强型幻灯片程序项目时，Xcode 自动创建 EnhancedSlideshowAppDelegate 类。我们在之前的幻灯片程序中忽略这个文件；不过，为了在用户离开程序时保存幻灯片，我们必须向应用程序委托的 applicationWillTerminate:方法中添加代码（参见代码 13-21）。第 34～38 行得到本程序的数据目录。我们将 data.slideshows 添加到这个目录路径的末尾。第 45 和 46 行访问 UINavigationController 的 viewController 属性来获取程序的 RootViewController。我们将 RootViewController 的 NSMutableArray 类型的 Slideshows 传递给 NSKeyedArchiver 的 archiveRootObject:toFile:方法。它将序列化幻灯片列表的对象图(例如，幻灯片和它们的内容)，这样下次程序运行的时候它就可以被载入了。

代码 13-21　EnhancedSlideshowAppDelegate 类的 applicationWillTerminate:方法

```
30  //  当应用程序将要关闭时调用本方法
31  - (void)applicationWillTerminate:(UIApplication *)application
32  {
33      //  创建有效的目录列表用来保存文件
34      NSArray *paths = NSSearchPathForDirectoriesInDomains(
35      NSDocumentDirectory, NSUserDomainMask, YES);
36
37      //  得到第一个目录，因为我们只关心一个
38      NSString *directory = [paths objectAtIndex:0];
39
40      //  将文件名"data.slideshows"连接到路径结束
41      NSString *filePath = [[NSString alloc] initWithString:
42      [directory stringByAppendingPathComponent:@"data.slideshows"]];
43
```

```
    // 得到主干视图控制器
    RootViewController  *controller =
    [navigationController.viewControllers objectAtIndex:0];

    // 得到控制器中所有的幻灯片
   NSArray *slideshows = controller.slideshows;

    // 将 slideshows 存档到文件 data.slideshows 中
    [NSKeyedArchiver archiveRootObject:slideshows toFile:filePath];
} // 方法 applicationWillTerminate:结束
```

13.4.6 SlideshowViewController 类

SlideshowViewController 类(参见代码 13-22)控制一个视图,用来播放保存在 slideshow 实例变量中的幻灯片（第 10 行）。使用 MPMoviePlayerController 来全屏播放电影（第 12 行）。iPhone 上只能竖屏播放视频，所以视频将不会响应 iPhone 方向的改变。第 18 行将 Slideshow 声明为一个属性。

代码 13-22　显示幻灯片的视图控制器

```
1  // SlideshowViewController.h
2  // 显示幻灯片的视图控制器
3  // 在 SlideshowViewController.m 中实现
4  #import <UIKit/UIKit.h>
5  #import <MediaPlayer/MediaPlayer.h>
6  #import "Slideshow.h"
7
8  @interface SlideshowViewController : UIViewController
9  {
10     Slideshow *slideshow; // 将要播放的 Slideshow
11     MPMusicPlayerController *musicPlayer; // 播放幻灯片的音乐
12     MPMoviePlayerController *moviePlayer; // 播放幻灯片的视频
13     UIImageView *currentImageView; // 当前正在显示的图片
14     int pictureIndex; // 幻灯片中当前摆放位置的索引
15 } // 实例变量声明结束
16
17 // 将 slideshow 声明为属性
18 @property (nonatomic, retain) Slideshow *slideshow;
19
20 // 为给定的 MediaItem 返回一个图片视图
21 - (UIImageView *)nextImageViewWithMedia:(MediaItem *)item;
22
23 // 将幻灯片切换到新的图片
24 - (void)displayNewImage:(MediaItem *)item;
25
26 // 将幻灯片切换到新的视频
```

```
27  - (void)displayNewVideo:(MediaItem *)item;
28  - (void)videoFinished:(NSNotification *)n; //  当视频播放完成时调用本方法
29  - (void)exitShow;  //  结束幻灯片播放并返回到之前的视图
30  - (void)changeSlide;  //  移动到幻灯片的下一张
31
32  //  当幻灯片切换完毕时调用本方法
33  - (void)transitionFinished:(NSString *)animationId finished:(BOOL)finished
34     context:(void *)context;
35  @end //  SlideshowViewController 接口结束
36
37  //  UIImageView 的附加方法
38  @interface UIImageView (Scaling)
39
40  //  拉伸图片视图以填充给定的 bounds
41  - (void)expandToFill:(CGRect)bounds;
42  @end //  接口 UIImageView 的 Scaling 分类结束
```

SlideshowViewController 声明了以下 7 个方法（第 21 ~ 34 行）。

- nextImageViewWithMedia:—返回一个 UIImage，代表了给定的 MediaItem 的图像。这个方法只有在 MediaItem 代表图像的时候才被调用。
- displayNewImage:—显示一个 MediaItem，代表了幻灯片中的下一张图片。
- displayNewVideo:—显示一个 MediaItem，代表了幻灯片中的下一部视频。
- videoFinished:—当视频播放完毕时移动到幻灯片中的下一张。
- exitShow:—停止音乐并返回到之前的视图。
- changeSlide:—切换到幻灯片中的下一张，或当没有更多幻灯片时调用 exitShow。
- transitionFinished:finished:context:—当图片切换动画完毕时调用本方法。

1．SlideshowViewController 类的 nextImageViewWithMedia:方法

方法 nextImageViewWithMedia（参见代码 13-23）返回一个代表给定 MediaItem 的 UIImageView。我们访问 MediaItem 的 data 属性得到 UIImage（第 22 行）。第 25 行使用这个 UIImage 创建一个新的 UIImageView。第 27 行访问 SlideshowViewController 的 UIView 的 bounds 属性得到屏幕边界的 CGRect。我们将这个 CGRect 传递给 imageView 的 expandToFill:方法调整我们的 UIImageView，以填满整个屏幕（第 30 行）。这个方法将图片在不失真的前提下在当前方向尽可能的拉伸。第 31 ~ 36 行得到这个拉伸后的 UIImageView 的边框并将 UIImageView 放置到屏幕的正中。第 40 ~ 43 行指出 SlideshowViewController 的 UIImageView 在 iPhone 旋转的时候仍然保持在中央。我们将所有期望选项使用按位或操作符(|)合并在一起来设置 UIImageView 的 autoresizingMask 属性。

代码 13-23 SlideshowViewController 类的 nextImageViewWithMedia:方法

```
18  //  返回一个 UIImageView，包含了下一张将要显示的图片
```

```
- (UIImageView *)nextImageViewWithMedia:(MediaItem *)item
{
    // 得到下一个索引位置的图片
    UIImage *image = item.data;

    // 为图片创建图片视图
    UIImageView *imageView = [[UIImageView alloc] initWithImage:image];

    CGRect screenBounds = self.view.bounds; // 得到屏幕的界限

    // 调整图片尺寸不失真地填满屏幕
    [imageView expandToFill:screenBounds];
    CGRect frame = imageView.frame; // 得到图片的边框

    // 将图片摆放到视图的中央
    frame.origin.x = (screenBounds.size.width - frame.size.width) / 2;
    frame.origin.y = (screenBounds.size.height - frame.size.height) / 2;
    imageView.frame = frame; // 分配新的边框

    // 当父视窗的界限变化时，使图像的各个方向按比例移动位置
    // 方向变化时使用
    imageView.autoresizingMask = (UIViewAutoresizingFlexibleLeftMargin |
      UIViewAutoresizingFlexibleRightMargin |
      UIViewAutoresizingFlexibleTopMargin |
      UIViewAutoresizingFlexibleBottomMargin);

    return imageView; // 返回配置过的图片视图
} // 方法 nextImageViewWithMedia:结束
```

2．SlideshowViewController 类的 changeSlide 方法

方法 changeSlide（参见代码 13-24）继续播放幻灯片、播放下一张图片或视频。如果 pictureIndex 等于幻灯片中的幻灯片张数(slideshow.media.count)，我们调用 exitShow 方法结束幻灯片（第 64 和 65 行）。否则，我们获得幻灯片的下一个 MediaItem（第 69 行）。如果 MediaItem 的 type 属性是 MediaTypeImage，我们将这个 MediaItem 传递给 displayNewImage:方法来将其作为下一张图片显示（第 72 和 73 行）。否则，MediaItem 代表一部视频，我们将它传递给 displayNewVideo:方法（第 74 和 75 行）。

代码 13-24　SlideshowViewController 类的 changeSlide 方法

```
60 // 切换到幻灯片中的下一张
61 - (void)changeSlide
62 {
63     // 检查是否还有更多幻灯片需要显示
64     if (pictureIndex >= slideshow.media.count)
65         [self exitShow]; // 如果没有更多图片，退出放映
66     else
```

```
    {
        // 得到下一个 MediaItem
        MediaItem *item = [slideshow.media objectAtIndex:pictureIndex];

        // 如果 MediaItem 代表一张图片
        if (item.type == MediaTypeImage)
          [self displayNewImage:item]; // 显示这张图片
        else // MediaItem 代表一部视频
          [self displayNewVideo:item]; // 显示这部视频

        ++pictureIndex; // 索引加一
    } // else 结束
} // changeSlide 方法结束
```

3．SlideshowViewController 类的 displayNewImage:方法

方法 displayNewImage:（参见代码 13-25）显示幻灯片的下一张图片（由 MediaItem 代表）。第 89 ~ 137 行用原来的幻灯片程序中相同的方法实现了渐变和滑动的切换效果。

如果这个幻灯片使用翻转效果（第 138 行），我们开始一个新的 Core Animation 程序块来描述这个动画，动画持续两秒钟，并在结束时调用 transitionFinished:finished:context:方法（第 146 和 147 行）。我们调用 UIView 的 setAnimationTransition:forView:cache:方法，使用 UIViewAnimationTransitionFlipFromRight 作为动画的转换效果（第 150 ~ 152 行）。第 154 ~ 156 行移除前一个 UIImageView，添加新的 UIImageView，并启动这个动画。第 161 和 162 行使用 performSelector:withObject:afterDelay:方法在延迟 5 秒后调用 changeSlide 方法。

代码 13-25　SlideshowViewController 类的 displayNewImage:方法

```
81  // 在幻灯片中显示一张新的图片
82  - (void)displayNewImage:(MediaItem *)item
83  {
84      // 得到下一张待显示的图片
85      UIImageView *nextImageView = [self nextImageViewWithMedia:item];
86      CGRect frame; // 声明一个新的 CGRect
87
88      // 使用切换效果切换图片
89      switch (slideshow.effect)
90      {
91          // 如果是渐变效果
92          case TransitionEffectFade:
93            [self.view addSubview:nextImageView]; // 将图片添加到视图
94            nextImageView.alpha = 0.0; // 使下一张图片透明
95
96            // 开始动画程序块
97            [UIView beginAnimations:nil context:nextImageView];
98            [UIView setAnimationDuration:2.0]; // 设置动画时长
99            [UIView setAnimationDelegate:self]; // 设置动画的委托
```

```

        //  动画结束时调用给定方法
        [UIView setAnimationDidStopSelector:
            @selector(transitionFinished:finished:context:)];

        [nextImageView setAlpha:1.0];  //  渐入下一张图片
        [currentImageView setAlpha:0.0];  //  渐出前一张图片

        [UIView commitAnimations];  //  结束动画程序块
        break;

    //  如果是滑动效果
    case TransitionEffectSlide:
        //  将下一张图片放置到屏幕的右边
        [self.view addSubview:nextImageView];  //  将图片添加到视图
        frame = nextImageView.frame;
        frame.origin.x += frame.size.width;
        nextImageView.frame = frame;

        //  开始动画程序块
        [UIView beginAnimations:nil context:nextImageView];
        [UIView setAnimationDuration:2.0];  //  设置动画时长
        [UIView setAnimationDelegate:self];  //  设置动画的委托

        //  动画结束时调用给定方法
        [UIView setAnimationDidStopSelector:
            @selector(transitionFinished:finished:context:)];

        frame.origin.x -= frame.size.width;  //  新图片滑向左边
        nextImageView.frame = frame; //  应用新的边框
        CGRect currentImageFrame = currentImageView.frame;

        //  旧图片滑向左边
        currentImageFrame.origin.x = currentImageFrame.size.width;
        currentImageView.frame = currentImageFrame;

        [UIView commitAnimations];  //  结束动画程序块
        break;
    case TransitionEffectFlip:  //  如果是翻转效果

        //  开始动画程序块
        [UIView beginAnimations:@"flip" context:nextImageView];
        [UIView setAnimationDuration:2.0];  //  设置动画时长
        [UIView setAnimationDelegate:self];  //  设置委托为 self

        //  动画结束时调用给定方法
        [UIView setAnimationDidStopSelector:
```

```
                @selector(transitionFinished:finished:context:)];

            //  设置切换方式为从右边翻转
            [UIView setAnimationTransition:
                UIViewAnimationTransitionFlipFromRight forView:
                self.view cache:NO];

            [currentImageView removeFromSuperview]; //  移除前一张图片
            [self.view addSubview:nextImageView]; //  添加新图片
            [UIView commitAnimations]; //  启动动画
            break;
    } //  switch 结束

    //  5 秒后切换幻灯片
    [self performSelector:@selector(changeSlide) withObject:nil
    afterDelay:5.0];
} //  displayNewImage 方法结束

```

4．SlideshowViewController 类的 displayNewVideo:和 videoFinished 方法

方法 displayNewVideo:（参见代码 13-26 的第 166 ~ 178 行）显示幻灯片的下一部视频。首先，我们添加 self 为 MPMoviePlayerPlaybackDidFinishNotification 的观察器（observer）（第 169 ~ 171 行）。类 NSNotificationCenter 管理通知（notification）和观察器（observer）。通知是代表一个事件的对象——在本例中，事件发生在电影回放结束时。观察器是一个对象，当事件发生时将会被通知到。我们访问 defaultCenter 这个唯一对象，它是系统发布通知的地方。第 169 ~ 171 行指出当 MPMoviePlayer 回放完成时，将调用 videoFinished 方法。然后使用将要播放的电影的 URL 来初始化 moviePlayer（第 175 和 176 行），并播放这部电影（第 177 行）。

代码 13-26　SlideshowViewController 类中的 displayNewVideo:方法

```
165 //  显示幻灯片中的一部新视频
166 - (void)displayNewVideo:(MediaItem *)item
167 {
168     //  当一部电影回放结束时接收通知
169     [[NSNotificationCenter defaultCenter] addObserver:self
170         selector:@selector(videoFinished:)
171         name:MPMoviePlayerPlaybackDidFinishNotification object:nil];
172     [moviePlayer release]; //  释放旧的电影播放器
173 
174     //  使用视频 URL 创建一个新的电影播放器
175     moviePlayer =
176         [[MPMoviePlayerController alloc] initWithContentURL:item.data];
177         [moviePlayer play]; //  播放视频
178 } //  displayNewVideo 方法结束
```

```
179
180 //  当电影播放结束时调用本方法
181 - (void)videoFinished:(NSNotification *)
182 {
183       //  当视频结束时不再接收通知
184       [[NSNotificationCenter defaultCenter] removeObserver:self];
185
186       //  隐藏状态栏
187       [[UIApplication sharedApplication] setStatusBarHidden:YES];
188       [self changeSlide]; //  切换到下一张幻灯片
189 } //  videoFinished 方法结束
```

当电影播放完成时调用 videoFinished 方法。首先使用 removeObserver: 方法从 NSNotificationCenter 中移除作为观察器的 self，对象将停止接收电影播放完毕的通知，然后隐藏状态栏并切换到下一张幻灯片（第 188 行）。

13.5 改进建议

增强型幻灯片程序提供了很多在幻灯片程序中没有的新能力，但是仍然有一些能够改进的特性。当前，每张图片显示 5 秒钟再显示下一张幻灯片。假如为用户提供一种修改时间的手段，幻灯片将显得更加个性化。另外，程序可以允许用户播放幻灯片时导航——向左扫动可以播放下一张幻灯片，向右扫动可以返回前一张幻灯片。

13.6 小 结

增强型幻灯片程序使用一个 MPMoviePlayerController 播放 iPhone 的图片库中的视频。首先使用一个 UIImagePickerController 来创建供用户选择图片和视频的图形用户界面。然后使用 Core Animation 添加了一种新的图片切换效果。

UIViewAnimationTransitionFlipFromRight 动画效果可以使用水平翻转的效果切换图片。首先使用对象的序列化来保存幻灯片，这样以后多次运行程序时都可以使用这些幻灯片，然后使用一个 NSCoder 的子类来编码对象，最后使用一个 NSKeyedArchiver 对象把整个幻灯片列表的对象图保存到文件中。

在第 14 章中，将构建录音程序。首先使用 AVFoundation 框架和一个 AVAudioRecorder 对象来记录用户用 iPhone 录入的声音，然后更换程序的 AVAudioSession 使其可以在录音设置和回放之间进行切换，最后使用一个 MFMailComposeViewController 来允许用户直接通过程序将这个声音记录作为电子邮件附件进行发送。

14

录音机应用程序

（声音录制和回放）

本章导读：

- 使用MPMoviePlayerController播放iPhone图片库中的视频。
- 使用UIImagePickerController来允许用户从iPhone的图片库中选择图像和视频。
- 使用Core Animation添加一种新的图像切换效果。
- 使用NSCoder来序列化和反序列化对象。
- 使用NSKeyedArchiver将所有保存的幻灯片序列化到内存中，这样程序可以在下次运行时重新载入这些幻灯片。
- 使用程序的委托类在程序关闭时保存数据。

14.1 录音机应用程序简介

录音机应用程序允许用户使用 iPhone 的麦克风录入声音，并保存声音文件供稍后回放。程序拥有一个红色的“录音”按钮，用户按下这个按钮后开始录音，如图 14-1 所示。这时，屏幕变成一个观测仪，显示用户声音强度的反馈柱体，如图 14-2 所示。在录音过程中，“录音”按钮变成了“停止”按钮，用户可以触摸这个按钮来停止录音，并显示一个文本框供输入文件名进行录音的保存，如图 14-3 所示。

图 14-1 | 录音机应用程序准备录音.

触摸程序右下角的 Saved 按钮将显示已保存的录音，并用表格的方式显示，触摸一个录音的名字即可播放该录音，如图 14-4 所示。你可以拖动表格上方的滑动条来前后定位声音文件，就像在 iPod 程序中那样。程序底部的滑动条控制回放的音量。触摸录音名称旁边的 E-mail 按钮将打开电子邮件对话框，并将声音文件作为附件，如图 14-5 所示，用户无须退出录音机应用程序就能发送包含声音文件的电子邮件。触摸“Record”按钮将返回到程序原来的界面。本程序介绍了 iPhone 基于语音的能力，但 iPhone 语音能力并不只限于此，请读者参考 14.5 节“语音合成与识别”来了解 iPhone 语音的更多信息。

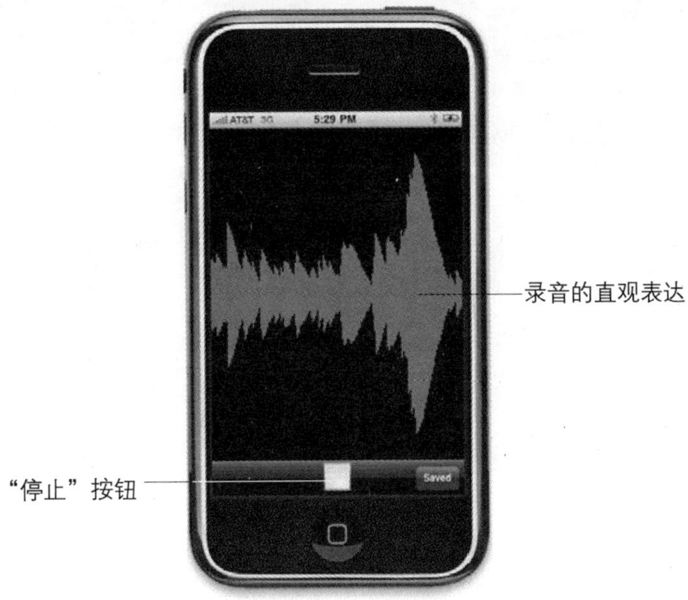

图 14-2 | 录音时的观测仪

图 14-3 | 为录音命名

图 14-4 | 播放已保存的录音

图 14-5 | 电子邮件发送录音文件

14.2 试运行应用程序

1. 打开程序

打开包含 **Voice Recorder** 应用程序项目的文件夹。双击 VoiceRecorder.xcodeproj 文件，

在 Xcode 中打开该项目。这个项目可以在 iPhone 模拟器中编译和运行，但你无法录音。

2．录制一个声音文件

触摸程序底端的红色按钮开始录音。对着 iPhone 讲话，程序的观测仪显示你声音的强弱。录音完成后，触摸白色的“停止”按钮，然后在“Name your recording”文本框中输入 Test Recording。

3．播放一个录音

触摸程序右下角的 Saved 按钮，将看到一个表格，显示了使用本程序录制的语音文件的名称。触摸 Test Recording，你录制的语音将通过 iPhone 的扬声器播放出来。拖动程序底部滑动条上的滑块可以调节音量的大小，同样拖动顶部的滑动条可以定位录音文件回放的位置。触摸程序右下角的 Record 按钮返回到录音界面。

4．通过电子邮件发送一个录音

触摸 Saved 按钮返回到程序的表格界面并点击任意一个录音文件名字旁边的 E-mail 按钮，一个电子邮件的对话框将出现在屏幕上，声音文件成为了电子邮件的附件。输入电子邮件的收件人地址并点击发送将把声音文件发送出去(这里假设你已经配置好你的 iPhone 上可以发送电子邮件的账号)。

14.3 技术概述

录音机应用程序使用 AVFoundation 框架来录音和回放声音。AVAudioRecorder 使用 iPhone 的麦克风进行录音并在程序中将它们保存到声音文件中。我们访问本程序中唯一的 AVAudioSession 对象，用它来改变 iPhone 的音频会话。singleton 设计模式保证了给定的类在系统中只有一个实例对象。这是很有用的，因为应用程序同一时刻只能处理一个音频会话。程序录音时，我们使用 AVAudioSessionCategoryRecord 会话来禁止所有可能正在播放的声音。AVAudioSessionCategoryPlayback 会话用来回放录音，即使铃音/静音开关被设置为静音也强制播放声音。AVAudioSessionCategoryPlayback 也会在 iPhone 锁住的时候继续播放声音。程序的列表界面包含一个 UITableView，用来显示已经保存的录音文件的名称。AVAudioPlayer 可以在用户触摸录音名称时播放一个文件。

我们使用 NSPredicate 类和正则表达式来验证用户输入的有效文件名，文件名可以包含特殊字符，如/或&。我们允许用户将保存的声音记录用电子邮件发送出去，方法是将保存的文件转化成一个 NSData 对象，然后作为附件传递一个 MFMailComposeViewController，这个类将在程序中开启电子邮件对话框。

14.4 构建应用程序

在接下来的章节中，我们定义程序的视图和控制器。首先让我们从程序的 VoiceRecorderViewController 类开始。

14.4.1 VoiceRecorderViewController 类

在 XCode 中使用 **View-based Application** 模板创建一个新的项目，并命名为 VoiceRecorder。将自动为你生成 VoiceRecorderViewController.h、VoiceRecorderViewController.m 和 VoiceRecorderViewController.xib 文件。

1．VoiceRecorderViewController 接口声明

VoiceRecorderViewController 类（参见代码 14-1）扩充了 UIViewController 类并实现了 PlaybackViewControllerDelegate 和 NameRecordingDelegate 协议（第 10 行和第 11 行），这两个协议是由程序的另外两个 UIViewController 定义的（分别在代码 14-13 和 14-7 中定义）。

代码 14-1 VoiceRecorderViewController 接口声明

```
1   //  VoiceRecorderViewController.h
2   //  VoiceRecorderViewController 接口声明
3   #import <AVFoundation/AVFoundation.h>
4   #import <CoreAudio/CoreAudioTypes.h>
5   #import "Visualizer.h"
6   #import "PlaybackViewController.h"
7   #import "NameRecordingViewController.h"
8
9   //  开始 VoiceRecorderViewController 接口声明
10  @interface VoiceRecorderViewController : UIViewController
11     <PlaybackViewControllerDelegate, NameRecordingDelegate>
12  {
13        IBOutlet Visualizer *visualizer;  //  保存观测仪
14        IBOutlet UIButton *recordButton;  //  触摸以启动和停止录音
15        AVAudioRecorder *recorder; //  记录用户的声音输入
16        NSTimer   *timer;  //  每 0.05 秒更新一次观测仪
17  } //  实例变量声明结束
18
19  //  将 visualizer 和 recordButton 声明为属性
20  @property (nonatomic, retain)  Visualizer *visualizer;
21  @property (nonatomic, retain)  UIButton *recordButton;
22
23  - (IBAction)record:sender;  //  切换录音
24  - (IBAction)flip:sender;  //  移动到 flipside
25  @end //  接口 VoiceRecorderViewController 结束
```

第 13 行为新的 Visualizer 声明了一个输出口变量，它是 UIView 的一个子类（定义在代码 14-9 中），显示一个观测仪，用来对用户的声音强弱做出反应。UIButton 类型的 recordButton（第 14 行）在用户触摸时启动或停止录音。第 15 行声明了一个 AVAudioRecorder 类型的实例变量。这个类的对象可以通过 iPhone 的麦克风进行录音。NSTimer（第 16 行）每秒产生 20 次导致观测仪重绘的事件，将使观测仪的柱体产生平滑的动画。

VoiceRecorderViewController 接口声明了两个方法（第 23 ~ 24 行）。其中方法 record: 在用户触摸红色“记录”按钮时开始录音，当用户触摸白色停止按钮时，这个方法停止录音并显示一个 NameRecordingView，这个视图允许用户为他们的录音命名；flip:方法在用户触摸 Saved 按钮的时候使程序切换到 PlaybackView。

2．**定义 VoiceRecorderViewController 的视图**

在 Interface Builder 中打开文件 VoiceRecorderViewController.xib，双击 View 来编辑它的内容。从 Library 窗口中拖曳一个工具栏（Toolbar）到视图的底部，设置它的样式（Style 属性）为 Black Opaque。拖曳一个 Fixed Space Bar Button Item 放置到工具栏上，其后跟随一个 Bar Button Item。将 Bar Button Item 的 Identifier 改为 Custom，并将 Image 改为 record.png。调整 Fixed Space Bar Button Item 的尺寸，使“录音”按钮设在工具栏的中央。接下来，拖曳一个 Flexible Space Bar Button Item 放置到工具栏上，其后跟随另一个 Bar Button Item，设置这个按钮的文字为 Saved。最后，拖曳一个视图放置到工具栏的上方，在程序中将它的位置设置为填满剩余空间，将它的类（Class 属性）改为 Visualizer。图 14-6 显示了最终的布局。

图 14-6 | VoiceRecorderViewController 的最终视图

接下来，将 File's Owner 的 recordButton 输出口变量连接到工具栏上中间的按钮，将 visualizer 输出口变量连接到工具栏上方的视图。将“录音”按钮的 Touch Up Inside 事件连接到 File's Owner 的 record:动作，将 Saved 按钮的 Touch Up Inside 事件连接到 flip:动作。

3．VoiceRecorderViewController 类的 viewDidLoad 方法

如代码 14-2 所示，viewDidLoad 方法配置 VoiceRecorderViewController 的视图。在将 viewDidLoad 消息传递给父类后（第 12 行），我们激活 AVAudioSession（第 15 行），AVAudioSession 的 sharedInstance 方法返回程序中唯一的 AVAudioSession 对象，该对象可以用来进行音频偏好设置，比如如何响应来电或者当屏幕锁定后是否继续播放声音。AVAudioSession 的 category 属性决定了它的行为，这里有不同的 category 用来录音和回放音频。

代码 14-2　VoiceRecorderViewController 类的 viewDidLoad 方法

```
1    //  VoiceRecorderViewController.m
2    //  VoiceRecorderViewController 类的实现
3    #import "VoiceRecorderViewController.h"
4
5    @implementation  VoiceRecorderViewController
6    @synthesize visualizer;  //  为 visualizer 生成 get 和 set 方法
7    @synthesize recordButton;  //  为 recordButton 生成 get 和 set 方法
8
9    //  配置视图
10   - (void)viewDidLoad
11   {
12       [super viewDidLoad];  //  调用父类的 viewDidLoad 方法
13
14       //  激活当前的音频会话
15       [[AVAudioSession sharedInstance] setActive:YES error:nil];
16   } //  viewDidLoad 方法结束
17
```

4．VoiceRecorderViewController 类的 record:方法

record:方法（参见代码 14-3）切换程序的录音状态。如果调用该方法时程序正在录音（第 22 行），我们使 timer 失效，这样它将停止产生事件和重绘观测仪。26 行通知 AVAudioRecorder 的对象 recorder 停止录音。第 29 ~ 30 行将 AVAudioSessionCategorySoloAmbient 传递给 AVAudioSession 的 setCategory:方法，这样将把 iPhone 设置为默认的音频会话。在这种情况下，它指出程序不再处于录音模式。我们使用 record.png 创建一个新的 UIImage 变量 recordImage，使用 UIButton 的 setImage:forState:方法使 recordButton 显示这张图片（第 36 行）。第 39 ~ 41 行创建一个新的 NameRecordingViewController 并设置它的代理为 self。第 44 行使用 UIViewController 的 presentModalViewController:animated:方法呈现为录音命名的视图，在这个视图中，允许用户输入一个音频录音的名字。

代码 14-3　VoiceRecorderViewController 类的 record:方法

```
18   //  当用户触摸“录音”/“停止”按钮时调用本方法
```

```
- (IBAction)record:sender
{
    // 如果我们正在录音
    if (recorder.recording)
    {
        [timer invalidate]; // 停止 timer，不再产生事件
        timer = nil; // 将 timer 设置为 nil
        [recorder stop]; // 停止录音

        // 设置当前音频会话的类别
        [[AVAudioSession sharedInstance] setCategory:
          AVAudioSessionCategorySoloAmbient error:nil];

        // 载入录音图片
        UIImage *recordImage = [UIImage imageNamed:@"record.png"];

        // 将图片设置到“录音”按钮上
        [recordButton setImage:recordImage forState:UIControlStateNormal];

        // 创建一个新的 NameRecordingViewController
        NameRecordingViewController *controller =
          [[NameRecordingViewController alloc] init];
        controller.delegate = self; // 设置 controller 的代理为 self

        // 显示 NameRecordingViewController
        [self presentModalViewController:controller animated:YES];
    } // if 结束
    else
    {
        // 设置音频会话的类别为录音
        [[AVAudioSession sharedInstance] setCategory:
          AVAudioSessionCategoryRecord error:nil];

        // 寻找文件夹目录的位置
        NSArray *paths = NSSearchPathForDirectoriesInDomains(
          NSDocumentDirectory, NSUserDomainMask, YES);

        // 得到第一个目录
        NSString *dir = [paths objectAtIndex:0];

        // 使用当前的系统时间为这个文件创建一个名称
        NSString *filename = [NSString stringWithFormat:@"%f.caf",
          [[NSDate date] timeIntervalSince1970]];

        // 使用目录和文件名创建一个路径
        NSString *path = [dir stringByAppendingPathComponent:filename];

```

```
// 为录音设置创建一个新的 NSMutableDictionary
NSMutableDictionary *settings = [[NSMutableDictionary alloc] init];

// 录音使用苹果的无损格式
[settings setValue: [NSNumber
  numberWithInt:kAudioFormatAppleLossless] forKey:AVFormatIDKey];

// 设置采样率为 44100 Hz
[settings setValue:[NSNumber
  numberWithFloat:44100.0] forKey:AVSampleRateKey];

// 设置录音的通道数目
[settings setValue:[NSNumber numberWithInt:1]
  forKey:AVNumberOfChannelsKey];

// 设置位深
[settings setValue:[NSNumber numberWithInt:16]
  forKey:AVLinearPCMBitDepthKey];

// 设置格式是否为大字节序编码方式（big endian）
[settings setValue:[NSNumber numberWithBool:NO]
  forKey:AVLinearPCMIsBigEndianKey];

// 设置音频格式是否为浮点型
[settings setValue:[NSNumber numberWithBool:NO]
  forKey:AVLinearPCMIsFloatKey];
[visualizer clear]; // 清空 visualizer

[recorder release]; // 释放 AVAudioRecorder 格式的 recorder

// 使用 URL 和 settings 初始化 recorder
recorder =
  [[AVAudioRecorder alloc]initWithURL:[NSURL fileURLWithPath:path
  settings:settings error:nil];
[recorder prepareToRecord]; // recorder 准备录音
recorder.meteringEnabled = YES; // recorder 允许测量
[recorder record]; // 开始录音

// 启动一个 timer
timer = [NSTimer scheduledTimerWithTimeInterval:0.05 target:self
  selector:@selector(timerFired:) userInfo:nil repeats:YES];

// 创建停止录音的图像
UIImage *stopImage = [UIImage imageNamed:@"stop.png"];

// 将 recordButton 上的图片更改为停止的图像
[recordButton setImage:stopImage forState:UIControlStateNormal];
```

```
113         } //  else 结束
114  } //  方法 record:结束
115
```

如果程序没有录音（第 46 行），我们将 AVAudioSessionCategoryRecord 传递给 AVAudioSession 的 setCategory:方法，它将禁止所有的回放的声音，这样我们就能够正确地录制用户的声音了。NSSearchPathForDirectoriesInDomains 方法得到一个 NSArray，仅包含了本程序文件夹目录（第 53 和 54 行）。第 57 行在 NSString 变量 dir 中保存目录的名称，NameRecordingViewController 稍后允许用户输入一个录音的名称，但是现在我们需要将录音片段保存到一个临时路径。第 60 和 61 行创建一个文件名，使用当前的系统时间（为了保证名称的唯一性）和.caf 的扩展名，用来代表核心音频文件（Core Audio File）（一种使用 Core Audio 框架的容器类型），支持许多音频文件类型，比如 WAV 和 AIFF。第 67 ~ 91 行用 iPhone 录音的标准设置来初始化 NSMutableDictionary 类型的 settings。了解 iPhone 上关于这些设置的更多信息，访问 developer.apple.com/iphone/library/documentation/AVFoundation/Reference/AVAudioRecorder_ClassReference/Reference/Reference.html 并滚动到 Constants 这一节。

第 92 行清空 visualizer，第 94 行释放之前的 recorder。第 97 ~ 102 行为 recorder 分配一个新的 AVAudioRecorder，将我们的选择写入到临时路径，它使用了 NSMutableDictionary 变量 settings 中指定的设置。然后调用 recorder 的 prepareToRecord 方法（第 100 行）。这里需要将 recorder 的 allowMetering 属性设置为 YES（第 101 行），用来允许我们对录音的强度级别进行采用，这样我们就能设置观测仪的动画。第 102 行调用 AVAudioRecorder 的 record 方法开始录音，然后创建一个新的 NSTimer，它以每秒 20 次的频率产生事件，呼叫 timerFired:方法。第 109 ~ 112 行使用 UIButton 的 setImage:forState:方法将“录音”按钮切换成“停止”按钮。

5．VoiceRecorderViewController 类的 nameRecordingViewController:didGetName:方法

nameRecordingViewController:didGetName: 方法（参见代码 14-4）从 NameRecordingViewController 接收一个 NSString 代表用户选择的录音名称。第 121 行为使用 NSString 的 stringByAppendingPathExtension:方法在给定 fileName 结束附加 caf 文件扩展名。访问 recorder 的 url 属性，并调用它的 path 方法（第 124 行）返回一个代表上次录制的音频文件路径的 NSString。第 127 行使用 NSString 的 stringByDeletingLastPathComponent 方法移除字符串中最后一部分的路径(例如，录音的文件名)，只保留目录。我们在这个目录上附加给定的 fileName 和.caf 扩展名。

代码 14-4　VoiceRecorderViewController **类的** nameRecordingViewController:didGetName:**方法**

```
116  //  当用户为录音选择了一个名称完毕后调用本方法
117  - (void)nameRecordingViewController:(NameRecordingViewController *)
118  controller didGetName:(NSString *)fileName
119  {
```

```
120        //  在选择的名称上附加扩展名
121        fileName = [fileName    stringByAppendingPathExtension:@"caf"];
122
123        //  得到上次录音文件的路径
124        NSString *path = [recorder.url path];
125
126        //  得到上次文件被保存进的目录
127        NSString *dir = [path stringByDeletingLastPathComponent];
128
129        //  将新的文件名附加到路径上
130        NSString *newPath = [dir stringByAppendingPathComponent:fileName];
131
132        //  得到默认的文件管理器
133        NSFileManager *fileManager = [NSFileManager defaultManager];
134
135        //  将旧的文件重命名为用户选取的新的名称
136        [fileManager moveItemAtPath:path toPath:newPath error:nil];
137
138        //  隐藏 NameRecordingViewController
139        [self dismissModalViewControllerAnimated:YES];
140    } //  方法 nameRecordingViewController:didGetName:结束
141
```

第 133 行使用 NSFileManager 的静态 defaultManager 方法得到默认的 NSFileManager。使用 NSFileManager 的 moveItemAtPath:toPath:方法将默认的录音文件名更改为用户选择的文件名（第 136 行）[1]。第 139 行使用 UIViewController 的 dismissModalViewControllerAnimated:方法隐藏 NameRecordingView。

6．VoiceRecorderViewController 类的 flip:方法

当用户触摸 Saved 按钮时，调用 flip:方法（参见代码 14-5）将程序切换到回放视图。第 146 和 147 行初始化一个新的 PlaybackViewController。我们将 playback 的 modalTransitionStyle 属性设置为 UIModalTransitionStyleCrossDissolve，这样 recording 视图将渐变为 playback 视图（第 150 行），然后将 playback 的代理设置为这个 VoiceRecorderViewController。第 154 行调用 UIViewController 的 presentModalViewController:animated:方法切换到 PlaybackRecordingViewController。

代码 14-5　VoiceRecorderViewController 类的 flip:方法

```
142  //  将程序切换到 PlaybackView
143  - (IBAction)flip:sender
144  {
```

[1]在本程序中，我们假设用户指定的文件名并不存在。如果文件名已存在，移动操作将会失败。

```
    // 创建一个新的 PlaybackViewController
    PlaybackViewController *playback =
    [[PlaybackViewController alloc]  init];

    // 设置切换样式为渐变
    playback.modalTransitionStyle = UIModalTransitionStyleCrossDissolve;
    playback.delegate = self;  // 设置 playback 的代理为 self

    // 显示 PlaybackViewController
    [self presentModalViewController:playback animated:YES];
    [playback release];  // 释放 PlaybackViewController 类型的 playback
} // 方法 flip:结束

```

7．VoiceRecorderViewController 类的 playbackViewControllerDidFinish:和 timerFired:方法

当用户触摸 playback 视图中的 Record 按钮时调用方法 playbackViewControllerDidFinish:（参见代码 14-6 的第 159 ~ 164 行）。第 163 行调用 UIViewController 的 dismissModalViewControllerAnimated:方法将程序切换回 recorder 视图。

timerFired:方法（第 167 ~ 174 行）每秒被调用 20 次来更新观测仪。我们使用 AVAudioRecorder 的 updateMeters 方法来让 recorder 按照录音的能量等级（例如，强度）更新它的测量结果。第 172 行调用 visualizer 的 setPower:方法，我们使用第一个通道（0），因为 iPhone 的麦克风只有一个通道。第 173 行调用 UIView 的 setNeedsDisplay 方法重新绘制观测仪。

代码 14-6　VoiceRecorderViewController 类的 playbackViewControllerDidFinish:和 timerFired:方法

```
158 // PlaybackViewController 的代理方法
159 - (void)playbackViewControllerDidFinish:
160   (PlaybackViewController *)controller
161 {
162     // 返回到 VoiceRecorderView
163     [self dismissModalViewControllerAnimated:YES];
164 } // 方法 playbackViewControllerDidFinish:结束
165
166 // 每隔 0.05 秒调用一次，它是由 timer 生成的事件的处理函数
167 - (void)timerFired:(NSTimer *)timer
168 {
169     [recorder updateMeters];  // 对录音进行采样得到新的数据
170
171     // 设置 visualizer 的平均能量等级
172     [visualizer setPower:[recorder averagePowerForChannel:0]];
173     [visualizer setNeedsDisplay];  // 重绘 visualizer
174 } // 方法 timerFired:结束
175
176 // 释放本对象的内存
```

```
- (void)dealloc
{
      [visualizer release];   //  释放 Visualizer
      [recordButton release]; //  释放 UIButton 类型的 recordButton
      [recorder release];   //  释放 AVAudioRecorder 类型的 recorder
      [super dealloc];   //  调用父类的 dealloc 方法
} //  方法 dealloc 结束
@end // VoiceRecorderViewController 类结束
```

14.4.2 NameRecordingViewController 类

创建一个新的继承 UIViewController 的子类，命名为 NameRecordingViewController，将 With XIB for user interface 复选框选中以生成头文件，源文件和 nib 文件。

1．NameRecordingViewController 接口声明

NameRecordingViewController 类（参见代码 14-7）是 UIViewController 的一个子类，并且实现了 UITextFieldDelegate 协议，可以响应文本框产生的事件。第 11 和 12 行声明了这个类的代理和一个 UITextField 输出口变量，这个输出口响应来自"Name your recording"文本框的事件。第 16 行将 delegate 声明为一个属性。finishedNaming:方法（第 19 行）验证输入的音频文件名称的有效性，并将它传递给代理。第 23 ~ 28 行声明 NameRecordingDelegate 协议，其中包含一个方法的声明。nameRecordingViewController:didGetName:方法（第 26 和 27 行）供代理使用，当用户触摸键盘上的 Done 按钮时接收音频文件的名称。

代码 14-7　控制一个用来命名录音的视图

```
1    //  NameRecordingViewController.h
2    //  控制一个用来命名录音的视图
3    #import <UIKit/UIKit.h>
4
5    @protocol NameRecordingDelegate;   //  声明 NameRecordingDelegate 协议
6
7    //  开始 NameRecordingViewController 接口
8    @interface NameRecordingViewController: UIViewController
9    <UITextFieldDelegate>
10   {
11         id <NameRecordingDelegate> delegate; //  声明类的代理
12         IBOutlet UITextField *textField;   //  输入名称的文本框
13   } //  实例变量声明结束
14
15   //  将 delegate 和 textField 声明为属性
16   @property (nonatomic, assign) id <NameRecordingDelegate> delegate;
17   @property (nonatomic, retain) UITextField *textField;
18
19   - (IBAction)finishedNaming:sender;   //  用户输入名称完毕
```

```
@end //  接口 NameRecordingViewController 结束

//  开始 NameRecordingDelegate 协议
@protocol NameRecordingDelegate

//  通知代理，用户选择了一个名称
- (void)nameRecordingViewController:(NameRecordingViewController *)
  controller didGetName:(NSString *)fileName;
@end //  协议 NameRecordingDelegate 结束
```

2．定义 NameRecordingViewController 的视图

在 Interface Builder 中打开文件 NameRecordingViewController.xib,打开 View 并拖曳一个文本框（TextField）和一个标签（Label）到上面，按照如图 14-7 所示设置组件的位置和名称。将 textField 输出口连接到 File's Owner 里的文本框，将文本框的 Did End On Exit 事件连接到 File's Owner 的 finishedNaming:方法。

图 14-7 | 布局完成后的 NameRecordingViewController 视图

3．NameRecordingViewController 类定义

当 NameRecordingView 载入时，将调用 viewDidLoad 方法（参见代码 14-8 的第 11～15 行）。第 13 行调用父类的 viewDidLoad 方法，第 14 行使用 UITextField 的 becomeFirstResponder 方法来选中 textField 并显示键盘。

用户输入录音文件保存的名称后，触摸键盘上的 Done 按钮，将调用 finishedNaming:方法（第 18～22 行）。第 21 行将名称传递给代理的 nameRecordingViewController:didGetName:方法来通知 VoiceRecorderViewController 选择名称。

代码 14-8　NameRecordingViewController 的实现

```
1   //  NameRecordingViewController.m
2   //  NameRecordingViewController 的实现
3   #import "NameRecordingViewController.h"
```

```

@implementation NameRecordingViewController

@synthesize delegate;  //  为 delegate 合成 get 和 set 方法
@synthesize textField;  //  为 textField 合成 get 和 set 方法

//  视图载入完成调用本方法
- (void)viewDidLoad
{
    [super viewDidLoad];  //  调用父类的 viewDidLoad 方法
    [textField becomeFirstResponder];  //  显示键盘
} //  方法 viewDidLoad 结束

//  当用户触摸键盘上的“Done”按钮时调用本方法
- (IBAction)finishedNaming:sender
{
    //  通知代理：用户选择了一个名称
    [delegate nameRecordingViewController:self didGetName:textField.text];
} //  方法 finishedNaming:结束

//  每次用户在文本框中编辑文字时调用本方法
- (BOOL)textField:(UITextField *)field  shouldChangeCharactersInRange:
 (NSRange)range replacementString:(NSString *)string
{
    //  字符串将保留，本方法返回 YES
    NSString *newString = [field.text stringByReplacingCharactersInRange:
    range withString:string];

    //  创建一个新的判定（predicate），用来匹配文件名的有效字符
    NSPredicate *regex = [NSPredicate predicateWithFormat:
       @"SELF  MATCHES '.*[^-_.a-zA-Z0-9].*'"];
    BOOL matches = [regex evaluateWithObject:newString];  //  检验匹配

    //  如果新字符串是无效的文件名
    if (matches)
       field.textColor = [UIColor redColor]; //  将文字更改为红色
    else //  如果字符串是有效的文件名
       field.textColor = [UIColor blackColor];  //  将文字更改为黑色

    return YES;  //  允许编辑
} //  方法 textField:shouldChangeCharactersInRange:replacementString:结束

//  用户触摸键盘上的“Done”按钮时调用本方法
- (BOOL)textFieldShouldReturn:(UITextField *)field
{
    //  创建一个新的判定（predicate），用来匹配文件名的有效字符
    NSPredicate *regex = [NSPredicate  predicateWithFormat:
```

```
51              @"SELF MATCHES '.*[^-_.a-zA-Z0-9].*'";
52          return (![regex  evaluateWithObject:field.text]); // 检验匹配
53      } // 方法 textFieldShouldReturn:结束
54      @end // NameRecoringViewController 的实现
```

textField:shouldChangeCharactersInRange:replacementString:是 UITextFieldDelegate 协议中的方法，每当用户在 UITextField 中输入新的字符时都将调用该方法。如果本方法返回 YES，字符将附加到文本框的 text 属性的尾部；否则，将不会附加。NSString 参数 string 代表了用户在文本框中编辑的字符串。我们首先应用用户的改变，这样我们就可以使用新的字符串（第 29 和 30 行）。第 33 和 34 行使用 NSPredicate 的静态 predicateWithFormat:方法创建一个新的 NSPredicate 对象。它将定义一个正则表达式来匹配无效的文件名字符串。了解更多关于正则表达式的信息，可以访问 www.deitel.com/regularexpressions/。

第 35 行使用 NSPredicate 的 evaluateWithObject:方法来将字符串与正则表达式进行匹配。返回 YES 代表字符串有效，返回 NO 代表无效。然后设置文本框中文字的颜色——黑色代表字符串有效；红色代表无效。我们返回 YES 来允许所有的编辑，即使遇到无效的字符。

当用户触摸键盘上的“返回”按钮时调用 textFieldShouldReturn:方法。如果该方法返回 YES，代表用户的文件名是有效的，文本框将调用我们的 finishedNaming:方法。为了判定名称是否有效，我们用合适的正则表达式创建一个 NSPredicate 对象（第 50 和 51 行），然后使用正则表达式来验证名称（第 52 行）。

14.4.3 Visualizer 类

创建一个新的名为 Visualizer 的 UIView 子类，生成文件 Visualizer.h 和 Visualizer.m。这个类在录音过程中用图形绘制用户的声音强度。

1．Visualizer 接口声明

Visualizer 类（参见代码 14-9）是 UIView 的一个子类（第 6 行）。变量 powers（第 8 行）代表从 VoiceRecorderViewController 接收到的能量等级。当前录音中最低的能量等级保存在 minPower 中（第 9 行）。第 12 和 13 行声明了两个方法。setPower:方法（第 12 行）为 NSMutableArray 类型的 powers 添加一个新的能量等级，并在必要的时候更新 minPower。clear 方法（第 13 行）移除 powers 中所有的成员，这样就清空了 Visualizer。

代码 14-9　视图形象地显示了录音过程

```
1   // Visualizer.h
2   // 视图形象地显示了录音过程
3   #import <UIKit/UIKit.h>
4
5   // 开始 Visualizer 接口定义
6   @interface Visualizer : UIView
7   {
```

```
        NSMutableArray   *powers; //  录音中的能量等级记录
        float minPower;  //  最低的录音能量等级
} //  实例变量声明结束

- (void)setPower:(float)p;  //  设置 powerLevel
- (void)clear;  //  清空所有的能量等级记录
@end //  接口 Visualizer 结束
```

2．Visualizer 类的 initWithCoder:方法

initWithCoder:方法（参见代码 14-10）初始化 Visualizer。第 11 行检查父类是否被正确地初始化。然后调用 NSMutableArray 的 initWithCapacity:方法来初始化 powers 数组，使用半个屏幕的宽度作为参数（第 14 和 15 行）使 NSMutableArray 包含与半个屏幕宽度像素点相同数目的元素。我们使用屏幕宽度内的每个像素点显示能量等级线。

代码 14-10　Visualizer 类的 initWithCoder:方法

```
1   //  Visualizer.m
2   //  VoiceRecorder
3   #import "Visualizer.h"
4
5   @implementation Visualizer
6
7   //  初始化 Visualizer
8   - (id)initWithCoder:(NSCoder *)aDecoder
9   {
10      //  如果父类成功初始化
11      if (self = [super initWithCoder:aDecoder])
12      {
13          //  初始化 powers，使用宽度的每个像素点作为一项
14          powers = [[NSMutableArray alloc]
15          initWithCapacity:self.frame.size.width / 2];
16      } //  if 结束
17
18      return self;  //  返回这个 BarVisualizer
19  } //  方法 initWithCoder:结束
20
```

3．Visualizer 类的 setPower:和 clear 方法

setPower:方法（参见代码 14-11 的第 22～33 行）将记录的当前能量添加到 Visualizer 中。第 24 行将给定的 float 类型转换到一个 NSNumber 对象中，然后添加到 powers 数组中。该方法无法将原始数据类型例如浮点型直接插入到如 NSMutableArray 这样的集合中。第 27 行检查能量等级是否已经填满整个屏幕，如果是，则使用 NSMutableArray 的 removeObjectAtIndex:方法来移除 powers 中最早先的项（第 28 行）。第 31 行检查给定的能量等级是否比之前记录的等级要低。如果是，则将 minPower 更新为这个给定的值（第 32

行）。clear 方法（第 36 ~ 39 行）调用 NSMutableArray 的 removeAllObjects 方法来移除 powers 中的所有元素，它会清空 Visualizer 的显示。

代码 14-11　Visualizer 类的 setPower:和 clear 方法

```
21  //  在记录中设置当前的能量等级
22  - (void)setPower:(float)p
23  {
24      [powers addObject:[NSNumber numberWithFloat:p]]; //  将数值添加到 powers
25
26      //  当有足够多的项填满整个屏幕
27      while (powers.count * 2 > self.frame.size.width)
28      [powers removeObjectAtIndex:0]; //  移除最早的项
29
30      //  如果这个新的能量比记录中最小的能量还要低
31      if (p < minPower)
32      minPower = p; //  用这个新的能量来更新 minPower
33  } //  方法 setPower:结束
34
35  //  清空 visualizer 中所有的点
36  - (void)clear
37  {
38      [powers removeAllObjects]; //  移除 powers 中所有的对象
39  } //  方法 clear 结束
40
```

4．Visualizer 类的 drawRect:方法

drawRect:方法（参见代码 14-12）在 Visualizer 中绘制每一个能量等级。第 45 行使用 UIGraphicsGetCurrentContext 函数得到当前的图形上下文。然后访问 Visualizer 的 frame 属性的 size，可以得到一个代表 Visualizer 尺寸的 CGSize（第 46 行）。

代码 14-12　Visualizer 类的 drawRect:方法

```
41  //  绘制 visualizer
42  - (void)drawRect:(CGRect)rect
43  {
44      //  得到当前的图形上下文
45      CGContextRef context =  UIGraphicsGetCurrentContext();
46      CGSize size = self.frame.size;
47
48      //  为 powers 中的每一个点绘制一条线
49      for (int i = 0; i < powers.count; i++)
50      {
51          //  得到下一个能量等级
52          float newPower = [[powers objectAtIndex:i] floatValue];
53
54          //  计算这个能量等级的高度
```

```
55            float height = (1 - newPower / minPower) * (size.height / 2);
56
57            // 移动到屏幕中央上方一个点的位置
58            CGContextMoveToPoint(context, i * 2, size.height / 2 - height);
59
60            // 在屏幕中央下方一个点的位置连成一条线
61            CGContextAddLineToPoint(context, i * 2, size.height / 2 + height);
62
63            // 为这条线段设置颜色
64            CGContextSetRGBStrokeColor(context, 0, 1, 0, 1);
65            CGContextStrokePath(context); // 绘制这条线
66        } // for 结束
67    } // 方法 drawRect:结束
68
69    // 清空 Visualizer 的内存
70    - (void)dealloc
71    {
72        [powers release]; // 释放 NSMutableArray 类型的 powers
73        [super dealloc]; // 调用父类的 dealloc 方法
74    } // 方法 dealloc 结束
75    @end // visualizer 实现结束
```

第 49 ~ 66 行循环遍历 powers 中的每一个能量等级，并为每个等级绘制一条线。第 52 行得到索引 i 处代表能量等级的浮点数值。NSMutableArray 的 objectAtIndex:方法被用来得到当前索引处的 NSNumber，NSNumber 的 floatValue 方法将它转换成一个浮点数。第 55 行使用这个值来计算能量等级线的高度，使用 minPower 作为标尺，这条绘制的线将被屏幕中央的横线二等分。第 58 行使用 CGContextMoveToPoint 函数来选择上下文中的点，该点位于屏幕中央的上方，具有线段一半的高度，它将作为线段的上顶点。第 61 行连接一条线到上下文中另一个点，该点位于屏幕中央的下方，也具有线段一半的高度。第 64 行使用 CGContextSetRGBStrokeColor 函数将笔画颜色设置为绿色。CGContextStrokePath 函数将这条线绘制到上下文中（第 65 行）。

14.4.4 PlaybackViewController 类

创建一个 UIViewController 的子类，命名为 PlaybackViewController，将 With XIB for user interface 复选框选中以生成头文件、源文件和 nib 文件。

1．PlaybackViewController 接口声明

PlaybackViewController 类（参见代码 14-13）是 UIViewController 的一个子类，实现了 UITableViewDataSource 和 UITableViewDelegate 协议（第 9 和 10 行），指出这个类是一个 UITableView 的数据模型，并且将接收用户与 UITableView 交互操作的信息。第 13 行为这个类声明了一个 PlaybackViewControllerDelegate 代理。第 14 ~ 19 行声明了几个输出口变量，用来连接到本视图中的交互 GUI 组件。AVAudioPlayer 变量 player 被用来回放保存的录音

记录，NSMutableArray 变量 files 存储了录音文件路径的列表（第 20 和 21 行）。第 22 行声明了一个 NSTimer，将会生成事件更新进度条和音量滑块，来表示当前的播放位置和回放音量。第 26 ~ 32 行将 delegate 和所有的输出口变量声明为属性。

代码 14-13　控制视图，用户在视图中播放存在的声音文件

```
1   //  PlaybackViewController.h
2   //  控制视图，用户在视图中播放存在的声音文件
3   #import <UIKit/UIKit.h>
4   #import <MessageUI/MessageUI.h>
5
6   @protocol PlaybackViewControllerDelegate;
7
8   //  开始接口 PlaybackViewController 的声明
9   @interface PlaybackViewController : UIViewController
10  <UITableViewDataSource,   UITableViewDelegate,
11  MFMailComposeViewControllerDelegate>
12  {
13        id <PlaybackViewControllerDelegate> delegate;  //  这个类的代理
14        IBOutlet UITableView *table;  //  显示录音列表
15        IBOutlet UIToolbar *toolbar;  //  上方的工具栏
16        IBOutlet UISlider *progressSlider;  //  控制回放进度
17        IBOutlet UISlider *volumeSlider; //  控制回放音量
18        IBOutlet UIBarButtonItem *timeLabel; //  显示回放时间
19        IBOutlet UIBarButtonItem *playButton;  //  播放/停止回放的按钮
20        AVAudioPlayer *player;  //  用来播放录音
21        NSMutableArray *files;  //  录音列表
22        NSTimer *timer;  //  激起更新进度条和时间标签
23  } //  实例变量声明结束
24
25  //  将 delegate 和所有的输出口声明为属性
26  @property(nonatomic, assign) id <PlaybackViewControllerDelegate> delegate;
27  @property (nonatomic, retain) UITableView *table;
28  @property (nonatomic, retain) UIToolbar *toolbar;
29  @property (nonatomic, retain) UISlider *progressSlider;
30  @property (nonatomic, retain) UISlider *volumeSlider;
31  @property (nonatomic, retain) UIBarButtonItem *timeLabel;
32  @property (nonatomic, retain) UIBarButtonItem *playButton;
33
34  - (IBAction)sliderMoved:sender;  //  当 progressSlider 移动时调用
35  - (IBAction)togglePlay:sender;  //  当 playButton 被触摸时调用
36  - (IBAction)updateVolume:sender;  //  当 volumeSlider 移动时调用
37  - (IBAction)record:sender;  //  当 record 按钮被触摸时调用
38  - (void)timerFired:(NSTimer *)t;  //  当计时器激发时调用
39  - (void)playSound;  //  播放当前的声音
40  - (void)stopSound;  //  停止回放
41  @end //  接口 PlaybackViewController 结束
```

```
42
43 @protocol PlaybackViewControllerDelegate
44
45 // 通知代理，用户回放完毕
46 - (void)playbackViewControllerDidFinish:
47     (PlaybackViewController *)controller;
48 @end // 接口 PlaybackControllerDelegate 结束
```

这个类声明了 7 个方法（第 34～40 行）。

- sliderMoved:——当用户移动进度条滑块时调整音频回放的位置。
- togglePlay:——如果当前没有播放录音，启动音频回放；否则，停止当前播放的音频录音。
- updateVolume:——当用户移动音量条滑块时调整音频回放的音量。
- record:——当用户触摸录音按钮时将程序返回到录音界面。
- timerFired:——按照当前音频回放的状态调整进度条和音量条，每秒 10 次。
- playSound——播放一个代表选中音频的 AVAudioPlayer。
- stopSound——停止正在播放的 AVAudioRecorder。

第 43～48 行声明了 PlaybackViewControllerDelegate。playbackViewControllerDidFinish:方法通知 RootViewController，用户录音回放完毕并触摸了红色“录音”按钮。

2．构建 PlaybackViewController 的视图

在 Interface Builder 中打开文件 PlaybackViewController.xib，打开 View 对象来编辑它的内容。从 Library 窗口中拖曳两个工具栏到视图中，并将一个摆放到顶端，另一个摆放到底端。将两个工具栏的样式修改为 Black Opaque。拖曳一个 Bar Button Item 到顶端工具栏上，将它的 Identifier 修改为 Play，并取消选中 Enabled。拖曳一个滑动条和一个标签到顶端工具栏上，将标签的文字修改为 0:00，在 Inspector 中取消选中 Enabled 复选框，拉伸这个滑动条填满剩余的空间，并选中滑动条的 Continuous 复选框。拖曳另一个滑动条到底端的工具栏上，将滑动条的 Min Image 设置为 low_volume.png，High Image 设置为 high_volume.png。拖曳一个 Bar Button Item 到底端工具栏上，命名为 Record。拉伸底端滑动条填满所有剩余空间。最后拖曳一个表格视图到视图上，并拖曳它以填满顶端和底端工具栏之间所有的空间。图 14-8 显示了完成的 GUI。

将 File's Owner 的 playButton 输出口连接到顶端工具栏左边的按钮。将 progressSlider 连接到顶端的滑动条，timeLabel 连接到右边的标签。然后将 toolbar 连接到顶端的工具栏，table 连接到中间的表格视图。再将 volumeSlider 连接到底端滑动条。

接下来，将顶端工具栏上左边的 Bar Button Item 的选择器动作连接到 File's Owner 的 togglePlay:方法。将顶端滑动条的 Value Changed 事件连接到 sliderMoved:方法，底端滑动

条的 Value Changed 事件连接到 updateVolume:方法。最后，将工具栏上的红色“录音”按钮的选择器动作连接到 record:方法。

图 14-8 | 完成后的 PlaybackViewController GUI

3．PlaybackViewController 类的 viewDidLoad 方法

PlaybackViewController 的 viewDidLoad 方法（参见代码 14-14）首先初始化 NSMutableArray 类型的 files 变量。第 22 和 23 行使用 NSSearchPathForDirectoriesInDomains 函数得到一个数组，其中只有一个元素，也就是这个应用程序数据目录的路径。第 24 行将这个目录保存到 NSString 变量 dir 中。

代码 14-14 PlaybackViewController 的实现

```
1   //  PlaybackViewController.m
2   //  PlaybackViewController 的实现
3   #import <AVFoundation/AVFoundation.h>
4   #import "PlaybackViewController.h"
5
6   @implementation   PlaybackViewController
7
8   @synthesize delegate;  //  为 delegate 生成 get 和 set 方法
9   @synthesize table;  //  为 table 生成 get 和 set 方法
10  @synthesize toolbar;  //  为 toolbar 生成 get 和 set 方法
11  @synthesize progressSlider;  //  为 progressSlider 生成 get 和 set 方法
12  @synthesize volumeSlider; //  为 volumeSlider 生成 get 和 set 方法
13  @synthesize timeLabel;  //  为 timeLabel 生成 get 和 set 方法
14  @synthesize playButton;  //  为 playButton 生成 get 和 set 方法
15
16  //  配置视图
17  - (void)viewDidLoad
18  {
19      files = [[NSMutableArray alloc] init];  //  初始化 files
20
```

```
21        // 查找录音被保存的目录
22        NSArray *paths = NSSearchPathForDirectoriesInDomains(
23        NSDocumentDirectory, NSUserDomainMask, YES);
24        NSString *dir = [paths objectAtIndex:0];
25
26        // 得到默认的文件管理器
27        NSFileManager *filemanager = [NSFileManager defaultManager];
28
29        // 得到目录中所有文件的列表
30        NSArray *filelist = [filemanager directoryContentsAtPath:dir];
31
32        // 遍历目录中的每个文件
33        for (NSString *file in filelist)
34        {
35            // 如果文件的扩展名为“caf”
36            if ([[file  pathExtension] isEqualToString:@"caf"])
37              // 将路径添加到 files
38              [files  addObject:[dir stringByAppendingPathComponent:file]];
39        } // for 结束
40
41        [table  reloadData]; //  刷新 table
42    } // 方法 viewDidLoad 结束
43
```

NSFileManager 的静态 defaultManager 方法返回默认 NSFileManager 的实例(第 27 行)。第 30 行调用这个新 fileManager 的 directoryContentsAtPath:方法，得到一个存储了应用程序数据目录中所有文件的列表。第 33～39 行循环遍历每个文件，使用 NSString 的 pathExtension 方法获得每个文件的扩展名，然后检查扩展名是否与 caf 相匹配（第 36 行）。第 38 行使用 NSString 的 stringByAppendingPathComponent:方法将每个文件名附加到程序数据目录的后面，然后将这个.caf 文件的完整路径添加到 files 数组中。第 41 行调用 table 的 reloadData 方法来刷新 UITableView，显示新添加的文件名。

4．PlaybackViewController 类的 sliderMoved:、togglePlay:和 updateVolume:方法

当用户调整程序顶端的滑动条时，调用 sliderMoved:方法（参见代码 14-15 的第 45～51 行）修改当前回放的位置。如果 player 此时正在播放录音（第 48 行），我们将 player 的 currentTime 设置为 progressSlider 的数值。

当用户触摸进度条旁边的按钮时，调用 togglePlay:方法（第 54～61 行）在播放和停止之间进行切换。如果 player 正在播放（第 57 行），行 58 调用 stopSound 来停止回放。否则如果 player 存在（第 59 行），第 60 行调用 playSound 方法来播放录音。

updateVolume:方法（第 64～67 行）将 player 的 volume 属性设置为 volumeSlider 的数值，这将允许用户通过移动滑动条的滑块来调整回放的音量。

代码 14-15 PlaybackViewController 类的 sliderMoved:, togglePlay:和 updateVolume:方法

```
// 当用户移动回放滑动条时调用本方法
- (IBAction)sliderMoved:sender
{
    // 如果 player 此时正在播放一个录音
    if (player != nil)
      // 更新 player 回放的时间
      player.currentTime = progressSlider.value;
} // 方法 sliderMoved:结束

// 当用户触摸播放/停止按钮时调用本方法
- (IBAction)togglePlay:sender
{
    // 如果 player 正在播放一个录音
    if (player.playing)
      [self stopSound]; // 停止回放
    else if (player != nil) // 如果已经创建了 player
      [self playSound]; // 播放 player 的声音
} // 方法 togglePlay:结束

// 当用户移动音量滑动条时调用本方法
- (IBAction)updateVolume:sender
{
    player.volume = volumeSlider.value; // 更新 player 的音量
} // 方法 updateVolume:结束

```

5. PlaybackViewController 类的 timerFired:和 record:方法

timerFired:方法（参见代码 14-16 的第 70～89 行）每秒被调用 10 次，使用当前回放的位置来更新 progressSlider 和 timeLabel。如果 AVAudioPlayer 此时正在播放（第 73 行），我们通过访问 player 的 currentTime 属性得到当前回放的时间。第 78 行调用 progressSlider 的 setValue:animated:方法移动滑动条的滑块来匹配 player 的 currentTime。第 81 和 82 行使用 NSString 的 stringWithFormat:方法更新 timeLabel，以显示音频回放中此时已经播放过的时间。如果 player 没有播放（第 84 行），可以断定回放已经到达了结尾。然后调用 stopSound 方法来执行一些必要的清理工作，并将 progressSlider 重置到开头（第 87 行）。

当用户触摸程序右下角的 Record 按钮时调用 record:方法（第 92～96 行）。第 95 行调用代理的 playbackViewControllerDidFinish:方法来将程序返回到录音界面。

代码 14-16 PlaybackViewController 类的 timerFired:和 record:方法

```
69 // 当计时器激发时，更新 progressSlider 和 timeLabel
70 - (void)timerFired:(NSTimer *)t
71 {
72     // 如果 player 正在播放
```

```
        if (player.playing)
        {
            double time = player.currentTime;  //  得到此时回放的时间

            //  使用 time 更新 progressSlider
            [progressSlider setValue:time animated:NO];

            //  按照"分:秒"的时间格式更新 timeLabel
            timeLabel.title = [NSString stringWithFormat:@"%i:%.02i",
               (int)time / 60, (int)time % 60];
        } //  if 结束
        else //  如果 player 没有播放
        {
            [self stopSound];  //  停止回放
            [progressSlider setValue:0   animated:YES];  //  将滑动条移动到开始位置
        } //  else 结束
} //  方法 timerFired:结束

//  当用户触摸 Record 按钮时调用本方法
- (IBAction)record:sender
{
        //  通知代理，用户播放录音完毕
        [delegate playbackViewControllerDidFinish:self];
} //  end method record:

```

6．PlaybackViewController 类的 playSound 方法

PlaybackViewController 的 playSound 方法(参见代码 14-17)播放一个保存的音频录音。第 102 和 103 行使用 AVAudioSession 的 setCategory:方法将音频会话设置为 AVAudioSessionCategoryPlayback。然后播放 AVAudioPlayer（第 104 行）。第 107 ~ 108 行初始化 timer，每 0.1 秒产生一个事件，呼叫 timerFired:方法。第 111 ~ 113 行创建一个新的 UIBarButtonItem，当其被触摸时将调用 togglePlay:方法，这个按钮用来停止回放。

代码 14-17　PlaybackViewController 类的 playSound 方法

```
98   //  播放当前的录音
99   - (void)playSound
100  {
101          //  将音频会话的类别设置为回放
102          [[AVAudioSession sharedInstance]   setCategory:
103              AVAudioSessionCategoryPlayback   error:nil];
104          [player play];  //  播放声音
105
106          //  初始化 timer
107          timer = [NSTimer scheduledTimerWithTimeInterval:0.1 target:self
108             selector:@selector(timerFired:) userInfo:nil repeats:YES];
```

```
109
110       // 创建一个停止按钮
111       UIBarButtonItem *pauseButton = [[UIBarButtonItem alloc]
112         initWithBarButtonSystemItem:UIBarButtonSystemItemPause target:self
113         action:@selector(togglePlay:)];
114
115       // 得到工具栏中的项
116       NSMutableArray *items = [toolbar.items mutableCopy];
117
118       // 把播放按钮替换为停止按钮
119       [items removeObjectAtIndex:0]; // 移除播放按钮
120       [items insertObject:pauseButton atIndex:0]; // 添加停止按钮
121       [pauseButton release]; // 释放 UIBarButtonItem 类型的 pauseButton
122       [toolbar setItems:items animated:NO]; // 更新工具栏的项
123 } // 方法 playSound 结束
124
```

我们必须更改工具栏的 items 属性，将 pauseButton 添加到工具栏。我们无法直接更改 items，所以我们使用 mutableCopy 方法存储 items 的一份 NSMutableArray 拷贝（第 116 行）。第 119 行调用 NSMutableArray 的 removeObjectAtIndex:方法来从拷贝的 items 中移除 playButton。然后使用 NSMutableArray 的 insertObject:atIndex:方法（第 120 行）将 pauseButton 插入到相同的索引位置。再调用 UIToolbar 的 setItems:animated:方法，将 items 替换为变更过的包含 pauseButton 按钮的拷贝。

7．PlaybackViewController 类的 stopSound、numberOfSectionsInTableView:和 tableView:numberOfRowsInSection:方法

stopSound 方法（参见代码 14-18 的第 126 ~ 143 行）结束当前音频录音的回放。第 128 和 129 行停止 timer 并将它设置为 nil。第 130 行调用 AVAudioPlayer 的 pause 方法使 player 停止播放录音。第 133 和 134 行将程序的音频会话返回到默认的 AVAudioSessionCategorySoloAmbient。然后使用 NSMutableArray 的 mutableCopy 方法得到工具栏 items 的一份拷贝。第 140 和 141 行从 items 拷贝中移除 pauseButton 并将其替换为 playButton。再将工具栏的 items 属性设置为更改过的拷贝。因为我们的 UITableView 为每个保存的音频录音文件对应一行，方法 tableView:numberOfRowsInSection:（第 152 ~ 156 行）返回 files.count 的数值，即文件的数量。

代码 14-18　PlaybackViewController 类的 stopSound, numberOfSectionsInTableView:和 tableView:numberOfRowsInSection:方法

```
125 // 停止当前录音的回放
126 - (void)stopSound
127 {
128       [timer invalidate]; // 停止并释放计时器
129       timer = nil; // 将 timer 赋值为 nil
130       [player pause]; // 停止音频播放
```

```

    // 将音频会话的类别设置为环境（ambient）
    [[AVAudioSession sharedInstance] setCategory:
      AVAudioSessionCategorySoloAmbient error:nil];

    // 得到工具栏中的 items
    NSMutableArray *items = [toolbar.items mutableCopy];

    // 将停止按钮替换为播放按钮
    [items removeObjectAtIndex:0]; // 移除停止按钮
    [items insertObject:playButton atIndex:0]; // 添加播放按钮
    [toolbar setItems:items animated:NO]; // 更新工具栏的 items
} // 方法 stopSound 结束

// 表格视图调用本方法来决定段落的数目
- (NSInteger)numberOfSectionsInTableView:(UITableView *)tableView
{
    return 1; // 本表格只有唯一的一个段落
} // 方法 numberOfSectionsInTableView:结束

// 表格视图调用本方法来决定段落中的行数目
- (NSInteger)tableView:(UITableView *)tableView numberOfRowsInSection:
 (NSInteger)section
{
    return files.count; // 返回文件数目
} // 方法 tableView:numberOfRowsInSection:结束

```

8．PlaybackViewController 类的 tableView:cellForRowAtIndexPath:方法

tableView:cellForRowAtIndexPath:方法（参见代码 14-19）返回 UITableView 中指定 NSIndexPath 位置处的 cell。第 162 行创建一个新的 NSString，用来识别表格中 UITableViewCell 的类型。第 160 ~ 166 行调用 UITableViewCell 的 dequeueReusableCellWithIdentifier:方法申请一个当前尚未使用的指定类型的 cell。如果没有可供使用的 cell（第 169 行），第 171 和 172 行创建一个新的 UITableViewCell。

代码 14-19 PlaybackViewController 类的 tableView:cellForRowAtIndexPath:方法

```
158 // 表格视图调用本方法得到给定索引路径处的 cell
159 - (UITableViewCell *)tableView:(UITableView *)tableView
160  cellForRowAtIndexPath:(NSIndexPath *)indexPath
161 {
162     static NSString *ID = @"Cell"; // 创建一个 cell 标识
163
164     // 使用这个识别符得到一个可复用的 cell
165     UITableViewCell *cell =
166       [tableView dequeueReusableCellWithIdentifier:ID];
```

```
167
168        //  如果没有可供复用的 cell
169        if (cell == nil)
170        //  创建一个新的 cell
171        cell = [[[UITableViewCell alloc] initWithStyle:
172           UITableViewCellStyleDefault reuseIdentifier:ID] autorelease];
173
174        //  为这个 cell 得到文件名
175        NSString *text =
176           [[files objectAtIndex:indexPath.row] lastPathComponent];
177
178        //  删除路径中的.caf 扩展名
179        cell.textLabel.text = [text stringByDeletingPathExtension];
180
181        //  载入电子邮件图标
182        UIImage *mailImage = [UIImage imageNamed:@"envelope.png"];
183
184        //  创建一个新的按钮
185        UIButton *mailButton =
186           [[UIButton alloc] initWithFrame:CGRectMake(0, 0, 32, 32)];
187
188        //  为这个按钮使用电子邮件的图标
189        [mailButton setImage:mailImage forState:UIControlStateNormal];
190           mailButton.tag = indexPath.row; // 使用当前行的索引值来标记按钮
191
192        //  使这个按钮在被触摸时调用 mailButtonTouched:方法
193        [mailButton addTarget:self action:@selector(mailButtonTouched:)
194           forControlEvents:UIControlEventTouchUpInside];
195
196        //  用这个按钮作为 cell 的附件视图（accessory view）
197        cell.accessoryView = mailButton;
198        return cell;  //  返回这个配置后的 cell
199  } //  方法 tableView:cellForRowAtIndexPath:结束
200
```

第 175～176 行使用 NSMutableArray 的 objectAtIndex:方法通过指定的 indexPath 得到录音的文件名，NString 的 lastPathComponent 方法用来从完整的路径中得到文件名。第 179 行使用 NSString 的 stringByDeletingPathExtension 方法从文件名中移除.caf 扩展名。然后使用电子邮件图标创建一个新的按钮(第 185 和 186 行)并将它作为这个 cell 的 accessoryView（第 197 行）一个显示在 cell 内容右侧的视图。我们使用 UIView 的 tag 属性记录按钮被添加在哪一行（第 190 行），这个属性帮助识别视图，我们将在 mailButtonTouched:方法中重新得到这个数值来识别哪一行上的按钮被触摸了，这样就能知道需要将哪个音频录音添加到电子邮件中了。

9．PlaybackViewController 类的 tableView:commitEditingStyle:forRowAtIndexPath:方法

当用户编辑我们 UITableView 中的一个 cell 时，将调用 UITableViewDataSource 协议中的 tableView:commitEditingStyle:forRowAtIndexPath:方法（参见代码 14-20）。第 207 行检查用户是否在删除一个 cell，这也是我们 UITableView 中配置的唯一允许的编辑类型。第 210 行得到默认的 NSFileManager，第 213 行通过所给的 indexPath 从 files 中得到文件名称。

代码 14-20　PlaybackViewController 类的 tableView:commitEditingStyle:forRowAtIndexPath:方法

```
201 //  当用户编辑表格视图时调用本方法
202 - (void)tableView:(UITableView *)tableView commitEditingStyle:
203  (UITableViewCellEditingStyle)editingStyle forRowAtIndexPath:
204  (NSIndexPath *)indexPath
205 {
206     //  如果用户删除这个元素
207     if (editingStyle == UITableViewCellEditingStyleDelete)
208     {
209         //  得到默认的文件管理器
210         NSFileManager *fileManager = [NSFileManager defaultManager];
211 
212         //  得到待删除录音的路径
213         NSString *path = [files objectAtIndex:indexPath.row];
214 
215         //  如果这个待删除的录音正在被播放
216         if ([[player.url path] isEqualToString:path])
217         {
218             [self stopSound]; //  停止回放
219             [player release]; //  释放 AVAudioPlayer 类型的 player
220             player = nil;  //  将 player 设置为 nil
221         } //  if 结束
222 
223         [fileManager removeItemAtPath:path error:nil];  //  删除录音
224 
225         //  从 files 中移除这一项
226         [files removeObjectAtIndex:indexPath.row];
227 
228         //  从表格中删除该行
229         [tableView deleteRowsAtIndexPaths:[NSArray arrayWithObject:
230           indexPath] withRowAnimation:UITableViewRowAnimationRight];
231     } //  if 结束
232 } //  方法 tableView:commitEditingStyle:forRowAtIndexPath:结束
233 
```

在删除文件之前，我们首先检查这个文件此时是否正在播放（第 216 行）。如果是，我们停止回放，并释放 player，这样这个声音文件就可以被删除了。NSFileManager 的 removeItemAtPath 方法从程序中删除音频录音。第 226 行从 NSMutableArray 类型的 files

中移除对应的文件名，然后调用 UITableView 的 deleteRowsAtIndexPaths:withRowAnimation: 方法来移除 tableView 中删除的项。参数 UITableViewRowAnimationRight 指出删除的行在从屏幕移除前将从右侧渐渐隐去。

10．PlaybackViewController 类的 tableView:didSelectRowAtIndexPath:方法

当用户触摸 tableView 中的任意一行时将调用 UITableViewDelegate 协议中的 tableView:didSelectRowAtIndexPath:方法（参见代码 14-21）。第 239 行通过给定的 indexPath 得到文件路径，然后使用 NSURL 的静态方法 URLWithString:和文件路径创建一个新的 NSURL。

代码 14-21　PlaybackViewController 类的 tableView:didSelectRowAtIndexPath:方法

```
234 //  当用户触摸表格视图中的一行时调用本方法
235 - (void)tableView:(UITableView*)tableView didSelectRowAtIndexPath:
236   (NSIndexPath   *)indexPath
237 {
238       //  得到触摸行的文件名
239       NSString *file = [files objectAtIndex:indexPath.row];
240
241       //  使用文件路径创建一个 URL
242       NSURL *url = [NSURL URLWithString:file];
243       [player release];  //  释放 AVAudioPlayer 类型的 player
244
245       //  使用 URL 创建一个新的 AVAudioPlayer
246       player = [[AVAudioPlayer alloc] initWithContentsOfURL:url   error:nil];
247       player.volume = volumeSlider.value; //  设置 player 的音量
248
249       //  设置滑动条的最大值来表示录音的长度
250       progressSlider.maximumValue = player.duration;
251       [self playSound]; //  播放选中的录音
252       playButton.enabled = YES;  //  启用播放/停止按钮
253 } //  方法 tableView:didSelectRowAtIndexPath:结束
254
```

第 243 行释放旧的 player，第 246 行使用选择的文件路径将 player 重新初始化为一个新的 AVAudioPlayer。我们将 player 的 volume 属性设置成与音量滑动条的滑块位置保持一致（第 247 行）。第 250 行将 progressSlider 的 maximumValue 设置为 player 的播放时长，这样滑动条上的滑块位置将始终相当于回放中的当前位置。第 251 和 252 行调用 playSound 方法来播放新创建的录音，并同时启用 playButton 按钮。

11．PlaybackViewController 类的 mailButtonTouched:和 mailComposeController:didFinishWithResult:error:方法

当用户触摸文件名旁边的按钮时，调用方法 mailButtonTouched（参见代码 14-22 的第 256～277 行）显示一个电子邮件对话框。第 259 行得到触摸按钮的文件路径。之前在我们

将按钮添加到 UITableViewCell 中时，将它的 tag 属性设为了表格中的行索引，所以，这里我们可以得到按钮的 tag，并用它来标注行。然后使用 NSData 的静态方法 dataWithContentsOfFile:创建一个包含了选中音频文件内容的 NSData 对象，NSData 代表了存储的数据（字节类型）。

代码 14-22　PlaybackViewController 类的 mailButtonTouched:和 mailComposeController:didFinishWithResult:error:方法

```
// 当用户触摸了 cell 上的邮件按钮时调用本方法
- (void)mailButtonTouched:sender
{
    // 为触摸的行得到文件名
    NSString *file = [files objectAtIndex:[sender tag]];

    // 使用选择的录音创建一个 NSData 对象
    NSData *data = [NSData dataWithContentsOfFile:file];

    // 为了发送电子邮件，创建一个 MFMailComposeViewController
    MFMailComposeViewController *controller =
      [[MFMailComposeViewController alloc] init];

    // 将录音作为附件添加到邮件中
    [controller addAttachmentData:data mimeType:@"audio/mp4"
      fileName: [file lastPathComponent]];

    // 设置 controller 的代理为本对象
    controller.mailComposeDelegate = self;

    // 显示 MFMailComposeViewController
    [self  presentModalViewController:controller animated:YES];
} // 方法 tableView:accessoryButtonTappedForRowWithIndexPath:结束

// 当用户发送邮件完毕后调用本方法
- (void)mailComposeController:(MFMailComposeViewController*)controller
  didFinishWithResult:(MFMailComposeResult)result  error:(NSError*)error
{
    // 隐藏 MFMailComposeViewController
    [self dismissModalViewControllerAnimated:YES];
} // 方法 mailComposeController:didFinishWithResult:error:结束

// 释放这个对象的内存
- (void)dealloc
{
    [player release]; // 释放 AVAudioPlayer 类型的 player
    [files release]; // 释放 NSMutableArray 类型的 files
```

```
292        [super dealloc]; //  调用父类的 dealloc 方法
293  } //  方法 dealloc 结束
294  @end //  PlaybackViewController 实现结束
```

第 265 和 266 行创建一个新的 MFMailComposeViewController，用来控制一个电子邮件对话框视图，用户不用离开程序就能发送电子邮件。MFMailComposeViewController 的 addAttachmentData:mimeType:fileName:方法将选中的音频文件（NSData 对象创建于第 262 行）作为附件添加到电子邮件中，我们使用 NSString 的 lastPathComponent 方法得到文件名称，并将它传递给 fileName 参数。第 273 行将 controller 的 mailComposeDelegate 设置为 self，这样 PlaybackViewController 将会在用户使用电子邮件对话框完毕后接收到一个 mailComposeController:didFinishWithResult:error:消息（来自 MFMailComposeViewControllerDelegate 协议）。第 276 行调用 UIViewController 的 presentModalViewController:animated:方法来显示电子邮件对话框。

当用户使用电子邮件对话框完毕后将调用 mailComposeController:didFinishWithResult:error:方法，无论是发送了一封电子邮件还是触摸了取消按钮。第 284 行调用 UIViewController 的 dismissModalViewControllerAnimated:方法来隐藏 MFMailComposeViewController。

14.5 语音的合成与识别

iPhone 3.x 的 API 分为两部分——公开部分和非公开部分。公开的 API 可以在苹果的网站上找到文档，并提供给开发者免费使用。非公开的 API 没有文档，苹果也不赞同任何程序使用这些 API。iPhone 目前支持语音合成和语音识别，但访问这些功能的 API 是非公开的。当前仅仅通过用户界面访问框架（UI Accessibility framework）是无法使用语音合成和语音识别公开的 API 的。这个框架允许视力障碍用户听到屏幕上组件的描述，但不允许你用编程的方式使用 iPhone 的语音合成能力。苹果可能会在将来公开这些 API。

14.6 小结

录音机应用程序使用了 AV Foundation 框架，使用一个 AVAudioRecorder 通过 iPhone 的麦克风进行录音，然后保存它们供稍后的回放。AVAudioSessionCategoryRecord 的音频会话将在我们录音时禁止任何声音的回放。当回放录音的时候，我们使用 AVAudioSessionCategoryPlayback 的音频会话来将 iPhone 的铃声静音并在 iPhone 锁住时继续回放。程序的列表界面包含一个 UITableView，显示每个保存的录音。AVAudioPlayers 被用来播放文件。

使用 NSPredicate 类和一个正则表达式来验证用户为每个保存的录音输入的有效文件名——不允许无效字符，例如空格和标点。我们也把保存的音频文件转换到 NSData 对象，以作为附件添加到电子邮件件中。我们使用 MFMailComposeViewController 来开启一个电子邮件对话框，允许用户在程序中发送电子邮件。

15

增强型地址簿应用程序

（管理和传输持久化数据）

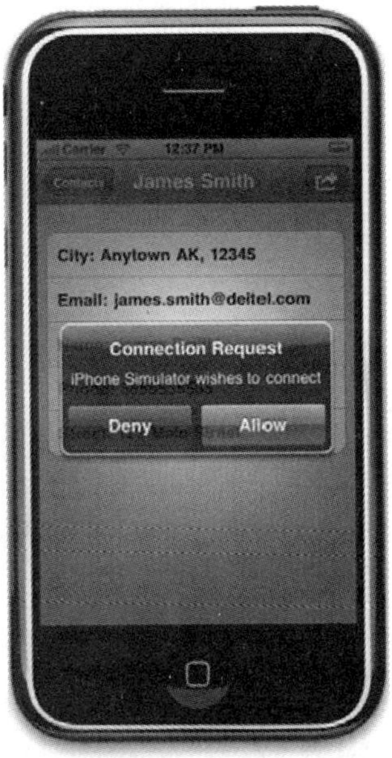

本章导读：

- 使用Core Data框架将我们的数据模型从程序的其他部分中分离出来，使之符合模型－视图－控制器的设计模式。
- 使用数据模型编辑器（Data Model Editor）可视化的设计我们的数据模型。
- 使用NSManagedObject来与Core Data模型编程交互。
- 使用NSFetchedResultsController来协调程序中的数据和UITableViews。
- 使用Game Kit框架和GKSession类在两个设备之间通过蓝牙来传输数据。
- 使用GKPeerPickerController让用户来选择邻近的相同设备。

Outline

15.1 增强型地址簿应用程序简介

增强型地址簿程序是第 10 章介绍的地址簿应用程序的增强版本。这个版本能够通过蓝牙技术在 iPhone 之间传输联系人信息（注意：iPhone 模拟器中不提供蓝牙通信能力）当浏览某条联系人信息时（见图 15-1），点击程序右上角的按钮，程序将搜索附近正运行着增强型地址簿程序的 iPhone 或 iPod Touch（见图 15-2（a））。程序中显示了附近所有的设备列表清单（见图 15-2（b））。用户点击设备名称发送联系人信息，然后接收端的设备将出现一个连接请求提示框（见图 15-3）。点击 Allow 按钮接收传输联系人信息并添加到该机的增强型地址簿中。

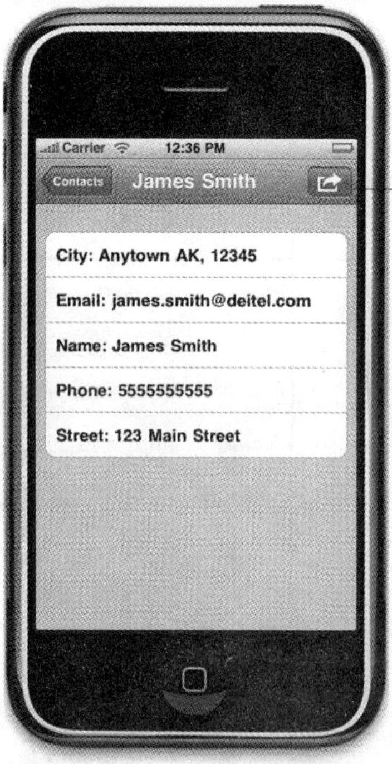

图 15-1 | 显示一个联系人信息

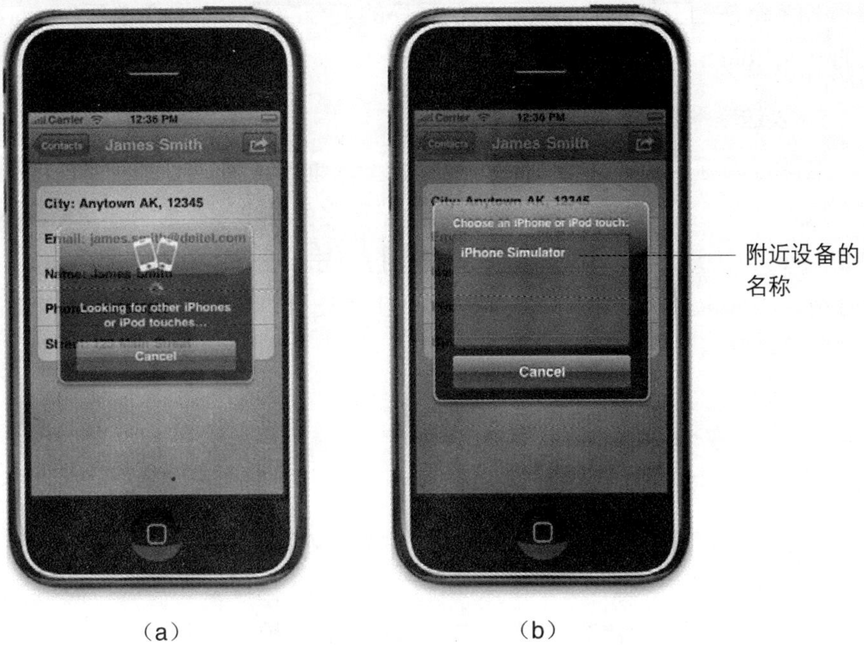

图 15-2 | 申请连接

图 15-3 | 得到一个蓝牙连接请求

15.2 试运行应用程序

1. 打开应用程序

打开 **Enhanced Address Book** 项目所在目录，双击 EnhancedAddressBook.xcodeproj 文

件在 XCode 中打开该项目。为了测试程序的蓝牙功能，你需要在两台 iPhone（或有蓝牙功能的 iPod Touch）上同时运行这个程序。

2．发送联系人信息

在两台邻近的 iPhone 上同时运行增强型地址簿程序。在其中一台 iPhone 上创建一条新的联系人信息，然后点击联系人姓名来显示更多的细节。点击右上角的按钮搜索附近的 iPhone。当附近的设备名称都显示出来时，点击另外一台 iPhone 的名字，并在那台 iPhone 上等待连接请求提示框。在接收端 iPhone 上点击允许接收，之后两台 iPhone 的地址簿中都将出现这条联系人信息。

15.3 技术概述

Core Data 框架允许我们用图形化的方式定义我们的程序数据模型，类似于在 Interface Builder 中构建图形界面。这个框架允许应用程序依据模型 - 视图 - 控制器的设计模式将数据模型完整地从控制器中分离出来。Core Data 模型被认为是一个被管理的对象模型（Managed Object Model），它被可视化地创建。被管理的对象模型定义了模型数据（也被认为是实体（Entities））和它们之间的关系。增强型地址簿程序有一个简单的被管理的对象模型，仅仅包含一个记录联系人信息的 Person 实体。每个实体通常拥有一系列的属性。被管理的对象模型与我们代码之间的接口是被管理的对象上下文（the Managed Object Context），也就是 NSManagedObjectContext 类。我们使用这个类的对象来添加、读取、更新数据模型中的信息。

实体（Entities）用 NSEntityDescription 类来表示。为了创建一个新的代表数据对象的对象，你必须使用 NSManagedObject 类。在本程序中，NSEntityDescription 代表联系人信息，从代表 Person 实体的 NSEntityDescription 接收过来。你通过 Objective-C 代码可以控制这条数据并将它插入回数据模型。

信息是通过抓取（Fetch）请求（使用 NSFetchRequest 类实例化）获取的。它与数据库请求的工作方式相类似，你需要指定准确的返回数据类型。例如，在增强型地址簿程序中，我们可以创建一条抓取请求来查询所有来自阿拉斯加州的人，或者所有第一个名字中 M 字母开头的人。我们使用 FetchedRequestController 来更新储存信息的 Core Data，用 UITableView 显示这条联系人信息。我们使用 RootViewController 中共享的 NSFetchRequest 类的一个实例。

Game Kit 框架允许多台 iPhone 通过蓝牙相互通信（注意：程序用户需要在他们的设备中开启蓝牙）。我们使用 GKPeerPickerController 类创建视图来显示周围运行着增强型地址簿程序的 iPhone。我们指定 iPhone 是否正在通过 GKSession 接收或传输数据。NSKeyedArchiver 用于将代表用户数据的 NSMutableArray 序列化到一个 NSData 对象中，我们能够使用 GKSession 的 sendDataToAllPeers:withDataMode:方法在 iPhone 之间广播 NSData 对象。

15.4 构建应用程序

创建一个新的名为 EnhancedAddressBook.xcodeproj 的项目，使用 Navigation-based Application 模板。当你选择这个模板时，确认 **Use Core Data for storage** 复选框被选中，这样你就可以在程序中使用 Core Data 框架的功能了。

15.4.1 构建 Core Data 模型

Core Data 模型存储在 EnhancedAddressbook.xcdatamodel 中，位于 Xcode 的 **Group and Files** 视窗的 Resources 组中。双击这个文件在数据模型编辑器中打开（见图 15-4）。点击 **Event Entity** 类。在屏幕的右上角，重命名 Person 实体。选择 timeStamp 属性，在屏幕的右上角将它重命名为 Name 并将它的类型（Type）改为 String。点击屏幕中央的加号按钮新增一个属性。将这个属性命名为 Email。再增加另外 3 个属性，分别命名为 City、Phone 和 Street，然后关闭数据模型编辑器。图 15-4 显示了完整的数据模型。

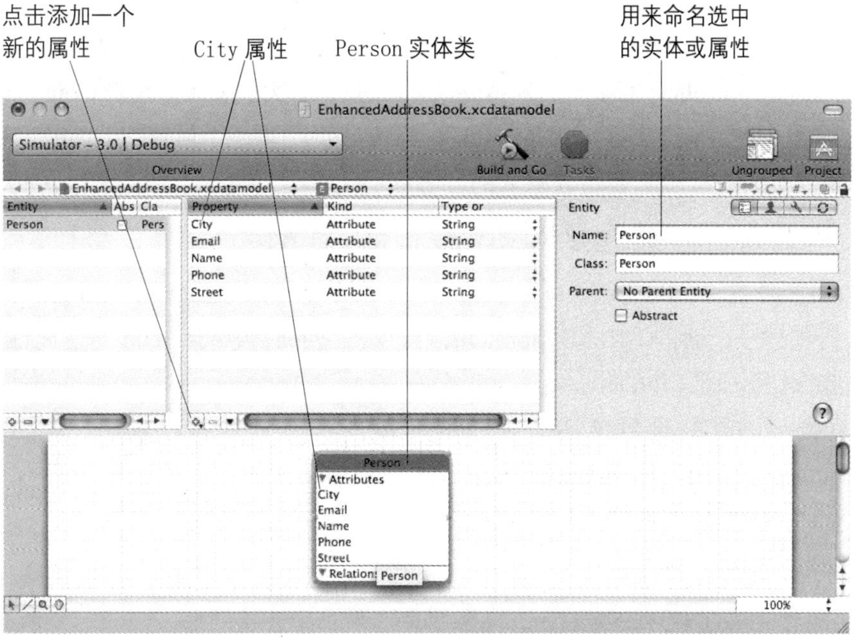

图 15-4 | 数据模型编辑器

15.4.2 ContactViewController 类

ContactViewController 类（参见代码 15-1）是遵守 UITableViewDataSource 协议的

UIViewController 类的子类（第 7～8 行）。ContactViewController 也实现了 GKSessionDelegate 协议（第 8 行），所以它能够接收可见设备对状态改变的消息。这个类还实现了 GKPeerPickerControllerDelegate 协议（第 8 行），所以它能够响应 GKPeerPickerController 的消息，其提供了连接到其他 iPhone 的标准接口。

代码 15-1　显示新建联系人信息的控制器

```
1   //  ContactViewController.h
2   //  控制器，显示创建联系人的联系信息
3   //  ContactViewController.m 中的实现
4   #import <UIKit/UIKit.h>
5   #import <GameKit/GameKit.h>
6
7   @interface ContactViewController : UIViewController
8   <UITableViewDataSource, GKSessionDelegate, KPeerPickerControllerDelegate>
9   {
10      NSManagedObject *person; //  我们通过 Person 载入信息
11  } //  实例变量声明结束
12
13  @property(retain) NSManagedObject* person; //  将 Person 声明为属性
14
15  - (void)updateTitle;  //  通过 Person 更新导航项目的标题
16  @end //  ContactViewController 接口结束
```

ContactViewController 拥有一个 NSManagedObject 的实例变量，代表 Core Data 对象选中的联系人（第 10 行），第 13 行将 NSManagedObject 声明为一个属性。updateTitle 方法（第 15 行）更新导航条的标题来显示联系人的姓名。

1．ContactViewController 类的 viewDidLoad 和 send 方法

viewDidLoad 方法（参见代码 15-2 的第 10～17 行）设置 ContactViewController 的视图。第 13～15 行创建一个新的 UIBarButtonItem，当点击它的时候调用 send 方法允许用户发送联系人信息到另一台 iPhone。我们将枚举常量 UIBarButtonSystemItamAction 作为 BarButtonSystemItem 的参数传递，来获取系统的一个动作按钮。第 16 行调用 UINavigationItem 的 setRightBarButtonItem:方法来添加按钮到导航栏右侧。

当用户点击程序右上角的 UIBarButtonItem 时将调用 send 方法（第 20～28 行）。第 23～24 行创建了一个新的 GKPeerPickerController 来显示所有附近的 iPhone。我们设置 peerPicker 的 delegate 属性为 self（第 25 行），这样当用户选择一个连接对时，ContactViewController 将接收到通知。第 26 行设置 peerPicker 的 connectionTypesMask 属性为 GKPeerPickerConnectionTypeNearby，指出我们希望看到通过蓝牙可以搜索到的附近的设备列表。第 27 行调用 peerPicker 的 show 方法来显示 peerPick 的视图。

代码 15-2　ContactViewController 类的 viewDidLoad 和 send 方法

```
// ContactViewController.m
// 实现 ContactViewController.
#import "ContactViewController.h"

@implementation ContactViewController

@synthesize person; // 为 Person 生成 get 和 set 方法

// 在视图载入后进行一次设置
- (void)viewDidLoad
{
    // 创建一个按钮来发送联系人信息
    UIBarButtonItem *sendButton = [[UIBarButtonItem alloc]
      initWithBarButtonSystemItem:UIBarButtonSystemItemAction target:self
      action:@selector(send)];
    [self.navigationItem setRightBarButtonItem:sendButton];
} // viewDidLoad 方法结束

// 显示其他 iPhone 的列表来发送这条联系人信息
- (void)send
{
    // 创建一个新的 GKPeerPickerController 连接到设备
    GKPeerPickerController *peerPicker =
    [[GKPeerPickerController alloc] init];
      peerPicker.delegate = self; // 为这个对象设置委派
    peerPicker.connectionTypesMask = GKPeerPickerConnectionTypeNearby;
    [peerPicker show]; // 展示设备拾取者
} // send 方法结束

```

2．ContactViewController 类的 peerPickerController:didConnectPeer:toSession:方法

GKPeerPickerControllerDelegate 协议中的 peerPickerController:didConnectPeer:toSession:方法（参见代码 15-3）在用户选择一个待发送通信数据的连接设备时被调用。第 35 行重新获取包含选中联系人信息的 NSDictionary。NSManagedObject 的 entity 方法得到一个代表 Person 实体的 NSEntityDescription。NSEntityDescription 的 propertiesByName 方法返回一个 NSDictionary，其中以实体的属性作为键（Key），NSAttributeDescriptions 作为值（Value）。我们初始化一个新的 NSMutableDictionary 来存储发送给接收设备的信息。接下来，我们遍历 personDictionary 中的每个键，并使用这些键从 person 对象中获取对应的数值。我们添加这些键值对（key-value pair）到 NSMutableDictionary 中。第 47 行使用 NSKeyedArchiver 的 archivedDataWithRootObject:方法将 dictionary 序列化为一个 NSData 对象。然后调用 GKSession 提供的 sendDataToAllPeers:withDataMode:方法将序列化后的联系人信息发送给

连接的设备。GKSendReleable 参数指出数据将连续不断地发送直到发送完成或者连接超时。

代码 15-3　ContactViewController 类的 peerPickerController:didConnectPeer:toSession:方法

```
// 当用户选择一个设备来发送联系人信息时调用
- (void)peerPickerController:(GKPeerPickerController *)picker
 didConnectPeer:(NSString *)peerID    toSession:(GKSession *)session
{
    // 通过 person 得到属性名称
    NSDictionary *personDictionary = [[person entity] propertiesByName];

    // 创建一个 NSMutableDictionary 来存储数据
    NSMutableDictionary *dictionary = [[NSMutableDictionary alloc] init];

    // 遍历 person 的每个属性名称
    for (NSString *key in [personDictionary allKeys])

    // 添加 person 的属性和数值到字典中
    [dictionary setValue:[person valueForKey:key] forKey:key];

    // 将字典存档
    NSData *data = [NSKeyedArchiver archivedDataWithRootObject:dictionary];

    // 向所有连接上的设备发送数据
    [session sendDataToAllPeers:data withDataMode:GKSendDataReliable
      error:nil];
    [picker dismiss]; // 撤销设备选择器
    [picker release]; // 释放 GKPeerPickerController
} // peerPickerController:didConnectPeer:toSession:方法结束

```

3．ContactViewController 类的 peerPickerControllerDidCancel:、updateTitle 和 tableView:numberOfRowsInSection:方法

当用户点击 Cancel 按钮时，GKPeerPickerControllerDelegate 协议中的 peerPickerControllerDidCancel:方法（参见代码 15-4 的第 57～61 行）调用 GKPeerPickerController 的 dismiss 方法来隐藏视图。updateTitle 方法（第 64～68 行）使用 UINavigationItem 的 setTitle:方法来将导航栏的标题设置为联系人的姓名。

代码 15-4　ContactViewController 类的 peerPickerControllerDidCancel:、updateTitle 和 tableView:numberOfRowsInSection:方法

```
56  // 当用户点击设备选择器上的 Cancel 按钮时调用
57  - (void)peerPickerControllerDidCancel:(GKPeerPickerController *)picker
58  {
59      [picker dismiss]; // 撤销设备选择器
60      [picker release]; // 释放 GKPeerPickerController
```

```
61  } //  peerPickerControllerDidCancel:方法结束
62
63  //  通过 person 设置导航项目的标题
64  - (void)updateTitle
65  {
66      //  设置导航项目标题为联系人的名称
67      [self.navigationItem setTitle:[person valueForKey:@"Name"]];
68  } //  updateTitle 方法结束
69
70  //  被表格视图调用，返回给定段落(section)的行数
71  - (NSInteger)tableView:(UITableView *)tableView numberOfRowsInSection:
72   (NSInteger)section
73  {
74      return [[person entity] properties].count; //  返回属性个数
75  } //  tableView:numberOfRowsInSection:方法结束
76
```

方法 tableView:numberOfRowsInSection:（第 71 ~ 75 行）返回 ContactViewController 中 UITableView 的行数。我们先得到一个 NSEntityDescription，调用它的 properties 方法得到一个包含 person 数据模型中所有域的 NSArray 数组（第 74 行）。然后使用 NSArray 的 count 属性来决定 UITableView 的行数。

4．ContactViewController 类的 tableView:cellForRowAtIndexPath:方法

方法 tableView:cellForRowAtIndexPath:（参见代码 15-5 的第 78 ~ 101 行）返回 UITableView 中给定 NSIndexPath 的 UITableViewCell。第 81 ~ 90 行尝试使用一个 UITableView 中已存在的 cell。我们取回 person 的 NSEntityDescription，然后调用它的 propertiesByName 方法得到代表 person 的所有属性的 NSDictionary。第 93 和 94 行使用 NSDictionary 的 allKeys 方法得到 dictionary 中所有 key 的 NSArray 数组，然后使用 NSIndexPath 的 row 属性得到这个数组中选中的 key。第 95 行通过选中的 key 得到 person 对象中的数据。第 99 ~ 100 行将 UITableViewCell 中的 UILabel 的值更新为联系人的信息，然后返回这个配置后的 cell。

代码 15-5　ContactViewController 类的 tableView:cellForRowAtIndexPath:方法

```
77  //  被表格视图调用，得到给定 indexPath 的 cell
78  - (UITableViewCell *)tableView:(UITableView *)tableView
79     cellForRowAtIndexPath:(NSIndexPath *)indexPath
80  {
81      static NSString *identifier = @"NormalCell";
82
83      //  得到复用的 cell
84      UITableViewCell *cell=
85         [tableView dequeueReusableCellWithIdentifier:identifier];
86
87      //  如果没有 cell 被复用，就创建一个
```

```
        if (cell == nil)
            cell = [[[UITableViewCell alloc] initWithFrame:CGRectZero
                reuseIdentifier:identifier] autorelease];

        // 得到字典中索引处属性的 key
        NSString *key = [[[[person entity] propertiesByName] allKeys]
            objectAtIndex:indexPath.row];
        NSString *value = [person valueForKey:key]; // 得到数值
        UILabel *label = [cell textLabel]; // 得到 cell 的标签

        // 更新标签的文字
        label.text = [NSString stringWithFormat:@"%@: %@", key, value];
        return cell; // 返回配置好的 cell
} // tableView:cellForRowAtIndexPath:方法结束

// 确定视图支持哪几种方向
- (BOOL)shouldAutorotateToInterfaceOrientation:
 (UIInterfaceOrientation)interfaceOrientation
{
        // 我们仅支持纵向屏幕
        return (interfaceOrientation == UIInterfaceOrientationPortrait);
} // shouldAutorotateToInterfaceOrientation:方法结束

// 释放本对象占用的内存
- (void)dealloc
{
        [person release]; // 释放 person
        [super dealloc]; // 调用父类的 dealloc 方法
} // dealloc 方法结束
@end // ContactViewController 实现结束
```

15.4.3 RootViewController 类

RootViewController 类（参见代码 15-6）遵守 NSFetchedResultsControllerDelegate 协议（第 8 行），这样它就能够响应 NSFetchedResultsController 的消息，使用 Core Data 对象抓取到的信息来更新 UITableView。这个类也遵守 GKSessionDelegate 协议（第 8 行和第 9 行），这样它能在可见的连接设备状态改变时得到消息通知。

代码 15-6 控制增强型地址簿程序的主视图

```
1   // RootViewController.h
2   // 控制增强型地址簿程序的主视图
3   #import <GameKit/GameKit.h>
4   #import "AddViewController.h"
5
6   // RoorViewController 接口的开始
```

```
7    @interface RootViewController : UITableViewController
8    <NSFetchedResultsControllerDelegate, AddViewControllerDelegate,
9    GKSessionDelegate>
10   {
11       GKSession *serverSession; // 供其他设备连接的会话
12       NSString *connectingPeerID; // 连接设备的 ID
13
14       // 为 UITableView 提供数据
15       NSFetchedResultsController *fetchedResultsController;
16
17       // 在此创建管理对象上下文 fetchedResultsController
18       NSManagedObjectContext *managedObjectContext;
19   } // 实例变量声明结束
20
21   // 将 fetchedResultsController 和 managedObjectContext 声明为属性
22   @property (nonatomic, retain) NSFetchedResultsController
23     *fetchedResultsController;
24   @property (nonatomic, retain) NSManagedObjectContext
25     *managedObjectContext;
26   @end // RootViewController 接口结束
```

我们声明一个 GKSession（第 11 行）来通过蓝牙连接到其他的 iPhone（同等的）。第 12 行声明了一个 NSString 来标注将要发送信息的 iPhone。我们使用一个 NSFetchedResultsController（第 15 行）从 Core Data 模型中抓取信息提供给 RootViewController 的 UITableView。第 18 行声明了一个 NSManagedObjectContext，它允许程序使用 Core Data 服务。第 22 ~ 25 行将 NSFetchedResultsController 和 NSManagedObjectContext 声明为属性。

1．RootViewController 类的 viewDidLoad 方法

viewDidLoad 方法（参见代码 15-7）在 RootViewController 的视图载入时配置它的视图。第 16 行通过 UINavigationItem 的 leftBarButtonItem 属性添加 Edit 按钮到导航栏的左侧。然后添加一个+按钮到导航栏的右侧（第 19 ~ 24 行）。第 28 行创建一个 NSError 指针指向一个代表错误信息的对象，然后把这个指针传递给 NSFetchedResultsController 的 performFetch: 方法（第 31 行）。如果这个方法执行失败，那么我们将从 Core Data 模型中获得一个对象（第 31 行）。使用 NSLog 函数来将这个错误信息打印到控制台中（第 32 行）。第 35 和 36 行初始化一个新的 GKSession，将 GKSessionModeServer 作为 sessionMode 参数传递进去。这样 GKSession 告知附近的设备本机的连接 ID，并做好了接收信息的准备。我们设置 GKSession 的 delegate 为 self，然后调用它的 setDataReceiveHandler:withContext: 方法来指定 RootViewController 通过 GKSession 来接收数据（第 37 ~ 40 行）。第 41 行设置 GKSession 的 available 属性为 YES 来准备接受连接。

代码 15-7　RootViewController 类的 viewDidLoad 方法

```
//  RootViewController.m
//  RootViewController 类的声明
#import "RootViewController.h"
#import "ContactViewController.h"

@implementation RootViewController

@synthesize fetchedResultsController, managedObjectContext;

//  视图初始化后进行设置
- (void)viewDidLoad
{
    [super viewDidLoad]; //  调用父类的 viewDidLoad 方法

    //  设置 Edit 和 Add 按钮
    self.navigationItem.leftBarButtonItem = self.editButtonItem;

    //  创建加号 Button 按钮
    UIBarButtonItem *addButton = [[UIBarButtonItem alloc]
      initWithBarButtonSystemItem:UIBarButtonSystemItemAdd target:self
      action:@selector(insertNewObject)];

    //  添加“+”按钮到导航栏的右侧
    self.navigationItem.rightBarButtonItem = addButton;
    [addButton release];  //  释放 addButton


    NSError *error;  //  创建一个 NSError

    //  如果 fetchedResultsController 获取数据失败
    if (![[self fetchedResultsController] performFetch:&error])
      NSLog(@"Could not load data: %@", [error description]);

    //  将 serverSession 初始化为服务端
    serverSession = [[GKSession alloc] initWithSessionID:nil
      displayName:nil sessionMode:GKSessionModeServer];
    serverSession.delegate = self;  //  设置代理为本对象

    //  本对象将从 serverSession 接收数据
    [serverSession setDataReceiveHandler:self withContext:NULL];
    serverSession.available = YES;  //  开始接受连接
} //  viewDidLoad 方法结束

```

2．RootViewController 类的 session:didReceiveConnectionRequestFromPeer:方法

session:didReceiveConnectionRequestFromPeer:方法（参见代码 15-8）是在程序的 GDSession 接收到其他设备的连接请求时被调用的。第 48 行保存的字符串表示正在连接的 iPhone 客户端 ID。我们通过 GKSession 的 displayNameForPeer:方法来获取 iPhone 的显示名（对方自己设置的）。第 54 ~ 61 行创建一个 UIAlertView 来通知用户哪台 iPhone 申请连接，并提供 Accept 和 Deny 按钮选择。

代码 15-8　RootViewController 类的 session:didReceiveConnectionRequestFromPeer:方法

```
44  //  GKSession 接到连接请求时调用本方法
45  - (void)session:(GKSession *)session didReceiveConnectionRequestFromPeer:
46     (NSString *)peerID
47  {
48        connectingPeerID = peerID; //  保存 peerID
49
50        //  得到连接设备的显示名
51        NSString *name = [session displayNameForPeer:connectingPeerID];
52
53        //  如果其他设备可以连接，显示一个提醒来提示用户
54        NSString *message  =
55           [NSString stringWithFormat:@"%@ wishes to connect", name];
56
57        //  创建一个 UIAlertView
58        UIAlertView *connectionAlert = [[UIAlertView alloc] initWithTitle:
59           @"Connection Request" message:message delegate:self
60           cancelButtonTitle:@"Deny" otherButtonTitles:@"Allow", nil];
61        [connectionAlert show]; //  显示提醒
62  } //   session:didRecieveConnectionRequestFromPeer:方法结束
63
```

3．RootViewController 类的 alertView:clickedButtonAtIndex:和 alertViewCancel:方法

alertView:clickedButtonAtIndex:方法（参见代码 15-9 的第 65 ~ 70 行）是在用户点击网络请求 UIAlertView 上的 Accept 按钮时被调用的。第 69 行调用 GKSession 的 acceptConnectionFromPeer:error:方法来接收连接，并接收发送方 iPhone 发来的联系人信息。alertViewCancel:方法（第 73 ~ 77 行）调用 GKSesson 的 denyConnectionFromPeer:方法来拒绝设备的连接请求（第 76 行）。

代码 15-9　RootViewController 类的 alertView:clickedButtonAtIndex:和 alertViewCancel:方法

```
64  //  当用户点击提示框中的按钮时调用该方法
65  - (void)alertView:(UIAlertView *)alertView clickedButtonAtIndex:
66     (NSInteger)buttonIndex
67  {
68        //  接受连接请求
69        [serverSession acceptConnectionFromPeer:connectingPeerID error:nil];
```

```
} //  alertView:clickedButtonAtIndex:方法结束

//  当用户点击提示框中的 cancel 按钮时调用该方法
- (void)alertViewCancel:(UIAlertView *)alertView
{
    //  拒绝连接请求
    [serverSession  denyConnectionFromPeer:connectingPeerID];
} //  alertViewCancel:方法结束

```

4．RootViewController 类的 receiveData:fromPeer:inSession:context:方法

receiveData:fromPeer:inSession:context:方法（参见代码 15-10）是在程序接收连接设备的数据时被 GKSession 调用的。第 84 ~ 85 行将 NSData 对象解码到一个 NSMutableDictionary 来包含联系人信息。我们知道 NSData 对象代表了一个 NSMutableDictionary 因为它是我们在这个程序中传输的唯一类型的对象。

第 88 ~ 89 行使用 NSFetchedResultsController 的 managedObjectContext 方法得到程序的 NSManagedObjectContext。第 92 ~ 93 行从 NSFetchedResultsController 中得到 NSEntityDescription，然后创建一个新的 NSManagedObject 来代表接收到的联系人信息（第 96 ~ 98 行）。第 101 ~ 104 行遍历 NSDictionary 中的键值对并通过 setValue:forKey:方法将它们添加到 NSManagedObject 中。第 106 ~ 112 行调用 NSManagedObject 的 save 方法将这个数据添加到 Core Data 模型中，如果发生错误，则使用 NSLog 函数将错误信息写入到控制台。如果一切顺利，我们调用 UITableView 的 insertRowsAtIndexPaths:方法向 RootViewController 的 UITableView 中插入一条空白行（第 114 ~ 119 行）。第 120 行调用 UITableView 的 reloadData 方法向空白行中载入一条新的联系人信息。

代码 15-10　RootViewController 类的 receiveData:fromPeer:inSession:context:方法

```
79  //  当我们从连接设备接收到数据时调用该方法
80  - (void)receiveData:(NSData *)data fromPeer:(NSString *)peer inSession:
81    (GKSession *)session context:(void *)context
82  {
83      //  从接收到的数据中提取 NSDictionary
84      NSDictionary *dictionary =
85        [NSKeyedUnarchiver unarchiveObjectWithData:data];
86
87      //  通过 fetchedResultsController 得到管理对象上下文
88      NSManagedObjectContext *objectContext =
89        [fetchedResultsController managedObjectContext];
90
91      //  通过 fetchedResultsController 得到实体描述
92      NSEntityDescription *entity =
93        [[fetchedResultsController fetchRequest] entity];
94
95      //通过给定名称向 objectContext 中插入一个新的对象
```

```
        NSManagedObject *newManagedObject =
          [NSEntityDescription insertNewObjectForEntityForName:entity.name
          inManagedObjectContext:objectContext];

        // 在接收到的字典中遍历所有的 key
        for (NSString *key in [dictionary allKeys])

          // 在我们刚插入的新管理对象中更新数值
          [newManagedObject setValue:[dictionary valueForKey:key] forKey:key];

        NSError *error;  // 为保存操作声明一个 NSError

        // 如果上下文无法正确保存
        if (![objectContext save:&error])
        {
            // 记录错误
            NSLog(@"Error saving context: %@", [error description]);
        } // if 结束
        else
        {
            // 为新对象向表格视图中插入一条新的行
            [self.tableView insertRowsAtIndexPaths:[NSArray arrayWithObject:
              [NSIndexPath indexPathForRow:0 inSection:0]] withRowAnimation:
              UITableViewRowAnimationLeft];
            [self.tableView  reloadData];  // 刷新表格视图
        } // else 结束
} // receiveData:fromPeer:inSession:context:方法结束
```

5．RootViewController 类的 insertNewObject 和 addViewControllerDidFinishAdding:方法

insertNewObject 方法（参见代码 15-11 的第 125 ~ 133 行）允许用户输入一条新的联系人信息，通过点击程序右上角的+按钮，我们创建一个新的 AddViewController，并设置它的 delegate 为 self（第 128 和 129 行）。我们调用 UIViewController 的 presentModalView-Controller:animated:方法来显示 AddViewController 的视图（第 132 行）。

代码 15-11　RootViewController 类的 insertNewObject 和 addViewControllerDidFinishAdding:方法

```
124 // 当用户点击加号按钮时调用本方法
125 - (void)insertNewObject
126 {
127     // 创建新的 AddViewController
128     AddViewController *controller = [[AddViewController alloc] init];
129     controller.delegate = self;  // 设置 controller 的 delegate 为 self
130 
131     // 显示 controller
132     [self presentModalViewController:controller animated:YES];
133 } // insertNewObject 方法结束
```

```
134
135 //  当用户点击 AddViewController 中的 Done 按钮时调用本方法
136 - (void)addViewControllerDidFinishAdding:(AddViewController *)controller
137 {
138     // 通过 fetchedResultsController 得到管理对象上下文
139     NSManagedObjectContext *objectContext =
140       [fetchedResultsController managedObjectContext];
141
142     //  通过 fetchedResultsController 得到实体描述
143     NSEntityDescription *entity =
144       [[fetchedResultsController fetchRequest] entity];
145
146     //  通过给定名称向 objectContext 中插入一个新的对象
147     NSManagedObject *newManagedObject =
148       [NSEntityDescription insertNewObjectForEntityForName:entity.name
149       inManagedObjectContext:objectContext];
150
151     NSDictionary *values = [controller values];  //  得到输入数据
152
153     //  循环遍历输入数据的 field 名称
154     for (NSString *key in values)
155
156       //  通过 key 向对象中添加联系人信息
157       [newManagedObject setValue:[values valueForKey:key] forKey:key];
158
159     NSError *error;  //  为保存操作声明一个 NSError
160
161     //  如果上下文保存失败
162     if (![objectContext save:&error])
163       NSLog(@"Error saving context: %@",  [error description]);
164
165     //  撤销 AddViewController
166     [self dismissModalViewControllerAnimated:YES];
167     [self.tableView reloadData];  //  刷新表格视图中的数据
168 } //  addViewControllerDidFinishAdding 方法结束
169
```

方法 addViewControllerDidFinishAdding:（第 136~168 行）遵守 AddViewController-Delegate 协议（参见代码 15-10）是在用户添加完新的联系人信息并点击 AddViewController 视图中的 Done 按钮时被调用的。第 139~149 行得到程序的 NSManagedObjectContext、NSEntityDescription 和 NSManagedObject。然后得到 RootViewController 中的代表新联系人信息的 NSDictionary（第 151 行）。第 154~157 行遍历每个键值对并使用 setValue:forKey: 方法将它们添加到 NSManagedObject。第 159~163 行调用 NSManagedObject 的 save 方法来保存数据，若保持失败则写入 NSLog。然后我们隐藏 AddViewController 并刷新 UITableView（第 166~167 行）。

6. RootViewController 类的 numberOfSectionsInTableView:和 tableView:numberOfRowsInSection:方法

numberOfSectionsInTableView:方法（参见代码 15-12 的第 171 ~ 181 行）返回给定 UITableView 的行数和段落（section）数目。第 174 行调用 NSFretchedResultsController 的 sections 方法得到一个代表 UITableView 的所有段落的 NSArray 数组。我们调用 NSArray 的 count 方法得到段落总数目。如果总数目是 0，将其设置为 1（第 177 ~ 178 行）这样做是为了修复 iPhone OS 3.x 中 NSFetchResultsController 与 UITableView 两个类的不兼容。更多信息，可以访问 developer.apple.com/iPhone/library/documentation/CoreData/Reference/NSFetchedResultsController_Class/Reference/Reference.html。

方法 tableView:numberOfRowsInSection:（第 184 ~ 203 行）返回给定 UITableView 的行数，用 NSInteger 类型来指定。我们首先调用 NSFetched ResultsController 的 sections 方法得到一个代表 UITableView 的所有段落的 NSArray 数组（第 188 行）。如果这个数组包含至少一个段落（第 192 行），就可得到给定 NSInteger 的对象（第 195 ~ 196 行）。这个对象遵守 NSFetchedResultsSectionInfo 协议（第 195 行），调用 numberOfObjects 方法来获取选中的 UITableView 的段落内的行数。

代码 15-12　RootViewController 类的 numberOfSectionsInTableView:和 tableView:numberOfRowsInSection:方法

```
170 //  表格视图调用该方法来查找拥有段落的数目
171 - (NSInteger)numberOfSectionsInTableView:(UITableView *)tableView
172 {
173       //  通过 fetchedResultsController 得到段落数目
174       NSUInteger count = [[fetchedResultsController sections] count];
175
176       //  如果 fetchedResultsController 报告段落数目为 0
177       if (count == 0)
178          count = 1;  //  修改数目为 1
179
180       return count; //  返回段落的数据
181 } //  numberOfSectionsInTableView:方法结束
182
183 //  表格视图调用该方法来查找给定段落中的行数
184 - (NSInteger)tableView:(UITableView *)tableView
185    numberOfRowsInSection:(NSInteger)section
186 {
187       //  得到 fetchedResultsController 中的所有段落数
188       NSArray *sections = [fetchedResultsController sections];
189       NSUInteger count = 0;  //  将 count 初始化为 0
190
191       //  如果包含多于一个段落
192       if ([sections count])
```

```
193     {
194         //  得到给定索引的对象
195         id <NSFetchedResultsSectionInfo> sectionInfo =
196           [sections objectAtIndex:section];
197
198         //  得到段落内的行数
199         count = [sectionInfo numberOfObjects];
200     } //  if 结束
201
202     return count; //  返回段落内的行数
203 } //  tableView:numberOfRowsInSection:方法结束
204
```

7．RootViewController 类的 tableView:cellForRowAtIndexPath:和 tableView:didSelectRowAtIndexPath:方法

方法 tableView:cellForRowAtIndexPath:（参见代码 15-13 的第 206～234 行）尝试通过 dequeueReusableCellWithIdentifier:方法来复用已存在的 UITableViewCell（第 209～221 行）。第 224 和 225 行调用 NSFetchedResultsController 的 objectAtIndexPath:方法得到指定 NSIndexPath 的 NSManagedObject。

tableView:didSelectRowAtIndexPath:方法（第 237～255 行）是在当用户点击 UITableView 中的某一行时被调用的。第 241 和 242 行创建一个新的 ContactViewController。我们使用 NSFetchedResultsController 的

objectAtIndexPath:方法得到给定 NSIndexPath 所指定的 NSManagedObject。第 249～250 行为 NSManagedObject 设置 ContactViewController 的 person 属性，然后调用它的 updateTitle 方法。我们调用 UINavigationController 的 pushViewController:animated:方法来显示 ContactViewController 的视图。第 232 行将 cell 的 accessoryType 属性设置为 UITableViewCellAccessoryDisclosureIndicator，来表示当 UITableViewCell 被点击后将显示更多的细节。

代码 15-13　RootViewController 类的 tableView:cell:ForRowAtIndexPath:和 tableView:didSelectRowAtIndexPath:方法

```
205 //  UITableView 调用本方法得到给定索引路径的窗格（cell）
206 - (UITableViewCell *)tableView:(UITableView *)tableView
207   cellForRowAtIndexPath:(NSIndexPath *)indexPath
208 {
209     static NSString *CellIdentifier = @"Cell";  //  标准 cell 的标识符
210
211     //  得到一个复用的 cell
212     UITableViewCell   *cell   =
213       [tableView dequeueReusableCellWithIdentifier:CellIdentifier];
214
215     //  如果无法得到可复用的 cell
```

```
216         if (cell == nil)
217 
218         // 创建一个新的 cell
219         cell = [[[UITableViewCell alloc]
220            initWithStyle:UITableViewCellStyleDefault
221            reuseIdentifier:CellIdentifier]  autorelease];
222 
223         // 通过给定的索引路径得到管理对象
224         NSManagedObject *managedObject  =
225            [fetchedResultsController objectAtIndexPath:indexPath];
226 
227         // 将 cell 的文字更新为联系人姓名
228         cell.textLabel.text =
229            [[managedObject valueForKey:@"Name"] description];
230 
231         // 让 cell 在右侧显示一个箭头
232         cell.accessoryType = UITableViewCellAccessoryDisclosureIndicator;
233         return cell; // 返回配置后的 cell
234 } // tableView:cellForRowAtIndexPath:方法结束
235 
236 // 当用户点击表格视图中的某一行时调用本方法
237 - (void)tableView:(UITableView *)tableView
238    didSelectRowAtIndexPath:(NSIndexPath *)indexPath
239 {
240         // 创建一个新的 ContactViewController
241         ContactViewController *controller = [[ContactViewController alloc]
242         initWithNibName:@"ContactViewController" bundle:nil];
243 
244         // 通过给定的索引路径得到管理对象
245         NSManagedObject *selectedObject =
246         [[self fetchedResultsController] objectAtIndexPath:indexPath];
247 
248         // 设置 ContactViewController 的 person 为管理对象
249         controller.person = selectedObject;
250         [controller updateTitle]; // 更新 controller 的标题
251 
252         // 显示 ContactViewController
253         [self.navigationController pushViewController:controller animated:YES];
254         [controller release]; // 释放 ContactViewContorller
255 } // tableView:didSelectRowAtIndexPath:方法结束
256 
```

8．RootViewController 类的 tableView:commitEditingStyle:forRowAtIndexPath:和 tableView:canMoveRowAtIndexPath:方法

tableView:commitEditingStyle:forRowAtIndexPath:方法（参见代码 15-14 的第 258 ~ 283 行）是在用户删除 RootViewController 的 UITableView 中一行时被调用的。第 263 行检查是

否给定 UITableViewCellEditingStyle 为 UITableViewCellEditingStyleDelete。如果是，则调用 NSFetchedResultsController 的 managedObjectContext 得到程序的 NSManagedObjectContext（第 266 和 267 行）。第 270 和 271 行使用 NSManagedObjectContext 的 deleteObject:方法从我们的数据中删除一条联系人信息，然后使用 NSManageObjectContext 的 save:方法保存更改，如果保存失败，则用 NSLog 函数写一条错误信息（第 273 ~ 277 行）。第 280 和 281 行调用 UITableView 的 deleteRowsAtIndexPaths:withRowAnimation:方法移除已经删除的 cell。

方法 tableView:canMoveRowAtIndexPath:（第 286 ~ 290 行）返回 NO 来指出 UITableViewCells 不能重新排列。

代码 15-14　RootViewController 类的 tableView:commitEditingStyle:forRowAtIndexPath:和 tableView:canMoveRowAtIndexPath:方法

```
257 //  当用户编辑表格视图中的 cell 时调用本方法
258 - (void)tableView:(UITableView *)tableView
259  commitEditingStyle:(UITableViewCellEditingStyle)editingStyle
260  forRowAtIndexPath:(NSIndexPath *)indexPath
261 {
262     //  如果用户删除了一个 cell
263     if (editingStyle == UITableViewCellEditingStyleDelete)
264     {
265         //  得到管理对象上下文
266         NSManagedObjectContext *context =
267           [fetchedResultsController managedObjectContext];
268
269         //  删除上下文中给定索引路径处的管理对象
270         [context deleteObject:
271           [fetchedResultsController objectAtIndexPath:indexPath]];
272
273         NSError *error;  //  为保存操作声明一个 NSError
274
275         //  如果上下文保存失败
276         if (![context save:&error])
277         NSLog(@"Error saving context: %@", [error description]);
278
279         //  删除表格视图中的这一行
280         [tableView deleteRowsAtIndexPaths:[NSArray arrayWithObject:
281           indexPath] withRowAnimation:UITableViewRowAnimationFade];
282     } //  if 结束
283 } //  tableView:commitEditingStyle:forRowAtIndexPath:方法结束
284
285 //  被表格视图调用来确定给定的行是否可以重排序
286 - (BOOL)tableView:(UITableView *)tableView
287   canMoveRowAtIndexPath:(NSIndexPath *)indexPath
288 {
289     return NO;  //  这个列表中的 cell 都不允许改变位置
```

```
} //  tableView:canMoveRowAtIndexPath:方法结束

```

9. RootViewController 类的 fetchedResultsController 方法

方法 fetchedResultsController（参见代码 15-15）是 Xcode 自动生成的，用来初始化程序中用到的 NSFetchedResultsController。源代码中的高亮部分使用我们自己的数据模型来自定义这个方法。

代码 15-15

```
//  返回控制这个表格的 fetchedResultsController
- (NSFetchedResultsController *)fetchedResultsController
{
    //  如果 fetchedResultsController 已经初始化过
    if (fetchedResultsController != nil)
        return fetchedResultsController;   //  返回控制器

    //  为 Entity 创建抓取请求（Fetch Request）
    NSFetchRequest *fetchRequest = [[NSFetchRequest alloc] init];

    //  适当地编辑实体名称
    NSEntityDescription *entity = [NSEntityDescription entityForName:
        @"Person" inManagedObjectContext:managedObjectContext];
    [fetchRequest setEntity:entity];

    //  适当地编辑排序关键字
    NSSortDescriptor *sortDescriptor =
        [[NSSortDescriptor alloc] initWithKey:@"Name" ascending:YES];
    NSArray *sortDescriptors =
        [[NSArray alloc] initWithObjects:sortDescriptor, nil];

    [fetchRequest setSortDescriptors:sortDescriptors];

    //  适当地编辑 sectionNameKeyPath 和 cacheName
    //  sectionNameKeyPath 为 nil 表示“没有段落”
    NSFetchedResultsController *aFetchedResultsController =
        [[NSFetchedResultsController alloc] initWithFetchRequest:
        fetchRequest managedObjectContext:managedObjectContext
        sectionNameKeyPath:nil cacheName:@"Root"];

    aFetchedResultsController.delegate = self;
    self.fetchedResultsController = aFetchedResultsController;

    [aFetchedResultsController release];   //  释放临时的控制器
    [fetchRequest release]; //  释放 NSFetcheRequest 类型的 fetchRequest
    [sortDescriptor release];   //  释放 sortDescriptor 类型的 NSSortDescriptor
    [sortDescriptors release];   //  释放 NSArray 类型的 sortDescriptor

```

```
330         return fetchedResultsController;
331     } //  fetchedResultsController 方法结束
332
333     //  释放本对象占用的内存
334     - (void)dealloc
335     {
336         [fetchedResultsController release];  //  释放 fetchedResultsController
337         [managedObjectContext release];  //  释放 managedObjectContext
338         [super dealloc];  //  调用父类的 dealloc 方法
339     } //  dealloc 方法结束
340     @end //  RootViewController 类结束
```

第 296 行检查 fetchedResultsController 是否已经初始化。如果是，则该方法已经被调用，我们返回已存在的 NSFetchedResultsController，否则，第 300 行创建一个新的 NSFetchRequest。第 303 ~ 304 行声明 NSEntityDescription 代表表中存储的实体。我们创建 Person 实体用来保存联系人信息，所以我们将 Person 作为 entityForName 参数传递进去。NSFetchedRequest 的 setEntity 方法设置 Person 实体作为 NSFetchedRequest 当前的操作对象。

第 308 和 309 行创建一个新的 NSSortDescriptor，用来按 Name 属性排列 Person 实体。第 310 和 311 行将 NSSortDescriptor 添加到新的 NSArray 数组中，并将其传递给 NSFetchRequest 的 setSortDescriptors:方法来指定抓取的排序方式。

第 317 ~ 322 行初始化一个 NSFetchedResultsController 并将它的 delegate 设置为 RootViewController，然后将这个新的 NSFetchedResultsController 分配给 RootViewController 的 fetchedResultsController 属性。

15.5 小结

在增强型地址簿应用程序中，我们使用 Core Data 框架来按照模型 - 视图 - 控制器（MVC）的设计模式将我们的数据模型从程序的其他部分分离出来。我们以可视化的方式设计了 Person 实体，它包含了联系人的姓名、电子邮件和住址等属性。我们通过 NSManagedObject 和数据模型进行了编程交互。Xcode 生成一个 NSFetchedResultsController 来允许我们生成 fetch 请求更新我们的 UITableView。使用了 Game Kit 框架通过蓝牙技术在多台 iPhone 之间传输联系人信息。GKPeerPickerController 类显示了一个视图，允许用户选择附近的 iPhone 来传输联系人信息。然后，使用 GKSession 来广播一个代表联系人信息的 NSData 对象。

在第 16 章中，我们将构建一个 Twitter 折扣机票应用程序，使用 Twitter Web 服务来显示 jetBlue 当前打折的机票。我们将使用 NSURLConnection 从 Twitter 接收一个原子种子（Atom Feed）（类似于一个 RSS 种子），然后利用 NSXMLParser 分析这个种子。然后使用一个 Web View 来允许用户浏览 jetBlue 网站上可以购买打折机票的网页。

16

Twitter 折扣机票程序

（使用互联网的程序）

本章导读：

- 使用Twitter网络服务来搜索符合给定标准的tweet消息。
- 使用NSURLConnection类来连接到Twitter并获取数据。
- 使用NSXMLParser类来读取Twitter提供的XML数据。
- 使用UIWebView类在你的程序中显示网页。
- 创建一个包含标签和图像的自定义UITableViewCell。

Outline

16.1 Twitter 折扣机票程序简介

Twitter 折扣机票程序（见图 16-1）使用 Twitter 网络服务来发现 jetBlue 网站上的折扣机票。通常这些折扣会在 tweet 上出现的工作日结束时到期。

程序的主屏幕显示了通过 Twitter 获得的折扣机票列表。每一条目都包含 4 部分的数据，分别是出发机场、目的机场、价格和完整地描述这笔交易的 tweet 消息。出发和目的机场使用 3 个字母的代码给出，代码缩写可以在下面的网站找到：www.world-airport-codes.com。

机场代码在每个表格中的顶部用蓝色字体显示，在出发机场和目的机场之间有一个飞机的图标。行程费用显示在右侧，用绿色字体显示，提供机票信息的 tweet 显示在上述内容的下方，用黑色字体显示。

图 16-1 | Twitter 折扣机票应用程序

程序左上角是“刷新”按钮（ ）。当用户点击该按钮时，程序更新 tweet 列表来显示自从上次更新后的任何新的 jetBlue tweet。在更新 tweet 时，“更新”按钮变成一个活动指示器（一个旋转的组件指示任务正在进行中）。当用户点击表格中的条目时，将出现一个网页视图，如果这个交易仍然有效，则网页视图允许用户购买这条航线的机票。

16.2 试运行 Twitter 折扣机票程序

1．打开应用程序

打开 **Twitter Discount Airfares** 项目所在目录，双击 TwitterDiscountAirfares.xcodeproj 文件，以在 XCode 中打开此项目。

2．查看折扣航线列表

点击 Build and Go 按钮在 iPhone 模拟器中运行程序。程序载入后，自动更新 jetBlue 折扣机票的 tweet 消息。你应该可以在程序的左上角看见一个旋转的活动指示器，它会在航线列表出现后停止转动，并在相同的位置由活动指示器变为“刷新”按钮。

3．预订机票

如果有你感兴趣的航线，点击表格中它所在的条目，将会出现另一个视图并载入一个购买机票的网站。点击 Discount Airfares 按钮返回航线列表。

16.3 技术概述

Twitter 折扣机票程序使用 NSURLConnection 类来连接到 Twitter。我们组成一个 Twitter URL 并传递给 NSURLConnection，它将处理网络问题。当一些事件发生的时候，比如从服务器接收到了应答、认证请求或者当连接结束时，NSURLConnection 将通知它的 delegate 对象。我们从 Twitter 接收到 Atom 格式的应答（Atom 是一种通用的 XML 词汇表，用来替代 RSS）然后使用 NSXMLParser 类来解析这个 XML。我们将解析数据存储进一个 NSMutableArray，并在使用自定义 UITableViewCells 的表格中将它显示出来。当用户点击一个 cell 时，将显示一个网页，用户可以在网页中浏览这个折扣机票交易，并可以购买机票，如果交易没有到期的话。我们使用一个 UIWebView 来显示这个页面，UIWebView 可以接收任意 URL 并能显示网站。

16.4 构建应用程序

开启 Xcode，创建一个新的项目。选择 Navigation-based Application 模板，并将项目命名为 TwitterDiscountAirfares。

1．Airfare 接口声明

首先，我们创建一个 Airfare 类来保存关于一条机票的信息（参见代码 16-1）。这个类包含 4 个属性，分别是机票价格、出发机场、目的机场和包含这条交易的 tweet。

代码 16-1　代表一个机票的类

```
// Airfare.h
// 代表一个机票的类
// 实现在 Airfare.m 中
#import <Foundation/Foundation.h>

@interface Airfare : NSObject
{
    NSString *tweet; // 代表机票来源的 tweet
    NSString *cost; // 机票价格
    NSString *origin; // 航线的起始机场
    NSString *destination; // 航线的目的机场
} // 实例变量声明结束

// 将所有的实例变量声明为属性
@property (nonatomic, retain) NSString *tweet;
@property (nonatomic, retain) NSString *cost;
@property (nonatomic, retain) NSString *origin;
@property (nonatomic, retain) NSString *destination;
@end
```

2．Airfare 类的实现

Airfare 类的实现（参见代码 16-2）包含 4 条@synthesize 指令（第 7～10 行），为属性生成 get 和 set 方法。

代码 16-2　Airfare 类的实现

```
1  // Airfare.m
2  // 类 Airfare 实现
3  #import "Airfare.h"
4
5  @implementation Airfare
6
7  @synthesize tweet; // 为 tweet 生成 get 和 set 方法
8  @synthesize cost; // 为 cost 生成 get 和 set 方法
9  @synthesize origin; // 为 origin 生成 get 和 set 方法
10 @synthesize destination; // 为 destination 生成 get 和 set 方法
11 @end
```

3．RootViewController 接口声明

RootViewController.h 文件和 RootViewController.m 文件由 Navigation-based Application 模板自动创建。RootViewController 类（参见代码 16-3）管理折扣航线表格，这也是程序的主界面。

代码 16-3　Twitter 折扣机票程序的主视图的控制器

```
1   // RootViewController.h
2   // Twitter 折扣机票程序的主视图的控制器
3   // 实现在 RootViewController.m 中
4   #import "TwitterConnection.h"
5   #import "AirfareFinder.h"
6   #import "AirfareCell.h"
7
8   // RootViewController 接口声明的开始
9   @interface RootViewController : UITableViewController
10  <AirfareFinderDelegate>
11  {
12      AirfareFinder *airfareFinder; // 查找并分析 tweet
13      NSArray *airfares; // 从 airfareFinder 返回的 Airfare 对象集合
14      UIActivityIndicatorView *activityView; // 指示程序正在工作
15  } // 实例变量声明结束
16
17  // 将 airfares 声明为属性
18  @property (nonatomic, retain) NSArray *airfares;
19
20  - (void)refreshFares; // 更新机票列表
21  @end // 接口 RootViewController 结束
```

类 RootViewController 是 UITableViewController 的子类（第 9 行）。它包含 3 个实例变量。一个是 AirfareFinder（第 12 行）用来查找新的机票，一个是 NSArray 用来存储机票（第 13 行），一个是 UIActivityIndicatorView，它是一个 GUI 组件，将显示转动动画来指示程序正在执行任务。

4．RootViewController 类定义

RootViewController 的实现（参见代码 16-4）首先声明 rowHeight 常量（第 6 行），它指出表格中每一行的高度。当我们讨论 AirfareCell 类的时候，你将看到我们从哪里得到这些数字（参见代码 16-17 和代码 16-18）。

代码 16-4　RootViewController 类的实现

```
1   // RootViewController.m
2   // RootViewController 类的实现
3   #import "RootViewController.h"
4   #import "WebViewController.h"
5
6   static const int rowHeight = 117; // 表格中每一行的高度
7
8   @implementation RootViewController
9
10  @synthesize airfares; // 为 airfares 生成 get 和 set 方法
```

```

// 当主视图载入完成时调用本方法
- (void)viewDidLoad
{
    [super viewDidLoad]; // 调用父类的 viewDidLoad 方法
    self.tableView.rowHeight = rowHeight; // 设置表格的行高度

    // 创建 activityView
    activityView = [[UIActivityIndicatorView alloc] initWithFrame:
      CGRectMake(0, 0, 20, 20)];

    airfareFinder = [[AirfareFinder alloc] init]; // 创建 airfareFinder
    airfareFinder.delegate = self; // 设置 airfareFinder 的委托
    [self refreshFares]; // 更新机票列表
} // viewDidLoad 方法结束

- (void)refreshFares
{
    // 创建一个按钮来显示活动指示器
    UIBarButtonItem *activityButton =
      [[UIBarButtonItem alloc] initWithCustomView:activityView];

    // 将按钮放置在导航栏的左侧
    self.navigationItem.leftBarButtonItem = activityButton;
    [activityButton release]; // 释放 UIBarButtonItem 类型的 activitybutton
    [activityView startAnimating]; // 活动视图开始旋转
    [airfareFinder getAirfares]; // 得到新的机票列表
} // refreshFares 方法结束

// AirfareFinder 的委托方法，当它找到机票时调用
- (void)airfareFinder:(AirfareFinder *)finder
didFindAirfares:(NSArray *)fares
{
    self.airfares = fares; // 使用新的项目来更新 airfares
    [activityView stopAnimating]; // 活动视图停止旋转

    // 创建一个新的按钮来替代活动视图
    UIBarButtonItem *refreshButton = [[UIBarButtonItem alloc]
      initWithBarButtonSystemItem:UIBarButtonSystemItemRefresh target:self
      action:@selector(refreshFares)];

    // 将新的按钮放置在活动视图的位置
    self.navigationItem.leftBarButtonItem = refreshButton;
    [refreshButton release]; // 释放 UIBarButtonItem 类型的 refreshButton
    [self.tableView reloadData]; // 刷新表格显示新的机票
} // airfareFinder:didFindAirfares:方法结束

```

viewDidLoad 方法（第 13～25 行）设置这个接口。第 16 行设置 tableView 的 rowHeight，第 19～20 行初始化 activityView。然后初始化 airfareFinder(类 AirFareFinder 的一个对象，声明在代码 16-10～代码 16-16 中)，设置这个 RootViewController 作为它的委托（第 22～23 行）。然后调用方法 refreshFares 从 Twitter 中得到数据并更新 tableView 的行。

refreshFares 方法（第 27～38 行）首先创建一个 UIBarButtonItem 来包含 activityView，这将调用 UIBarButtonItem 的 initWithCustomView:方法。我们将它添加到导航栏的左边（第 34 行）并启动 activityView 的旋转动画（第 36 行），然后调用 AirfareFinder 的 getAirfares 方法开始搜索 Twitter 上的新机票价格。

当 AirfareFinder 完成机票搜索时，它调用 airfareFinder:didFindAirfares:方法（第 41～56 行）。我们将找到的机票分配给 NSArray 类型的 airfares（第 44 行），然后停止 activityView 的旋转动画（第 45 行）。第 48～50 行创建一个新的 UIBarButtonItem（一个"刷新"按钮）来替换 activityView（活动指示器），然后用这个新的 UIBarButtonItem 替换导航栏左侧 UIBarButtonItem（第 53 行），最后刷新表格来显示新的机票(第 55 行)。

5．RootViewController 的 UITableView 的委托和数据源方法

RootViewController 的接下来的 3 个函数是 UITableView 的委托和数据源方法（代码 16-5）。在 tableView:numberOfRowsInSection:（第 59～63 行）中，我们返回 airfares 的数组大小，因为我们希望表格为每一个机票分配一行。

代码 16-5　RootViewController 的 UITableView 的委托和数据源方法

```
58  //  表格视图调用本方法来查找给定段落中有多少行
59  - (NSInteger)tableView:(UITableView *)tableView
60     numberOfRowsInSection:(NSInteger)section
61  {
62        return airfares.count;  //  返回所有机票的个数
63  } //  tableView:numberOfRowsInSection:方法结束
64
65  //  表格视图调用本方法来得到给定索引路径的 cell
66  - (UITableViewCell   *)tableView:(UITableView *)tableView
67       cellForRowAtIndexPath:(NSIndexPath *)indexPath
68  {
69        static NSString *CellIdentifier = @"AirfareCell";
70
71        //  得到已存在的复用的 AirfareCell
72        AirfareCell *cell = (AirfareCell *)
73        [tableView dequeueReusableCellWithIdentifier:CellIdentifier];
74
75        //  如果没有可供复用的 cell
76        if (cell == nil)
77
78        //  创建一个新的 AirfareCell
```

```
79          cell = [[[AirfareCell alloc] initWithStyle:
80             UITableViewCellStyleDefault reuseIdentifier:CellIdentifier]
81             autorelease];
82
83          //  通过给定的索引为 cell 获得 Airfare 对象
84          Airfare *fare = [airfares objectAtIndex:indexPath.row];
85
86          //  设置 cell 上所有的标签，使其与 Airfare 一致
87          cell.originLabel.text = fare.origin;  //  设置 originLabel
88          cell.destinationLabel.text = fare.destination;  //  设置 destinationLabel
89          cell.priceLabel.text = fare.cost;  //  设置 priceLabel
90          cell.tweetLabel.text = fare.tweet;  //  设置 tweetLabel
91          return cell;  //  返回设置 cell
92    } //  tableView:cellForRowAtIndexPath:方法结束
93
94    //  当用户点击一个 cell 时调用本方法
95    - (void)tableView:(UITableView *)tableView didSelectRowAtIndexPath:
96       (NSIndexPath *)indexPath
97    {
98          //  创建一个新的 WebViewController
99          WebViewController *controller = [[WebViewController alloc]
100            initWithNibName:@"WebViewController" bundle:nil];
101
102         //  显示控制器
103         [self.navigationController pushViewController:controller animated:YES];
104         [controller release];  //  释放 WebViewController 类型的 controller
105   } //  tableView:didSelectRowAtIndexPath:方法结束
106
107   //  释放 RootViewController 的内存
108   - (void)dealloc
109   {
110         [airfareFinder release];  //  释放 airfareFinder
111         [airfares release];  //  释放 NSMutableArray 类型的 airfares
112         [activityView release]; //  释放 activityView
113         [super dealloc];  //  调用父类的 dealloc 方法
114   } //  dealloc 方法结束
115   @end
```

tableView:cellForRowAtIndexPath:方法（第 66 ~ 92 行）为给定的表格行返回一个自定义的 UITableViewCell。这个表格使用类 AirfareCell 的对象（参见代码 16-17 和代码 16-18）。首先，我们创建一个新的 AirfareCell 或者复用已存在的 AirfareCell（第 72 ~ 81 行）。第 84 行得到正确索引的 Airfare 并更新 cell 的标签，使其 Airfare 的属性一致（第 87 ~ 90 行）。第 91 行返回这个自定义的 cell。

tableView:didSelectRowAtIndexPath:方法（第 95 ~ 105 行）是在用户点击 UITableView 的某一行时被调用的。第 99 ~ 100 行创建一个 WebViewController，它是 UIViewController

的子类，用来显示网页。第 103 行显示这个 WebViewController。

5．声明 WebViewController 类

在 Xcode 中，创建一个新的 UIViewController 子类。确保选中 With XIB for user interface 复选框，这样将自动生成 NIB 文件。完整的 WebViewController.h 显示在代码 16-6 中。我们添加插座变量（outlets）UIWebView（第 8 行）和 UIActivityIndicatorView。UIWebView 是 UIView 的子类，用来显示网页。更新完 WebViewController.h 后，在 Interface Builder 中打开 WebViewController.xib 文件。在一个单独的窗口中双击并打开 View。从 Library 窗口中拖曳一个 Web View 到 View 中，调整大小铺满整个窗口。同样地，拖曳一个 Activity Indicator 并把它摆放在 Web View 的正中央。连接 File's Owner 中 webView 的插座（outlet）到 Web View，连接 activity 的插座到 Activity Indicator。同样地，连接 Web View 的 delegate 插座到 File's Owner。

代码 16-6　用来显示购买机票的网站的视图

```
1   //  WebViewController.h
2   //  用来显示购买机票的网站的视图.
3   #import <UIKit/UIKit.h>
4
5   //  WebViewConroller 接口声明的开头
6   @interface WebViewController : UIViewController
7   {
8       IBOutlet UIWebView *webView;  //  显示网页的视图
9       IBOutlet UIActivityIndicatorView *activity;  //  显示页面正在载入中
10  } //  实例变量声明结束
11
12  //  将 webView 声明为属性
13  @property (nonatomic,retain) IBOutlet UIWebView *webView;
14  @property (nonatomic,retain) IBOutlet UIActivityIndicatorView *activity;
15  @end //  接口 WebViewController 结束
```

6．WebViewController 类的实现

在 WebViewController.m（参见代码 16-7）中，我们覆盖了 viewDidLoad 方法（第 11 和 12 行）。第 16 行为用户买票的网站创建了一个 NSURL，然后通过 NSURL 创建了一个 NSURLRequest（第 19 行），调用 UIWebView 的 loadRequest:方法（第 20 行）来接收 NSURLRequest 并显示 URL 的内容。第 21 行启动 UIActivityIndicator 动画指示 UIWebView 正在载入页面。

代码 16-7　用来显示购买机票的网站的视图

```
1   //  WebViewController.m
2   //  用来显示购买机票的网站的视图
3   #import "WebViewController.h"
4
```

```
5  @implementation WebViewController
6  
7  //  为我们的属性生成 get 和 set 方法
8  @synthesize webView;
9  
10 //  在网页视图中载入网站
11 - (void)viewDidLoad
12 {
13     [super viewDidLoad]; //  调用父类的 viewDidLoad 方法
14 
15     //  使用 url 字符串创建一个 NSURL
16     NSURL *url = [NSURL URLWithString:@"http://bit.ly/mobilecheeps"];
17 
18     //  使用 NSURL 创建一个 NSURLRequest
19     NSURLRequest *urlRequest = [NSURLRequest   requestWithURL:url];
20     [webView loadRequest:urlRequest]; //  在 webView 中显示网站
21     [activity startAnimating]; //  活动指示器开始动画
22 } //  viewDidLoad 方法结束
23 
24 //  当 webView 完成页面载入时调用本方法
25 - (void)webViewDidFinishLoad:(UIWebView *)webView
26 {
27     [activity stopAnimating]; //  活动指示器停止动画
28     activity.hidden = YES; //  隐藏活动指示器
29 } //  webViewDidFinishLoad:方法结束
30 
31 //  释放本对象的内存
32 - (void)dealloc
33 {
34     [webView release]; //  释放类型为 UIWebView 的 webView
35     [activity release]; //  释放类型为 UIActivityIndicatorView 的 activity
36     [super dealloc]; //  调用父类的 dealloc 方法
37 } //  dealloc 方法结束
38 @end
```

当 UIWebView 载入网页完成时，将调用 UIWebView 的委托方法 webViewDidFinishLoad:（第 25～29 行）。当网页载入完成时，我们使用这个方法来停止和隐藏 UIActivityIndicator。

7．TwitterConnection 接口声明

TwitterConnection 类声明在 TwitterConnection.h 中（参见代码 16-8）。TwitterConnection 连接到 Twitter 并通过它的委托返回任何接收到的数据。委托被声明为符合 TwitterConnectionDelegate 协议的 id 类型的对象（第 11 行）。实例变量 receivedData 存储的是从 Twitter 接收到的数据。它的类型是 NSMutableData--NSData 的可变副本。performSearch:方法（第 17 行）使用 NSString 参数来开始 Twitter 搜索。当对象完成从 Twitter

接收数据时，将调用 TwitterConnectionDelegate 的 twitterConnection:didReceiveData:方法（第 23～24 行）。

代码 16-8 用来连接到 Twitter 网络服务并返回数据的类

```
1   //  TwitterConnection.h
2   //  用来连接到 Twitter 网络服务并返回数据的类
3   //  实现在 TwitterConnection.m 中
4   #import <Foundation/Foundation.h>
5
6   @protocol TwitterConnectionDelegate;
7
8   //  TwitterConnection 接口声明的开头
9   @interface TwitterConnection : NSObject
10  {
11      id <TwitterConnectionDelegate> delegate;  //  这个类的委托
12      NSMutableData *receivedData; //  从 Twitter 接收到的数据
13  } //  结束实例变量的声明
14
15  //  将 delegate 声明为属性
16  @property (nonatomic, assign) id <TwitterConnectionDelegate> delegate;
17  - (void)performSearch:(NSString *)search; //  执行一次 Twitter 搜索
18  @end //  接口 TwitterConnection 结束
19
20  @protocol TwitterConnectionDelegate
21
22  //  当 TwitterConnection 完成接收数据时调用本方法
23  - (void)twitterConnection:(TwitterConnection *)connection
24  didReceiveData:(NSData *)data;
25  @end //  协议 TwitterConnectionDelegate 结束
```

8．TwitterConnection 类定义

在 TwitterConnection.m（参见代码 16-9）中，performSearch:方法使用给定的 NSString 运行一个 Twitter 网络服务调用。首先，第 12 和 13 行出于安全目的，URL 字串编码将字串中的特殊字符全部转义处理。然后组装 Twitter 搜索 URL 的的搜索请求，创建一个 NSURL 对象。这些 URL 可以在 Twitter API 文档中找到：apiwiki.twitter.com/Twitter-API-Documentation。

第 20 行使用 NSURL 创建一个 NSURLRequest，第 23～24 行使用 NSURLRequest 创建一个 NSURLConnection。NSURLConnection 载入一个 URL，然后通知 delegate 任何来自服务器的回应。如果 NSURLConnection 成功创建（第 28 行），我们初始化 receivedData(第 31 行）。在状态栏显示标准的活动指示器，方法是设置 UIApplication 的 networkActivityIndicatorVisible 属性为 YES（第 34 和 35 行）。这个图标指出 iPhone 正在执行网络动作。如果 NSURLConnection 没有创建成功（第 37 行），我们在日志中记录这

个错误信息。

代码 16-9　TwitterConnection 类的实现

```
//  TwitterConnection.m
//  TwitterConnection 类的实现
#import "TwitterConnection.h"

@implementation TwitterConnection

@synthesize delegate;  //  为 delegate 生成 get 和 set 方法

- (void)performSearch:(NSString *)search
{
    //  对搜索字符串使用百分号进行转义编码
    search = [search stringByAddingPercentEscapesUsingEncoding:
      NSUTF8StringEncoding];

    //  创建 NSURL 来执行指定的搜索
    NSURL *searchURL = [NSURL URLWithString:[NSString stringWithFormat:
      @"http://search.twitter.com/search.atom?q=%@",  search]];

    //  使用创建的 USURL 来创建一个 NSURLRequest
    NSURLRequest *request = [[NSURLRequest alloc] initWithURL:searchURL];

    //  使用创建的 NSURLRequest 来创建一个 NSURLConnection 对象
    NSURLConnection *connection =
      [[NSURLConnection alloc] initWithRequest:request delegate:self];
    [request release];  //  释放 NSURLRequest 类型的 request

    //  如果 NSURLConnection 创建成功
    if (connection)
    {
        //  创建 receivedData 对象
        receivedData = [[NSMutableData data] retain];

        //  在状态栏显示标准的网络活动指示器
        [UIApplication sharedApplication].networkActivityIndicatorVisible =
          YES;
    } //  if 结束
    else
    NSLog(@"search \"%@\" could not be performed", search);
} //  performSearch:方法结束

//  当 NSURLConnection 接收到 connection 的回应时调用本方法
- (void)connection:(NSURLConnection *)connection
didReceiveResponse:(NSURLResponse *)response
{
```

```
45        receivedData.length = 0;  //  重置数据
46  } //  connection:didReceiveResponse:方法结束
47
48  //  当 NSURLConnection 接收到数据时调用本方法
49  - (void)connection:(NSURLConnection *)connection
50    didReceiveData:(NSData *)data
51  {
52        [receivedData appendData:data];  //  将数据拓展到 receivedData
53  } //  connection:didRecieveData:方法结束
54
55  //  当 NSURLConnection 出现故障时调用本方法
56  - (void)connection:(NSURLConnection *)connection
57  didFailWithError:(NSError *)error
58  {
59        [receivedData release]; //  释放 NSMutableData 类型的 receivedData
60        [connection release];  //  释放 NSURLConnection 类型的 connection
61  } //  connection:didFailWithError:方法结束
62
63  //  当 NSURLConnection 载入完成时调用本方法
64  - (void)connectionDidFinishLoading:(NSURLConnection *)connection
65  {
66        //  隐藏状态栏上的网络活动指示器
67        [UIApplication sharedApplication].networkActivityIndicatorVisible = NO;
68
69        //  将接收到的数据传递给 delegate
70        [delegate twitterConnection:self didReceiveData:receivedData];
71        [receivedData release]; //  释放 NSMutableData 类型的 receivedData
72        [connection release];  //  释放 NSURLConnection 类型的 connection
73  } //  connectionDidFinishLoading:方法结束
74  @end
```

类 TwitterConnection 的最后 4 个方法是供 NSURLConnection 调用的 delegate 方法。NSURLConnection 接收到来自服务器的回应时，将调用方法 connection:didReceiveResponse:（第 42～46 行）。在接收到这个回应之前，我们重置 receivedData（第 45 行）来删除任何可能已经接收到的任何数据。当 NSURLConnection 接收到来自 Twitter 的数据时 connection:didReceiveData:方法将被调用（第 49～50 行）。这个方法在连接关闭前可能被多次调用，因此，我们将新数据追加到 receivedData 来存储所有接收到的数据（第 52 行）。当连接失败时，connection:didFailWithError:消息（第 56～57 行）将被调用——我们只需释放分配的对象。当连接成功载入时，connectionDidFinishLoading:方法将被调用。这意味着我们的 Twitter 搜索请求已经完成，于是我们停止活动指示器，将接收到的数据传递给 delegate（第 70 行），并释放分配的实例对象（第 71 和 72 行）。

9．AirfareFinder 接口声明

AirfareFinder.h 声明了 AirfareFinder 类（参见代码 16-10）。这个类使用 TwitterConnection

类来得到 Twitter 的 tweets，然后分析每个 tweet 得到机票价格、起始和终点。AirfareFinder 搜集 Airfare 的对象列表，分析完所有的 tweet 后将列表传递给它的委托。

代码 16-10　AifareFinder 类得到 tweet 消息并将分析它们的信息

```
1   //  AirfareFinder.h
2   //  AifareFinder 类得到 tweet 消息并将分析它们的信息
3   //  实现在 AirfareFinder.m 中
4   #import <Foundation/Foundation.h>
5   #import "TwitterConnection.h"
6   #import "Airfare.h"
7
8   @protocol AirfareFinderDelegate;
9
10  //  开始 AirfareFinder 接口的声明
11  @interface AirfareFinder: NSObject <TwitterConnectionDelegate>
12  {
13        id <AirfareFinderDelegate>   delegate; //  这个类的委托
14        NSMutableArray *airfares;   //  迄今为止构建的所有 Airfare
15        Airfare *currentAirfare;  //  正在处理的 Airfare
16        NSMutableString *currentString; //  正在处理的字符串
17        BOOL isAirfare;  //  当前的条目是不是一个 airfare?
18  } //  结束实例变量的声明
19
20  //  将 delegate 声明为一个属性
21  @property (nonatomic, assign) id <AirfareFinderDelegate> delegate;
22
23  - (void)getAirfares;  //  开始查找飞机票价
24  @end //  接口 AirfareFinder 结束
25
26  @protocol AirfareFinderDelegate //  开始 AirfareFinderDelegate 的声明
27
28  //  当 AirfareFinder 完成查找飞机票价时调用本方法
29  - (void)airfareFinder:(AirfareFinder *)finder
30    didFindAirfares:(NSArray *)fares;
31  @end //  协议 AirfareFinderDelegate 结束
32
33  @interface NSString (parsing)  //  开始 parsing 分类的声明
34  - (NSString *)parseCost;  //  分析 tweet 中的机票价格
35  - (NSArray *)parseLocations; //  分析起始和结束机场
36  - (NSString *)removeLink; //  将链接从 tweet 结尾移除
37  @end //  结束 parsing 分类的声明
```

AirfareFinder 的委托遵循 AirfareFinderDelegate 协议（第 13 行）。它也包含一个 NSMutableArray（第 14 行），用来存储创建的 Airfares 对象。余下的实例变量（第 15 ~ 17 行）存储 Twitter 网络服务返回的 XML 的分析数据。currentAirfare 变量存储当前正处理的 Airfare，currentString 存储将显示的数据，isAirfare 表示当前的 tweet 消息是否包含关于机票的信息。

getAirfares 方法（第 23 行）启动 Twitter 连接过程，并分析返回的 XML。AirfareFinder 分析完 XML 后，调用 airfareFinder:didFindAirfares:委托方法。AirfareFinder.h 也为 NSString 声明了一些新的方法（第 33 ~ 37 行）。parseCost 方法在当前字符串中查找并返回一个价格。parseLocations 方法在字符串中搜索并返回机票的机场名称，removeLink 方法搜索一个链接并返回不含链接的字符串。

10．AirfareFinder 类定义

getAirfares 方法（参见代码 16-11 的第 10 ~ 20 行）启动从 Twitter 获取机票的过程。我们首先初始化实例对象（第 12 和 13 行），然后创建一个新的 TwitterConnection（第 16 行）。第 18 行执行搜索，来从 Titter 的 jetbluecheeps 账号获得关于折扣机票的 tweet。

代码 16-11　AirfareFinder 类的实现

```
1   //  AirfareFinder.m
2   //  AirfareFinder 类的实现
3   #import "AirfareFinder.h"
4
5   @implementation AirfareFinder
6
7   @synthesize delegate;  //  为 delegate 生成 get 和 set 方法
8
9   //  创建一个新的到 Tweeter 的连接，并执行搜索
10  - (void)getAirfares
11  {
12      airfares = [[NSMutableArray alloc] init];  //  初始化 airfares
13      isAirfare = YES;  //  初始化 isAirfare 为 YES
14
15      //  创建一个新的 TwitterConnection
16      TwitterConnection *connection = [[TwitterConnection alloc] init];
17      connection.delegate = self;  //  设置 TwitterConnection 的 delegate
18      [connection performSearch:@"from:jetbluecheeps"];  //  搜索 tweet
19      [connection release];  //  释放 TwitterConnection 类型的 connection
20  } //  getAirfares 方法结束
21
22  //  当 TwitterConnection 从 Twitter 接收到所有数据后调用本方法
23  - (void)twitterConnection:(TwitterConnection *)connection
24    didReceiveData:(NSData *)data
25  {
26      //  使用给定数据创建一个新的 NSXMLParser
27      NSXMLParser *parser =  [[NSXMLParser alloc] initWithData:data];
28      parser.delegate = self;  //  设置 parser 的 delegate 为本对象
29      [parser parse];  //  开始分析数据
30      [parser release];  //  释放 NSXMLParser 类型的 parser
31  } //  twitterConnection:didReceiveData:方法结束
32
```

TwitterConnection 从 Twitter 获得数据之后将调用 twitterConnection:didReceiveData:方法。Twitter 请求将返回 Atom 格式的数据。要查看返回数据的例子，你可以打开网络浏览器，输入 search.twitter.com/search.atom?q=searchTerms 并查看页面的源码。每个返回的 tweet 数据都是包含 entry 元素的 XML 数据。代码 16-12 显示了一个 tweet 的结构，它用 entry 元素来包含数据。

代码 16-12　包含一条 tweet 信息的 XML

```
<entry>
    <id>id of tweet</id>
    <published>date the tweet was published</published>
    <link type="text/html" href=link to tweet    rel="alternate"/>
    <title>title of tweet</title>
    <content type="html">text of tweet</content>
    <updated>date the tweet was updated</updated>
    <link type=format of image href=link to profile image rel="image"/>
    <twitter:source>applicatoin that posted the tweet</twitter:source>
    <twitter:lang>the language of the tweet</twitter:lang>
    <author>
        <name>name of the twitter account</name>
        <uri>link for the twitter account</uri>
    </author>
</entry>
```

为了从 XML 中得到数据，我们使用 NSXMLParser 类（一个 Cocoa 自带的事件驱动的 XML 分析器）。NSXMLParser 分析 XML 过程中向它的委托发送消息，当分析到每个 tag 的开头，包含文本的 tag 和每个 tag 结束时，将通知委托。我们先初始化 parser（参见代码 16-11 的第 27 行），然后设置它的委托为本对象（第 28 行），并调用 parse 方法来开始分析（第 29 行）。

11．实现 NSXMLParser 的委托方法

AirfareFinder 接下来的 3 个方法（参见代码 16-13）是供 NSXMLParser 调用的委托方法。在元素的 tag 开头，调用 parser:didStartElement:namespaceURI:qualifiedName:attributes:方法（第 34 ~ 51 行）。在元素的 tag 结尾，调用 parser:didEndElement:namespaceURI:qualifiedName:方法（第 54 ~ 96 行）。在元素的 tag 开头与结尾中间的文本，调用 parser:foundCharacters:方法（第 99 ~ 108 行）。它简单地将 tweet 的文本拼接到 currentString。

代码 16-13　NSXMLParser 的委托方法

```
33  //  当 NSXMLParser 开始分析一个新的 XML 元素时调用本方法
34  - (void)parser:(NSXMLParser *)parser didStartElement:
35      (NSString *)elementName namespaceURI:(NSString
36      qualifiedName:(NSString *)qualifiedName attributes:
37      (NSDictionary *)attributeDict
38  {
```

```
    // 如果分析器找到了一个<entry>标签
    if ([elementName isEqualToString:@"entry"])
    {
        currentAirfare = [[Airfare alloc] init]; // 初始化新的 Airfare
        isAirfare = YES; // 将 isAirfare 初始化为 YES
    } // if 结束

    // 如果分析器找到了一个<content>标签
    else if ([elementName isEqualToString:@"content"])

    // 初始化 currentString，容量设置为 50
    currentString = [[NSMutableString alloc] initWithCapacity:50];
} // parser:didStartElement:namespaceURI:qualifiedName:attributes:结束

// 当 NSXMLParser 分析到一个 XML 标签结束时调用本方法
- (void)parser:(NSXMLParser *)parser didEndElement:(NSString *)elementName
  namespaceURI:(NSString *)namespaceURI qualifiedName:(NSString *)qName
{
    // 如果分析器找到了一个</entry>标签
    if ([elementName isEqualToString:@"entry"])
    {
        // 如果当前的条目是一个 airfare
        if (isAirfare)
        [airfares addObject:currentAirfare]; // 将对象添加到 airfares
        [currentAirfare release]; // 释放 Airfare 类型的 currentAirfare
        currentAirfare = nil; // 将 currentAirfare 的值分派为 nil
    } // if 结束

    // 如果分析器找到了一个</content>标签
    else if ([elementName isEqualToString:@"content"])
    {
        // 查找去除了结尾链接的完整 tweet
        currentAirfare.tweet = [currentString removeLink];

        // 从 tweet 中查找机票价格
        currentAirfare.cost = [currentString parseCost];

        // 如果 tweet 不包含价格
        if (currentAirfare.cost == nil)
          isAirfare = NO; // 该 tweet 不是一个 airfare

        // 从 tweet 中得到起始地和目的地
        NSArray *locations = [currentString parseLocations];

        // 为 Airfare 分派起始地和目的地
        currentAirfare.origin = [locations objectAtIndex:0];
        currentAirfare.destination = [locations objectAtIndex:1];
```

```
86          } //  else 结束
87
88          //  如果分析器找到一个</feed>标签
89          else if ([elementName isEqualToString:@"feed"])
90             //  将找到的 airfares 传递给 delegate
91             [delegate airfareFinder:self didFindAirfares:
92                [airfares autorelease]];
93
94          [currentString release];  //  释放 NSMutableString 格式的 currentString
95          currentString = nil;  //  将 currentString 的值设置为 nil
96    } //  parser:didEndElement:namespaceURI:qualifiedName:方法结束
97
98    //  当 NSXMLParser 找到一个元素中的字符时调用本方法
99    - (void)parser:(NSXMLParser *)parser foundCharacters:(NSString *)string
100   {
101         //  如果 currentString 已经初始化过
102         if (currentString != nil)
103
104         //  将找到的字符附加到 currentString
105         [currentString appendString:string];
106   } //  parser:foundCharacters:方法结束
107   @end
108
```

在方法 parser:didStartElement:namespaceURI:qualifiedName:attributes:中，我们开始判断这个元素是不是一个 entry 元素（第 40 ~ 44 行）。如果是，则初始化一个新的 Airfare（第 42 行）来容纳这个 entry。如果它是名为 entry 的 tag，则初始化一个 currentString 来容纳这个 tweet 的 text（第 50 行）。

在方法 parser:didEndElement:namespaceURI:qualifiedName:中，我们首先判断结束的标签（Tag）是不是 entry 元素（第 58 行）。如果是，并且 isAirfare 为 YES，则将创建的 Airfare 对象添加到 airfares（第 62 行）(有些 tweet 并不是关于折扣机票)。如果是 content 标签（Tag）结束（第 68 行），则通过 currentString 更新当前处理的 Airfare（第 71 ~ 85 行）。首先我们通过调用 removeLink 方法（第 71 行）得到指向完整 tweet 的超链接。然后使用 parsing 分类中的 parseCost 方法（第 74 行）得到机票价格。如果分析器无法找到价格，则将 isAirfare 设置为 NO（第 78 行），说明这个 tweet 并不是关于折扣机票的。然后使用 parsing 分类中的 parseLocations 方法（第 81 行）得到保存在数组的起始目的地机场，使用它们更新 currentAirfare（第 84 ~ 85 行）。第 89 行检查是不是 feed 标签（Tag）结束，它标识出了 XML 文档结束。如果是这样，则第 92 行将发现的机票传递给委托方法。将 airfares 自动释放，这样委托就不必费心释放这个对象了。

12．**实现 parsing 分类的 parseCost 方法**

方法 parseCost（参见代码 16-14）寻找 tweet 中的价格。首先，我们使用 rangeOfString:

方法得到 tweet 中$符号的索引（第 115 行）。然后找到接下来的非数字字符的索引（第 120～129 行），使用 substringWithRange:方法（第 136 行）创建一个子字符串，将 index 作为起始位置，index 与 i 之差作为长度传递给这个方法。第 138 行返回这个子字符串。

代码 16-14　NSString 类的 parsing 分类的 parseCost 方法

```
109 @implementation NSString (parsing)   //   NSString parsing 分类的开头
110
111 //  如果找到机票价格，则返回
112 - (NSString *)parseCost
113 {
114       //  得到$符号的索引
115       int index = [self rangeOfString:@"$"].location;
116       int i = index + 1;   //   初始化 i
117       BOOL found = NO;   //   将 found 初始化为 NO
118
119       //  循环查找字符直到非数字的字符出现
120       while (!found && i < self.length)
121       {
122             char c = [self characterAtIndex:i];   //   得到字符的索引 i
123
124             //  如果这个字符不是数字
125             if (c <= '0' || c >=  '9')
126             found = YES;   //   找到一个非数字的字符
127
128             ++i; //   i 自增
129       } //   while 结束
130
131       NSString *cost = nil;   //   将 cost 初始化为 nil
132
133       //  如果找到一个美元符号
134       if (index < self.length)
135       //  得到$加上数字的字符串
136       cost = [self substringWithRange:NSMakeRange(index, i - index)];
137
138       return cost;   //   返回结果
139 } //   parseCost 方法结束
140
```

13．实现 parsing 分类的 parseLocations 方法

parsing 分类的 parseLocations 方法（参见代码 16-15）返回一个 NSArray 数组，数组中第一个元素是起始地，第二个元素是目的地。由于 tweet 提供的是 3 个字母的机场代码，我们使用查找3个大写字母的序列的方法来寻找机场名。首先，我们初始化 origin、destination 和 capitalCount（第 145 和 146 行）。然后第 149～174 行遍历 tweet 中的每个字符。如果字符是大写的（第 154 行），则将 capitalCount 加 1。如果我们在行中找到 3 个大写字母（第

160 行），则将这些字符分配给 origin（第 165 行）或 destination（第 170 行），规则是 oringin 先分配值，destination 次之。然后创建一个 NSArray，origin 作为第一个值，destination 作为第二个值（第 181 行），并将其返回（第 183 行）。

代码 16-15　NSString 类的 Parsing 分类的 parseLocation 方法

```
141 //  返回机票的起始地和目的地
142 - (NSArray *)parseLocations
143 {
144     //  初始化 origin 和 destination 为 nil
145     NSString *origin = nil, *destination = nil;
146     int capitalCount = 0; //  目前找到 0 个大写字母
147 
148     //  遍历字符串中的每个字符
149     for (int i = 0; i < self.length; i++)
150     {
151         cha c = [self characterAtIndex:i];  //  得到索引 i 位置的字符
152 
153         //  如果这个字符是大写字母
154         if (c >= 'A' && c <= 'Z')
155         ++capitalCount;  //  capitalCount 自增
156         else
157         capitalCount = 0;  //  重置 capitalCount
158 
159         //  如果找到 3 个连续的大写字母
160         if (capitalCount == 3)
161         {
162             //  如果还没有找到起始地
163             if (origin == nil)
164             //  将这 3 个大写字母分派给 origin
165             origin = [self substringWithRange:NSMakeRange(i - 2, 3)];
166 
167             //  如果还没有找到目的地
168             else if (destination == nil)
169             //  将这 3 个大写字母分派给 destination
170             destination = [self substringWithRange:NSMakeRange(i - 2, 3)];
171 
172             capitalCount = 0; //  重置 capitalCount
173         } //  if 结尾
174     } //  for 结尾
175 
176     NSArray *locations = nil;  //  将 locations 初始化为 nil
177 
178     //  如果 origin 和 destination 都已找到
179     if (origin != nil && destination != nil)
180     //  使用 origin 和 destination 创建 locations
181     locations = [NSArray arrayWithObjects:origin, destination, nil];
```

```
182
183         return locations; //  返回找到的 locations
184 } //  parseLocations 方法结束
185
```

14. 实现 parsing 分类的 removeLink 方法

方法 removeLink（参见代码 16-16）在 tweet 中搜索链接并返回 tweet 的 text 中链接前的出现的部分。第 190 行得到链接前的部分字符串，第 198 行将它返回。我们将 index 减去 3 来去掉 link 前的单词 Go。

代码 16-16　NSString 类的 Parsing 分类的 removeLink 方法

```
186 //  移除 tweet 中包含链接的部分
187 - (NSString *)removeLink
188 {
189         //  找到链接的位置
190         int index = [self rangeOfString:@"<a href="].location;
191         NSString *substring = nil;  //  初始化子字符串为空
192
193         //  如果找到了链接
194         if (index < self.length)
195         //  创建不包含超链接的子字符串
196         substring = [self substringWithRange:NSMakeRange(0, index - 3)];
197
198         return substring; //  返回 substring
199 } //  removeLink 方法结束
200 @end //  NSString 类的 category 分类结束
```

15. AirfareCell 接口声明

类 AirfareCell（代码 16-17）是 UITableViewCell 的子类，用来展示关于一条机票的信息。它由 4 个 UILabel 和一个 UIImageView 组成。priceLabel（第 8 行）显示机票价格，originLabel（第 9 行）显示起始机场，destinationLabel（第 10 行）显示目的机场，tweetLabel（第 11 行）显示 tweet 的正文。planeView（第 12 行）显示一个方向图片——一架从起始机场飞往目的机场的飞机。4 个 UILabel 都被声明为只读属性（第 16 ~ 19 行）。其他对象可以改变 UILabel 中的文字，但无法修改 UILabel 本身。

代码 16-17　UITableViewCell 类用来显示关于飞机票价的信息

```
1   //  AirfareCell.h
2   //  UITableViewCell 类用来显示关于飞机票价的信息
3   //  实现在 AirfareCell.m 中
4   #import <UIKit/UIKit.h>
5
6   @interface AirfareCell : UITableViewCell
7   {
8       UILabel *priceLabel;  //  显示机票价格的标签
```

```
    UILabel *originLabel; //  显示起始机场的标签
    UILabel *destinationLabel; //  显示目的机场的标签
    UILabel *tweetLabel; //  显示机票价格来源 tweet 的标签
    UIImageView *planeView; //  显示表示方向的飞机图像
} //  实例变量声明结束

//  将所有 UILabel 的实例变量声明为属性
@property (nonatomic, readonly) UILabel *priceLabel;
@property (nonatomic, readonly) UILabel *originLabel;
@property (nonatomic, readonly) UILabel *destinationLabel;
@property (nonatomic, readonly) UILabel *tweetLabel;
@end //  接口 AirfareCell 结束
```

16．AirfareCell 类定义

AirfareCell.m 中的第 7 ~ 19 行（参见代码 16-18）对声明在头文件中的 4 个属性进行合成。方法 initWithStyle:reuseIdentifier:（第 13 ~ 72 行）初始化一个 AirfareCell。首先初始化 originLabel 和 destinationLabel（第 21 ~ 24 行）。为了得到 AirfareCell 中的 GUI 组件的边框配置信息，需创建一个包含 UITableViewCell 的临时 NIB 文件。我们在 Interface Builder 中设计所有的 cell 组件，然后使用 Inspector 窗口来显示每个组件的位置（宽度和高度），接下来在 Xcode 中用这些数值进行编程（第 21 ~ 24 行）。也可以直接从一个 NIB 文件中载入 UITableViewCell。苹果提供了题为 Loading Custom Table-View Cells From Nib Files 的指导，在下面的位置 :developer.apple.com/iphone/library/documentation/UserExperience/Conceptual/TableView_iPhone/TableViewCells/TableViewCells.html。

代码 16-18　AirfareCell 类的实现

```
1   AirfareCell.m
2   //  AirfareCell 类的实现
3   #import "AirfareCell.h"
4
5   @implementation AirfareCell
6
7   @synthesize priceLabel; //  为 priceLabel 生成 get 和 set 方法
8   @synthesize originLabel; //  为 originLabel 生成 get 和 set 方法
9   @synthesize destinationLabel; //  为 destinationLabel 生成 get 和 set 方法
10  @synthesize tweetLabel; //  为 tweetLabel 生成 get 和 set 方法
11
12  //  初始化 AirfareCell
13  - (id)initWithStyle:(UITableViewCellStyle)style
14   reuseIdentifier:(NSString *)reuseIdentifier
15  {
16      //  如果父类完全初始化
17      if ( self =
18        [super initWithStyle:style reuseIdentifier:reuseIdentifier])
19      {
20          //  创建起始地和目的地标签
```

```
        originLabel =
          [[UILabel alloc] initWithFrame:CGRectMake(20, 5, 70, 64)];
        destinationLabel =
          [[UILabel alloc] initWithFrame:CGRectMake(171, 5, 70, 64)];

        //  创建起始地和目的地标签的字体
        UIFont *locationFont =
          [UIFont fontWithName:@"CourierNewPS-BoldMT" size:33];
        originLabel.font = locationFont;   //  将字体应用到 originLabel
        destinationLabel.font = locationFont; //  将字体应用 destination

        //  将 originLabel 的字体颜色设置为暗蓝色
        originLabel.textColor =
          [UIColor colorWithRed:0 green:0 blue:0.8 alpha:1];

        //  设置 destinationLabel 的字体颜色设置为暗蓝色
        destinationLabel.textColor =
          [UIColor colorWithRed:0 green:0 blue:0.8 alpha:1];

        //  创建价格标签
        priceLabel =
          [[UILabel alloc]  initWithFrame:CGRectMake(250, 2, 83, 64)];

        priceLabel.font = [UIFont systemFontOfSize:30];  //  设置标签字体

        //  设置 priceLabel 的文字颜色
        priceLabel.textColor =
          [UIColor colorWithRed:0 green:0.95 blue:0 alpha:1];

        //  创建 tweetLabel
        tweetLabel =
          [[UILabel alloc] initWithFrame:CGRectMake(20, 55, 280, 61)];
        tweetLabel.font = [UIFont systemFontOfSize:14];  //  设置标签字体
        tweetLabel.numberOfLines = 3;  //  设置标签的行数

        //  创建飞机图片
        UIImage *plane =  [UIImage imageNamed:@"plane.png"];

        //  创建一个图像视图来显示图像
        planeView = [[UIImageView alloc] initWithImage:plane];
        planeView.frame = CGRectMake(102, 20, 51, 34);  //  设置边框

        //  将视图添加到 contentView
        [self.contentView addSubview:originLabel];
        [self.contentView addSubview:destinationLabel];
        [self.contentView addSubview:priceLabel];
        [self.contentView addSubview:tweetLabel];
        [self.contentView addSubview:planeView];
    } //  if 结束
```

```
70
71          return self; // 返回本对象
72      } // initWithStyle:reuseIdentifer:方法结束
73
74      // 释放 AirfareCell 占用的内存空间
75      - (void)dealloc
76      {
77          [originLabel release]; // 释放类型为 UILabel 的 originLabel
78          [destinationLabel release]; // 释放类型为 UILabel 的 destinationLabel
79          [priceLabel release]; // 释放类型为 UILabel 的 priceLabel
80          [tweetLabel release]; // 释放类型为 UILabel 的 tweetLabel
81          [super dealloc]; // 调用父类的 dealloc 方法
82      } // dealloc 方法结束
83      @end
```

我们接下来为 originLabel 和 destinationLabel 创建字体（第 27～28 行），把它应用到 UILabel 中（第 29～30 行），然后设置文字颜色（第 33～38 行）。初始化 priceLabel（第 41～42 行）并设置它的字体（第 44 行）和文字颜色（第 47～48 行）。然后再初始化 tweetLabel（第 51～52 行）并设置它的字体（第 53 行），同时设置它的 numberOfLines 属性（第 54 行），这样这个 Label 就可以显示 3 行文字了。我们使用存储在程序 Resources 组中的飞机图片来初始化 planeView（第 57～61 行），然后将所有初始化后的组件添加到 cell 的 contentView 中（第 64～68 行）。

16.5 小结

在 Twitter 折扣机票应用程序中，我们使用 NSURLRequest 和 NSURLConnection 类来与 Twitter web 服务交互，使用 NSURLConnection 的委托方法来得到数据并判断何时连接关闭，然后使用 NSXMLParser 来分析得到的 XML 数据。在分析后的数据中搜寻有用的信息，比如起始机场、目的机场和机票价格，然后在一个表格视图中显示。我们使用自定义的 UITableViewCell 用一种用户易于接受的格式来呈现数据，并使用 UIWebView 类来显示链接到每个折扣机票 tweet 的网页。

我们衷心希望你喜欢 ***iPhone 应用程序开发名家解析***，就像我们喜欢写作这本书一样。我们将非常感激你的任何反馈意见。请将你的评论、建议或者纠错发送到 deitel@deitel.com。在 www.deitel.com/ResourceCenters.html 可以查看我们有关 iPhone 的资源中心列表，这个列表仍然在不断增长和完善。要了解 Deitel 出版物和公司培训的最新新闻，可以在 www.deitel.com/newsletter/subscribe.html 订阅关于 Deitel Buzz Online 的免费电子新闻简报，也可以在 Facebook（www.deitel.com/deitelfan）和 Twitter（@deitel）上关注我们。要了解更多的 Deitel & Associate 可以为你的公司或组织提供的全球范围内的在线编程培训，请访问 www.deitel.com/training 或发邮件到 deitel@deitel.com。